"十四五"时期国家重点出版物出版专项规划项目
航天先进技术研究与应用系列

$H\infty$ CONTROL METHODS AND APPLICATIONS OF SAMPLED-DATA CONTROL SYSTEMS

# 采样控制系统的$H\infty$控制方法及其应用

● 刘彦文 著



哈尔滨工业大学出版社
HARBIN INSTITUTE OF TECHNOLOGY PRESS

## 内 容 简 介

本书系统地介绍了采样控制系统的基础知识、设计和分析方法及典型应用。全书共13章，除了介绍经典的设计方法，还将目前流行的3种提升技术（连续时间域提升技术、离散时间域提升技术、频域提升技术）应用于标准结构的采样控制系统，并结合具体实例进行了分析和设计；在综合分析和验证提升法的缺点和应用局限性的基础上，提出了全新的鲁棒稳定性分析和 $H_\infty$ 设计方法，并给出了一种简单又直观的采样系统频率响应的计算方法；针对典型的采样控制系统的具体实例：力觉接口系统、时滞不确定性采样控制系统和离散时间 $H_\infty$ 回路成形控制器设计，应用本书所提出的新的设计思路和方法进行了鲁棒稳定性分析和 $H_\infty$ 设计，并与提升法进行了对比。

本书结合了目前流行的先进控制理论和作者近年来的研究，除了经典的设计方法，还从现代控制系统设计的角度应用不同的方法对计算机控制系统进行了鲁棒稳定性分析和设计，可为本领域的理论工作者和实际系统的工程设计人员提供参考。

**图书在版编目(CIP)数据**

采样控制系统的 $H_\infty$ 控制方法及其应用/刘彦文著
.—哈尔滨：哈尔滨工业大学出版社，2024.11
(航天先进技术研究与应用系列)
ISBN 978-7-5767-1305-3

Ⅰ.①采…　Ⅱ.①刘…　Ⅲ.①采样系统—研究　Ⅳ.
①TP273

中国国家版本馆 CIP 数据核字(2024)第063385号

策划编辑　王桂芝
责任编辑　林均豫　陈雪巍
出版发行　哈尔滨工业大学出版社
社　　址　哈尔滨市南岗区复华四道街10号　邮编150006
传　　真　0451-86414749
网　　址　http://hitpress.hit.edu.cn
印　　刷　哈尔滨博奇印刷有限公司
开　　本　787 mm×1 092 mm　1/16　印张15　字数365千字
版　　次　2024年11月第1版　2024年11月第1次印刷
书　　号　ISBN 978-7-5767-1305-3
定　　价　68.00元

# 前　言

随着大规模集成电路技术的进一步发展，微计算机的性能及可靠性有了显著的提高，同时价格也大大下降，越来越成为人们信赖的控制硬件，而且容易实现和便于调整复杂的控制规律。在现代控制系统中，越来越多的设计者采用了通过计算机实现的具有复杂算法的数字控制器，这种应用离散控制器来控制连续对象的系统称为采样控制系统。连续信号和离散信号共存，是采样控制系统的主要特征，也是系统分析和设计的难点。这决定了采样控制系统的数学模型、分析和设计方法必然与常规的纯连续和纯离散系统不同。同时，虽然连续对象和离散控制器都是线性时不变系统，但由于采样开关的作用，采样控制系统成为周期时变系统，这成为分析和设计采样控制系统的另一个难点。

采样控制系统中的对象是连续的，因此系统的性能分析要求知道连续的输入输出信号之间的关系。由于提升方法能考虑到采样时刻之间的性能，所以一经提出，就似乎成了采样控制系统分析和设计的唯一正确方法，其应用也正在扩大。但是在 $H_\infty$ 设计中的应用却对其提出了质疑。本书对目前流行的 3 种提升技术，即连续时间域提升技术、离散时间域提升技术和频域提升技术进行了深入研究，结合具体应用实例，分析并指出了其应用局限性和所存在的问题。在此基础上，提出了一些新的采样控制系统的鲁棒稳定性分析和 $H_\infty$ 设计方法。

本书系统地介绍了采样控制系统的基础知识、设计和分析方法及典型应用。全书共分为 13 章：第 1 章介绍了采样控制系统的经典设计方法和现代控制结构，以及目前流行的 3 种提升技术的发展现状和在采样控制系统的 $H_\infty$ 分析及设计中所出现的问题；第 2 章和第 3 章对采样控制系统的基础理论进行了研究，给出了经典的控制器设计方法；第 4 章对采样控制系统的连续时间域提升技术进行了研究，给出了详细的理论分析和推导过程，并给出了具体的提升计算公式；第 5 章研究了采样控制系统的频域提升技术，提出了 FR 算子的概念，并给出了采样控制系统频率响应增益及 $H_\infty$ 范数的计算方法；第 6 章研究了采样控制系统的离散提升技术，包括离散信号的提升和系统的提升，结合具体算例给出了离散提升等价方法的实现过程；第 7 章将提升技术用于采样控制系统的 $H_\infty$ 设计，结合具体例子，指出了提升法在 $H_\infty$ 设计中的应用条件和局限性。第 8 章讨论了采样控制系统的频率响应，给出了一种简单直观的采样系统频率响应的计算方法；第 9 章提出了用离散不确定性来代替原采样控制系统的连续不确定性，给出了一种采样控制系统鲁棒稳定性分析的新方法；第 10 章结合混合灵敏度问题(S/T)和鲁棒扰动抑制问题给出了采样控制系统的 $H_\infty$ 设计方法；第 11 章将采样控制系统的频域提升技术和频率响应的计算方法分别用于力觉接口系统，研究了力觉接口的无源性设计问题；第 12 章将本书前面章节给出的一些新的分析和设计方法应用于时滞不确定性采样控制系统，讨论了鲁棒稳定性的分析方法和鲁棒控制器的设计问题；第 13 章给出了离散系统输出反馈 $H_\infty$ 回路成形控制器的设计方法，并通过具体算例进行了应用和仿真。

由于作者水平有限，书中难免存在疏漏及不足之处，敬请广大读者批评指正。

作　者

2024 年 8 月

# 目　录

# 第 1 章　绪　论

## 1.1　采样控制系统

随着大规模集成电路技术的进一步发展，微计算机的性能及可靠性有了显著的提高，同时价格也大大下降，越来越成为人们信赖的控制硬件。而且由于计算机容易实现和便于调整复杂的控制规律，在现代控制系统中，越来越多的设计者采用了通过计算机实现的具有复杂算法的数字控制器，这种应用离散控制器来控制连续对象的系统称为采样控制系统，又称为采样数据系统(sampled-data system) 或混合系统(hybrid system)[1,2]，本书称其为采样控制系统。

采样控制系统中控制器是离散的，对象的输入输出信号则是连续的，因而连续信号和离散信号共存，是采样控制系统的主要特征，也是系统分析和设计的难点。这决定了采样控制系统的数学模型、分析和设计方法必然和常规的纯连续及纯离散系统不同。同时，虽然连续对象 $P$ 和离散控制器 $K_d$ 都是线性时不变系统，但由于采样开关的作用，使得采样控制系统成为周期时变系统，这成为分析和设计采样控制系统的另一个难点。

### 1.1.1　经典的离散控制器设计方法

对于图 1.1 所示的经典时期的单回路采样控制系统，传统的分析和设计方法有两种，一种是连续设计方法，另一种是离散设计方法。它们的出发点都是根据已知连续的 LTI(linear time-invariant) 被控对象模型 $P$，设计离散控制器 $K_d$，并分析由被控对象 $P$ 和离散控制器 $K_d$ 组成的闭环系统的稳定性问题。在连续设计方法中，对采样控制系统的分析和设计完全在连续时间域内进行，即根据被控对象 $P$，首先在连续时间域内设计连续控制器 $K$，然后再应用常规离散化方法将其离散化得到离散控制器 $K_d$，对由 $P$ 和 $K_d$ 组成的闭环系统的分析采用由 $P$ 和 $K$ 组成的连续闭环系统的分析来代替。离散设计方法是首先将连续被控对象离散化，得到离散化模型 $P_d$，即 $P$ 的近似模型，然后应用离散控制理论在离散时间域内，以离散化模型 $P_d$ 为被控对象，设计离散控制器 $K_d$，对由 $P$ 和 $K_d$ 组成的闭环系统的分析采用由 $P_d$ 和 $K_d$ 组成的离散闭环系统的分析来代替。无论是哪一种设计方法，最终都是用离散时刻的信号来对系统进行描述。这种离散化分析的观点在经典理论时期是完全适用的，因为那时候主要考虑名义系统的稳定性以及一些简单的静态指标。

### 1.1.2　现代采样控制系统结构

现代采样控制系统设计则需要处理如图 1.2 所示的系统，而不是经典理论时期的单回路系统。图 1.2 是标准采样控制系统框图[2]，也是后现代控制理论(postmodern control theory) 中标准的线性分式变换 (linear fractional transformation, LFT) 结构[3]。图1.2

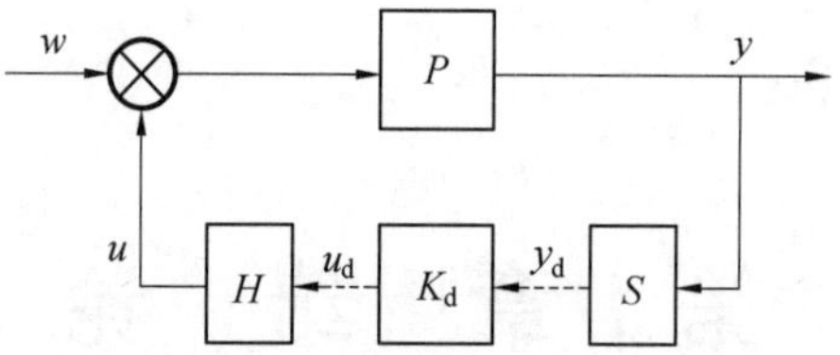


图 1.1 单回路采样控制系统

中，$\boldsymbol{G}$ 为广义被控对象，是连续线性定常系统；控制器 $K_d$ 为离散线性定常系统；$S$ 为理想采样开关；$H$ 为零阶保持器，虚线表示离散信号，实线表示连续信号；$w$ 为外部输入信号，包括参考指令、扰动及测量噪声等；$z$ 为输出信号；$y$ 为控制器的输入信号；$u$ 为控制输入；$u_d$，$y_d$ 为离散信号。

$$\boldsymbol{G}(s)=\begin{bmatrix}\boldsymbol{G}_{11}(s) & \boldsymbol{G}_{12}(s)\\ \boldsymbol{G}_{21}(s) & \boldsymbol{G}_{22}(s)\end{bmatrix}=\left[\begin{array}{c:cc}A & B_1 & B_2\\ \hdashline C_1 & D_{11} & D_{12}\\ C_2 & D_{21} & D_{22}\end{array}\right] \tag{1.1}$$

即

$$\begin{bmatrix}z\\ y\end{bmatrix}=\boldsymbol{G}(s)\begin{bmatrix}w\\ u\end{bmatrix}=\begin{bmatrix}\boldsymbol{G}_{11}(s) & \boldsymbol{G}_{12}(s)\\ \boldsymbol{G}_{21}(s) & \boldsymbol{G}_{22}(s)\end{bmatrix}\begin{bmatrix}w\\ u\end{bmatrix}$$

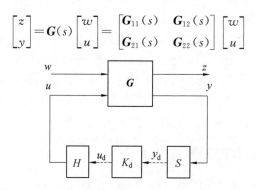

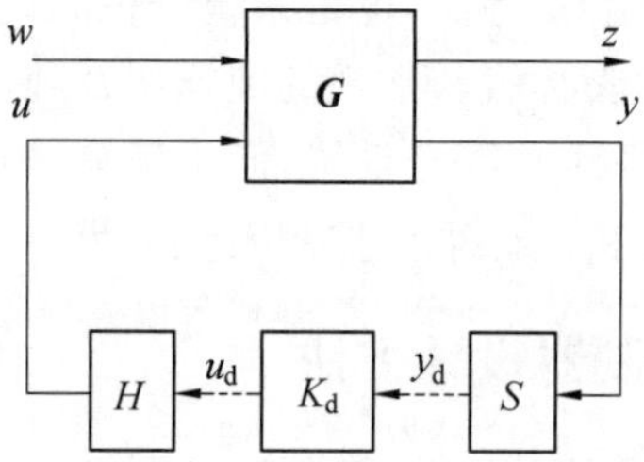


图 1.2 标准采样控制系统

对于现代采样控制系统来说，设计要求是反映在连续的输入($w$)和输出($z$)上的。例如，对于扰动抑制问题，由于被控对象是在连续时间上变化的，显然扰动信号是连续信号，因此，当测量扰动信号对系统有影响时，就要考虑连续信号的全部信息。另外，对鲁棒稳定性问题，由于对象是连续的，对象的摄动也是连续时间的，因此当采用小增益定理时就需要知道相应的连续信号之间系统的范数。

由于要求考虑系统在采样时刻之间的连续信号，近年来兴起的提升技术(lifting technique)[1,2,4,5] 就成为系统分析和设计的首选工具。

对一连续信号 $f(t)$，提升是指如下定义的映射：

$$W_\tau: L_{p,e}[0,\infty)\to l_{L_p[0,\tau)}$$

$$\hat{f}=W_\tau f$$

$$\hat{f}_i(t)=f(\tau i+t),0\leqslant t\leqslant\tau,i=0,1,2,\cdots$$

如图 1.3 所示，提升算子 $W_\tau$ 可以看作是将一连续信号 $f(t)$ 按采样时间 $\tau$ 切成互相衔接的各段信号 $\hat{f}_i(t)$，这个序列 $\{\hat{f}_i\}$ 也是一种离散信号，只是其中的每个元素 $\hat{f}_i(t)$ 是在函数空间 $L_p[0,\tau)$ 取值。

可以证明[1]，这个提升信号的范数与原连续信号的范数是相等的，即

$$\| \hat{f} \|_{l^2_{L_2[0,\tau)}} = \| f \|_{L_2[0,\infty)} \tag{1.2}$$

提升技术本是由于 $H_\infty$ 设计的需要而提出的，但是关于提升技术的文献基本上都是理论上的进一步美化和算法的进一步完善，而有关提升技术的 $H_\infty$ 设计和分析等方面的文献却很少。为此，本书的最初目的是要把提升技术应用于采样控制系统的 $H_\infty$ 控制，包括鲁棒稳定性问题、扰动抑制问题、灵敏度问题等。但是随着研究的进展发现，提升技术实际上并不适用于 $H_\infty$ 控制，因此进一步提出了适用于采样控制系统 $H_\infty$ 设计的方法。

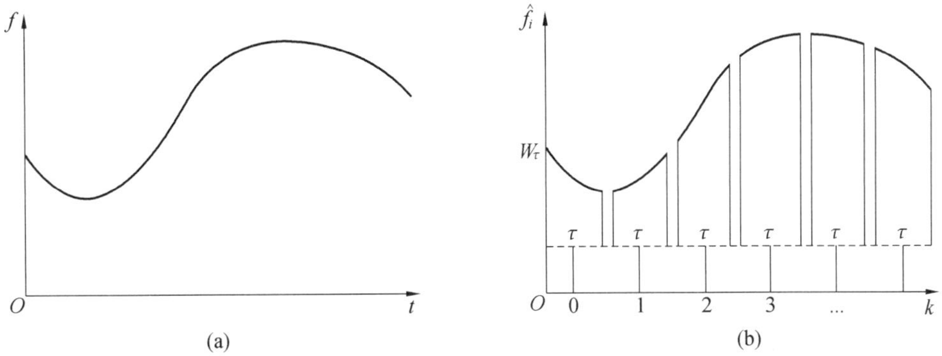


图 1.3　算子 $W_\tau$ 示意图

## 1.2　$H_\infty$ 控制理论

20 世纪六七十年代，基于状态空间模型的现代控制理论得到了突破性的进展，人们建立了刻画控制系统本质的基本理论，如线性系统的能控性、能观性、实现理论以及分解理论等，并在此基础上提出了反馈镇定的一整套严密的理论和方法，使控制由一类工程设计方法提高成为一门新的学科。然而这些理论和方法却依赖于被控对象的精确数学模型。在实际的工程应用中，获取系统的精确数学模型是很困难的，或者说几乎是不可能的。因为精确的数学推导不可能完全符合实际情况，测试手段也不可能覆盖所有频率，测试方法自身也存在误差，都严重影响模型的精确性；而且控制系统在运行中还会出现环境变化、元件老化等一系列问题；另外，由于被控对象的复杂性，常常要以低阶的线性定常集中参数模型来代替实际的高阶非线性时变分布参数系统。以上种种都会带来系统模型的不确定性，或者说实际的物理系统和描述这一系统的数学模型之间总会存在差异。基于数学模型的设计在实际系统中能否达到预期的控制效果，就成为控制领域研究的一个热点问题。这导致专门分析和处理具有不确定性系统的控制理论 —— 鲁棒控制理论的产生。

回顾经典频域设计方法可以发现，由于采用 Bode 图或奈奎斯特(Nyquist) 图设计时保证了一定的稳定裕度，可使设计结果具有一定的鲁棒性。因而一些学者开始将单入单出(SISO) 系统的经典设计方法应用于多输入多输出(MIMO) 系统的设计中。如 RosenBrock 的逆奈氏阵列法 (INA)、Macfarlane 的特征轨迹法 (CL)、Owens 的并矢展开法和 Mayne 的序列回差法等，在 20 世纪 70 年代中后期形成了多变量控制系统现代频域理论。现代频域理论将 MIMO 系统以及回路之间有严重耦合的多变量系统进行解耦，将其转化成单变量系统的设计。但是因为解耦并不是反馈设计，而是一种开环设计，它并没有考虑反馈系统的一些特点，因而没有鲁棒性。

这就引发了鲁棒性问题及 $H_\infty$ 控制问题。$H_\infty$ 设计中的性能指标是指加权传递函数的 $H_\infty$ 范数，例如，对灵敏度(S)问题来说，设计时要求 $J=\|W_1S\|_\infty \leqslant \gamma$，其中，$W_1$ 为权函数，$H_\infty$ 优化问题就是求解下列 minimax 问题：

$$\min_k \|W_1S\|_\infty \leqslant \gamma \tag{1.3}$$

minimax 问题的优化解是一条全通特性。例如，设 $W_1=\rho/s$，设计时尽量提高 $\rho$，使 $\bar{\sigma}[S(j\omega)]$ 尽量下压，得到最好的性能。所以 $H_\infty$ 设计是一种频域成形(loop shaping)的设计，是利用权函数来使系统具有所要求的性能，是一种系统综合(synthesis)的方法。

对鲁棒稳定性问题来说，$H_\infty$ 范数的提出使得小增益定理可以应用到系统设计中，因此 $H_\infty$ 设计方法还可以解决相应的模型摄动问题。

1981 年，加拿大学者 Zames 首先将 $H_\infty$ 范数的概念引入到控制系统设计中，从而开创了 $H_\infty$ 最优控制理论[6]。Zames 主要针对 LQG 设计中干扰信号采用白噪声的假设存在局限性和不可实现性而展开的，考虑了这样一个单输入单输出系统的设计问题：对于有限能量的干扰信号设计一个控制器，使闭环系统稳定且干扰对系统期望输出影响最小。由于传递函数的 $H_\infty$ 范数可以描述有限输入能量到输出能量的最大增益，因此用表示上述影响的传递函数的 $H_\infty$ 范数作为目标函数进行设计，就可以使具有有限功率谱的干扰对系统期望输出影响最小。

在过去的几十年中，许多学者对 $H_\infty$ 控制理论及其应用进行了深入的研究，发表了许多相关的文献，极大地推动了 $H_\infty$ 控制理论的发展和成熟。回顾其发展历程，大体经过了 3 个阶段。

第一阶段是从 1981 年 Zames 提出 $H_\infty$ 范数指标到 1984 年求解 $H_\infty$ 问题的"84 年法"的形成。这一阶段是 $H_\infty$ 发展的初期阶段，由于 Zames 的 $H_\infty$ 控制思想是一种频域设计技术，这时 $H_\infty$ 控制理论的研究方法集中在频域或者频域同时域结合的方法。这时，$H_\infty$ 最优问题的求解主要借助于有理函数的插值方法和逼近方法。插值方法主要使用 Navanlinna-Pick 插值理论以及矩阵形式的 Sarason 理论，具有概念直观和清晰等优点，但是这一方法并没有给出较好的算法。逼近方法主要借助于 AAK 理论，在 $H_\infty$ 控制问题的求解计算上取得了一定的进展。逼近方法使得整个 $H_\infty$ 优化问题可以应用状态空间方法求解，由此将 $H_\infty$ 优化问题的研究推向一般性问题的研究阶段。

至 1984 年前后，Doyle、Glover 等人对当时的 $H_\infty$ 控制理论进行了总结，形成了所谓的"84 年法"。这种方法的主要思路是使闭环系统内稳定的控制器 $K$ 参数化，即使用 Youla 参数化方法，把 $K$ 表示为稳定的传递函数 $Q$ 的函数，使问题转化为易于求解的无约束问题。参数化后，标准问题转化为模型匹配问题(model-matching problem)；再将模型匹配问题转化为广义距离问题(general distance problem)(函数逼近理论中 Nehari 问题的推广，也称为扩展 Nehari 问题，extended Nehari problem)；最后用 Hankel 范数逼近理论解决 Nehari 问题，并最终求得控制器 $K$。

第二阶段是从 1985 年到 1989 年著名的 DGKF 法的发表。$H_\infty$ 控制理论提出以后，为了减少计算的复杂性和降低控制器的维数，许多学者进行了深入的研究。Limebeer、Hung、Halikias 研究了 $H_\infty$ 优化设计中的零极点对消现象，给出了控制器阶次的上界，指出其上界不大于广义对象的阶次。Jonckheere、Verma、Chang 将 2 块 $H_\infty$ 优化问题的最优值用

Toeplitz－Hankel算子的谱半径来刻画，根据Jonckheere等人所研究的二次型问题谱理论的结果，给出了求Toeplitz-Hankel算子的谱半径的状态空间算法，即线性二次型逼近的方法。其主要优点是在一步计算后就可精确评估$H_\infty$性能最优值，计算速度快。Chang对于2块和4块问题的简化和快速计算也进行了深入研究。Safonov等人给出了当时说来相当实用的标准$H_\infty$问题算法。

学者们在各方面的工作都为$H_\infty$控制理论的进一步发展打下了坚实的基础。Ball和Cohen将Ball和Helton的几何理论进行简化，把$H_\infty$控制的求解问题化为$J$－谱和$J'$谱的分解问题，从而获得3个Riccati方程。此法为后来的$J$－谱分解法、$(J,J')$－无损分解法的形成和完善，以及其与插值方法、多项式方法的沟通产生了重要的影响。Khargonekar等人创立了$H_\infty$控制的代数Riccati方程法[7]，研究了$H_\infty$状态反馈控制问题。这主要源于一个含有不确定性系统的鲁棒稳定性问题，即求一控制器使得具有结构式不确定性系统的复稳定半径最大。他们将此问题转化为某一系统的$H_\infty$范数优化问题，获得$H_\infty$状态反馈控制问题有解的充要条件是一个含有正参数的代数Riccati方程(参数化的ARE)具有正定解。这一结果对简化$H_\infty$状态空间解法的形成具有重要意义。此外，该方法还建立了$H_\infty$控制和二次镇定、线性二次微分对策之间的联系，对后来的微分对策方法的产生和发展起到了促进作用。其不足之处是参数化的ARE不易检验。

1988年，Glover和Doyle给出了$H_\infty$标准控制问题的以两个Riccati方程表示的状态空间解，这个结果已相当令人满意，但他们未给出证明。1989年，Doyle、Glover、Khargonckar和Francis四人发表了著名的DGKF法的论文[8]，证明了$H_\infty$控制问题的解可以通过解两个Riccati方程得到，即只需求解两个非耦合的代数Riccati方程，便可获得阶次不超过广义对象的McMillan阶次的次优$H_\infty$控制器，即控制器的阶次等于被控对象的阶次加权函数的阶次。这样，$H_\infty$控制问题在概念和算法上都被大大地简化了，DGKF法的形成标志着$H_\infty$控制理论走向成熟。

第三个阶段为1990年之后，这一阶段$H_\infty$控制理论得到了迅速的丰富、完善和推广。$H_\infty$控制理论在概念和算法上进一步简化，许多$H_\infty$理论及鲁棒控制专著面世，多个$H_\infty$鲁棒控制软件包研制成功。

在DGKF工作的同时，Khargonekar等人也给出了较为简单的$H_\infty$控制器求解的方法，指出状态反馈$H_\infty$控制问题可以通过求解一个代数Riccati方程来获得。Peterson提出了抑制干扰的$H_\infty$状态反馈律设计方法。Safonov等人给出了应用多变量矩阵理论中的系统等价而将设计问题简化为所要满足的必要的假设条件。$H_\infty$控制的时域解法也出现了，其中包括微分对策和最大值原理方法。日本学者Kimura为了克服插值方法存在没有有效算法的缺点，基于经典网络设计方法，提出了“共轭化”(conjugation)这一概念。“共轭化”是经典插值理论的状态空间描述，是计算$(J,J')$－无损分解的有力工具，它预示着具有原插值方法优点的有效状态空间算法的产生。由于$H_\infty$控制器解的不唯一性，多目标的$H_\infty$优化问题也受到了许多学者的关注，如Khargonekar、Rotea、Bernstein、Haddad、Glover和Mustafa的极小熵$H_\infty$控制。同时，$H_\infty$的控制方式也从常规反馈控制方式向二自由度控制、自适应控制及分散控制等多种方式发展；状态空间$H_\infty$鲁棒控制理论也由一般的连续系统推广到离散系统[9]，由时不变系统推广到时变系统，由有限维推广到无限维(分布参数系统)，甚至推广到一些非线性系统[10]和采样控制系统[1,2]。

采样控制系统的 $H_\infty$ 问题处理的是连续信号($w \to z$)之间的关系(图 1.1)。这时输入输出信号均是用 $L_2$ 范数来表征的。对线性定常系统来说,系统的 $L_2$ 增益就是闭环传递函数的 $H_\infty$ 范数[11]。对采样控制系统来说,就没有了传递函数的概念,这里的增益就是指 $L_2$ 诱导范数。近年来提出的提升技术可以用来计算采样控制系统的 $L_2$ 诱导范数,因而可以用于采样控制系统的 $H_\infty$ 设计。

## 1.3 采样控制系统的提升技术

"提升(lifting)"一词来源于代数拓扑学,它的本质是一种扩张,即将低维空间扩张成高维空间。关于提升在控制理论中的应用,20 世纪 80 年代初已偶有报道。采样控制系统的提升技术包括时间域提升技术和频域提升技术,其中时间域提升技术又可分为连续的提升技术和离散的提升技术两种。

### 1.3.1 连续时间域提升技术

以时间域提升来说,"提升"是指将一连续信号 $f(t)$ 按采样时间切成互相衔接的各段信号 $\hat{f}_i(t)$(图 1.3)[1],即

$$\hat{f}_i(t) = f(\tau i + t), 0 \leqslant t \leqslant \tau$$

这个 $\hat{f}_i(t)$ 序列 $\{\hat{f}_i\}$ 也是一种离散信号,是在函数空间 $L_2[0,\tau)$ 取值。

设用线性分式变换 $F(\boldsymbol{G}, HK_{\mathrm{d}}S)$ 来表示图 1.2 所示的采样控制系统的从输入 $w$ 到输出 $z$ 的闭环映射。通过提升技术,可将采样控制系统的解由一个"等价"的离散定常对象 $\boldsymbol{G}_{\mathrm{d}}$ 来给出,即

$$\| F(\boldsymbol{G}, HK_{\mathrm{d}}S) \| < \gamma \Leftrightarrow \| F(\boldsymbol{G}_{\mathrm{d}}, K_{\mathrm{d}}) \| < \gamma \tag{1.4}$$

式中,$F(\boldsymbol{G}, HK_{\mathrm{d}}S)$ 表示 $L_2$ 诱导范数;$\| F(\boldsymbol{G}_{\mathrm{d}}, K_{\mathrm{d}}) \|$ 表示 $H_\infty$ 范数。因此,一旦得到了 $\boldsymbol{G}_{\mathrm{d}}$,这个采样控制系统的求解问题就可以转化成常规的离散系统的 $H_\infty$ 问题来进行求解。从某种意义上说,$\boldsymbol{G}_{\mathrm{d}}$ 是 $\boldsymbol{G}$ 的"离散化",因此提升变换有时也称为 $H_\infty$ 离散化[4]。

采样控制系统中采用提升技术是由 Bamieth 首先提出的[1],这是一种连续的时间域提升技术。该算法现已被公认为是标准算法。Chen[2] 进一步将算法归纳为矩阵指数运算,并给出了当 $D_{12} \neq 0$ 时的提升运算的 $\gamma$ 迭代公式,扩大了提升处理的范围,还列举了应用提升技术求解 $H_\infty$ 问题的例子。L. Mirkin[4] 也根据时间域提升的概念给出了一种等价离散化算法。这些文献的出发点都是用提升技术来求采样控制系统的 $L_2$ 诱导范数。

由于直接应用提升技术来计算采样控制系统的 $L_2$ 诱导范数缺乏物理概念,又出现了先计算频率响应,再从频率响应来求取采样控制系统的 $L_2$ 诱导范数的方法[12]。日本学者 Y. Yamamoto 给出了采样控制系统频率响应的定义,频率响应的物理概念比较清晰,但是 Yamamoto 的计算过于复杂,而且给出的闭环系统的频率响应,尤其是低频段与实际特性差别较大。

### 1.3.2 离散时间域提升技术

关于离散时间域提升技术,Anderson 有很精辟的解释[13,14]。这是将采样控制系统的连续输入输出用快速采样来近似,采样周期为 $\tau/m(m > 1)$,如图 1.4(a) 所示。

设 $T_d$ 表示快速采样近似后的闭环映射,则当 $m$ 足够大时,其 $L_2$ 诱导范数就可以认为是原采样控制系统的 $L_2$ 诱导范数了,即

$$\lim_{m\to\infty} \| T_d \| = \| T \| \tag{1.5}$$

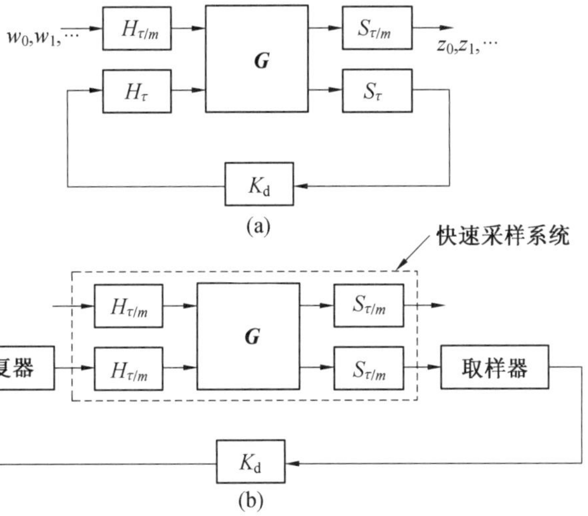


图 1.4　用快速采样的近似

计算时是先将系统看成是一个快速采样的离散系统(图 1.4(b)),再将系统转换成慢速采样的离散系统,如图 1.5 所示,此时信号的维数都增加了 $m$(这里取 $m=3$)倍。根据图1.5所示的思路,采样控制系统就可转化成如图 1.6 所示的单速率(慢速率)离散系统。

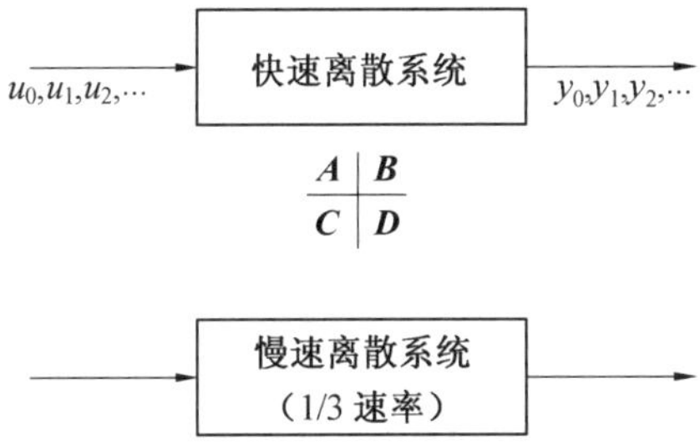


图 1.5　快速系统到慢速系统的转换

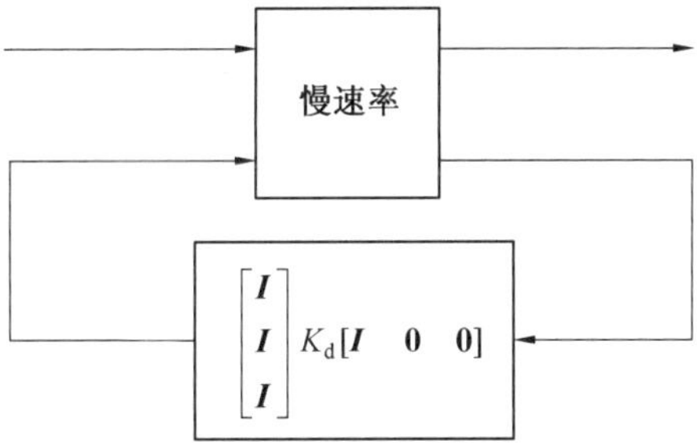


图 1.6　单速率(慢速率)离散系统

离散提升后,信号的维数增加了 $m$ 倍,但因为用的都是常规算法,所以相对来说,理论比较简单,计算比较容易。离散提升主要是一种分析方法,不便于系统设计。Yamamoto 将离散提升与其频率响应结合起来利用离散提升容易计算的特点,使频率响应的计算得以

简化[15]。

### 1.3.3 频域提升技术

提升法的另一个方向是频域提升[11,16]。设 $y$ 是定义在信号空间 $L_2[0,\infty)$ 上的信号，则它的傅里叶变换 $Y(\mathrm{j}\omega)$ 属于信号空间 $L_2(-\infty,\infty)$。频域提升是指将这个傅里叶变换 $Y(\mathrm{j}\omega)$ 沿频率轴切成各个片段 $\{Y_k(\mathrm{j}\omega)\}=\{Y(\mathrm{j}(\omega+k\omega_s)\}$，并构成一无限维的向量 $\boldsymbol{y}$，即

$$\boldsymbol{y}(\omega)\triangleq[\cdots,\boldsymbol{Y}_1^{\mathrm{T}}(\mathrm{j}\omega),\boldsymbol{Y}_0^{\mathrm{T}}(\mathrm{j}\omega),\boldsymbol{Y}_{-1}^{\mathrm{T}}(\mathrm{j}\omega),\cdots]^{\mathrm{T}} \tag{1.6}$$

这个 $\boldsymbol{y}$ 就是 $Y$ 的提升，其中 $\omega\in\Omega_{\mathrm{N}}\triangleq[-\omega_s/2,\ \ \omega_s/2]$，$k$ 是整数。

$\boldsymbol{y}$ 是一个定义在几乎每一个频率点 $\omega\in\Omega_{\mathrm{N}}$ 上的且在 $l_2$ 空间取值的函数。这些在 $l_2$ 空间取值的函数在如下的范数和内积定义下，构成一个 Hilbert 空间。

$$\|\boldsymbol{y}\|\triangleq\left(\int_{\Omega_{\mathrm{N}}}\|\boldsymbol{y}(\omega)\|_{l_2}^2\mathrm{d}\omega\right)^{1/2}$$

$$\langle\boldsymbol{y},\boldsymbol{x}\rangle\triangleq\int_{\Omega_{\mathrm{N}}}\langle\boldsymbol{y}(\omega),\boldsymbol{x}(\omega)\rangle_{l_2}\mathrm{d}\omega$$

这里用 $L_2(\Omega_{\mathrm{N}};l_2)$ 来表示这个空间。因为这个 $L_2(\Omega_{\mathrm{N}};l_2)$ 空间中的元素实际上是 $L_2(-\infty,\infty)$ 中元素的重新排列，因此两个空间是等距同构的且范数等价。

如果 $\mathbb{G}$ 是定义在 $L_2$ 上的有界算子，并且 $\mathscr{F}\mathbb{G}\mathscr{F}^{-1}$ 是相应的 $L_2(\Omega_{\mathrm{N}};l_2)$ 算子，则频域提升可以表示为 $(\mathscr{F}\mathbb{G}\mathscr{F}^{-1}\boldsymbol{y})(\omega)=G(\omega)\boldsymbol{y}(\omega)$，而且算子 $\mathbb{G}$ 的 $L_2$ 诱导范数可以根据下式进行计算[9]：

$$\|\mathbb{G}\|=\sup_{\omega\in\Omega_{\mathrm{N}}}\|G(\omega)\| \tag{1.7}$$

式(1.7) 等号右侧的标量函数 $\|G(\omega)\|:\Omega_{\mathrm{N}}\rightarrow\mathbf{R}_0^+$ 就是算子 $\mathbb{G}$ 的频率响应增益。

应用频域提升法时先计算提升后的频率响应，再求采样控制系统的 $L_2$ 诱导范数[11]。其中 T. Hagiwara[17] 等人根据频率响应(FR) 算子，对满足文献中两个假设条件的情形，给出了频率响应增益的 $\gamma$ 迭代计算公式，通过用一个无穷维矩阵来描述系统的 FR 算子，求得系统的频率响应，进而得到采样控制系统的 $L_2$ 诱导范数。

J. H. Braslavsky 等人针对采样控制系统的灵敏度问题和补灵敏度问题，给出了其频率响应增益的频域提升算法，又根据采样系统频率响应特性上的最大幅值等于其 $L_2$ 诱导范数[11]，给出了采样控制系统的 $L_2$ 诱导范数。

M. Araki 等人针对采样控制系统经提升化处理后存在多频率输出响应问题[16]，引入一个输入集合，即由全部正弦信号 $\exp(\mathrm{j}\varphi t+\mathrm{j}m\omega_s t)$($m=0,\pm1,\cdots;\omega_s$ 为采样频率) 构成的集合 $X_\varphi$，并证明当采样开关前存在一个严格真的前置滤波器时，采样控制系统在稳态时是 $X_\varphi$ 到 $X_\varphi$ 的映射，于是从 $X_\varphi$ 到 $X_\varphi$ 的 FR 算子 $Q(\mathrm{j}\varphi)$ 就可以反映出采样控制系统的频率响应特性，通过求解 FR 算子范数值的最大值 $\max_{\varphi}\|Q(\mathrm{j}\varphi)\|$ 得到采样控制系统的 $L_2$ 诱导范数。

另外，作为频域提升技术的应用，T. Hagiwara 等人应用频域提升技术[17]，即用 FR 算子来解决采样控制系统的鲁棒稳定性问题，这里的摄动包括稳定和不稳定的摄动。在假设对象的不稳定模态不变的条件下，给出了 FR 算子描述的小增益定理的条件(与小增益定理用 $L_2$ 诱导范数来描述的条件等价)，并指出对于具有 $\tau$ 周期摄动的采样控制系统，该条件仍是系统鲁棒稳定性的充要条件。该结论是根据 Nyquist 判据推导出来的。Hagiwara 等人同时还给出了具有线性时不变摄动的系统鲁棒稳定性的充要条件。J. H. Braslavsky 等人也应用频域提升技术分析了采样控制系统在线性时不变摄动下的鲁棒稳定性问题[18]。针对

线性时不变乘性不确定性，给出了系统鲁棒稳定的充要条件。

近年来，提升法的研究已逐渐从算法研究转向应用研究，将提升算得的 $L_2$ 诱导范数用于控制器离散化和数字再设计（digital redesign）[15]，或者用来确定采样周期。不过这些应用并非提升方法的主要应用方向。

## 1.4　本章小结

纵观采样控制系统的研究现状不难发现，目前对线性采样控制系统的分析和设计，基本上都应用提升技术，提升技术现在已成为采样控制系统 $H_\infty$ 分析和设计的主要工具。但现有的文献一般都着重在 $H_\infty$ 离散化（提升等价离散化）的分析和算法，或是基于理论上的研究和算法的进一步完善，基本上不涉及采样控制系统的设计，一个可能的理由是，似乎将对象进行了 $H_\infty$ 离散化，剩下的就是一些常规的设计问题了。但是事实正好相反，由于提升计算本身的一些特殊性，正常的 $H_\infty$ 优化设计的理念在这里将遇到困难，本章就是对这方面的综述。

# 第 2 章　采样控制系统的数学描述

## 2.1　信号的采样与保持

对于采样控制系统来说，其控制器是用计算机来实现的，计算机只能接收、识别和处理数字信号，而来自被控对象(生产过程)的信号又大多是连续信号。要将来自生产现场的连续信号传送给计算机，需要进行信号的采样，完成这一功能的装置称为采样器或采样开关；反之，计算机输出的控制量也不能直接作用于生产过程，需要经过保持器转换成连续信号后才能驱动执行机构工作。

### 2.1.1　采样过程及采样定理

采样或采样过程就是抽取连续信号在离散时间上的瞬时值序列的过程，有时也称为离散化过程[19]。如图 2.1 所示，设采样开关每隔一定时间 $\tau$(即采样周期)闭合一次，闭合时间为 $\tau_1$，则模拟信号 $f(t)$ 经采样开关后的输出为 $f^*(t)$，它是连续信号 $f(t)$ 按 $t=k\tau(k=\cdots,-1,0,1,2,\cdots)$ 取出的离散时刻序列值，也就是说，$f^*(t)$ 是对 $f(t)$ 的取样。

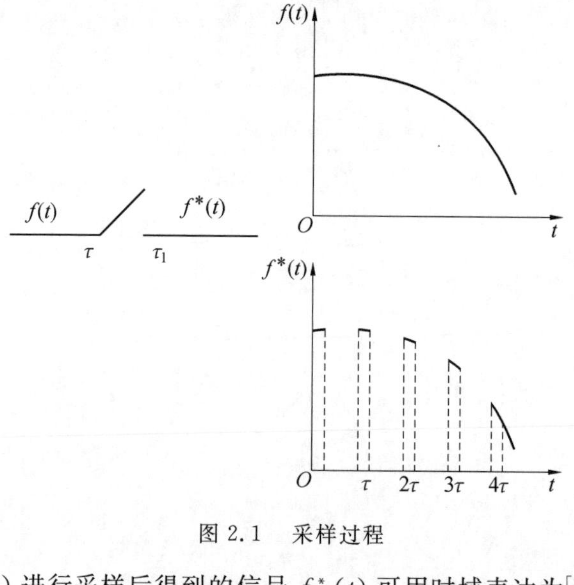


图 2.1　采样过程

对连续信号 $f(t)$ 进行采样后得到的信号 $f^*(t)$ 可用时域表达为[2]

$$f^*(t)=\sum_{k=-\infty}^{+\infty} f(k\tau+\Delta t),0<\Delta t\leqslant\tau_1 \tag{2.1}$$

当采样开关闭合时间 $\tau_1\leqslant\tau$，且 $\tau_1$ 远远小于系统连续部分惯性时间常数时，可以将采样开关看成理想采样开关。信号 $f(t)$ 经过理想采样开关即为理想采样过程，如图 2.2 所示。

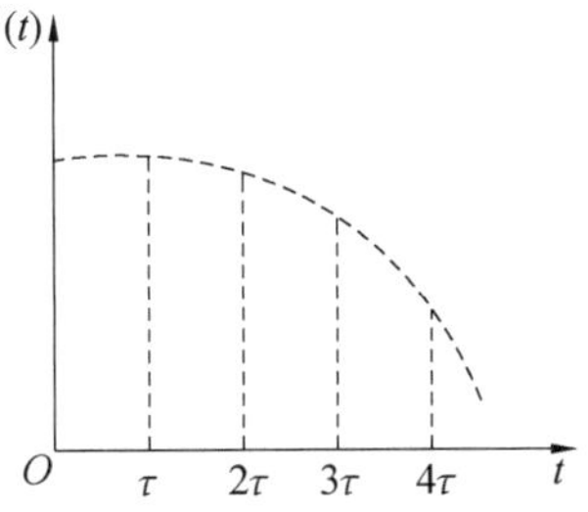


图 2.2　理想采样过程

理想采样开关可以用一单位脉冲序列 $\delta_\tau(t)$ 表示为

$$\delta_\tau(t)=\sum_{k=-\infty}^{+\infty}\delta(t-k\tau) \tag{2.2}$$

式中，$\delta(t-k\tau)$ 表示发生在 $t=k\tau$ 时刻具有单位强度的理想脉冲，工程上常将 $\delta$ 函数用一个长度等于 1 的有向线段来表示，这个线段的长度就是 $\delta$ 函数的积分或强度。$\delta$ 函数可以描述为

$$\delta(t)=\begin{cases}\infty, t=0\\ 0, t\neq 0\end{cases},\ \int_{-\infty}^{+\infty}\delta(t)\mathrm{d}t=1 \tag{2.3}$$

信号 $f(t)$ 经过理想采样开关之后的输出 $f^*(t)$ 为

$$f^*(t)=f(t)\delta_\tau(t)=f(t)\sum_{k=-\infty}^{+\infty}\delta(t-k\tau) \tag{2.4}$$

由于 $t\neq k\tau$ 时刻 $\delta_\tau(t)=0$，式(2.4) 还可以表示为[20]

$$f^*(t)=\sum_{k=-\infty}^{+\infty}f(k\tau)\delta(t-k\tau) \tag{2.5}$$

式中，$f(k\tau)$ 是 $f^*(t)$ 在采样时刻的值。

在分析一个系统时，一般都是讨论零状态响应，控制作用也都是从零时刻开始施加的，因此 $f(t)$ 在 $t<0$ 时为 0，这时

$$\delta_\tau(t)=\sum_{k=0}^{+\infty}\delta(t-k\tau)$$

$$\begin{aligned}f^*(t)&=f(t)\sum_{k=0}^{+\infty}\delta(t-k\tau)=\sum_{k=0}^{+\infty}f(k\tau)\delta(t-k\tau)\\&=f(0)\delta(t)+f(\tau)\delta(t-\tau)+\cdots+f(k\tau)\delta(t-k\tau)+\cdots\\&=f(k\tau)\times\delta_\tau(t)\end{aligned} \tag{2.6}$$

采样的过程有两种物理解释：一是连续信号被单位脉冲序列做了离散时间调制；二是单位脉冲序列被连续信号做了幅值加权。

对计算机系统的信号进行采样，若采样周期 $\tau$ 选得太大，采样信号含有的原连续信号的信息过少，以至于无法从采样信号看出原连续信号的特征；若 $\tau$ 足够小，就只损失很少的信息，这样就有可能从采样信号重构原连续信号。下面的香农采样定理给出了采样频率 $\omega_s=2\pi/\tau$ 的选择原则。

**采样定理**　若 $\omega_m$ 是模拟信号上限频率，$\omega_s$ 为采样频率，则当

$$\omega_s\geqslant 2\omega_m \tag{2.7}$$

时，经采样得到的信号便能无失真地再现原信号。

采样定理给出了采样频率的下限，通常称 $\omega_N = \omega_s/2$ 为 Nyquist 频率。下面对理想采样过程进行频域分析，并对采样定理进行解释性说明。

对 $f(t)$ 和 $f^*(t)$ 分别求傅里叶变换，得

$$F(\mathrm{j}\omega) = \int_{-\infty}^{\infty} f(t)\mathrm{e}^{-\mathrm{j}\omega t}\mathrm{d}t \tag{2.8}$$

$$F^*(\mathrm{j}\omega) = \int_{-\infty}^{\infty} f^*(t)\mathrm{e}^{-\mathrm{j}\omega t}\mathrm{d}t \tag{2.9}$$

对理想采样开关，可展为如下的傅里叶级数：

$$\delta_\tau(t) = \frac{1}{\tau}\sum_{k=-\infty}^{\infty} \mathrm{e}^{\mathrm{j}k\omega_s t} \tag{2.10}$$

综合式(2.10)和式(2.9)，得

$$\begin{aligned} F^*(\mathrm{j}\omega) &= \int_{-\infty}^{\infty} f(t)\,\mathrm{e}^{-\mathrm{j}\omega t}\mathrm{d}t \\ &= \frac{1}{T}\sum_{k=-\infty}^{\infty}\int_{-\infty}^{\infty} f(t)\,\mathrm{e}^{-\mathrm{j}(\omega-k\omega_s)t}\mathrm{d}t \\ &= \frac{1}{T}\sum_{k=-\infty}^{\infty} F[\mathrm{j}(\omega-k\omega_s)] \end{aligned} \tag{2.11}$$

式(2.11)建立了连续信号的频谱和相应的采样信号频谱之间的关系，表明采样信号的频谱是原连续信号频谱的周期性重复，只是幅值为连续信号频谱的 $1/\tau$。

假定原连续信号在 $\omega=0$ 时的频谱幅值 $|F(0)|=1$，其频谱特性如图 2.3(a) 所示，则不同采样频率时采样信号的频谱幅值如图 2.3(b) 和图 2.3(c) 所示。从图 2.3 可以看出，当 $\omega_s \geqslant 2\omega_m$ 时，采样信号由理想滤波器滤波后可得到原连续谱；当 $\omega_s < 2\omega_m$ 时，采样信号中各个周期性重复的频谱相互重叠，会发生频率混叠现象，无法从采样信号中恢复出原连续信号。

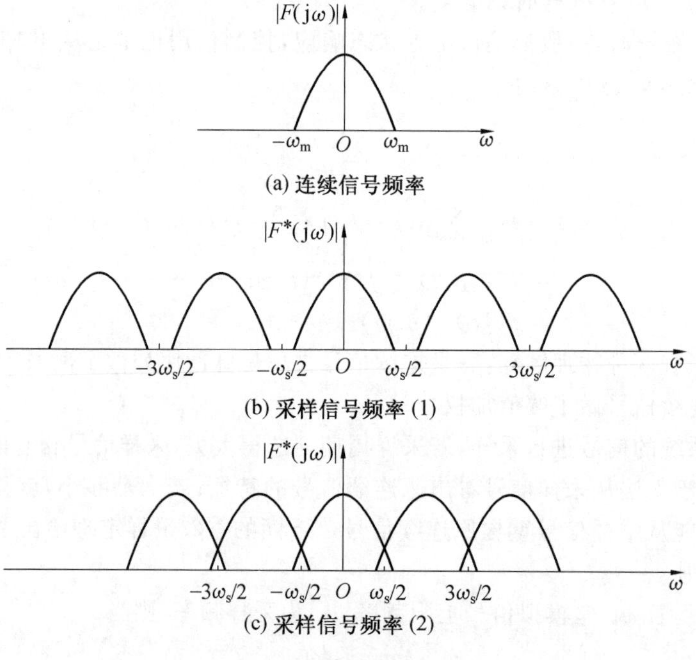


图 2.3　采样信号频谱

### 2.1.2　信号重构

信号重构是采样过程的逆过程。在计算机系统中，计算机输出的数字信号，经 D/A 转换后，还需要经过重构变成连续信号才能作用于对象。把离散信号变为连续信号的过程称为信号重构。信号重构有两种方法：第一种是香农重构法，但这种方法需要知道 $k=-\infty \to k=+\infty$ 的数据（过去和未来的数据），在物理上不可实现，因此不能应用于实际的数字控制系统；第二种是信号保持法，是一种仅由原来时刻的采样值实现信号重构的方法，在工程上用保持器来实现。从数学上说，保持器是解决各采样点之间的插值问题，用外推方法 —— 由过去时刻输入的采样值外推当前时刻值。常用的保持器有零阶保持器和一阶保持器，下面将分别给出它们的脉冲响应及传递函数。

**1. 零阶保持器(ZOH)**

如图 2.4 所示，ZOH 是按常值外推，即把 $k\tau$ 时刻的输入信号保持到下一个采样时刻 $(k+1)\tau$ 到来之前。

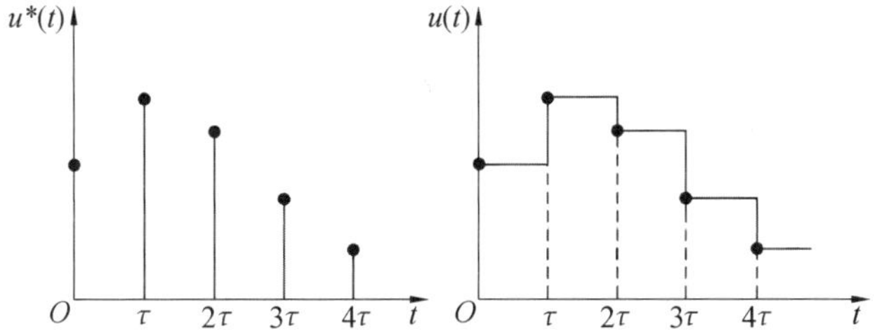


图 2.4　零阶保持器输入输出特性

下面来看 ZOH 的脉冲响应，若 ZOH 的输入信号为

$$\delta^*(t)=\begin{cases}1, k=0\\0, k\neq 0\end{cases} \tag{2.12}$$

则其输出信号即为脉冲响应 $h_0(t)$，它可以分解为两个单位阶跃函数，即

$$h_0(t)=1(t)-1(t-\tau) \tag{2.13}$$

对式(2.13)进行拉普拉斯变换，可以得到 ZOH 的传递函数为[21]

$$G_{h0}=\frac{1}{s}-\frac{1}{s}e^{-\tau s}=\frac{1-e^{-\tau s}}{s} \tag{2.14}$$

将 $s=j\omega$ 代入式(2.14)中，求得其频率特性为

$$G_{h0}(j\omega)=\frac{1-e^{-j\omega\tau}}{j\omega}=\frac{2e^{-\frac{j\omega\tau}{2}}(e^{\frac{j\omega\tau}{2}}-e^{-\frac{j\omega\tau}{2}})}{2j\omega}=\tau\frac{\sin\left(\frac{\omega\tau}{2}\right)}{\frac{\omega\tau}{2}}e^{\frac{-j\omega\tau}{2}} \tag{2.15}$$

图 2.5 为其频率特性图，从幅频特性可见，零阶保持器为一低通滤波器，与理想的低通滤波器相比，其不足之处是具有多个截止频率；还能通过高频分量，从相频特性可见，产生相位滞后。

**2. 一阶保持器**

一阶保持器是用以前最近两个采样点的值进行直线外推，其脉冲响应可分解为如下形式：

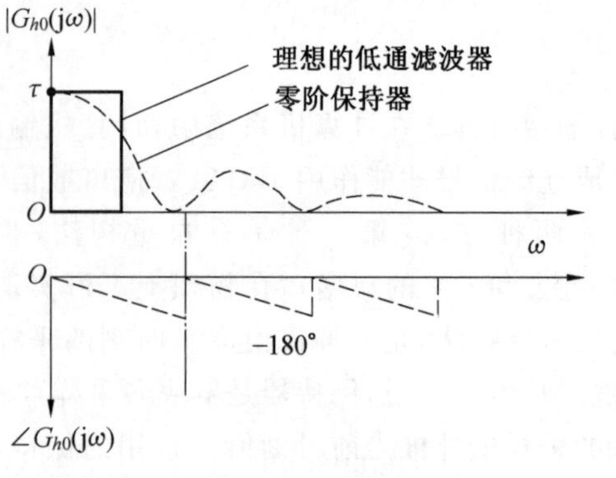


图 2.5 零阶保持器频率特性

$$
\begin{aligned}
h_1(t) &= 1(t)\,\frac{\tau+t}{\tau} - 1(t-\tau)\left(2+2\,\frac{t-\tau}{\tau}\right) + 1(t-2\tau)\left(1+\frac{t-2\tau}{\tau}\right) \\
&= 1(t) + \frac{t}{\tau}1(t) - 2[1(t-\tau)] - 2\,\frac{t-\tau}{\tau}[1(t-\tau)] + 1(t-2\tau) + \\
&\quad \frac{t-2\tau}{\tau}[1(t-2\tau)]
\end{aligned} \tag{2.16}
$$

对式(2.16)进行拉普拉斯变换，可以得到一阶保持器的传递函数为

$$
\begin{aligned}
G_{h1}(s) &= \frac{1}{s} + \frac{1}{\tau s^2} - \frac{2e^{-\tau s}}{s} - \frac{2e^{-\tau s}}{\tau s^2} + \frac{e^{-2\tau s}}{s} + \frac{e^{-2\tau s}}{\tau s^2} \\
&= \tau(1+s\tau)\left(\frac{1-e^{-\tau s}}{s\tau}\right)^2
\end{aligned} \tag{2.17}
$$

同样，将 $s=j\omega$ 代入式(2.17)中，可以求得其频率特性，如图 2.5 中虚线所示。对比图 2.5 的曲线可知，一阶保持器的幅频特性较高，高频分量滤波效果较差，且产生的相位滞后也比零阶的大，不利于系统的稳定性。

# 2.2 Z 变换与 Z 反变换

## 2.2.1 脉冲响应和卷积和

脉冲响应(impulse response)是线性离散系统时域描述的又一种形式。设系统输入为单位脉冲序列 $\delta^*(t)$，即

$$
\delta^*(t) = \begin{cases} 1, & k=0 \\ 0, & k\neq 0 \end{cases}
$$

其输出脉冲序列 $h^*(t)$ 称为系统的脉冲响应，也称为权序列(weighting sequence)。

若已知系统的脉冲响应 $h^*(t)$，就可求出对应于任一输入脉冲序列 $u^*(t)$ 下系统的输出。

把输入序列 $u^*(t)$ 分解为各分序列，由于是线性系统，可应用叠加原理，则输出响应等于系统对各分序列响应之和，即

$$
y(k) = \sum_{j=0}^{k} u(j)h(k-j) \tag{2.18}
$$

做变量代换，令 $k-j=m$，则式(2.18)又可写为

$$y(k)=\sum_{m=0}^{k}h(m)u(k-m) \tag{2.19}$$

式(2.18)及式(2.19)可用如下表达式描述：

$$y(k)=u(k)*h(k) \tag{2.20}$$

则称 $y(k)$ 为 $u(k)$ 与 $h(k)$ 之卷积和(convolution summation)。

上列式中 $y(k)$，$u(k)$，$h(k)$ 分别为对应的脉冲序列 $y^*(t)$，$u^*(t)$，$h^*(t)$ 采样点上的值。

### 2.2.2　Z 变换

$Z$ 变换与连续系统中拉氏变换的作用相似，它是分析离散系统的重要工具，也是数字控制系统分析和综合的重要工具。

**1. Z 变换的定义**

设连续信号 $f(t)$ 的拉氏变换为 $F(s)$，$f(t)$ 经采样开关后的信号为 $f^*(t)$，采样周期为 $\tau$，设 $t<0$ 时，$f(t)=0$，则由式(2.6)可知

$$f^*(t)=\sum_{k=0}^{\infty}f(k\tau)\delta(t-k\tau) \tag{2.21}$$

对式(2.21)进行拉氏变换，得

$$F^*(s)=\sum_{k=0}^{\infty}f(k\tau)\mathrm{e}^{-k\tau s} \tag{2.22}$$

引进一个新的变量 $z$，令

$$z=\mathrm{e}^{s\tau} \tag{2.23}$$

并将 $F^*(s)$ 记为 $F(z)$，则

$$F(z)=F^*(s)=\sum_{k=0}^{\infty}f(k\tau)z^{-k} \tag{2.24}$$

在 $Z$ 变换中，只考虑 $f(t)$ 在采样点的信号，因此 $f(t)$ 的 $Z$ 变换与 $f^*(t)$ 的 $Z$ 变换是相同的，记为

$$Z[f(t)]=Z[f^*(t)]=F(z)=\sum_{k=0}^{\infty}f(k\tau)z^{-k} \tag{2.25}$$

因为 $Z$ 变换只给出信号在采样点上的信息，因此如果两个信号 $f_1(t)$ 与 $f_2(t)$ 在采样点上具有相同的值，则其 $Z$ 变换相同。

$Z$ 变换必须满足收敛性：只有表示函数 $Z$ 变换的无穷级数 $F(z)$ 在 $Z$ 平面的某个区域内是收敛的，即

$$\lim_{k\to\infty}\sum_{i=0}^{k}f(i\tau)z^{-i}$$

存在，则这个函数的 $Z$ 变换才存在。

**2. 求 Z 变换**

求一个函数的 $Z$ 变换有 3 种方法，即级数求和法、部分分式法和留数计算法，下面分别予以阐述。

(1) 级数求和法。

级数求和法是从 $Z$ 变换的定义，也就是由式(2.25) 来求函数的 $Z$ 变换的。

**例 2.1**　求单位阶跃函数 $f(t)=1(t)$ 的 $Z$ 变换。

**解**

$$Z[1(t)]=\sum_{k=0}^{\infty}1(k\tau)z^{-k}=1+z^{-1}+z^{-2}+\cdots=\frac{z}{z-1},|z|>1$$

**例 2.2**　求 $f(t)=\mathrm{e}^{-at}(t\geqslant 0)$ 的 $Z$ 变换。

**解**

$$Z[f(t)]=\sum_{k=0}^{\infty}\mathrm{e}^{-ak\tau}z^{-k}=1+\mathrm{e}^{-a\tau}z^{-1}+\mathrm{e}^{-2a\tau}z^{-2}+\cdots=\frac{z}{z-\mathrm{e}^{-a\tau}},|z|\geqslant \mathrm{e}^{-a\tau}$$

(2) 部分分式法。

已知连续函数 $f(t)$ 的拉氏变换 $F(s)$，如可分解为部分分式，则由 $Z$ 变换表可求得 $f(t)$ 的 $Z$ 变换。

**例 2.3**　求 $F(s)=1/[s(s+1)]$ 的 $Z$ 变换。

**解**

$$F(z)=Z[F(s)]=Z\left(\frac{1}{s}-\frac{1}{s+1}\right)$$

查表得

$$F(z)=\frac{z}{z-1}-\frac{z}{z-\mathrm{e}^{-\tau}}=\frac{z(1-\mathrm{e}^{-\tau})}{z^2-(1+\mathrm{e}^{-\tau})z+\mathrm{e}^{-\tau}}$$

(3) 留数计算法。

若已知连续函数 $f(t)$ 的拉氏变换及全部极点 $s_i(i=1,2,3,\cdots,n)$，则可用如下的留数计算式求得 $f(t)$ 的 $Z$ 变换：

$$\begin{aligned}F(z)&=\sum_{i=1}^{n}\mathrm{res}\left[F(s_i)\frac{z}{z-\mathrm{e}^{s_i\tau}}\right]\\&=\sum_{i=1}^{n}\left\{\frac{1}{(m-1)!}\frac{\mathrm{d}^{m-1}}{\mathrm{d}s^{m-1}}\left[(s-s_i)^mF(s)\frac{z}{z-\mathrm{e}^{s\tau}}\right]\right\}_{s=s_i}\end{aligned}\tag{2.26}$$

式中，$m$ 为 $s_i$ 的个数；$n$ 为彼此不等的极点个数。

**3. Z 变换的性质**

$Z$ 变换具有如下基本性质：

(1) 叠加原理。

设连续函数 $f_1(t)$，$f_2(t)$ 的 $Z$ 变换为 $F_1(z)$，$F_2(z)$，则

$$Z[f_1(t)+f_2(t)]=F_1(z)+F_2(z)\tag{2.27}$$

(2) 初值定理。

设 $f(t)$ 的 $Z$ 变换为 $F(z)$，且 $\lim\limits_{z\to\infty}F(z)$ 存在，则

$$f(0)=\lim_{z\to\infty}F(z)\tag{2.28}$$

(3) 移位定理。

设函数 $f(t)$ 的 $Z$ 变换为 $F(z)$，且 $t<0$ 时，$f(t)=0$，则 $Z$ 变换具有如下的移位定理。

① 超前一步移位定理：

$$Z[f(k+1)]=zF(z)-zf(0) \tag{2.29}$$

② 超前 $m$ 步移位定理：

$$Z[f(k+m)]=z^{m}F(z)-z^{m}f(0)-z^{m-1}f(1)-z^{m-2}f(2)-\cdots-zf(m-1) \tag{2.30}$$

③ 滞后一步移位定理：

$$Z[f(k-1)]=z^{-1}F(z) \tag{2.31}$$

④ 滞后 $m$ 步移位定理：

$$Z[f(k-m)]=z^{-m}F(z) \tag{2.32}$$

(4) 终值定理。

设函数 $f(t)$ 的 $Z$ 变换为 $F(z)$，且 $f(k)$ 为有限值，则其终值为

$$\lim_{k\to\infty}f(k)=\lim_{t\to\infty}f(t)=\lim_{z\to 1}[(z-1)F(z)] \tag{2.33}$$

### 2.2.3　Z 反变换

与 $Z$ 变换相反，$Z$ 反变换是将 $Z$ 域函数 $F(z)$ 变换为时间序列 $f(k)$ 或采样信号 $f^{*}(t)$。求 $Z$ 反变换的方法有 3 种，即长除法、部分分式法和留数计算法。

**1. 长除法**

对于

$$F(z)=\frac{a_0+a_1z^{-1}+\cdots+a_mz^{-m}}{b_0+b_1z^{-1}+b_2z^{-2}+\cdots+b_nz^{-n}},m\leqslant n$$

通过长除法得到如下的幂级数展开式：

$$F(z)=f(0)z^{0}+f(\tau)z^{-1}+f(2\tau)z^{-2}+\cdots+f(k\tau)z^{-k}+\cdots$$

式中，$z^{-k}$ 的系数就是时间序列中 $f(k)$ 的值。

**2. 部分分式法**

具体做法是首先将 $F(z)/z$ 展开成部分分式，然后用 $z$ 乘以各部分分式，最后查表求各部分的 $Z$ 反变换。

**3. 留数计算法**

$$f(k)=\sum_{i=1}^{l}\frac{1}{(m-1)!}\frac{\mathrm{d}^{m-1}}{\mathrm{d}z^{m-1}}[(z-p_i)^{m}F(z)z^{k-1}]_{z=p_i} \tag{2.34}$$

式中，$l$ 为彼此不相等的极点的个数；$p_i$ 为不相等的极点；$m$ 为重极点 $p_i$ 的个数。

## 2.3　Z 差分方程与离散传递函数

### 2.3.1　线性差分方程

线性常系数差分方程是描述线性时不变离散系统的时域表达式。

**1. 表达式**

设 $u(k\tau)$，$y(k\tau)$ 分别为离散系统输入、输出脉冲序列 $u^{*}(t)$，$y^{*}(t)$ 采样点的值，简记为 $u(k)$，$y(k)$，则输入与输出之间的关系可用如下两种形式表示。

第一种形式为

$$\begin{aligned} & y(k)+a_1y(k-1)+a_2y(k-2)+\cdots+a_ny(k-n) \\ & =b_0u(k)+b_1u(k-1)+b_2u(k-2)+\cdots+b_my(k-m) \end{aligned} \tag{2.35}$$

式(2.35)为 $n$ 阶常系数差分方程，是在输入输出的最高阶上统一的。式中 $a_i$，$b_i$ 为常系数；$k-i$ 是采样时刻 $(k-i)\tau$ 的简写。

第二种形式为

$$\begin{aligned} & y(k+n)+a_1y(k+n-1)+a_2y(k+n-2)+\cdots+a_ny(k) \\ & =b_0u(k+m)+b_1u(k+m-1)+b_2u(k+m-2)+\cdots+b_my(k) \end{aligned} \tag{2.36}$$

式(2.36)称为 $(n,m)$ 阶的差分方程，其中 $m\leqslant n$，是在输入输出的最低阶上统一的。

**2. 差分方程求解**

差分方程的解由通解和特解两部分组成。

通解：对应于齐次方程，其物理意义是表示系统在无外力作用情况下的自由运动，反映了离散系统自身的特性。

特解：对应于非齐次方程的特解，反映了系统在外力作用下的强迫运动。求解差分方程特解的方法是试探法，在此从略。

下面给出用解析法求解差分方程通解的具体思路。

与式(2.36)对应的齐次方程为

$$y(k+n)+a_1y(k+n-1)+\cdots+a_{n-1}y(k+1)+a_ny(k)=0 \tag{2.37}$$

与微分方程求解法类似，我们可用 $n$ 阶代数方程表示其特征方程，即

$$r^n+a_1r^{n-1}+a_2r^{n-2}+\cdots+a_n=0 \tag{2.38}$$

(1) 若特征方程的解为 $n$ 个单根 $r_1,r_2,\cdots,r_n$，则式(2.37)的解为

$$y(k)=c_1r_1^k+c_2r_2^k+\cdots+c_nr_n^k \tag{2.39}$$

(2) 若特征方程的解有重根，则解的形式为 $r^k,kr^k,k^2r^k$ 的线性组合。

设有一个三重根 $r_1$，则解可写成

$$y(k)=c_1r_1^k+c_2kr_1^k+c_3k^2r_1^k+c_4r_2^k+\cdots+c_nr_{n-2}^k \tag{2.40}$$

式(2.39)及式(2.40)中的系数 $c_l(l=1,2,\cdots,n)$ 由系统的初始条件确定。

### 2.3.2 离散传递函数

**1. 脉冲传递函数的定义**

离散传递函数(pulse transfer function)也称为 $Z$ 传递函数。线性离散系统的 $Z$ 传递函数定义为

$$G(z)=\frac{Y(z)}{U(z)}=\frac{\text{输出脉冲序列 } y(k) \text{ 的 } Z \text{ 变换}}{\text{输入脉冲序列 } u(k) \text{ 的 } Z \text{ 变换}}\text{，零初始条件下} \tag{2.41}$$

$Z$ 传递函数仅取决于系统本身的特性，与输入无关。

**2. 求 $Z$ 传递函数**

(1) 已知线性离散系统的差分方程，求 $Z$ 传递函数。

$$\begin{aligned} & y(k)+a_1y(k-1)+a_2y(k-2)+\cdots+a_ny(k-n) \\ & =b_0u(k)+b_1y(k-1)+b_2y(k-2)+\cdots+b_my(k-m) \end{aligned}$$

利用滞后移位定理，在零初始条件下，上式两端求 $Z$ 变换，得

$$Y(z)+a_1z^{-1}Y(z)+a_2z^{-2}Y(z)+\cdots+a_nz^{-n}Y(z)$$
$$=b_0U(z)+b_1z^{-1}U(z)+b_2z^{-2}U(z)+\cdots+b_mz^{-m}U(z)$$

整理上式可得

$$(1+a_1z^{-1}+a_2z^{-2}+\cdots+a_nz^{-n})Y(z)$$
$$=(b_0+b_1z^{-1}+b_2z^{-2}+\cdots+b_mz^{-m})U(z)$$

$Z$ 传递函数为

$$G(z)=\frac{Y(z)}{U(z)}=\frac{b_0+b_1z^{-1}+b_2z^{-2}+\cdots+b_mz^{-m}}{1+a_1z^{-1}+a_2z^{-2}+\cdots+a_nz^{-n}}=\frac{\sum_{i=0}^{m}b_iz^{-i}}{1+\sum_{i=0}^{n}a_iz^{-i}} \tag{2.42}$$

系统特征方程为

$$1+a_1z^{-1}+a_2z^{-2}+\cdots+a_nz^{-n}=0$$

(2) 已知离散系统的脉冲响应，求 $Z$ 传递函数。

由定义可知，系统的脉冲响应是其在 $\delta^*(t)$ 序列输入下的输出序列为 $h^*(t)$，因此，$Z$ 传递函数为

$$G(z)=\frac{Z[h^*(t)]}{Z[\delta^*(t)]}=\frac{Z[h(t)]}{Z[\delta(t)]} \tag{2.43}$$

因为

$$Z[\delta(k)]=1$$

所以有

$$G(z)=Z[h(k)] \tag{2.44}$$

式(2.44)表明离散系统的 $Z$ 传递函数等于脉冲响应 $h(k)$ 的 $Z$ 变换。

若 $h^*(t)$ 在采样点的值为 $h(0),h(1),h(2),\cdots$，则 $Z$ 传递函数为

$$G(z)=h(0)+h(1)z^{-1}+h(2)z^{-2}+\cdots \tag{2.45}$$

(3) 已知系统的连续传递函数 $G(s)$，求 $Z$ 传递函数。

其步骤如下：

① 用拉氏反变换求系统的脉冲过渡函数：

$$h(t)=\mathscr{L}^{-1}[G(s)]$$

② 求出 $h(t)$ 以 $\tau$ 为周期采样点的值 $h(0),h(1),h(2),\cdots$。

③ 由 $Z$ 变换定义求系统的 $Z$ 传递函数，即

$$G(z)=\sum_{k=0}^{\infty}h(k)z^{-k}$$

# 2.4　采样控制系统的离散模型

## 2.4.1　连续对象的 Z 传递函数

对于采样控制系统，离散控制器输出的信号 $u(kT)$ 要经过保持器转换成连续信号 $u(t)$ 才能送给连续被控对象，而对象输出的连续信号 $y(t)$ 又要经过采样开关采样后，才能转换

成离散信号 $y(kT)$ 再反馈到控制器上。由于工程上广泛使用的保持器为零阶保持器(ZOH),下面将给出这个带保持器的对象的离散化传递函数,即 $Z$ 传递函数。

设连续对象的传递函数为 $G(s)$,由式(2.14)可知,零阶保持器的传递函数为

$$G_{h0}(s)=\frac{1-e^{-\tau s}}{s}$$

用 $G_d(z)$ 表示带零阶保持器的连续对象的 $Z$ 传递函数,则有

$$\begin{aligned}G_d(z)&=Z\left[\frac{1-e^{-\tau s}}{s}G(s)\right]=Z\left[\frac{1}{s}G(s)-\frac{e^{-\tau s}}{s}G(s)\right]\\&=(1-z^{-1})Z\left[\frac{G(s)}{s}\right]\end{aligned}\tag{2.46}$$

**例 2.4** 已知连续对象 $G(s)=\dfrac{a}{s+a}$,求 $G_d(z)$。

**解** 由式(2.46),有

$$G_d(z)=(1-z^{-1})Z\left[\frac{G(s)}{s}\right]$$

将上式中的连续部分进行部分分解,得

$$\frac{G(s)}{s}=\frac{a}{s(s+a)}=\frac{1}{s}-\frac{1}{s+a}$$

对上式进行拉式反变换,有

$$\mathscr{L}^{-1}\left\{\frac{G(s)}{s}\right\}=1(t)-e^{-at}1(t)$$

相应的采样信号为 $1(k\tau)-e^{-ak\tau}1(k\tau)$,这一采样信号的 $Z$ 传递函数为

$$Z\left(\frac{1}{s}-\frac{1}{s+a}\right)=\frac{z}{z-1}-\frac{z}{z-e^{-a\tau}}=\frac{z(1-e^{-a\tau})}{(z-1)(z-e^{-a\tau})}$$

这样,最终的 $G_d(z)$ 为

$$G_d(z)=(1-z^{-1})\frac{z(1-e^{-a\tau})}{(z-1)(z-e^{-a\tau})}=\frac{1-e^{-a\tau}}{z-e^{-a\tau}}$$

对于一些实际的控制系统,在设计时也常常将对带有 ZOH 的对象部分的频率特性近似为一个简单的连续特性,下面将从采样和离散化的基本定义出发,给出这个近似过程[3]。

若用 $SGH$ 表示对连续对象 $G$ 的 ZOH 离散化,则有

$$SGH(s)\big|_{s=j\omega}=\frac{1}{\tau}\sum_{k=-\infty}^{\infty}\frac{1-e^{-j(\omega+k\omega_s)\tau}}{j\omega+jk\omega_s}G(j\omega+jk\omega_s)\tag{2.47}$$

因为 $\omega_s=2\pi/\tau$,所以有

$$e^{-j(\omega+k\omega_s)\tau}=e^{-j\omega\tau}\cdot e^{-j(\frac{2k\pi}{\tau})\tau}=e^{-j\omega\tau}\cdot e^{-j2k\pi}=e^{-j\omega\tau}\tag{2.48}$$

将式(2.48)代入式(2.47),有

$$SGH(s)\big|_{s=j\omega}=\frac{1-e^{-j\omega\tau}}{\tau}\sum_{k=-\infty}^{\infty}\frac{G(j\omega+jk\omega_s)}{j\omega+jk\omega_s}\tag{2.49}$$

式(2.49)的求和项中包含了沿频率轴的所有项,但由于一般系统中都有抗混叠滤波器 $F$,可以滤掉高频分量,所以在设计中一般只考虑主频段,即求和项中只取 $k=0$ 的项,即

$$\sum_{k=-\infty}^{\infty}\frac{G(j\omega+jk\omega_s)}{j\omega+jk\omega_s}=\frac{G(j\omega)}{j\omega}\tag{2.50}$$

这样，式(2.49)可写为

$$SGH(s)\big|_{s=j\omega}=\frac{1}{\tau}\cdot\frac{1-e^{-j\omega\tau}}{j\omega}\cdot G(j\omega) \tag{2.51}$$

式(2.51)中第一项 $1/\tau$ 可以视为采样开关的作用，第二项是 ZOH 的频率特性 $G_{h0}(j\omega)$，还可以描述为

$$G_{h0}(j\omega)=\frac{1-e^{-j\omega\tau}}{j\omega}=\tau\frac{\sin(\omega\tau/2)}{\omega\tau/2}e^{-j\omega\tau/2} \tag{2.52}$$

考虑到一般系统工作频带都在 $0.1\omega_N$ 即 $0.1\pi/\tau$ 以内，令 $\omega\tau=0.1\omega_N\tau$ 代入式(2.52)可得 $|G_{h0}(j\omega)|=0.9958\tau$，即 ZOH 的增益在工作频带内衰减得很小，可视为不变，即视为常数 $\tau$，这样 $G_{h0}(j\omega)$ 可近似为

$$G_{h0}(j\omega)\approx\tau e^{-j\omega\tau/2}$$

当采样周期 $\tau$ 很小时，上式还可以进一步近似为

$$G_{h0}(j\omega)\approx\frac{\tau}{1+j\omega\tau/2}=\tau\cdot\frac{2/\tau}{j\omega+2/\tau} \tag{2.53}$$

将式(2.53)代入式(2.51)，有

$$SGH(s)\big|_{s=j\omega}\approx\frac{2/\tau}{j\omega+2/\tau}\cdot G(j\omega) \tag{2.54}$$

式(2.54)就是对象 ZOH 离散化后的近似频率特性，在实际系统设计中常常会用到。

### 2.4.2　具有连续时滞的对象的改进 Z 变换

改进的 $Z$ 变换(modified $Z$ − transform method)也被称为广义 $Z$ 变换或扩展 $Z$ 变换[20,21]。由式(2.24)及式(2.25)可知，连续信号 $f(t)$ 和采样信号 $f^*(t)$ 的 $Z$ 变换为

$$F(z)=Z[f(t)]=z[f^*(t)]=z[f(k\tau)]=F^*(s)=z[F(s)]=\sum_{k=0}^{\infty}f(k\tau)z^{-k}$$

上式表明 $Z$ 变换中只考虑信号在采样点的值。

下面讨论 $f(t)$ 的超前信号 $f_1(t)$ 与滞后信号 $f_2(t)$ 的 $Z$ 变换。对于超前与滞后时间为采样周期整数倍的情形，其 $Z$ 变换可以利用移位定理得到，所以下面讨论的是非整数倍的情况。设 $f_1(t)$，$f_2(t)$ 分别为

$$f_1(t)=f(t+\tau_1),0\leqslant\tau_1<\tau \tag{2.55}$$

$$f_2(t)=f(t-\tau_2),0\leqslant\tau_2<\tau \tag{2.56}$$

$f_1(t)$ 相当于是在 $f(t)$ 之后加一超前环节 $e^{\tau_1 t}$ 得到，$f_2(t)$ 相当于是在 $f(t)$ 之后加一滞后环节 $e^{-\tau_2 t}$ 得到。设

$$\tau_1=\Delta T,\tau_2=lT,m=1-l$$

则

$$0\leqslant\Delta<1,0\leqslant l<1,0\leqslant m<1$$

对于超前改进 $Z$ 变换，则定义为

$$F(z,\Delta)=Z[F(s)e^{\Delta\tau s}],0\leqslant\Delta<1 \tag{2.57}$$

对于式(2.55)的 $f_1(t)$，其拉氏变换 $F_1(s)=F(s)e^{\Delta\tau s}$，所以式(2.57)的 $Z$ 变换就是 $f_1(t)$ 在采样点上的 $Z$ 变换，因此式(2.57)也可以写成

$$F(z,\Delta)=\sum_{k=0}^{\infty}f(k\tau+\Delta\tau)z^{-k} \tag{2.58}$$

式(2.58)可以用来计算超前改进 $Z$ 变换。超前改进 $Z$ 变换可用来求连续信号在两个采样时刻之间任一点的值。

对于滞后改进 $Z$ 变换,式(2.56) 所给 $f_2(t)$ 的拉氏变换为

$$\begin{aligned}F_2(s)&=F(s)\mathrm{e}^{-l\tau s}=F(s)\mathrm{e}^{-(1-m)\tau s}\\&=F(s)\mathrm{e}^{-\tau s}\mathrm{e}^{m\tau s},0\leqslant m<1\end{aligned}$$

对上式进行 $Z$ 变换,有

$$\begin{cases}F(z,m)=z^{-1}Z[F(s)\mathrm{e}^{m\tau s}],0\leqslant m<1\\F(z,m)=\sum\limits_{k=0}^{\infty}f(k\tau-l\tau)z^{-k}\end{cases} \tag{2.59}$$

式(2.59)就是滞后改进 $Z$ 变换的定义及计算公式。式(2.59)也说明 $f_2(t)$ 可看作是在 $f(t)$ 之后串上一个滞后一步的环节 $\mathrm{e}^{-\tau s}$ 和一个超前不到一步的环节 $\mathrm{e}^{m\tau s}$ 得到的。滞后改进 $Z$ 变换可用于具有纯滞后特性的连续对象的 $Z$ 传递函数的求解。

### 2.4.3 离散化状态空间描述

在经典的控制理论算法中,对系统采用的是输入－输出描述,而在现代控制理论中,采样的是状态空间描述。对于采样控制系统,若要用基于状态空间描述的方法设计数字控制器,则需要先得到被控系统的离散化数学模型,即需要用离散的状态空间表达式来对其进行描述。通常有两种方法可以得到线性定常离散系统的动态方程:一种方法是由线性定常系统的动态方程经过采样、离散化后得到;另一种方法是利用系统的差分方程来建立。

离散状态空间表达式(discrete state-space representation) 是离散系统时域描述的一种形式。线性常系数离散系统状态空间表达式的一般形式为[22,23]

$$\boldsymbol{x}(k+1)=\boldsymbol{A}\boldsymbol{x}(k)+\boldsymbol{B}\boldsymbol{u}(k) \tag{2.60}$$

$$\boldsymbol{y}(k)=\boldsymbol{C}\boldsymbol{x}(k)+\boldsymbol{D}\boldsymbol{u}(k) \tag{2.61}$$

式(2.60)为状态方程,式(2.61)为输出方程。式中,$\boldsymbol{x}$ 为 $n$ 维的状态向量;$\boldsymbol{u}$ 为 $m$ 维的输入向量;$\boldsymbol{y}$ 为 $p$ 维的输出向量。

$\boldsymbol{x}(k)$,$\boldsymbol{u}(k)$,$\boldsymbol{y}(k)$ 是 $kT$ 采样时刻的值,其形式可表示为

$$\boldsymbol{x}(k)=\begin{bmatrix}x_1(k)\\x_2(k)\\\vdots\\x_n(k)\end{bmatrix}$$

$$\boldsymbol{u}(k)=\begin{bmatrix}u_1(k)\\u_2(k)\\\vdots\\u_m(k)\end{bmatrix}$$

$$\boldsymbol{y}(k)=\begin{bmatrix} y_1(k) \\ y_2(k) \\ \vdots \\ y_p(k) \end{bmatrix}$$

式(2.60)及式(2.61)中的4个矩阵分别为：

**A**:状态转移矩阵，是 $n\times n$ 阵；

**B**:输入矩阵，是 $n\times m$ 阵；

**C**:输出矩阵，是 $p\times n$ 阵；

**D**:传输矩阵，是 $p\times m$ 阵。

下面将给出利用差分方程建立系统的离散状态空间表达式的过程。给定如下的单输入一单输出线性定常离散系统的差分方程为

$$y(k+n)+a_{n-1}y(k+n-1)+\cdots+a_1y(k+1)+a_0y(k)=b_0u(k) \tag{2.62}$$

若选取如下状态变量

$$\begin{cases} x_1(k)=y(k) \\ x_2(k)=y(k+1) \\ \vdots \\ x_n(k)=y(k+n-1) \end{cases} \tag{2.63}$$

则可得如下所示的动态方程：

$$\begin{cases} x_1(k+1)=x_2(k) \\ x_2(k+1)=x_3(k) \\ \vdots \\ x_{n-1}(k+1)=x_n(k) \\ x_n(k+1)=-a_0x_1(k)-a_1x_2(k)-\cdots-a_{n-1}x_n(k)+b_0u(k) \\ y(k)=x_1(k) \end{cases} \tag{2.64}$$

写成向量一矩阵的形式为

$$\begin{cases} \begin{bmatrix} x_1(k+1) \\ x_2(k+1) \\ \vdots \\ x_{n-1}(k+1) \\ x_n(k+1) \end{bmatrix}=\begin{bmatrix} 0 & 1 & 0 & \cdots & 0 \\ 0 & 0 & 1 & \cdots & 0 \\ \vdots & \vdots & \vdots & & \vdots \\ 0 & 0 & 0 & \cdots & 1 \\ -a_0 & -a_1 & -a_2 & \cdots & -a_{n-1} \end{bmatrix}\begin{bmatrix} x_1(k) \\ x_2(k) \\ \vdots \\ x_{n-1}(k) \\ x_n(k) \end{bmatrix}+\begin{bmatrix} 0 \\ 0 \\ \vdots \\ 0 \\ b_0 \end{bmatrix}\boldsymbol{u}(k) \\ \boldsymbol{y}(k)=[1\quad 0\quad 0\quad \cdots\quad 0]\,\boldsymbol{x}(k) \end{cases} \tag{2.65}$$

对于如下的包含输入函数高阶差分的一般形式的线性定常离散系统的差分方程为

$$\begin{aligned} &y(k+n)+a_{n-1}y(k+n-1)+\cdots+a_1y(k+1)+a_0y(k) \\ &=b_nu(k+n)+b_{n-1}u(k+n-1)+\cdots+b_1u(k+1)+b_0u(k) \end{aligned} \tag{2.66}$$

可以通过引入中间变量将式(2.66)化成相应的离散状态空间模型。

对于离散动态方程的求解，可以采用 $Z$ 变换法，也可以采用递推法，这里不再详述。下面只讨论如何利用离散状态空间表达式来得到系统的脉冲传递函数。

对状态空间表达式(2.60)及(2.61)，方程两端求 $Z$ 变换，可得

$$zX(z) - zX(0) = \boldsymbol{A}X(z) + \boldsymbol{B}U(z) \tag{2.67}$$

$$Y(z) = \boldsymbol{C}X(z) + \boldsymbol{D}U(z) \tag{2.68}$$

当初始状态为 0 时,式(2.67) 可写为

$$X(z) = (z\boldsymbol{I} - \boldsymbol{A})^{-1}\boldsymbol{B}U(z) \tag{2.69}$$

将式(2.69) 代入式(2.68) 中,得到输出向量的 $Z$ 变换为

$$Y(z) = [\boldsymbol{C}(z\boldsymbol{I} - \boldsymbol{A})^{-1}\boldsymbol{B} + \boldsymbol{D}]U(z) = \boldsymbol{G}(z)U(z)$$

式中,$\boldsymbol{G}(z)$ 称为离散系统的脉冲传递矩阵,即

$$\boldsymbol{G}(z) = [\boldsymbol{C}(z\boldsymbol{I} - \boldsymbol{A})^{-1}\boldsymbol{B} + \boldsymbol{D}] \tag{2.70}$$

对于单输入单输出系统来说,$\boldsymbol{G}(z)$ 是 $1 \times 1$ 阵,也就是 $Z$ 传递函数。

## 2.5　本章小结

本章介绍了采样控制系统的采样与保持过程、系统的 $Z$ 变换与 $Z$ 反变换、采样控制系统的差分方程描述及离散 $Z$ 传递函数等基本数学知识,为后续章节打下了理论基础。

# 第3章 经典单回路采样控制系统的控制器设计

## 3.1 数字控制器的连续化设计

### 3.1.1 设计原理和步骤

采样控制系统的数字控制器有连续化设计方法和离散化设计方法。如图3.1所示，连续化设计方法是先将系统的离散部分当成连续的来处理，将整个系统视为连续系统，按照连续系统的校正方法(频率法、根轨迹法)设计校正环节，然后对其离散化，并用计算机程序来实现，得到数字控制器[24]。

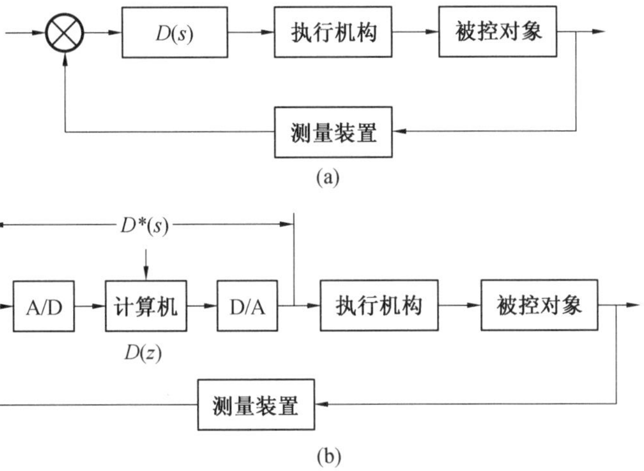


图3.1 数字控制器的连续化设计原理

连续化设计步骤为：

(1) 根据系统的连续性能指标要求，设计连续控制器 $D(s)$。

(2) 根据系统性能，按如下选择依据选择采样周期 $\tau$：

① 满足采样定理 $\omega_s \geqslant 2\omega_{max}$；

② 被控对象的特征；

③ 执行机构的类型；

④ 程序的执行时间等。

(3) 选择合适的离散化方法，将 $D(s)$ 离散化为 $D(z)$，使二者性能尽量等效。

(4) 将 $D(z)$ 变为数字算法，在计算机上编程实现。

(5) 通过数字仿真验证闭环性能，若满足指标要求，则设计结束，否则应修改设计。

### 3.1.2 连续控制器的离散化方法

**1. 前向差分法**

对给定的

$$D(s)=\frac{U(s)}{E(s)}=\frac{1}{s} \tag{3.1}$$

对应的微分方程为

$$\frac{\mathrm{d}u(t)}{\mathrm{d}t}=e(t) \tag{3.2}$$

用前向差分代替微分，即

$$\frac{\mathrm{d}u(t)}{\mathrm{d}t}\approx\frac{u(k+1)-u(k)}{\tau}=e(k) \tag{3.3}$$

对式(3.3)两边取 $Z$ 变换，有

$$(z-1)U(z)=\tau E(z)$$

则离散化后的数字控制器脉冲传递函数为

$$D(z)=\frac{U(z)}{E(z)}=\frac{1}{\dfrac{z-1}{\tau}} \tag{3.4}$$

对比式(3.3)及式(3.4)可知，$D(s)\rightarrow D(z)$ 相当于令 $s=\dfrac{z-1}{\tau}$，即

$$D(z)=D(s)\big|_{s=\frac{z-1}{\tau}} \tag{3.5}$$

当采用前向差分法时，可认为式(3.5)是从 $s$ 平面到 $z$ 平面的映射函数。这样可以得到 $s$ 平面的稳定域到 $z$ 平面的映射。

$$\mathrm{Re}(s)<0\Rightarrow\mathrm{Re}\left(\frac{z-1}{\tau}\right)<0$$

令

$$z=\sigma+\mathrm{j}\omega$$

则 $s$ 平面的稳定域映射到 $z$ 平面为

$$\mathrm{Re}\left(\frac{\sigma+\mathrm{j}\omega-1}{\tau}\right)<0\Rightarrow\sigma<1 \tag{3.6}$$

上述结果表明，$s$ 平面的左半平面有一部分会映射到 $z$ 平面单位圆外，即左半平面的极点可能会映射到 $z$ 平面单位圆外。所以即使 $D(s)$ 稳定，离散化后的 $D(z)$ 也不一定稳定，因此实际应用中此法并不可取。

**2. 后向差分法**

对于

$$D(s)=\frac{U(s)}{E(s)}=\frac{1}{s}$$

其微分方程为

$$\frac{\mathrm{d}u(t)}{\mathrm{d}t}=e(t)$$

用后向差分代替微分，即

$$\frac{\mathrm{d}u(t)}{\mathrm{d}t} \approx \frac{u(k)-u(k-1)}{\tau} = e(k) \tag{3.7}$$

对式(3.7)两边取 $Z$ 变换，有

$$D(z) = \frac{U(z)}{E(z)} = \frac{1}{\dfrac{1-z^{-1}}{\tau}} \tag{3.8}$$

对比可知，$D(s) \rightarrow D(z)$ 相当于令 $s = \dfrac{1-z^{-1}}{\tau}$，即

$$D(z) = D(s)\big|_{s=\frac{1-z^{-1}}{\tau}} \tag{3.9}$$

当采用后向差分法时，$s$ 平面的稳定域通过式(3.9)映射到 $z$ 平面，即

$$\mathrm{Re}(s) = \mathrm{Re}\left(\frac{1-z^{-1}}{\tau}\right) = \mathrm{Re}\left(\frac{z-1}{\tau z}\right) = \mathrm{Re}\left(\frac{z-1}{z}\right) < 0$$

令

$$z = \sigma + \mathrm{j}\omega$$

则 $s$ 平面的稳定域映射到 $z$ 平面为

$$\begin{aligned}\mathrm{Re}\left(\frac{z-1}{z}\right) &= \mathrm{Re}\left(\frac{\sigma+\mathrm{j}\omega-1}{\sigma+\mathrm{j}\omega}\right)\\ &= \mathrm{Re}\left[\frac{(\sigma+\mathrm{j}\omega-1)(\sigma-\mathrm{j}\omega)}{(\sigma+\mathrm{j}\omega)(\sigma-\mathrm{j}\omega)}\right]\\ &= \mathrm{Re}\left(\frac{\sigma^2-\sigma+\omega^2+\mathrm{j}\omega}{\sigma^2+\omega^2}\right) < 0\end{aligned}$$

上式可写为

$$\sigma^2 - \sigma + \omega^2 < 0$$

即

$$\left(\sigma - \frac{1}{2}\right)^2 + \omega^2 < \left(\frac{1}{2}\right)^2 \tag{3.10}$$

可见，后向差分法将 $s$ 平面的稳定区域映射为 $z$ 平面的一个以 $\sigma = 1/2, \omega = 0$ 为圆心，1/2 为半径的圆。此方法的特征是若连续控制器稳定，离散化后的控制器一定稳定，但离散控制器的过程特性及频率特性与原连续控制器相比有一定的畸变，为减小畸变，需要较高的采样频率，即较小的采样周期 $\tau$。

**3. 双线性变换法**

双线性变换法也称梯形法或 Tustin 法，是基于梯形面积近似积分的方法。对于

$$\frac{\mathrm{d}u(t)}{\mathrm{d}t} = e(t), u(t) = \int_0^t e(t)\mathrm{d}t$$

用梯形面积近似上式的积分，有

$$u(k) = u(k-1) + \frac{\tau}{2}[e(k) + e(k-1)]$$

对上式两边取 $Z$ 变换，有

$$U(z) = z^{-1}U(z) + \frac{\tau}{2}[E(z) + z^{-1}E(z)]$$

则离散化的数字控制器脉冲函数为

$$D(z)=\frac{U(z)}{E(z)}=\frac{T(1+z^{-1})}{2(1-z^{-1})} \tag{3.11}$$

对比可知，$D(s)\rightarrow D(z)$ 相当于令 $s=\frac{2}{\tau}\frac{1-z^{-1}}{1+z^{-1}}$，即

$$D(z)=D(s)\big|_{s=\frac{2}{\tau}\frac{1-z^{-1}}{1+z^{-1}}} \tag{3.12}$$

根据式(3.12)，$s$ 平面的稳定区域为

$$\mathrm{Re}(s)=\mathrm{Re}\left(\frac{2}{\tau}\frac{1-z^{-1}}{1+z^{-1}}\right)=\mathrm{Re}\left(\frac{2}{\tau}\frac{z-1}{z+1}\right)=\mathrm{Re}\left(\frac{z-1}{z+1}\right)<0$$

令 $z=\sigma+\mathrm{j}\omega$，则上式可化为

$$\begin{aligned}\mathrm{Re}\left(\frac{z-1}{z}\right)&=\mathrm{Re}\left(\frac{\sigma+\mathrm{j}\omega-1}{\sigma+\mathrm{j}\omega+1}\right)\\&=\mathrm{Re}\left[\frac{(\sigma+\mathrm{j}\omega-1)(\sigma-\mathrm{j}\omega+1)}{(\sigma+\mathrm{j}\omega+1)(\sigma-\mathrm{j}\omega+1)}\right]\\&=\mathrm{Re}\left[\frac{\sigma^2-\sigma+\omega^2+2\mathrm{j}\omega}{(\sigma+1)^2+\omega^2}\right]<0\end{aligned}$$

上式等价于 $\sigma^2+\omega^2<0$，也就是说，$s$ 平面的左半平面映射到 $z$ 平面单位圆内。因此，对于稳定的模拟控制器，双线性变换法可以产生稳定的数字控制器。双线性变换的映射结果与 $z=\mathrm{e}^{\tau s}$ 的映射结果一致，然而在对离散控制器的暂态响应与频率响应特性的影响方面，二者却有很大的差异。与原连续控制器相比，用双线性变换法获得的离散控制器的暂态响应特性有显著的畸变，频率响应也有畸变，所以在工程设计中经常采用双线性变换法预校正设计。

**4. 零极点匹配法**

零极点匹配法的设计准则是将 $D(s)$ 在平面上的零极点由 $Z$ 变换映射到 $z$ 平面上，成为 $D(z)$ 的零极点。

若 $D(s)$ 的分子为 $m$ 阶，分母为 $n$ 阶，称有 $m$ 个有限零点，$n-m$ 个 $s=\infty$ 处的无限零点。零极点匹配法的规则如下：

(1) 所有极点和所有有限零点按 $z=\mathrm{e}^{\tau s}$ 变换为

$$s+a\rightarrow z-\mathrm{e}^{-a\tau}$$

$$[s+(a+\mathrm{j}\omega_0)][s+(a-\mathrm{j}\omega_0)]=(s+a)^2+\omega_0^2\rightarrow$$

$$[z-\mathrm{e}^{-(a+\mathrm{j}\omega_0)\tau}][z-\mathrm{e}^{-(a-\mathrm{j}\omega_0)\tau}]=z^2-2z\mathrm{e}^{-a\tau}\cos\omega_0\tau+\mathrm{e}^{-2a\tau}$$

(2) 所有 $s=\infty$ 处的零点变换成在 $z=-1$ 处的零点。

(3) 如果需要 $D(z)$ 的脉冲响应具有一单位延迟，则 $D(z)$ 分子的零点数应比分母的极点数少 1。

(4) 要保证变换前后的增益不变，还需进行增益匹配。

低频增益如下匹配：

$$\lim_{z\to 1}D(z)=\lim_{s\to 0}D(s) \tag{3.13}$$

高频增益如下匹配：

$$\lim_{z\to -1}D(z)=\lim_{s\to\infty}D(s) \tag{3.14}$$

**5. Z 变换法(脉冲响应不变法)**

$$D(z)=Z[D(s)] \tag{3.15}$$

$Z$ 变换法的特点是 $D(s)$ 和 $D(z)$ 有相同的单位脉冲响应序列，且二者具有相同的稳定性，但 $D(z)$ 存在一定的频率畸变。

**6. 阶跃响应不变法(ZOH 离散化)**

$$D(z) = (1 - z^{-1})Z\left[\frac{D(z)}{s}\right] = Z\left(\frac{1 - \mathrm{e}^{-\tau s}}{s}\right)D(s) \tag{3.16}$$

阶跃响应不变法的特点是 $D(s)$ 和 $D(z)$ 有相同的单位阶跃响应序列，且二者具有相同的稳定性。

## 3.2　数字 PID 控制算法

根据偏差的比例(P)、积分(I)、微分(D) 进行控制，简称 PID 控制，它是控制系统中应用最为广泛的一种控制规律[25]。用计算机实现 PID 控制，不是简单地把模拟 PID 控制规律数字化，而是进一步与计算机的逻辑判断功能结合，使 PID 控制更加灵活，更能满足需求。

图 3.2 是单位反馈连续控制系统结构图，图中控制器 $D(s)$ 为模拟 PID 调节器，其数学模型为

$$u(t) = K_\mathrm{P}\left[e(t) + \frac{1}{T_\mathrm{I}}\int_0^t e(\tau)\mathrm{d}\tau + T_\mathrm{D}\frac{\mathrm{d}}{\mathrm{d}t}e(t)\right] \tag{3.17}$$

式中，$u(t)$ 为模拟 PID 调节器(或称控制器) 的输出；$e(t)$ 为调节器输入；$K_\mathrm{P}$ 为比例增益；$T_\mathrm{I}$ 为积分时间常数；$T_\mathrm{D}$ 为微分时间常数。

对应的模拟调节器的传递函数为

$$D(s) = \frac{U(s)}{E(s)} = K_\mathrm{P}\left(1 + \frac{1}{T_\mathrm{I}s} + T_\mathrm{D}s\right) \tag{3.18}$$

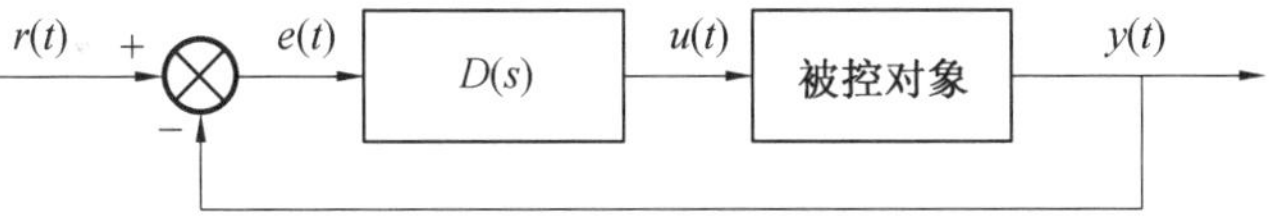


图 3.2　单位反馈连续控制系统结构图

这 3 个环节的作用如下：

(1) 比例环节。

能迅速反映误差，从而减小误差，但比例控制不能消除稳态误差，$K_\mathrm{P}$ 增大可以减小系统的稳态误差，提高控制精度，但 $K_\mathrm{P}$ 太大则会引起系统的不稳定。

(2) 积分环节。

提高系统的无差度，从而使系统的稳态性能得到改善和提高。但是积分作用太强会使系统超调加大，甚至使系统出现振荡，一般不单独使用。

(3) 微分环节。

可以减小超调量，克服振荡，提高系统的稳定性，同时加快系统的动态响应速度，减小调整时间，从而改善系统的动态性能。其不足之处是放大了噪声信号。微分控制对时不变的偏差不起作用，只是在偏差刚刚出现时产生一个很大的调节作用，所以不单独使用。

### 3.2.1　位置式 PID 算法

位置式 PID 算法是以模拟算法为基础，通过对各项进行离散化，得到的差分方程形式的数字 PID 算法。对于式(3.17)，用矩形法进行数值积分，即以求和代替积分，用后向差分代替微分，可以得到[26,27]

$$u(k)=K_P\left\{e(k)+\frac{T}{T_I}\sum_{j=0}^{k}e(j)+\frac{T_D}{T}[e(k)-e(k-1)]\right\} \tag{3.19}$$

式(3.19)还可以整理为

$$u(k)=K_Pe(k)+K_I\sum_{j=0}^{k}e(j)+K_D[e(k)-e(k-1)] \tag{3.20}$$

其中，$K_I$ 称为积分项系数；$K_D$ 称为微分项系数。

采用位置式 PID 算法，调节器输出的是 $u(k)$，直接对应执行机构的位置，若用阀门控制，则 $u(k)$ 与阀门开度(即阀位)是一一对应的。

位置式 PID 算法也有一定的缺点：一是输出跟过去时刻的所有状态 $e(j)$，$j=0,1,\cdots,k$ 有关，需要对偏差进行累积，计算机的工作量大，而且容易产生很大的累加误差；二是容易造成积分饱和，其原因是当偏差信号 $e(k)$ 变号时，比例和微分都变，但积分项由于已经积得很大，必须一直积到 0，才能反向积，所以不变号，从而容易导致执行机构的位置不容易脱离饱和区，这就产生了积分饱和。

### 3.2.2　增量式 PID 算法

增量式 PID 算法是由位置式 PID 推导得到的，控制器输出的是控制量相对于上一次的增量 $\Delta u(k)$。

由式(3.20)的位置式 PID，可以求得系统在 $k$ 时刻和 $k-1$ 时刻的输出为

$$u(k)=K_Pe(k)+K_I\sum_{j=0}^{k}e(j)+K_D[e(k)-e(k-1)]$$

$$u(k-1)=K_Pe(k-1)+K_I\sum_{j=0}^{k-1}e(j)+K_D[e(k-1)-e(k-2)]$$

两式相减可得

$$\begin{aligned}\Delta u(k)&=u(k)-u(k-1)\\&=K_P[e(k)-e(k-1)]+K_Ie(k)+K_D[e(k)-2e(k-1)+e(k-2)]\end{aligned} \tag{3.21}$$

增量式算法与位置式算法相比，具有如下优点。

(1) 增量式算法不需要做累加，$\Delta u(k)$ 的确定仅与最近几次误差采样值有关，计算机的工作量少，且计算误差或计算精度问题对控制量影响较小。

(2) 由于给出的是控制量的增量 $\Delta u(k)$，积分作用在达到执行机构的饱和限时就自动停止，所以积分饱和得到了改善，系统的超调量减小，过渡过程时间缩短，动态性能比位置式 PID 算法有所提高。由于给出的是 $\Delta u(k)$，例如阀门控制中，只输出阀门开度的变化部分，因此误动作影响小。

(3) 易于实现手动到自动的无冲击切换。

### 3.2.3　数字 PID 算法的改进

**1. 积分项的改进**[24]

在 PID 控制中，积分的作用是消除残差，为了提高控制性能，对积分项可以采取以下 4 种改进措施。

(1) 积分分离。

在一般的 PID 控制中，当有较大的扰动或大幅度改变给定值时，由于此时有较大的偏差，以及系统有惯性和滞后，故在积分项的作用下，往往会产生较大的超调和长时间的波动。特别对于温度、成分等变化缓慢的过程，这一现象更为严重，此时可采用积分分离法。

设计思想：当偏差信号 $e(k)$ 较大时，取消积分作用，当 $e(k)$ 较小时才将积分作用投入，以消除静差，提高控制精度。其算法如下：

$$u(k)=K_{\mathrm{P}}e(k)+K_{l}K_{\mathrm{I}}\sum_{j=0}^{k}e(j)+K_{\mathrm{D}}[e(k)-e(k-1)] \tag{3.22}$$

$$K_{l}=\begin{cases}1 & |e(k)|\leqslant\beta,\text{PID 控制}\\0 & |e(k)|>\beta,\text{PD 控制}\end{cases}$$

式中，$K_l$ 为开关系数。

式(3.22)中的 $\beta$ 是设定的偏差门限值，称为积分分离阈值。$\beta$ 应根据具体对象及控制要求确定，若 $\beta$ 过大，达不到积分分离的目的；若 $\beta$ 过小，一旦控制量无法跳出各积分分离区，就只能进行 PD 控制，则会出现残差。此方法的优点是明显减少了超调量和振荡次数，改善了动态性能。

(2) 过限消弱积分法。

设计思想：一旦控制量进入饱和区，则程序只执行消弱积分项的运算，而停止增大积分项的运算。这种方法的优点是可以避免控制量长时间停留在饱和区，可克服积分饱和。

(3) 抗积分饱和。

当系统出现积分饱和时，会使超调量增加，控制品质变坏。抗积分饱和作为防止积分饱和的又一方法，其设计思想是：对计算机输出的控制量进行限幅，同时把积分作用取消。

(4) 梯形积分。

设计思想：将数字 PID 算法中积分项的近似由矩形积分改为梯形积分，即

$$\int_{0}^{t}e(\tau)\mathrm{d}\tau\approx\sum_{j=0}^{k}\frac{e(j)+e(j-1)}{2}\tau$$

该方法的优点是可以提高积分项的运算精度。

**2. 微分项的改进**

(1) 不完全微分 PID。

标准的 PID 控制算式，对具有高频扰动的生产过程，微分作用响应过于灵敏，容易引起控制过程振荡，降低调节品质。尤其是计算机对每个控制回路输出时间是短暂的，而驱动执行器动作又需要一定时间，如果输出较大，在短暂时间内执行器达不到应有的相应开度，会使输出失真。为了克服这一缺点，同时又使微分作用有效，可以在 PID 控制输出后串联一个一阶惯性环节，组成不完全微分 PID 控制器。不完全微分 PID 算法如图 3.3 所示。

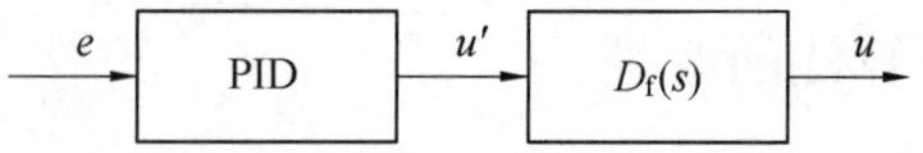


图 3.3　不完全微分 PID 算法

图 3.3 中的 $D_f(s)$ 为

$$D_f(s)=\frac{1}{T_f s+1}$$

下面将根据连续的微分方程来推导离散差分方程表达式。

因为

$$u'(t)=K_P\left[e(t)+\frac{1}{T_I}\int_0^t e(\tau)d\tau+T_D\frac{d}{dt}e(t)\right]$$

$$T_f\frac{du(t)}{dt}+u(t)=u'(t)$$

所以有

$$T_f\frac{du(t)}{dt}+u(t)=K_P\left[e(t)+\frac{1}{T_I}\int_0^t e(\tau)d\tau+T_D\frac{d}{dt}e(t)\right]$$

对上式进行离散化，有

$$\begin{aligned}&\frac{T_f}{\tau}[u(k)-u(k-1)]+u(k)\\&=K_P\left[e(k)+\frac{\tau}{T_I}\sum_{j=0}^{k}e(j)+\frac{T_D}{\tau}[e(k)-e(k-1)]\right]=u'(k)\end{aligned}$$

即

$$\frac{T_f}{\tau}u(k)+u(k)=\frac{T_f}{\tau}u(k-1)+u'(k)$$

定义 $\alpha=\frac{T_f}{T_f+\tau}$，则整理后得到不完全微分 PID 的位置式算法为

$$u(k)=\alpha\cdot u(k-1)+(1-\alpha)u'(k)\tag{3.23}$$

进而得到增量式算法为

$$\Delta u(k)=\alpha\cdot\Delta u(k-1)+(1-\alpha)\Delta u'(k)\tag{3.24}$$

其中

$$\Delta u'(k)=K_P[e(k)-e(k-1)]+K_I e(k)+K_D[e(k)-2e(k-1)+e(k-2)]\tag{3.25}$$

普通的数字 PID 控制器在单位阶跃输入时，微分作用只在第一个采样周期里起作用，而且作用很强，容易溢出。不完全微分数字 PID 不但能抑制高频干扰，而且克服了普通数字 PID 控制的缺点，微分作用能在各个周期里按照偏差的变化趋势均匀地输出，真正起到了微分作用，改善了系统的性能。

(2) 微分先行 PID。

设计思想：把微分运算放在比较器附近，主要有两种结构，一种是对输出量微分，另一种是对偏差微分。输出量的微分是只对输出量进行微分，对给定值不做微分，此算法适用于给定值频繁升降的场合，可以避免因升降给定值所引起的超调量过大以及阀门动作过分剧烈振荡。偏差微分对输入和输出都有微分作用，适用于串级控制的副控回路，因为副控回路的

给定值是由主调节器给定的，也应该对其做微分处理。

**3. 带死区的 PID**

为了避免控制动作过于频繁，以消除由于频繁动作引起的振荡，有时采用带死区的 PID，即在普通数字 PID 控制前加入如下的死区环节：

$$p(k)=\begin{cases}e(k), & |r(k)-y(k)|>\theta \\ 0, & |r(k)-y(k)|\leqslant\theta\end{cases} \tag{3.26}$$

其中 $\theta$ 可调，根据实际控制对象由实验确定。

## 3.3　数字 PID 控制器的参数整定

所谓 PID 参数整定，就是确定调节器的 3 个参数，即 $K_P$，$K_I$，$K_D$。下面介绍两种参数整定方法[28]。

**1. 高桥参数整定经验公式**

在已知连续对象单位阶跃响应（或称飞升特性）$y(t)$ 或 $y(k)$ 时，如图 3.4 所示，找到相邻两个采样点之间最大差值，即

$$h_{max}=y(k_0)-y(k_0-1)$$

及对应的采样点 $k_0$，则高桥参数整定经验公式为

$$L_0=k_0-\frac{y(k_0)}{h_{max}}$$

$$K_I=\frac{0.6}{h_{max}(L_0+0.5)^2}$$

$$K_P=\frac{1.2}{h_{max}(L_0+1)}-\frac{K_I}{2}$$

$$K_D=\frac{0.5}{h_{max}}\sim\frac{0.3}{h_{max}}$$

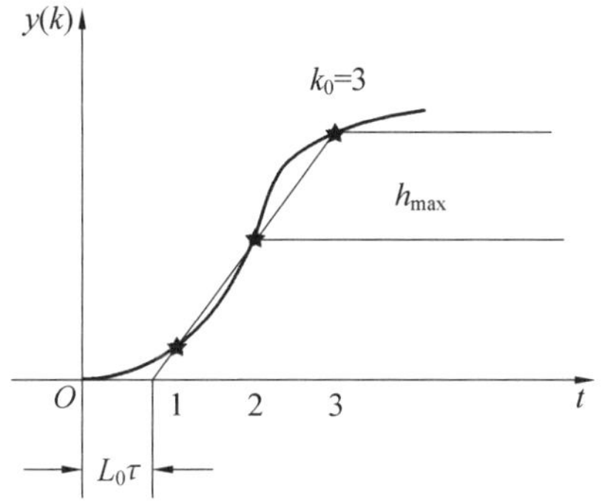


图 3.4　对象飞升特性

**2. 扩充临界比例度整定法**

其具体步骤如下：

（1）去掉积分和微分作用，只留比例控制，逐步增大比例项系数 $K_P$，直至产生等幅振荡，记下此时的临界比例系数 $K_P=K_u$ 及振荡周期 $T_u$。

(2) 确定控制度，控制度定义为

$$\text{控制度} \triangleq \frac{\left[\int_0^\infty e^2(t)\mathrm{d}t\right]_{\text{数字}}}{\left[\int_0^\infty e^2(t)\mathrm{d}t\right]_{\text{模拟}}}$$

控制度是评价数字控制与模拟控制的一个指标，其分子、分母分别是数字与模拟控制的指标。

(3) 根据控制度在表 3.1 中查出 $\tau, K_P, T_I, T_D$。

(4) 经多次调整，达到满意的系统特性要求。通常是先投入比例加积分，然后再调整微分作用。

**表 3.1 扩充临界比例度整定法**

| 控制度 | 控制算法 | $\tau$ | $K_P$ | $T_I$ | $T_D$ |
|---|---|---|---|---|---|
| 1.05 | PI | $0.03T_u$ | $0.53K_u$ | $0.88T_u$ | — |
| | PID | $0.014T_u$ | $0.63K_u$ | $0.49T_u$ | $0.14T_u$ |
| 1.2 | PI | $0.05T_u$ | $0.49K_u$ | $0.91T_u$ | — |
| | PID | $0.043T_u$ | $0.47K_u$ | $0.47T_u$ | $0.16T_u$ |
| 1.5 | PI | $0.14T_u$ | $0.42K_u$ | $0.99T_u$ | — |
| | PID | $0.009T_u$ | $0.34K_u$ | $0.43T_u$ | $0.20T_u$ |
| 2.0 | PI | $0.22T_u$ | $0.36K_u$ | $1.05T_u$ | — |
| | PID | $0.16T_u$ | $0.27K_u$ | $0.40T_u$ | $0.22T_u$ |

**3. 扩充响应曲线法**

其具体步骤如下：

(1) 给对象加阶跃输入信号，记录响应曲线。

(2) 在曲线最大斜率处做切线，求出滞后时间 $\tau_1$、被控对象时间常数 $T_\tau$ 以及比值 $T_\tau/\tau_1$，查表 3.2 求出 $\tau, K_P, T_I, T_D$。

**表 3.2 扩充响应曲线法**

| 控制度 | 控制算法 | $\tau$ | $K_P$ | $T_I$ | $T_D$ |
|---|---|---|---|---|---|
| 1.05 | PI | $0.1\tau_1$ | $0.84T_\tau/\tau_1$ | $0.34\tau_1$ | — |
| | PID | $0.05\tau_1$ | $1.15T_\tau/\tau_1$ | $2.0\tau_1$ | $0.45\tau_1$ |
| 1.2 | PI | $0.02\tau_1$ | $0.78T_\tau/\tau_1$ | $3.6\tau_1$ | — |
| | PID | $0.16\tau_1$ | $1.0T_\tau/\tau_1$ | $1.9\tau_1$ | $0.55\tau_1$ |
| 1.5 | PI | $0.5\tau_1$ | $0.68T_\tau/\tau_1$ | $3.9\tau_1$ | — |
| | PID | $0.34\tau_1$ | $0.85T_\tau/\tau_1$ | $1.62\tau_1$ | $0.65\tau_1$ |
| 2.0 | PI | $0.8\tau_1$ | $0.57T_\tau/\tau_1$ | $4.2\tau_1$ | — |
| | PID | $0.6\tau_1$ | $0.6T_\tau/\tau_1$ | $1.5\tau_1$ | $0.82\tau_1$ |

**4. 归一参数整定法**

对于增量型 PID 公式有

$$\Delta u(k)=K_{P}[e(k)-e(k-1)]+K_{I}e(k)+K_{D}[e(k)-2e(k-1)+e(k-2)]$$

若令 $\tau=0.1T_u$，$T_I=0.5T_u$，$T_D=0.125T_u$，其中 $T_u$ 为纯比例控制下的临界振荡周期，则

$$\Delta u(k)=K_{P}[2.45e(k)-3.5e(k-1)+1.25e(k-2)] \tag{3.27}$$

这样，只需整定一个参数 $K_P$，改变 $K_P$，观察控制效果，直到满意为止。

**5. 试凑法**

(1) 首先只整定比例参数，将 $K_P$ 由小到大变化，并观察系统响应，直到得到反应快、超调小的响应曲线为止。若此时无静差或静差已小到允许范围，且响应曲线令人满意，则只用比例即可。

(2) 若上一步调节后静差不满足要求，则加入积分，首先取积分时间常数 $T_I$ 为一大值，并将第一步整定的 $K_P$ 减小(如为原来的 0.8 倍)，然后减小 $T_I$，使在保持良好动态性能情况下消除静差。此时可根据响应曲线反复改变 $K_P$ 和 $T_I$。

(3) 若用 PI 已消除了静差，但动态过程不好，可加入微分，构成 PID，将微分时间常数 $T_D$ 由小到大变化，同时改变 $K_P$ 和 $T_I$，直到满意为止。

## 3.4　本章小结

对于采样控制系统来说，控制器是用计算机来实现的离散控制器。本章给出了离散控制器的连续化设计方法，具体做法是先将系统的离散部分当成连续的来处理，然后按照连续系统的校正方法(设计校正环节)，最后对其离散化，并用计算机程序来实现，得到数字控制器。本章还给出了两种基本的数字 PID 控制算法和一些改进的数字 PID 算法。

# 第4章 采样控制系统的连续时间域提升技术

采样控制系统中被控对象是连续的，而控制器是离散的，是一种连续周期时变系统，因而对采样控制系统进行分析和设计也就变得比较复杂。近年来发展起来的提升技术，由于能够考虑到采样时刻之间的系统性能，现已成为采样控制系统分析和设计的唯一手段。

本章对采样控制系统的连续时间域提升技术进行详细分析，首先详细介绍和说明提升技术的基本概念和基本算式，然后在其基本算式的基础上提出一个计算提升变换的MATLAB程序。

## 4.1 Hilbert空间

本节主要介绍信号和线性空间等数学知识，其中的数学表示采用标准表示方法，相关概念和定义的详细内容可参见文献[29]和文献[30]。

### 4.1.1 范数

设 $X$ 是线性空间，$F$ 为实数或复数域，$\boldsymbol{\theta}$ 表示零向量，函数 $\|\cdot\|:X\rightarrow[0,\infty)$ 称为 $X$ 上定义的一个范数，且满足：

(1) $\|\boldsymbol{x}\|=0$ 当且仅当 $\boldsymbol{x}=\boldsymbol{\theta}$；

(2) 对任意 $\boldsymbol{x}\in X$ 及 $\lambda\in F$，$\|\lambda\boldsymbol{x}\|=|\lambda|\,\|\boldsymbol{x}\|$；

(3) 对任意 $\boldsymbol{x},\boldsymbol{y}\in X$，$\|\boldsymbol{x}+\boldsymbol{y}\|\leqslant\|\boldsymbol{x}\|+\|\boldsymbol{y}\|$。

定义了范数 $\|\cdot\|$ 的向量空间，称为赋范空间。完备的赋范线性空间称为Banach空间。

### 4.1.2 内积

设 $X$ 为数域 $F$ 上的线性空间，若对任意两个元素（也称为向量）$\boldsymbol{x},\boldsymbol{y}\in X$，有唯一 $F$ 中数与之对应，记为 $\langle\boldsymbol{x},\boldsymbol{y}\rangle$，并且满足如下性质：

(1) $\langle\boldsymbol{x},\boldsymbol{x}\rangle\geqslant 0,\ \forall\,\boldsymbol{x}\in X$，且 $\langle\boldsymbol{x},\boldsymbol{x}\rangle=0\Leftrightarrow\boldsymbol{x}=\boldsymbol{\theta}$；

(2) $\langle\boldsymbol{x},\boldsymbol{y}\rangle=\overline{\langle\boldsymbol{y},\boldsymbol{x}\rangle},\ \forall\,\boldsymbol{x},\boldsymbol{y}\in X$；

(3) $\langle\boldsymbol{x}_1+\boldsymbol{x}_2,\boldsymbol{y}\rangle=\langle\boldsymbol{x}_1,\boldsymbol{y}\rangle+\langle\boldsymbol{x}_2,\boldsymbol{y}\rangle,\ \forall\,\boldsymbol{x}_1,\boldsymbol{x}_2,\boldsymbol{y}\in X$；

(4) $\langle\lambda\boldsymbol{x},\boldsymbol{y}\rangle=\lambda\langle\boldsymbol{x},\boldsymbol{y}\rangle,\ \forall\,\lambda\in F,\boldsymbol{x},\boldsymbol{y}\in X$。

称 $\langle\boldsymbol{x},\boldsymbol{y}\rangle$ 为 $\boldsymbol{x},\boldsymbol{y}$ 的内积，有了内积的线性空间称为内积空间。显然范数 $\|\boldsymbol{x}\|^2=\langle\boldsymbol{x},\boldsymbol{x}\rangle$。

当内积空间 $X$ 按由内积导出的范数完备时，称 $X$ 为Hilbert空间。

# 4.2　线性算子理论

由于本章后面将要介绍的提升运算中用到了很多关于线性算子理论的基本知识，因此本节将介绍一些线性算子的基本性质[31]。

## 4.2.1　算子和伴随算子

**定义 4.1**　给定两个 Hilbert 空间 $H_1$ 和 $H_2$，$S$ 为标量集，若映射 $A:H_1 \to H_2$ 满足

$$A(\alpha \boldsymbol{x}_1+\beta \boldsymbol{x}_2)=\alpha A\boldsymbol{x}_1+\beta A\boldsymbol{x}_2,\text{对任意 } \boldsymbol{x}_1,\boldsymbol{y}_1 \in H_1,\alpha,\beta \in S$$

则称 $A$ 为 Hilbert 空间下的线性算子。

**定义 4.2**　给定一个线性算子 $A:H_1 \to H_2$，若满足

$$\langle A\boldsymbol{x},\boldsymbol{y}\rangle_{H_2}=\langle \boldsymbol{x},A^*\boldsymbol{y}\rangle_{H_1},\text{对任意 } \boldsymbol{x} \in H_1,\boldsymbol{y} \in H_2$$

则称 $A^*$ 为 $A$ 的伴随算子。

## 4.2.2　酉算子及其性质

设 $X$ 是 Hilbert 空间，$T \in L(X)$（$L(X)$ 表示所有从 $X$ 到 $X$ 的有界线性算子所组成的集合），若 $T$ 是可逆算子，且 $T^*=T^{-1}$，则称 $T$ 为 $X$ 上的一个酉算子。

**定理 4.1**　设 $T$ 和 $S$ 都是 Hilbert 空间 $X$ 上酉算子，则以下命题成立：

(1) $T$ 为等距算子，即 $\|T\boldsymbol{x}\|=\|\boldsymbol{x}\|,\forall \boldsymbol{x} \in X$；

(2) 若 $X \neq \{\boldsymbol{\theta}\}$，则 $\|T\|=1$；

(3) $T^{-1}$ 也是酉算子；

(4) $TS$ 是酉算子。

## 4.2.3　值域空间和零空间

算子 $A:H_1 \to H_2$ 的值域空间记为 $R(A)$，定义为

$$R(A)=\{\boldsymbol{y} \in H_2: \exists \boldsymbol{x} \in H_1,\boldsymbol{y}=A\boldsymbol{x}\}$$

算子 $A:H_1 \to H_2$ 的零空间记为 $N(A)$，定义为

$$N(A)=\{\boldsymbol{x} \in H_1:A\boldsymbol{x}=0\}$$

## 4.2.4　算子的性质

**引理 4.1**　设 $V$ 是 Hilbert 空间 $H_1$ 的一个闭子空间，则 $H_1=V \oplus V^{\perp}$。

**引理 4.2**　设 $A:H_1 \to H_2$ 是有界线性算子，其中 $H_1$ 和 $H_2$ 是 Hilbert 空间，且 $R(A)$ 和 $R(A^*)$ 是闭的，则有

(1) $[R(A)]^{\perp}=N(A^*)$；

(2) $[R(A^*)]^{\perp}=N(A)$。

**定理 4.2**　在引理 4.1 的条件下，有

(1) $H_1=R(A^*) \oplus N(A)$；

(2) $H_2=R(A) \oplus N(A^*)$；

(3) $\dim(H_1)=\dim[R(A^*)]+\dim[N(A)]$；

(4) $\dim(H_2)=\dim[R(A)]+\dim[N(A^*)]$；

(5) $\dim[R(A)]=\dim[R(A^*)]$。

证明见参考文献[31]。

# 4.3　提升技术基础

提升这一词最初是指信号的提升，后来又有了系统提升的定义。对采样控制系统，通过提升，可以将系统中的连续信号转化成离散信号序列，从而将周期时变系统转化成一个等价的离散时不变系统。

## 4.3.1　信号的提升

$L_p[a,b](p\geqslant 1)$ 是分析数学中常见的一函数类[30]。设有函数 $f:[a,b]\rightarrow \bar{R}(\bar{R}:=[-\infty,+\infty])$，使 $|f(x)|^p$ 在 $[a,b]$ 上 Lebesgue 可积，则这种函数的全体记作 $L_p[a,b]$。如果定义范数 $\|f\|=\left[\int_a^b |f(x)|^p \mathrm{d}t\right]^{\frac{1}{p}}, f\in L_p[a,b]$，则 $L_p[a,b]$ 在此范数下是赋范线性空间，而且是 Banach 空间。

本书中用到的是连续信号空间 $L_p[0,\infty), 1\leqslant p\leqslant\infty$，其扩展的信号空间记为 $L_{p,e}[0,\infty), 1\leqslant p\leqslant\infty$。该空间中的信号是由标量信号组成的 $N$ 维向量信号（符号中省略了维数 $N$）。为了简化，也可以用 $L_p(L_{p,e})$ 来表示 $L_p[0,\infty)(L_{p,e}[0,\infty))$。

对任一 Banach 空间 $X$，用 $l_X$ 来表示在空间 $X$ 上取值的序列空间，即

$$\{f_i\}:N\rightarrow X, l_X=\{\{f_i\}, f_i\in X, \forall i\}$$

$l_X^p$ 表示在有限维的 Banach 空间 $R^N$ 上取值的信号，记为

$$l_X^p=\left\{\{f_i\}\in l_X;\left(\sum_{i=0}^{\infty}\|f_i\|_X^p\right)^{1/p}<\infty\right\}, 1\leqslant p\leqslant\infty$$

$$l_X^\infty=\{\{f_i\}\in l_X;\sup_i\|f_i\|_X<\infty\}$$

$l_X^p$ 空间上的范数定义为

$$\|\{f_i\}\|_{l_X^p}=\left(\sum_{i=0}^{\infty}\|f_i\|_X^p\right)^{1/p}, 1\leqslant p<\infty$$

$$\|\{f_i\}\|_{l_X^\infty}=\sup_i\|f_i\|_X$$

可以证明，具有上述范数的 $l_X^p$ 空间实际上也是 Banach 空间[1]。

现在来定义信号的提升。对一连续信号 $f(t)$，提升是指如下定义的映射 $W_\tau:L_{p,e}[0,\infty)\rightarrow l_{L_p[0,\tau)}$：

$$\hat{f}=W_\tau f$$

$$\hat{f}_i(t)=f(\tau i+t), 0\leqslant t\leqslant\tau, i=0,1,2,\cdots$$

提升算子 $W_\tau$ 可以看作是将一连续信号 $f(t)$ 按采样时间 $\tau$ 切成互相衔接的各段信号 $\hat{f}_i(t)$，这个序列 $\{\hat{f}_i\}$ 也是一种离散信号，只是其中的每个元素 $\hat{f}_i(t)$ 是在函数空间 $L_p[0,\tau)$ 取值。

由于 $W_\tau$ 是定义在线性空间 $L_{p,e}[0,\infty)$ 上的线性算子，而且是一一映射，所以 $W_\tau^{-1}$ 存在

且也是线性算子，即

$$f=W_\tau^{-1}g$$
$$f(t)=g_i(t-\tau i),\tau i\leqslant t\leqslant\tau(i+1)$$

算子 $W_\tau^{-1}$ 又可解释为是将无穷个在函数空间 $L_p[0,\tau)$ 上取值的离散信号“粘接”成连续信号，$W_\tau$，$W_\tau^{-1}$ 的作用可由图 4.1 来说明。

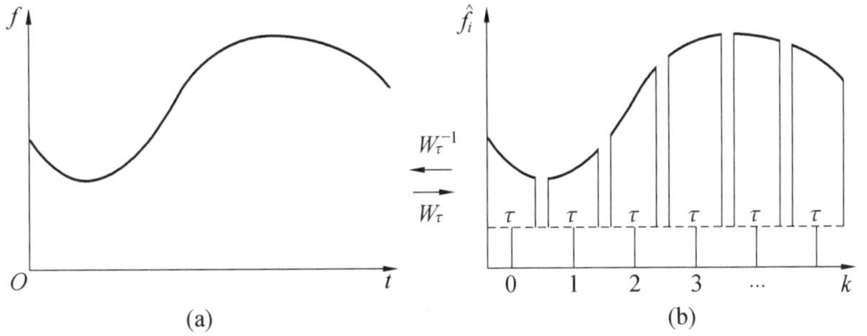


图 4.1　算子 $W_\tau$，$W_\tau^{-1}$ 作用示意图

提升的一个重要性质是 $W_\tau$ 为等距算子，即提升前后信号的范数相等，该性质证明如下[4]。

因为 $\hat{f}=W_\tau f$，所以

$$\begin{aligned}\|\hat{f}\|_{l_{L_p[0,\tau)}}^p&=\|W_\tau f\|_{l_{L_p[0,\tau)}}^p=\sum_{i=0}^{\infty}\|\hat{f}_i\|_{L_p[0,\tau)}^p\\&=\sum_{i=0}^{\infty}\left\{\left[\int_0^\tau|\hat{f}_i(t)|^p\mathrm{d}t\right]^{1/p}\right\}^p\\&=\sum_{i=0}^{\infty}\int_0^\tau|f(\tau i+t)|^p\mathrm{d}t\\&=\int_0^\infty|f(\hat{t})|^p\mathrm{d}\hat{t}=\|f\|_{L_p[0,\infty)}^p\end{aligned}$$

### 4.3.2　系统及广义对象的提升

**定义 4.3**[1]　给定线性系统 $G:L_p[0,\infty)\to L_p[0,\infty)$，定义

$$\hat{\boldsymbol{G}}=W_\tau\boldsymbol{G}W_\tau^{-1},\hat{\boldsymbol{G}}:l_{L_p[0,\tau)}\to l_{L_p[0,\tau)}$$

则 $\hat{\boldsymbol{G}}$ 称为算子 $\boldsymbol{G}$ 的提升。

该定义表明，系统的提升是指将其输出 $y$ 进行提升，而其输入则是其逆变换 $W_\tau^{-1}$，即将提升信号 $\{\hat{u}_k\}$ 变换为连续信号 $u$。也就是说，系统提升后其输入输出信号都是提升信号，如图 4.2 所示。

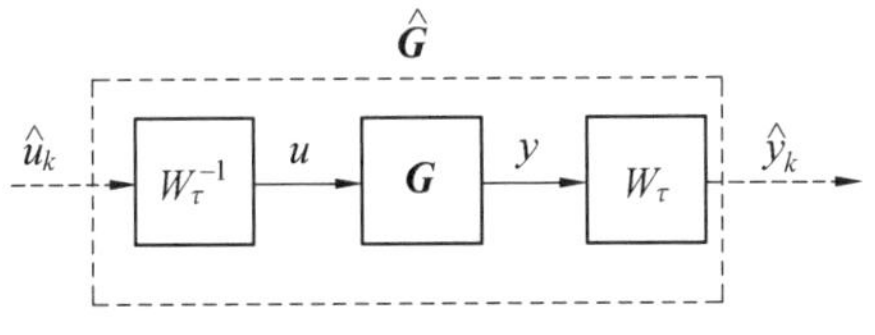


图 4.2　提升后系统 $\hat{\boldsymbol{G}}$

易知 $\hat{\boldsymbol{G}}$ 也是线性算子，又因为 $W_\tau$，$W_\tau^{-1}$ 是等距算子，由等距算子的性质得

$$\| \boldsymbol{G} \| = \| \hat{\boldsymbol{G}} \| \tag{4.1}$$

即系统提升前后的范数是相等的。

提升运算是算子运算，现结合图 4.2 来进行说明。设 $\boldsymbol{G}$ 的状态方程为

$$\begin{cases} \dot{x}(t) = \boldsymbol{A}x(t) + \boldsymbol{B}u(t) \\ y(t) = \boldsymbol{C}x(t) + \boldsymbol{D}u(t) \end{cases}, t \in (0, \infty) \tag{4.2}$$

系统(4.2) 的广义对象 $\boldsymbol{G}$ 的状态空间实现为

$$\boldsymbol{G} = \begin{bmatrix} \boldsymbol{A} & \boldsymbol{B} \\ \boldsymbol{C} & \boldsymbol{D} \end{bmatrix} \tag{4.3}$$

提升后对象 $\hat{\boldsymbol{G}}$(图 4.2) 的算子形式的状态空间实现为

$$\hat{\boldsymbol{G}} = \begin{bmatrix} \hat{\boldsymbol{A}} & \hat{\boldsymbol{B}} \\ \hat{\boldsymbol{C}} & \hat{\boldsymbol{D}} \end{bmatrix} \tag{4.4}$$

其中

$$\begin{aligned} &\hat{\boldsymbol{A}} : \mathbf{R}^x \to \mathbf{R}^x \\ &\hat{\boldsymbol{B}} : L_p[0, \tau) \to \mathbf{R}^x \\ &\hat{\boldsymbol{C}} : \mathbf{R}^x \to L_p[0, \tau) \\ &\hat{\boldsymbol{D}} : L_p[0, \tau) \to L_p[0, \tau) \end{aligned}$$

这里 $\mathbf{R}^x$ 中的 $x$ 是指状态变量 $x$ 的维数，本书后面此类符号含义均类同，将不再详述。

算子 $\hat{\boldsymbol{A}}, \hat{\boldsymbol{B}}, \hat{\boldsymbol{C}}, \hat{\boldsymbol{D}}$ 的具体计算式如下。

提升输入和状态变量之间的关系为

$$\begin{aligned} x(k\tau + \hat{t}) &= \int_0^{k\tau+\hat{t}} \mathrm{e}^{\boldsymbol{A}(k\tau+\hat{t}-s)} \boldsymbol{B}u(s)\mathrm{d}s \\ &= \int_0^{k\tau} \mathrm{e}^{\boldsymbol{A}(k\tau+\hat{t}-s)} \boldsymbol{B}u(s)\mathrm{d}s + \int_{k\tau}^{k\tau+\hat{t}} \mathrm{e}^{\boldsymbol{A}(k\tau+\hat{t}-s)} \boldsymbol{B}u(s)\mathrm{d}s \\ &= \mathrm{e}^{\boldsymbol{A}\hat{t}} \int_0^{k\tau} \mathrm{e}^{\boldsymbol{A}(k\tau-s)} \boldsymbol{B}u(s)\mathrm{d}s + \int_0^{\hat{t}} \mathrm{e}^{\boldsymbol{A}(k\tau+\hat{t}-(k\tau+\hat{s}))} \boldsymbol{B}u(k\tau+\hat{s})\mathrm{d}\hat{s} \\ &= \mathrm{e}^{\boldsymbol{A}\hat{t}} x(k\tau) + \int_0^{\hat{t}} \mathrm{e}^{\boldsymbol{A}(\hat{t}-\hat{s})} \boldsymbol{B}\hat{u}_k(\hat{s})\mathrm{d}\hat{s}, 0 \leqslant \hat{t} \leqslant \tau \end{aligned}$$

定义 $\hat{x}_k$ 为离散状态 $\hat{x}_k := x(k\tau)$，则可写成

$$\hat{x}_{k+1} = \mathrm{e}^{\boldsymbol{A}\tau} \hat{x}_k + \int_0^{\tau} \mathrm{e}^{\boldsymbol{A}(\tau-\hat{s})} \boldsymbol{B}u_k(\hat{s})\mathrm{d}\hat{s} \tag{4.5}$$

当用算子来表示时就是[1]

$$\hat{x}_{k+1} = \mathrm{e}^{\boldsymbol{A}\tau} \hat{x}_k + \hat{\boldsymbol{B}}\hat{u}_k \tag{4.6}$$

因此可得算子 $\hat{\boldsymbol{A}} = \mathrm{e}^{\boldsymbol{A}\tau}$，算子 $\hat{\boldsymbol{B}}$ 的核表示为 $\mathrm{e}^{\boldsymbol{A}(\hat{t}-\hat{s})}\boldsymbol{B}$。对于输出信号 $\{\hat{y}_k\}$，有

$$\begin{aligned} \hat{y}_k(\hat{t}) &= y(k\tau + \hat{t}) = \boldsymbol{C}x(k\tau + \hat{t}) + \boldsymbol{D}u(k\tau + \hat{t}) \\ &= \boldsymbol{C}\left[\mathrm{e}^{\boldsymbol{A}\hat{t}} x(k\tau) + \int_0^{\hat{t}} \mathrm{e}^{\boldsymbol{A}(\hat{t}-\hat{s})} \boldsymbol{B}\hat{u}_k(\hat{s})\mathrm{d}\hat{s}\right] + \boldsymbol{D}\hat{u}_k(\hat{t}) \\ &= \boldsymbol{C}\mathrm{e}^{\boldsymbol{A}\hat{t}} \hat{x}_k + \int_0^{\tau} [\boldsymbol{C}\mathrm{e}^{\boldsymbol{A}(\hat{t}-\hat{s})} 1(\hat{t}-\hat{s})\boldsymbol{B} + \boldsymbol{D}\delta(\hat{t}-\hat{s})] \hat{u}_k(\hat{s})\mathrm{d}\hat{s} \end{aligned} \tag{4.7}$$

式(4.7) 用算子来表示时就是

$$\hat{y}_k = \hat{\boldsymbol{C}}\hat{x}_k + \hat{\boldsymbol{D}}\hat{u}_k \tag{4.8}$$

综上，可得式(4.3) 所示的定常系统 $\boldsymbol{G}$ 提升后的模型是

$$\hat{G}=\begin{bmatrix}\hat{A} & \hat{B}\\ \hat{C} & \hat{D}\end{bmatrix}=\begin{bmatrix}e^{A\tau} & e^{A(\tau-\hat{s})}B\\ Ce^{A\hat{t}} & Ce^{A(\hat{t}-\hat{s})}1(\hat{t}-\hat{s})B+D\delta(\hat{t}-\hat{s})\end{bmatrix} \tag{4.9}$$

# 4.4　采样控制系统的提升

采样控制系统是指由连续对象和离散控制器构成的闭环反馈控制系统，如图 4.3 所示，本节将主要介绍如何应用提升技术将采样控制系统转化成一个范数等价的离散系统。

图 4.3 为标准的闭环采样控制系统的框图，其中的广义对象 $\boldsymbol{G}$ 为包括滤波器 $F$ 的对象，$\boldsymbol{G}$ 的实现形式如式(4.10) 所示，$K_d$ 为离散的控制器。

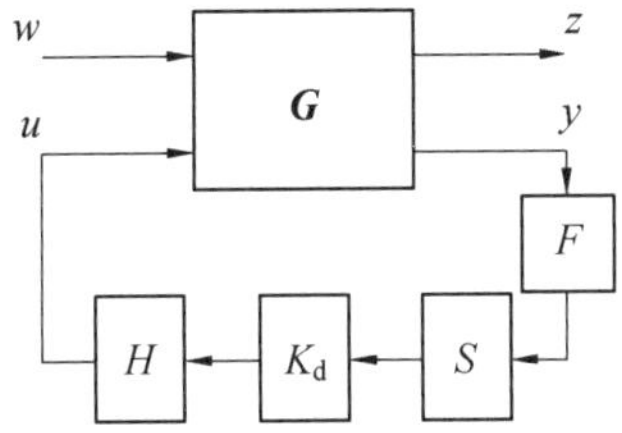


图 4.3　闭环采样控制系统

图 4.4 所示是带采样开关和保持器的时不变对象，图中滤波器 $F$ 是严格真的。

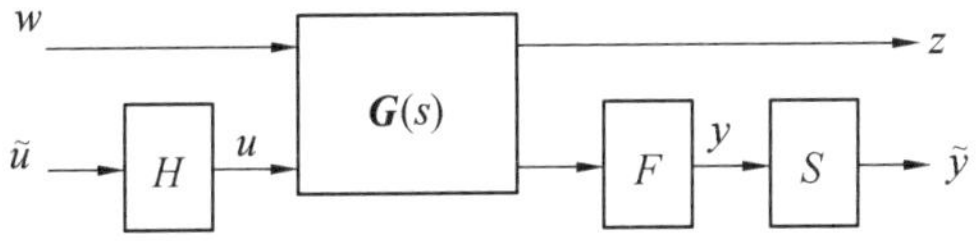


图 4.4　带采样开关和保持器的时不变对象

一般是将滤波器 $F$ 归入到对象 $\boldsymbol{G}$ 中，设 $\boldsymbol{G}$ 的状态空间实现为

$$\boldsymbol{G}=\begin{bmatrix}\boldsymbol{G}_{11} & \boldsymbol{G}_{12}\\ \boldsymbol{G}_{21} & \boldsymbol{G}_{22}\end{bmatrix}=\begin{bmatrix}\boldsymbol{A} & \boldsymbol{B}_1 & \boldsymbol{B}_2\\ \boldsymbol{C}_1 & \boldsymbol{D}_{11} & \boldsymbol{D}_{12}\\ \boldsymbol{C}_2 & \boldsymbol{D}_{21} & \boldsymbol{D}_{22}\end{bmatrix} \tag{4.10}$$

其中 $\boldsymbol{D}_{21}=\boldsymbol{D}_{22}=\boldsymbol{0}$，这是因为 $F$ 是严格真的。为了简化，这里还假设 $\boldsymbol{D}_{11}=\boldsymbol{0}$。

图 4.4 中的采样开关通过对连续信号 $y$ 在 $k\tau$ 时刻进行采样，得到离散信号 $\tilde{y}$，而保持器则是将离散信号 $\tilde{u}$ 变成分段定常的连续信号 $u$。因此可以将采样开关和保持器看作是离散信号 $\{\tilde{u}_k\}$，$\{\tilde{y}_k\}$ 与在 $L_p[0,\tau)$ 空间取值的提升信号 $\{\hat{u}_k\}$，$\{\hat{y}_k\}$ 的映射关系，即

$$\hat{\boldsymbol{H}}:\mathbf{R}^u\rightarrow L_p[0,\tau),\hat{u}_k=\hat{\boldsymbol{H}}\tilde{u}_k\Leftrightarrow\hat{u}_k(\hat{t})=\tilde{u}_k,0\leqslant\hat{t}\leqslant\tau$$

$$\hat{\boldsymbol{S}}:L_p[0,\tau)\rightarrow\mathbf{R}^y;\tilde{y}_k=\hat{\boldsymbol{S}}\hat{y}_k\Leftrightarrow\tilde{y}_k=\hat{y}_k(0)$$

将 $\hat{\boldsymbol{S}}$ 和 $\hat{\boldsymbol{H}}$ 归入广义对象 $\hat{\boldsymbol{G}}$ 中，得到广义对象 $\tilde{\boldsymbol{G}}$(连接 $\hat{w},\hat{z},\tilde{u},\tilde{y}$) 为(图 4.5)

$$\tilde{\boldsymbol{G}}=\begin{bmatrix}\hat{\boldsymbol{G}}_{11} & \hat{\boldsymbol{G}}_{12}\hat{\boldsymbol{H}}\\ \hat{\boldsymbol{S}}\hat{\boldsymbol{G}}_{21} & \hat{\boldsymbol{S}}\hat{\boldsymbol{G}}_{22}\hat{\boldsymbol{H}}\end{bmatrix}=\begin{bmatrix}\hat{\boldsymbol{A}} & \hat{\boldsymbol{B}}_1 & \hat{\boldsymbol{B}}_2\hat{\boldsymbol{H}}\\ \hat{\boldsymbol{C}}_1 & \hat{\boldsymbol{D}}_{11} & \hat{\boldsymbol{D}}_{12}\hat{\boldsymbol{H}}\\ \hat{\boldsymbol{S}}\hat{\boldsymbol{C}}_2 & \hat{\boldsymbol{S}}\hat{\boldsymbol{D}}_{21} & \hat{\boldsymbol{S}}\hat{\boldsymbol{D}}_{22}\hat{\boldsymbol{H}}\end{bmatrix} \tag{4.11}$$

$$\begin{bmatrix}\hat{z}\\ \tilde{y}\end{bmatrix}=\tilde{\boldsymbol{G}}\begin{bmatrix}\hat{w}\\ \tilde{u}\end{bmatrix}$$

$\widetilde{\boldsymbol{G}}$ 中的各算子可计算如下：

$\hat{\boldsymbol{B}}_2\hat{\boldsymbol{H}}$ 是在 $\hat{\boldsymbol{B}}_2$ 上加入一个常量输入后得到的矩阵，即

$$\hat{\boldsymbol{B}}_2\hat{\boldsymbol{H}}=\int_0^\tau \mathrm{e}^{\boldsymbol{A}(\tau-s)}\boldsymbol{B}_2\,\mathrm{d}s=\left(\int_0^\tau \mathrm{e}^{\boldsymbol{A}r}\,\mathrm{d}r\right)\boldsymbol{B}_2=\Psi(\tau)\boldsymbol{B}_2$$

其中，$\Psi(t):=\int_0^t \mathrm{e}^{\boldsymbol{A}r}\,\mathrm{d}r$。

$\hat{\boldsymbol{S}}\hat{\boldsymbol{C}}_2$ 由下式得到：

$$\int_0^\tau \delta(t)\boldsymbol{C}_2\mathrm{e}^{\boldsymbol{A}t}\,\mathrm{d}t=\boldsymbol{C}_2$$

类似地

$$\begin{aligned}\hat{\boldsymbol{D}}_{12}\hat{\boldsymbol{H}}&=\int_0^\tau\left[\boldsymbol{C}\mathrm{e}^{\boldsymbol{A}(t-s)}1(t-s)\boldsymbol{B}_2+\boldsymbol{D}_{12}\delta(t-s)\right]\mathrm{d}s\\&=\boldsymbol{C}_1\left(\int_0^t \mathrm{e}^{\boldsymbol{A}r}\,\mathrm{d}r\right)\boldsymbol{B}_2+\boldsymbol{D}_{12}\\&=\boldsymbol{C}_1\Psi(t)\boldsymbol{B}_2+\boldsymbol{D}_{12}\\\hat{\boldsymbol{S}}\hat{\boldsymbol{D}}_{21}&=\int_0^\tau \delta(t)\boldsymbol{C}_2\mathrm{e}^{\boldsymbol{A}(t-s)}1(t-s)\boldsymbol{B}_1\,\mathrm{d}s=0\end{aligned}$$

同理可得 $\hat{\boldsymbol{S}}\hat{\boldsymbol{D}}_{22}=\boldsymbol{0}$，因此 $\hat{\boldsymbol{S}}\hat{\boldsymbol{D}}_{22}\hat{\boldsymbol{H}}=\boldsymbol{0}$。

综上，得到 $\widetilde{\boldsymbol{G}}$ 的状态空间实现如下：

$$\begin{aligned}\widetilde{\boldsymbol{G}}&=\begin{bmatrix}\widetilde{\boldsymbol{G}}_{11} & \widetilde{\boldsymbol{G}}_{12}\\ \widetilde{\boldsymbol{G}}_{21} & \widetilde{\boldsymbol{G}}_{22}\end{bmatrix}=\begin{bmatrix}\hat{\boldsymbol{A}} & \hat{\boldsymbol{B}}_1 & \widetilde{\boldsymbol{B}}_2\\ \hat{\boldsymbol{C}}_1 & \hat{\boldsymbol{D}}_{11} & \widetilde{\boldsymbol{D}}_{12}\\ \widetilde{\boldsymbol{C}}_2 & \boldsymbol{0} & \boldsymbol{0}\end{bmatrix}\\&=\begin{bmatrix}\mathrm{e}^{\boldsymbol{A}\tau} & \mathrm{e}^{\boldsymbol{A}(\tau-s)}\boldsymbol{B}_1 & \Psi(\tau)\boldsymbol{B}_2\\ \boldsymbol{C}_1\mathrm{e}^{\boldsymbol{A}t} & \hat{\boldsymbol{C}}_1\mathrm{e}^{\boldsymbol{A}(t-s)}1(t-s)\boldsymbol{B}_1 & \boldsymbol{C}_1\Psi(t)\boldsymbol{B}_2+\boldsymbol{D}_{12}\\ \boldsymbol{C}_2 & \boldsymbol{0} & \boldsymbol{0}\end{bmatrix}\end{aligned}\tag{4.12}$$

其中

$$\widetilde{\boldsymbol{G}}_{11}:l_{L_p[0,\tau)}\rightarrow l_{L_p[0,\tau)},\widetilde{\boldsymbol{G}}_{12}:l_{\mathbf{R}^u}\rightarrow l_{L_p[0,\tau)}$$
$$\widetilde{\boldsymbol{G}}_{21}:l_{L_p[0,\tau)}\rightarrow l_{\mathbf{R}^y},\widetilde{\boldsymbol{G}}_{22}:l_{\mathbf{R}^u}\rightarrow l_{\mathbf{R}^y}$$

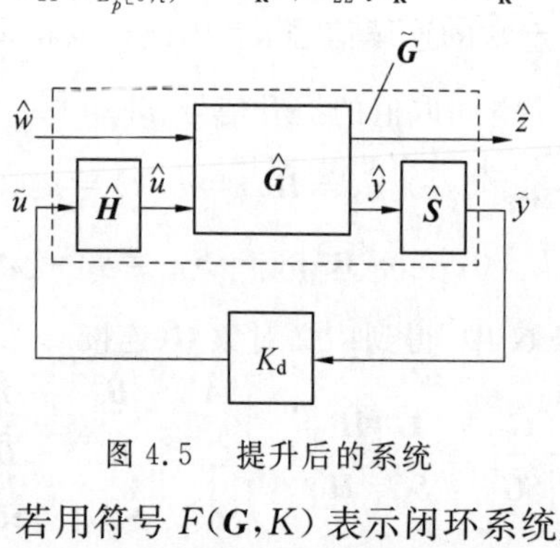


图 4.5　提升后的系统

图 4.5 为提升后的系统。若用符号 $F(\boldsymbol{G},K)$ 表示闭环系统从外部输入到调节输出之间的映射，则 $F(\boldsymbol{G},HK_\mathrm{d}S)$ 表示原闭环采样控制系统（图 4.3），$F(\widetilde{\boldsymbol{G}},K_\mathrm{d})$ 表示提升闭环系统。

由于 $\hat{w}=W_\tau w$，$\hat{z}=W_\tau z$，根据提升系统的定义(定义 4.3) 有[32]

$$F(\widetilde{\boldsymbol{G}},K_\mathrm{d})=W_\tau F(\boldsymbol{G},HK_\mathrm{d}S)W_\tau^{-1}$$

再由提升算子 $W_\tau$ 的等距性质，得[1]

$$\| F(\boldsymbol{G},HK_\mathrm{d}S)\| = \| F(\widetilde{\boldsymbol{G}},K_\mathrm{d})\| \tag{4.13}$$

式(4.13) 左侧是采样控制系统的 $L_2$ 诱导范数，右侧则是提升系统的 $L_2$ 诱导范数。式(4.13) 表明采样控制系统提升变换后范数不变，这是采样控制系统采用提升技术的基本依据。但事实上这个等价性只是根据开环系统(定义 4.3) 推算得来的，用于闭环系统并没有经过证明，是有问题的，这为提升法的应用留下了隐患。

## 4.5　提升系统的等价离散化

4.4 节中提升后系统的输入－输出空间为函数空间。本节将对对象进行进一步的离散化处理，最终可得到一个 $H_\infty$ 范数等价的有限维的离散化对象。系统提升并等价离散化的过程又称为 $H_\infty$ 离散化。

在推导中，将假定闭环采样控制系统的范数 $\gamma=1$。这个 $H_\infty$ 离散化过程分为两步，第一步是用回路转移[32,33] 的办法将广义对象 $\widetilde{\boldsymbol{G}}$(式(4.12)) 中的直通项算子 $\hat{\boldsymbol{D}}_{11}$“移除”，得到一个等价的 $\bar{\boldsymbol{G}}$，即

$$\bar{\boldsymbol{G}}=\begin{bmatrix}\bar{\boldsymbol{A}} & \bar{\boldsymbol{B}}_1 & \bar{\boldsymbol{B}}_2\\ \bar{\boldsymbol{C}}_1 & \boldsymbol{0} & \bar{\boldsymbol{D}}_{12}\\ \bar{\boldsymbol{C}}_2 & \boldsymbol{0} & \boldsymbol{0}\end{bmatrix}$$

这个 $\bar{\boldsymbol{G}}$ 满足 $\| F(\bar{\boldsymbol{G}},K_\mathrm{d})\| <1 \Leftrightarrow \| F(\widetilde{\boldsymbol{G}},K_\mathrm{d})\| <1$。

第二步是将 $\bar{\boldsymbol{G}}$ 再转化成一个有限维的离散化对象。

下面先来看第一步：

假定 $\boldsymbol{T}$ 是定义在 $L_2[0,\tau)$ 上的任一算子，且满足 $\|\boldsymbol{T}\|<1$，从而算子 $(\boldsymbol{I}-\boldsymbol{T}^*\boldsymbol{T})^{1/2}$ 和 $(\boldsymbol{I}-\boldsymbol{T}\boldsymbol{T}^*)^{1/2}$ 存在且正定。定义 $L_2[0,\tau)\oplus L_2[0,\tau)$ 上的酉算子 $\boldsymbol{\Theta}$ 为

$$\boldsymbol{\Theta}:=\begin{bmatrix}-\boldsymbol{T} & (\boldsymbol{I}-\boldsymbol{T}\boldsymbol{T}^*)^{1/2}\\ (\boldsymbol{I}-\boldsymbol{T}^*\boldsymbol{T})^{1/2} & \boldsymbol{T}^*\end{bmatrix} \tag{4.14}$$

**引理 4.3**[1]　对图 4.6 所示的系统，令

$$\boldsymbol{\Theta}=\begin{bmatrix}\boldsymbol{\theta}_{11} & \boldsymbol{\theta}_{12}\\ \boldsymbol{\theta}_{21} & \boldsymbol{\theta}_{22}\end{bmatrix},\boldsymbol{H}=\begin{bmatrix}\boldsymbol{A} & \boldsymbol{B}\\ \boldsymbol{C} & \boldsymbol{D}\end{bmatrix}$$

其中，$\boldsymbol{\Theta}$ 为式(4.14) 定义的酉算子，$\boldsymbol{H}$ 为 $l_{L_2[0,\tau)}$ 系统，则下列说法是等价的：

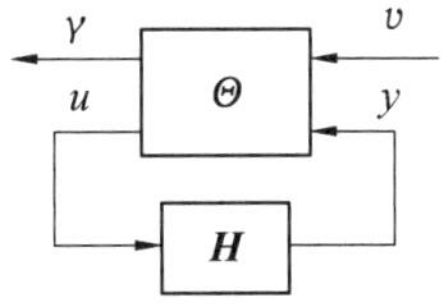


图 4.6　$\boldsymbol{\Theta}$ 和 $\boldsymbol{H}$ 组成的闭环系统

(1)$\boldsymbol{H}$ 是内稳定的且 $\|\boldsymbol{H}\|<1$；

(2)$F(\boldsymbol{\Theta},\boldsymbol{H})$ 是内稳定的且 $\|F(\boldsymbol{\Theta},\boldsymbol{H})\|<1$。

证明见文献[1]。

根据式(4.12)的特点，可以证明闭环后的采样控制系统的状态空间实现中的直通项就是 $\hat{\boldsymbol{D}}_{11}$。所以 $\|\hat{\boldsymbol{D}}_{11}\|<1$ 是 $\|F(\tilde{\boldsymbol{G}},K_{\mathrm{d}})\|<1$ 的必要条件，故下面的提升计算中将假定 $\|\hat{\boldsymbol{D}}_{11}\|<1$。

"移除" $\hat{\boldsymbol{D}}_{11}$ 算子的基本思想如下：

在 $\|\hat{\boldsymbol{D}}_{11}\|<1$ 的假定下，构造酉算子矩阵

$$\boldsymbol{\Theta}=\begin{bmatrix}-\hat{\boldsymbol{D}}_{11} & (\boldsymbol{I}-\hat{\boldsymbol{D}}_{11}\hat{\boldsymbol{D}}_{11}^*)^{1/2}\\(\boldsymbol{I}-\hat{\boldsymbol{D}}_{11}^*\hat{\boldsymbol{D}}_{11})^{1/2} & \hat{\boldsymbol{D}}_{11}^*\end{bmatrix}=\begin{bmatrix}\boldsymbol{\theta}_{11} & \boldsymbol{\theta}_{12}\\\boldsymbol{\theta}_{21} & \boldsymbol{\theta}_{22}\end{bmatrix}\tag{4.15}$$

如图 4.7 所示，将 $\tilde{\boldsymbol{G}}$ 和 $\boldsymbol{\Theta}$ 合并为广义对象 $\bar{\boldsymbol{G}}$，得到一新系统 $F(\bar{\boldsymbol{G}},K_{\mathrm{d}})$，$\bar{\boldsymbol{G}}$ 的状态空间实现如下：

$$\bar{\boldsymbol{G}}=\begin{bmatrix}\bar{\boldsymbol{A}} & \bar{\boldsymbol{B}}_1 & \bar{\boldsymbol{B}}_2\\\bar{\boldsymbol{C}}_1 & \boldsymbol{0} & \bar{\boldsymbol{D}}_{12}\\\bar{\boldsymbol{C}}_2 & \boldsymbol{0} & \boldsymbol{0}\end{bmatrix}=\begin{bmatrix}\hat{\boldsymbol{A}}+\hat{\boldsymbol{B}}_1\hat{\boldsymbol{D}}_{11}^*\boldsymbol{P}^{-1}\hat{\boldsymbol{C}}_1 & \hat{\boldsymbol{B}}_1(\boldsymbol{I}-\hat{\boldsymbol{D}}_{11}^*\hat{\boldsymbol{D}}_{11})^{-1/2} & \hat{\boldsymbol{B}}_1\hat{\boldsymbol{D}}_{11}^*\boldsymbol{P}^{-1}\tilde{\boldsymbol{D}}_{12}+\tilde{\boldsymbol{B}}_2\\(\boldsymbol{I}-\hat{\boldsymbol{D}}_{11}\hat{\boldsymbol{D}}_{11}^*)^{-1/2}\hat{\boldsymbol{C}}_1 & \boldsymbol{0} & (\boldsymbol{I}-\hat{\boldsymbol{D}}_{11}\hat{\boldsymbol{D}}_{11}^*)^{-1/2}\tilde{\boldsymbol{D}}_{12}\\\tilde{\boldsymbol{C}}_2 & \boldsymbol{0} & \boldsymbol{0}\end{bmatrix}\tag{4.16}$$

其中

$$\boldsymbol{P}=(\boldsymbol{I}-\hat{\boldsymbol{D}}_{11}\hat{\boldsymbol{D}}_{11}^*)$$

$$\bar{\boldsymbol{A}}:\mathbf{R}^x\rightarrow\mathbf{R}^x,\bar{\boldsymbol{B}}_1:L_2[0,\tau)\rightarrow\mathbf{R}^x$$

$$\bar{\boldsymbol{B}}_2:\mathbf{R}^u\rightarrow\mathbf{R}^x,\bar{\boldsymbol{C}}_1:\mathbf{R}^x\rightarrow L_2[0,\tau)$$

$$\bar{\boldsymbol{C}}_2:\mathbf{R}^x\rightarrow\mathbf{R}^y,\bar{\boldsymbol{D}}_{12}:\mathbf{R}^u\rightarrow L_2[0,\tau)$$

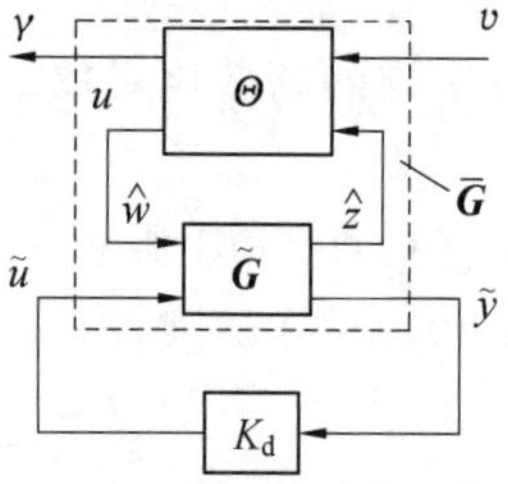


图 4.7　$F(\boldsymbol{\Theta},F(\tilde{\boldsymbol{G}},K_{\mathrm{d}}))=F(\bar{\boldsymbol{G}},K_{\mathrm{d}})$

根据引理 4.3 可得

$$\|F[\boldsymbol{\Theta},F(\tilde{\boldsymbol{G}},K_{\mathrm{d}})]\|=\|F(\bar{\boldsymbol{G}},K_{\mathrm{d}})\|<1\Leftrightarrow\|F(\tilde{\boldsymbol{G}},K_{\mathrm{d}})\|<1\tag{4.17}$$

这种消除 $\hat{\boldsymbol{D}}_{11}$ 算子的做法虽然可以保证消除前后的范数界等价，但却给 $H_\infty$ 优化设计留下了隐患。

$H_\infty$ 离散化的第二步是将 $\bar{\boldsymbol{G}}$ 转化成一离散化对象，是根据定理 4.3 来求得的。

**定理 4.3**[1]　给定如式(4.16)的 $\bar{\boldsymbol{G}}$，则 $\bar{\boldsymbol{G}}$ 和下列的离散对象 $\boldsymbol{G}_{\mathrm{d}}$ 等价，即 $\|F(\boldsymbol{G}_{\mathrm{d}},K_{\mathrm{d}})\|=\|F(\bar{\boldsymbol{G}},K_{\mathrm{d}})\|$。

$$\boldsymbol{G}_{\mathrm{d}}=\begin{bmatrix}\boldsymbol{A}_{\mathrm{d}} & \boldsymbol{B}_{1\mathrm{d}} & \boldsymbol{B}_{2\mathrm{d}}\\ \boldsymbol{C}_{1\mathrm{d}} & \boldsymbol{0} & \boldsymbol{D}_{12\mathrm{d}}\\ \boldsymbol{C}_{2\mathrm{d}} & \boldsymbol{0} & \boldsymbol{0}\end{bmatrix} \tag{4.18}$$

其中

$$\boldsymbol{B}_{1\mathrm{d}}:=\boldsymbol{T}_B^*\begin{bmatrix}\boldsymbol{\Sigma}_B^{1/2}\\ \boldsymbol{0}\end{bmatrix},\quad [\boldsymbol{C}_{1\mathrm{d}}\quad \boldsymbol{D}_{12\mathrm{d}}]:=[\boldsymbol{\Sigma}_{CD}^{1/2}\quad \boldsymbol{0}]\boldsymbol{T}_{CD}$$

$$\boldsymbol{A}_{\mathrm{d}}:=\hat{\boldsymbol{A}}+\hat{\boldsymbol{B}}_1\hat{\boldsymbol{D}}_{11}^*(\boldsymbol{I}-\hat{\boldsymbol{D}}_{11}\hat{\boldsymbol{D}}_{11}^*)^{-1}\hat{\boldsymbol{C}}_1$$

$$\boldsymbol{B}_{2\mathrm{d}}:=\hat{\boldsymbol{B}}_1\hat{\boldsymbol{D}}_{11}^*(\boldsymbol{I}-\hat{\boldsymbol{D}}_{11}\hat{\boldsymbol{D}}_{11}^*)^{-1}\widetilde{\boldsymbol{D}}_{12}+\widetilde{\boldsymbol{B}}_2$$

$$\boldsymbol{C}_{2\mathrm{d}}:=\boldsymbol{C}_2$$

式中 $\boldsymbol{T}_B$ 和 $\boldsymbol{T}_{CD}$ 是根据下列的奇异值分解得到的：

$$\bar{\boldsymbol{B}}_1\bar{\boldsymbol{B}}_1^*=\boldsymbol{T}_B^*\begin{bmatrix}\boldsymbol{\Sigma}_B & \boldsymbol{0}\\ \boldsymbol{0} & \boldsymbol{0}\end{bmatrix}\boldsymbol{T}_B \tag{4.19}$$

$$\begin{bmatrix}\bar{\boldsymbol{C}}_1^*\\ \bar{\boldsymbol{D}}_{12}^*\end{bmatrix}[\bar{\boldsymbol{C}}_1\quad \bar{\boldsymbol{D}}_{12}]=\boldsymbol{T}_{CD}^*\begin{bmatrix}\boldsymbol{\Sigma}_{CD} & \boldsymbol{0}\\ \boldsymbol{0} & \boldsymbol{0}\end{bmatrix}\boldsymbol{T}_{CD} \tag{4.20}$$

# 4.6　提升变换的算法和程序

## 4.6.1　计算公式

根据式(4.18)来计算等价离散化对象的算法在现有文献中都认为是标准算法，并认为 $\boldsymbol{D}_{12\mathrm{d}}=0$。本小节下面的计算中还假定$(\boldsymbol{A},\boldsymbol{B}_1)$是可控的，$(\boldsymbol{C}_1,\boldsymbol{A})$是可观测的。

为了给出定理 4.3 的简单运算公式，需要详细分析算子$(\boldsymbol{I}-\hat{\boldsymbol{D}}_{11}\hat{\boldsymbol{D}}_{11}^*)^{-1}$和$(\boldsymbol{I}-\hat{\boldsymbol{D}}_{11}^*\hat{\boldsymbol{D}}_{11})^{-1}$。由式(4.12)得 $\hat{\boldsymbol{D}}_{11}=\boldsymbol{C}_1\mathrm{e}^{\boldsymbol{A}(t-s)}1(t-s)\boldsymbol{B}_1$（$1(t-s)$ 表示在$(t-s)$这一时刻的单位阶跃信号），知 $f=\hat{\boldsymbol{D}}_{11}u$ 与下面的实现等价：

$$\begin{cases}\dot{x}_1(t)=\boldsymbol{A}x_1(t)+\boldsymbol{B}_1u(t)\\ f(t)=\boldsymbol{C}_1x_1(t);x_1(0)=0,0\leqslant t\leqslant\tau\end{cases} \tag{4.21}$$

同理，$y=\hat{\boldsymbol{D}}_{11}^*f$ 与下面的实现等价：

$$\begin{cases}\dot{x}_2(t)=-\boldsymbol{A}'x_2(t)-\boldsymbol{C}_1'f(t)\\ y(t)=\boldsymbol{B}_1'x_2(t);x_2(\tau)=0,0\leqslant t\leqslant\tau\end{cases} \tag{4.22}$$

结合式(4.21)和式(4.22)得到 $y=(\boldsymbol{I}-\hat{\boldsymbol{D}}_{11}^*\hat{\boldsymbol{D}}_{11})u$ 与下面的实现等价：

$$\begin{gathered}\begin{bmatrix}\dot{x}_2(t)\\ \dot{x}_1(t)\end{bmatrix}=\begin{bmatrix}-\boldsymbol{A}' & -\boldsymbol{C}_1'\boldsymbol{C}_1\\ \boldsymbol{0} & \boldsymbol{A}\end{bmatrix}\begin{bmatrix}x_2(t)\\ x_1(t)\end{bmatrix}+\begin{bmatrix}\boldsymbol{0}\\ -\boldsymbol{B}_1\end{bmatrix}u\\ y(t)=[\boldsymbol{B}_1'\quad \boldsymbol{0}]\begin{bmatrix}x_2(t)\\ x_1(t)\end{bmatrix}+u(t)\\ \begin{bmatrix}x_2(\tau)\\ x_1(0)\end{bmatrix}=0,0\leqslant t\leqslant\tau\end{gathered} \tag{4.23}$$

由于前面已假定 $\|\hat{\boldsymbol{D}}_{11}\|<1$，算子$(\boldsymbol{I}-\hat{\boldsymbol{D}}_{11}^*\hat{\boldsymbol{D}}_{11})$是可逆的，这样可以得到系统 $u=(\boldsymbol{I}-\hat{\boldsymbol{D}}_{11}^*\hat{\boldsymbol{D}}_{11})^{-1}y$ 的实现如下：

$$\begin{bmatrix}\dot{x}_2(t)\\ \dot{x}_1(t)\end{bmatrix}=\begin{bmatrix}-\boldsymbol{A}' & -\boldsymbol{C}_1'\boldsymbol{C}_1\\ \boldsymbol{B}_1\boldsymbol{B}_1' & \boldsymbol{A}\end{bmatrix}\begin{bmatrix}x_2(t)\\ x_1(t)\end{bmatrix}+\begin{bmatrix}\boldsymbol{0}\\ \boldsymbol{B}_1\end{bmatrix}y(t)$$

$$u(t)=[\boldsymbol{B}_1' \quad \boldsymbol{0}]\begin{bmatrix}x_2(t)\\ x_1(t)\end{bmatrix}+y(t) \tag{4.24}$$

$$\begin{bmatrix}x_2(\tau)\\ x_1(0)\end{bmatrix}=0,0\leqslant t\leqslant\tau$$

根据算子$(\boldsymbol{I}-\hat{\boldsymbol{D}}_{11}\hat{\boldsymbol{D}}_{11}^*)^{-1}$和$(\boldsymbol{I}-\hat{\boldsymbol{D}}_{11}^*\hat{\boldsymbol{D}}_{11})^{-1}$的核表示可以推导出提升计算的公式。构造如下矩阵：

$$\boldsymbol{\Gamma}(t)=\begin{bmatrix}\boldsymbol{\Gamma}_{11}(t) & \boldsymbol{\Gamma}_{12}(t)\\ \boldsymbol{\Gamma}_{21}(t) & \boldsymbol{\Gamma}_{22}(t)\end{bmatrix}=\exp\left\{\begin{bmatrix}-\boldsymbol{A}' & -\boldsymbol{C}_1'\boldsymbol{C}_1\\ \boldsymbol{B}_1\boldsymbol{B}_1' & \boldsymbol{A}\end{bmatrix}t\right\} \tag{4.25}$$

设

$$\boldsymbol{\Psi}(t)=\int_0^t \mathrm{e}^{\boldsymbol{A}s}\,\mathrm{d}s,\boldsymbol{\Phi}(t)=\int_0^t\boldsymbol{\Gamma}(s)\,\mathrm{d}s,\boldsymbol{\Omega}(t)=\int_0^t\left(\int_0^s\boldsymbol{\Gamma}(r)\,\mathrm{d}r\right)\mathrm{d}s \tag{4.26}$$

则得到如下矩阵指数形式的提升计算公式[1,34]：

$$\bar{\boldsymbol{B}}_1\bar{\boldsymbol{B}}_1^*=\hat{\boldsymbol{B}}_1(\boldsymbol{I}-\hat{\boldsymbol{D}}_{11}^*\hat{\boldsymbol{D}}_{11})^{-1}\hat{\boldsymbol{B}}_1^*=\boldsymbol{\Gamma}_{21}(\tau)\boldsymbol{\Gamma}_{11}^{-1}(\tau) \tag{4.27}$$

$$\bar{\boldsymbol{C}}_1^*\bar{\boldsymbol{C}}_1=\boldsymbol{C}_1^*(\boldsymbol{I}-\hat{\boldsymbol{D}}_{11}\hat{\boldsymbol{D}}_{11}^*)^{-1}\boldsymbol{C}_1=-\boldsymbol{\Gamma}_{11}^{-1}(\tau)\boldsymbol{\Gamma}_{12}(\tau) \tag{4.28}$$

$$\boldsymbol{A}_\mathrm{d}=\hat{\boldsymbol{A}}+\hat{\boldsymbol{B}}_1\hat{\boldsymbol{D}}_{11}^*(\boldsymbol{I}-\hat{\boldsymbol{D}}_{11}\hat{\boldsymbol{D}}_{11}^*)^{-1}\hat{\boldsymbol{C}}_1=\boldsymbol{\Gamma}_{22}(\tau)-\boldsymbol{\Gamma}_{21}(\tau)\boldsymbol{\Gamma}_{11}^{-1}(\tau)\boldsymbol{\Gamma}_{12}(\tau) \tag{4.29}$$

$$\bar{\boldsymbol{C}}_1^*\bar{\boldsymbol{D}}_{12}=\hat{\boldsymbol{C}}_1^*(\boldsymbol{I}-\hat{\boldsymbol{D}}_{11}\hat{\boldsymbol{D}}_{11}^*)^{-1}\tilde{\boldsymbol{D}}_{12}=-\boldsymbol{\Gamma}_{11}^{-1}(\tau)\boldsymbol{\Phi}_{12}(\tau)\boldsymbol{B}_2 \tag{4.30}$$

$$\bar{\boldsymbol{D}}_{12}^*\bar{\boldsymbol{D}}_{12}=\tilde{\boldsymbol{D}}_{12}^*(\boldsymbol{I}-\hat{\boldsymbol{D}}_{11}\hat{\boldsymbol{D}}_{11}^*)^{-1}\tilde{\boldsymbol{D}}_{12}=\boldsymbol{B}_2'[\boldsymbol{\Omega}_{12}(\tau)-\boldsymbol{\Phi}_{11}(\tau)\boldsymbol{\Gamma}_{11}^{-1}(\tau)\boldsymbol{\Phi}_{12}(\tau)]\boldsymbol{B}_2 \tag{4.31}$$

$$\boldsymbol{B}_{2\mathrm{d}}=\hat{\boldsymbol{B}}_1\hat{\boldsymbol{D}}_{11}^*(\boldsymbol{I}-\hat{\boldsymbol{D}}_{11}\hat{\boldsymbol{D}}_{11}^*)^{-1}\tilde{\boldsymbol{D}}_{12}+\tilde{\boldsymbol{B}}_2=[\boldsymbol{\Phi}_{22}(\tau)-\boldsymbol{\Gamma}_{21}(\tau)\boldsymbol{\Gamma}_{11}^{-1}(\tau)\boldsymbol{\Phi}_{12}(\tau)]\boldsymbol{B}_2 \tag{4.32}$$

根据式(4.19)和式(4.27)进行如下的奇异值分解：

$$\bar{\boldsymbol{B}}_1\bar{\boldsymbol{B}}_1^*=\boldsymbol{\Gamma}_{21}(\tau)\boldsymbol{\Gamma}_{11}^{-1}(\tau)=\boldsymbol{T}_B^*\begin{bmatrix}\boldsymbol{\Sigma}_B & \boldsymbol{0}\\ \boldsymbol{0} & \boldsymbol{0}\end{bmatrix}\boldsymbol{T}_B$$

可以得到式(4.18)的$\boldsymbol{B}_{1\mathrm{d}}$阵为

$$\boldsymbol{B}_{1\mathrm{d}}=\boldsymbol{T}_B^*\begin{bmatrix}\boldsymbol{\Sigma}_B^{1/2}\\ \boldsymbol{0}\end{bmatrix}$$

同样根据式(4.20)、式(4.28)、式(4.30)和式(4.32)，进行如下的奇异值分解：

$$\begin{bmatrix}\bar{\boldsymbol{C}}_1^*\bar{\boldsymbol{C}}_1 & \bar{\boldsymbol{C}}_1^*\bar{\boldsymbol{D}}_{12}\\ (\bar{\boldsymbol{C}}_1^*\bar{\boldsymbol{D}}_{12})^* & \bar{\boldsymbol{D}}_{12}^*\bar{\boldsymbol{D}}_{12}\end{bmatrix}=\boldsymbol{T}_{CD}^*\begin{bmatrix}\boldsymbol{\Sigma}_{CD} & \boldsymbol{0}\\ \boldsymbol{0} & \boldsymbol{0}\end{bmatrix}\boldsymbol{T}_{CD}$$

可以得

$$[\boldsymbol{C}_{1\mathrm{d}} \quad \boldsymbol{D}_{12\mathrm{d}}]=[\boldsymbol{\Sigma}_{CD}^{1/2} \quad \boldsymbol{0}]\boldsymbol{T}_{CD}$$

根据上述公式，可以很方便地计算出式(4.18)中的各矩阵，从而得到提升等价离散化对象$\boldsymbol{G}_\mathrm{d}$。

### 4.6.2 MATLAB 程序

由 4.6.1 节给出的计算公式可以看出，提升运算需要进行一系列的矩阵指数运算及对称分解，其计算过程很复杂。为了解决这一问题，笔者根据 4.6.1 节给出的提升算法，给出一套可利用 MATLAB 的 Mu 工具箱中的几个子程序来进行提升计算的方法。算法简便可靠，只需简单地调用几个函数，就可以完成提升变换[35]。

设原连续对象的状态空间实现所对应的传递函数阵为

$$\boldsymbol{G}=\left[\begin{array}{c|cc}\boldsymbol{A} & \boldsymbol{B}_1 & \boldsymbol{B}_2\\ \hline \boldsymbol{C}_1 & \boldsymbol{0} & \boldsymbol{0}\\ \boldsymbol{C}_2 & \boldsymbol{0} & \boldsymbol{0}\end{array}\right] \tag{4.33}$$

式中的 $\boldsymbol{D}_{21}=\boldsymbol{D}_{22}=\boldsymbol{0}$，是因为采样控制系统中一般均有严格的抗混叠滤波器，这里为了简化，仍假设 $\boldsymbol{D}_{11}=\boldsymbol{D}_{12}=\boldsymbol{0}$。

提升计算中的一个基本的矩阵指数运算是

$$\boldsymbol{\Gamma}(t)=\exp\left\{\begin{bmatrix}-\boldsymbol{A}' & -\boldsymbol{C}_1{}'\boldsymbol{C}_1\\ \boldsymbol{B}_1\boldsymbol{B}_1{}' & \boldsymbol{A}\end{bmatrix}t\right\} \tag{4.34}$$

根据式(4.34)，定义如下的 Hamilton 阵：

$$\boldsymbol{H}=\begin{bmatrix}-\boldsymbol{A}' & -\boldsymbol{C}_1{}'\boldsymbol{C}_1\\ \boldsymbol{B}_1\boldsymbol{B}_1{}' & \boldsymbol{A}\end{bmatrix} \tag{4.35}$$

计算前，先要将这个 Hamilton 阵变换为实数 Schur 形，即

$$\boldsymbol{H}=\boldsymbol{T}^{-1}\boldsymbol{S}\boldsymbol{T}$$

式中，$\boldsymbol{T}$ 为正交阵；$\boldsymbol{S}$ 为准三角形阵，即实数 Schur 形。这可以调用函数 ham2schr，其调用形式为

$$[\boldsymbol{T},\mathrm{inv}\boldsymbol{T},\boldsymbol{S},\boldsymbol{s}]=\mathrm{ham2schr}(\boldsymbol{A},\boldsymbol{B}_1,\boldsymbol{C}_1,0.02/\tau) \tag{4.36}$$

式(4.36)的输出变量中 $\boldsymbol{s}$ 是个行向量，$\boldsymbol{s}=[s(1)\quad s(2)\quad s(3)]$，$s(1)$ 表示 $\boldsymbol{H}$ 阵左半面的特征值数目，$s(2)$ 表示 $\boldsymbol{H}$ 阵虚轴上的特征值数，$s(3)$ 表示 $\boldsymbol{H}$ 阵右半面的特征值数。式(4.36)的输入变量中的 $0.02/\tau$ 表示 $\boldsymbol{H}$ 阵的特征值对虚轴的零接近程度，特征值实部绝对值小于 $0.02/\tau$ 就认为是零。其中 $\tau$ 是采样控制系统的采样周期，说明这个零接近度是根据采样周期来定的。

得到实数 Schur 形后就可以调用 sdequiv 函数直接求得 $H_\infty$ 离散化对象 $\boldsymbol{G}_{\mathrm{d}}$，这个 sdequiv 实际上就是 4.6.1 节的提升算法(式(4.27)～(4.32))编制的函数，因此只需调用该函数就可以实现复杂的矩阵指数运算。该函数的调用形式为

$$\boldsymbol{G}_{\mathrm{d}}=\mathrm{sdequiv}(\boldsymbol{A},\boldsymbol{B}_1,\boldsymbol{B}_2,\boldsymbol{C}_1,\boldsymbol{C}_2,\boldsymbol{T},\mathrm{inv}\boldsymbol{T},\boldsymbol{S},\boldsymbol{s},h,\mathrm{delay}) \tag{4.37}$$

式(4.37)输入变量中的 delay 指控制器的计算延时，如图 4.8 所示。图 4.8 中的 $K_{\mathrm{d}}$ 为离散控制器，$S$ 为采样器，$H$ 为保持器。式(4.37)的函数本是 Mu 工具箱中其他运算的一个子程序，用在这里的离散化计算时，delay 可取其默认值 0。式(4.37)中的其他输入变量见式(4.33)及式(4.36)。

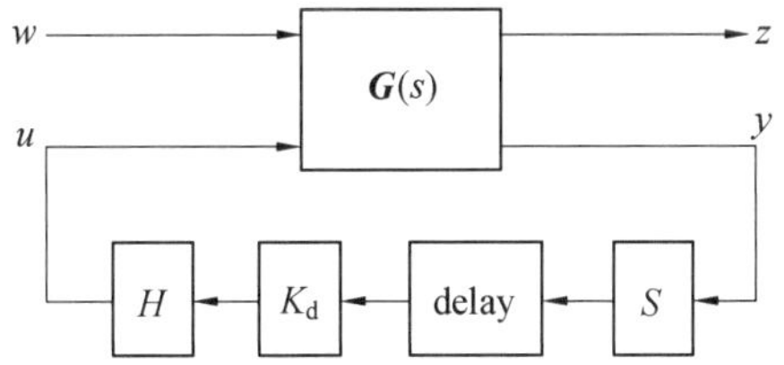


图 4.8　采样控制系统框图

这里需要指出的是，式(4.37)所对应的闭环系统的 $H_\infty$ 范数 $\|T_{zw}\|_\infty<1$。对 $\|\cdot\|_\infty<\gamma$ 的一般问题来说，变更一下相应通道的标度，仍可以当作 $\|\cdot\|_\infty<1$ 来进行

计算，即此时的 $\boldsymbol{B}_1$ 应改为 $\gamma^{-1/2}\boldsymbol{B}_1$，$\boldsymbol{C}_1$ 改为 $\gamma^{-1/2}\boldsymbol{C}_1$[8]。

现将上述的 $H_\infty$ 离散化算法归纳如下：

Step1：给定 $\gamma$ 值，将 $\gamma^{-1/2}\boldsymbol{B}_1$ 和 $\gamma^{-1/2}\boldsymbol{C}_1$ 作为式(4.36) 及式(4.37) 中的 $\boldsymbol{B}_1$ 和 $\boldsymbol{C}_1$。

Step2：调用函数 ham2schr(见式(4.36))。

Step3：调用函数 sdequiv(见式(4.37)) 得

$$\boldsymbol{G}_{\mathrm{d}}=\begin{bmatrix}\boldsymbol{A}_{\mathrm{d}} & \boldsymbol{B}_{1\mathrm{d}} & \boldsymbol{B}_{2\mathrm{d}}\\ \boldsymbol{C}_{1\mathrm{d}} & \boldsymbol{0} & \boldsymbol{D}_{12\mathrm{d}}\\ \boldsymbol{C}_{2\mathrm{d}} & \boldsymbol{0} & \boldsymbol{0}\end{bmatrix}\tag{4.38}$$

Step4：恢复原标度，即将式(4.38) 中的 $\boldsymbol{B}_{1\mathrm{d}}$ 改为 $\gamma^{1/2}\boldsymbol{B}_{1\mathrm{d}}$，$\boldsymbol{C}_{1\mathrm{d}}$ 改为 $\gamma^{1/2}\boldsymbol{C}_{1\mathrm{d}}$，这时的 $\boldsymbol{G}_{\mathrm{d}}$ 就是与 $\gamma$ 值相对应的 $H_\infty$ 离散化对象了。

由于对象的 $H_\infty$ 离散化与闭环后系统的 $H_\infty$ 范数值 $\|T_{zw}\|_\infty=\gamma$ 有关，所以这个 $H_\infty$ 离散化还要与所研究的闭环问题，即采样控制系统的分析 / 综合问题结合起来，通过迭代，使 Step1 所给定的 $\gamma$ 值等于最终系统的 $H_\infty$ 范数值 $\gamma$，这个迭代过程一般都能很快地收敛。

### 4.6.3　$\boldsymbol{D}_{12}\neq 0$ 时的算法

4.6.1 节给出的提升算法，现在都认为是标准算法，但那里要假定广义对象 $\boldsymbol{G}$ 中的 $\boldsymbol{D}_{12}=0$。但对于有些 $H_\infty$ 设计问题，$\boldsymbol{D}_{12}$ 并不等于 0。例如，图 4.9 所示加权系数的扰动抑制问题中 $\boldsymbol{D}_{12}\neq 0$。

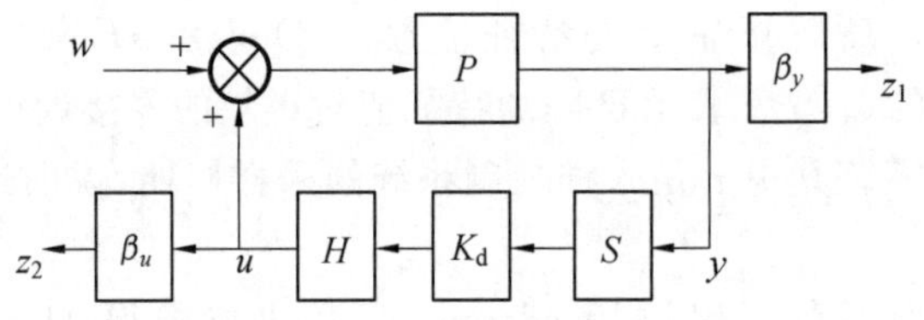


图 4.9　加权系数的扰动抑制问题

设图 4.9 中对象 $P$ 的传递函数为

$$P(s)=\frac{20-s}{(5s+1)(s+20)}\tag{4.39}$$

图中对象的输出 $y=x_2$，表示性能的输出是

$$z=\begin{bmatrix}0 & \beta_y\\ 0 & 0\end{bmatrix}\begin{bmatrix}x_1\\ x_2\end{bmatrix}+\begin{bmatrix}0\\ \beta_u\end{bmatrix}u=\boldsymbol{C}_1\boldsymbol{x}+\boldsymbol{D}_{12}u\tag{4.40}$$

式(4.40) 中的 $\beta_y$ 和 $\beta_u$ 为相应的权系数。这时连续广义对象 $\boldsymbol{G}$ 为

$$\boldsymbol{G}(s)=\begin{bmatrix}-20 & 0 & 40 & 40\\ 0.2 & -0.2 & -0.2 & -0.2\\ 0 & \beta_y & 0 & 0\\ 0 & 0 & 0 & \beta_u\\ 0 & 1 & 0 & 0\end{bmatrix}\tag{4.41}$$

对象中的 $\boldsymbol{D}$ 阵为

$$\boldsymbol{D}=\begin{bmatrix}0 & 0\\0 & \beta_u\\0 & 0\end{bmatrix}$$

这时的 $\boldsymbol{D}_{12}\neq 0$。

对于 $\boldsymbol{D}_{12}\neq 0$，4.6.1 节标准的 MATLAB 程序就不能用了。这时要改用如下的算法。

Step1：设连续对象 $\boldsymbol{G}$ 为

$$\boldsymbol{G}(s)=\begin{bmatrix}\boldsymbol{A} & \boldsymbol{B}_1 & \boldsymbol{B}_2\\\boldsymbol{C}_1 & \boldsymbol{0} & \boldsymbol{D}_{12}\\\boldsymbol{C}_2 & \boldsymbol{0} & \boldsymbol{0}\end{bmatrix} \tag{4.42}$$

给定采样控制系统的 $L_2$ 诱导范数的界 $\gamma$，并假定 $\|\hat{\boldsymbol{D}}_{11}\|<\gamma$。

Step2：定义方阵

$$\bar{\boldsymbol{A}}=\begin{bmatrix}\boldsymbol{A} & \boldsymbol{B}_2\\\boldsymbol{0} & \boldsymbol{0}\end{bmatrix},\boldsymbol{Z}=[\boldsymbol{C}_1\quad \boldsymbol{D}_{12}]^{\mathrm{T}}[\boldsymbol{C}_1\quad \boldsymbol{D}_{12}]$$

计算指数矩阵

$$\begin{bmatrix}\boldsymbol{P} & \boldsymbol{K}\\\boldsymbol{0} & \boldsymbol{R}\end{bmatrix}=\exp\left\{\tau\begin{bmatrix}-\bar{\boldsymbol{A}}^{\mathrm{T}} & \boldsymbol{Z}\\\boldsymbol{0} & \bar{\boldsymbol{A}}\end{bmatrix}\right\}$$

并令 $\boldsymbol{J}_{\infty}=\boldsymbol{R}^{\mathrm{T}}\boldsymbol{K}$。

Step3：定义

$$\boldsymbol{E}=\begin{bmatrix}-\boldsymbol{A}^{\mathrm{T}} & -\boldsymbol{C}_1^{\mathrm{T}}\boldsymbol{C}_1\\\boldsymbol{B}_1\boldsymbol{B}_1^{\mathrm{T}}/\gamma^2 & \boldsymbol{A}\end{bmatrix}$$
$$\boldsymbol{X}=[\boldsymbol{C}_1\quad \boldsymbol{D}_{12}]^{\mathrm{T}}[\boldsymbol{0}\quad \boldsymbol{C}_1]$$
$$\boldsymbol{Y}=[\boldsymbol{C}_1\quad \boldsymbol{0}]^{\mathrm{T}}[\boldsymbol{C}_1\quad \boldsymbol{D}_{12}]$$

计算如下矩阵指数：

$$\begin{bmatrix}\boldsymbol{P} & \boldsymbol{M} & \boldsymbol{L}\\\boldsymbol{0} & \boldsymbol{Q} & \boldsymbol{N}\\\boldsymbol{0} & \boldsymbol{0} & \boldsymbol{R}\end{bmatrix}=\exp\left\{\tau\begin{bmatrix}-\bar{\boldsymbol{A}}^{\mathrm{T}} & \boldsymbol{X} & \boldsymbol{0}\\\boldsymbol{0} & \boldsymbol{E} & \boldsymbol{Y}\\\boldsymbol{0} & \boldsymbol{0} & \bar{\boldsymbol{A}}\end{bmatrix}\right\}$$

将式中的矩阵 $\boldsymbol{P},\boldsymbol{M},\boldsymbol{L},\boldsymbol{Q},\boldsymbol{N},\boldsymbol{R}$ 都分为 $2\times 2$ 的块矩阵，例如：

$$\boldsymbol{Q}=\begin{bmatrix}\boldsymbol{Q}_{11} & \boldsymbol{Q}_{12}\\\boldsymbol{Q}_{21} & \boldsymbol{Q}_{22}\end{bmatrix},\boldsymbol{R}=\begin{bmatrix}\boldsymbol{R}_{11} & \boldsymbol{R}_{12}\\\boldsymbol{0} & \boldsymbol{I}\end{bmatrix}$$

令 $\boldsymbol{A}_s=\boldsymbol{R}_{11},\boldsymbol{B}_{2s}=\boldsymbol{R}_{12}$。

Step4：计算

$$\boldsymbol{F}=[\boldsymbol{F}_1\quad \boldsymbol{F}_2]=[(\boldsymbol{Q}_{11}^{-1})^{\mathrm{T}}\quad \boldsymbol{0}]\boldsymbol{M}^{\mathrm{T}}\boldsymbol{R}$$
$$\boldsymbol{A}_{\mathrm{d}}=\boldsymbol{A}_{\mathrm{s}}+\boldsymbol{F}_1,\boldsymbol{B}_{2\mathrm{d}}=\boldsymbol{B}_{2\mathrm{s}}+\boldsymbol{F}_2$$

Step5：根据下式的奇异值分解计算 $\boldsymbol{B}_{1\mathrm{d}}$：

$$\gamma^2\boldsymbol{Q}_{21}\boldsymbol{Q}_{11}^{-1}=\boldsymbol{B}_{1\mathrm{d}}\boldsymbol{B}_{1\mathrm{d}}^{\mathrm{T}}=\boldsymbol{T}_B^{*}\begin{bmatrix}\boldsymbol{\Sigma}_B & \boldsymbol{0}\\\boldsymbol{0} & \boldsymbol{0}\end{bmatrix}\boldsymbol{T}_B$$

$$\boldsymbol{B}_{1\mathrm{d}}=\boldsymbol{T}_B^{*}\begin{bmatrix}\boldsymbol{\Sigma}_B^{1/2}\\\boldsymbol{0}\end{bmatrix}$$

Step6：计算

$$\boldsymbol{J}=\boldsymbol{R}^{\mathrm{T}}\boldsymbol{M}\begin{bmatrix}\boldsymbol{Q}_{11}^{-1} & \boldsymbol{0}\\ \boldsymbol{0} & \boldsymbol{0}\end{bmatrix}\boldsymbol{N}-\boldsymbol{R}^{\mathrm{T}}\boldsymbol{L}+\boldsymbol{J}_\infty$$

并将 $\boldsymbol{J}$ 做如下奇异值分解：

$$\boldsymbol{J}=[\boldsymbol{C}_{1\mathrm{d}}\quad \boldsymbol{D}_{12\mathrm{d}}]^{\mathrm{T}}[\boldsymbol{C}_{1\mathrm{d}}\quad \boldsymbol{D}_{12\mathrm{d}}]=\boldsymbol{T}_{CD}^{*}\begin{bmatrix}\boldsymbol{\Sigma}_{CD} & \boldsymbol{0}\\ \boldsymbol{0} & \boldsymbol{0}\end{bmatrix}\boldsymbol{T}_{CD}$$

由此得

$$[\boldsymbol{C}_{1\mathrm{d}}\quad \boldsymbol{D}_{12\mathrm{d}}]=[\boldsymbol{\Sigma}_{CD}^{1/2}\quad \boldsymbol{0}]\boldsymbol{T}_{CD}$$

Step7：从而得到如下的提升等价离散化对象 $\boldsymbol{G}_{\mathrm{d}}$：

$$\boldsymbol{G}_{\mathrm{d}}=\begin{bmatrix}\boldsymbol{A}_{\mathrm{d}} & \boldsymbol{B}_{1\mathrm{d}} & \boldsymbol{B}_{2\mathrm{d}}\\ \boldsymbol{C}_{1\mathrm{d}} & \boldsymbol{0} & \boldsymbol{D}_{12\mathrm{d}}\\ \boldsymbol{C}_{2} & \boldsymbol{0} & \boldsymbol{0}\end{bmatrix} \tag{4.43}$$

从上述计算过程可以看到，这个提升计算过程也是一个 $\gamma$ 迭代过程。注意到在这个过程中 $\boldsymbol{J}_\infty$ 与 $\gamma$ 无关，对每一次的 $\gamma$ 迭代，只需重新计算 Step3 中的矩阵指数函数即可。

## 4.7 鲁棒稳定性问题的简化提升算法

设鲁棒稳定性问题如图 4.10 所示，图中 $P$ 为名义对象，$K$ 为控制器，$H$ 为保持器，$S$ 为采样器，$F$ 为抗混叠滤波器。这里考虑的是乘性不确定性，$W$ 是乘性不确定性的界函数。根据小增益定理，鲁棒稳定性的条件是

$$\|T_{zw}\|\leqslant 1,\ \|\Delta\|<1 \tag{4.44}$$

式中，$\|T_{zw}\|$ 是信号 $w$ 到 $z$ 的采样控制系统的 $L_2$ 诱导范数。

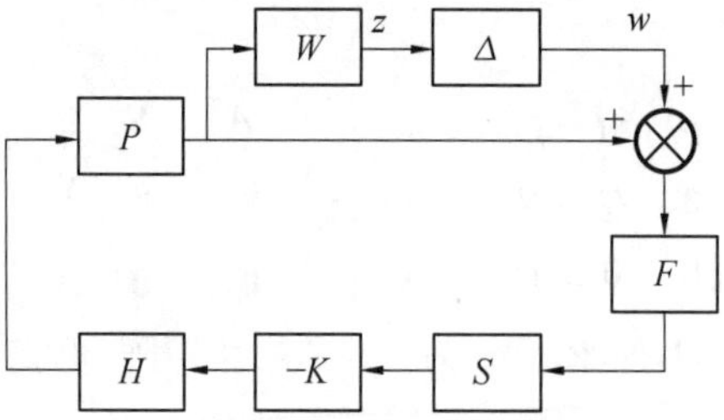


图 4.10 鲁棒稳定性问题

这类鲁棒稳定性问题也是 $H_\infty$ 设计中的一个典型问题(如 S/T 混合灵敏度问题)。由于这里要研究 $w$ 到 $z$ 之间的信号关系，而它们又都是连续信号，所以这个鲁棒稳定性问题也就成了之所以要提出提升技术的一个主要理由。可是现有的有关提升技术的文献却又都没有分析过采样控制系统的鲁棒稳定性。

设对象 $P$ 的状态空间实现为$[\boldsymbol{A}_P,\boldsymbol{B}_P,\boldsymbol{C}_P]$，滤波器 $F$ 的状态空间实现为$[\boldsymbol{A}_F,\boldsymbol{B}_F,\boldsymbol{C}_F]$。这里主要是为了说明提升技术在鲁棒稳定分析中的问题，故在本节的讨论中暂时设权函数 $W=1$，这时可得图 4.10 所示系统的广义对象为

$$\boldsymbol{G}=\begin{bmatrix}\boldsymbol{A} & \boldsymbol{B}_1 & \boldsymbol{B}_2\\ \boldsymbol{C}_1 & \boldsymbol{0} & \boldsymbol{0}\\ \boldsymbol{C}_2 & \boldsymbol{0} & \boldsymbol{0}\end{bmatrix} \tag{4.45}$$

式中

$$\boldsymbol{A}=\begin{bmatrix}\boldsymbol{A}_F & \boldsymbol{B}_F\boldsymbol{C}_P\\ \boldsymbol{0} & \boldsymbol{A}_P\end{bmatrix},\boldsymbol{B}_1=\begin{bmatrix}\boldsymbol{B}_F\\ \boldsymbol{0}\end{bmatrix},\boldsymbol{B}_2=\begin{bmatrix}\boldsymbol{0}\\ \boldsymbol{B}_P\end{bmatrix} \tag{4.46}$$

$$\boldsymbol{C}_1=[\boldsymbol{0}\quad \boldsymbol{C}_P]$$

$$\boldsymbol{C}_2=[\boldsymbol{C}_F\quad \boldsymbol{0}]$$

从式(4.46)可以看到,与对象 $\boldsymbol{A}_P$ 对应的状态对输入 $w$(通过 $\boldsymbol{B}_1$)来说是不可控的,而与滤波器 $\boldsymbol{A}_F$ 对应的状态对输出 $z$(通过 $\boldsymbol{C}_1$)来说是不可观测的。这就是说,广义对象中输入 $w$ 不可能影响输出 $z$,故提升以后的对象 $\widetilde{\boldsymbol{G}}$(式(4.11))中算子 $\hat{\boldsymbol{D}}_{11}=0$。注意到现有的各种提升算法都是在 $\hat{\boldsymbol{D}}_{11}\neq\boldsymbol{0}$ 的基础上展开的,因而这些算法都不能用于分析鲁棒稳定性。

这里需要说明的是,从连续对象 $\boldsymbol{G}$ 到提升模型 $\widetilde{\boldsymbol{G}}$,再到一等价的离散模型 $\boldsymbol{G}_{\mathrm{d}}$(式(4.18))的变换,运算比较复杂,所以文献中一般都只是做原理性说明,然后就给出一个算法。因此对于 $\hat{\boldsymbol{D}}_{11}=0$ 的场合,就要根据各算子来单独推导[36]。

先是关于算子 $\hat{\boldsymbol{B}}_1:L_2[0,\tau]\rightarrow\mathbf{R}^x$,对于一个输入的函数(向量)$w_k\in L_2[0,\tau]$,这个算子是指

$$\hat{\boldsymbol{B}}_1 w=\int_0^\tau \mathrm{e}^{\boldsymbol{A}(\tau-s)}\boldsymbol{B}_1 w_k(s)\,\mathrm{d}s \tag{4.47}$$

式中,$\mathrm{e}^{\boldsymbol{A}(\tau-s)}\boldsymbol{B}_1$ 就是该算子的核,用 $\hat{\boldsymbol{B}}_1(s)$ 来表示,$s\in[0,\tau]$。这里为了简化表示方式,算子 $\hat{\boldsymbol{B}}_1$ 和算子的核 $\hat{\boldsymbol{B}}_1(s)$ 使用同一个符号。

设算子 $\hat{\boldsymbol{B}}_1$ 的伴随算子(adjoint)为 $\hat{\boldsymbol{B}}_1^*$,根据式(4.47)可知其伴随算子为 $\boldsymbol{B}_1'\mathrm{e}^{\boldsymbol{A}'(\tau-s)}$,所以可得

$$\hat{\boldsymbol{B}}_1\hat{\boldsymbol{B}}_1^*=\int_0^\tau \mathrm{e}^{\boldsymbol{A}(\tau-s)}\boldsymbol{B}_1\boldsymbol{B}_1'\mathrm{e}^{\boldsymbol{A}'(\tau-s)}\,\mathrm{d}s$$

变量代换后可得

$$\hat{\boldsymbol{B}}_1\hat{\boldsymbol{B}}_1^*=\int_0^\tau \mathrm{e}^{\boldsymbol{A}s}\boldsymbol{B}_1\boldsymbol{B}_1'\mathrm{e}^{\boldsymbol{A}'s}\,\mathrm{d}s \tag{4.48}$$

结合这里的鲁棒稳定性问题中的 $\boldsymbol{A}$ 和 $\boldsymbol{B}_1$[式(4.46)],有

$$\mathrm{e}^{\boldsymbol{A}t}\boldsymbol{B}_1=\begin{bmatrix}\mathrm{e}^{\boldsymbol{A}_F t}\boldsymbol{B}_F\\ \boldsymbol{0}\end{bmatrix} \tag{4.49}$$

将式(4.49)代入式(4.48),得

$$\hat{\boldsymbol{B}}_1\hat{\boldsymbol{B}}_1^*=\int_0^\tau \begin{bmatrix}\mathrm{e}^{\boldsymbol{A}_F s}\boldsymbol{B}_F\boldsymbol{B}_F'\mathrm{e}^{\boldsymbol{A}_F' s} & \boldsymbol{0}\\ \boldsymbol{0} & \boldsymbol{0}\end{bmatrix}\mathrm{d}s \tag{2.50}$$

算子 $\hat{\boldsymbol{B}}_1\hat{\boldsymbol{B}}_1^*$ 的矩阵表示与等价离散化系统 $\boldsymbol{G}_{\mathrm{d}}$ 的 $\boldsymbol{B}_{1\mathrm{d}}$ 阵之间有如下关系[1]:

$$\hat{\boldsymbol{B}}_1\hat{\boldsymbol{B}}_1^*=\boldsymbol{B}_{1\mathrm{d}}\boldsymbol{B}_{1\mathrm{d}}'=\begin{bmatrix}\boldsymbol{B}_{F\mathrm{d}}\boldsymbol{B}_{F\mathrm{d}}' & \boldsymbol{0}\\ \boldsymbol{0} & \boldsymbol{0}\end{bmatrix} \tag{4.51}$$

式中

$$\boldsymbol{B}_{1\mathrm{d}} = \begin{bmatrix} \boldsymbol{B}_{F\mathrm{d}} \\ \boldsymbol{0} \end{bmatrix} \tag{4.52}$$

将式(4.52) 代入式(4.51) 得

$$\boldsymbol{B}_{F\mathrm{d}}\boldsymbol{B}'_{F\mathrm{d}} = \int_0^\tau \mathrm{e}^{\boldsymbol{A}_F s}\boldsymbol{B}_F\boldsymbol{B}'_F\mathrm{e}^{\boldsymbol{A}'_F s}\,\mathrm{d}s \tag{4.53}$$

式(4.53) 表明,对于这里的鲁棒性问题,可以直接根据($\boldsymbol{A}_F,\boldsymbol{B}_F$) 来计算等价离散化对象的 $\boldsymbol{B}_{1\mathrm{d}}$。

注意到式(4.53) 就是能控性格拉姆矩阵 $\boldsymbol{L}_C$,所以求解方法是标准的。设式(4.53) 的被积函数阵为

$$\boldsymbol{X}(t) = \mathrm{e}^{\boldsymbol{A}_F t}\boldsymbol{B}_F\boldsymbol{B}'_F\mathrm{e}^{\boldsymbol{A}'_F t} \tag{4.54}$$

这里 $\boldsymbol{X}(t)$ 可以看成是如下矩阵方程的解:

$$\dot{\boldsymbol{X}}(t) = \boldsymbol{A}_F\boldsymbol{X} + \boldsymbol{X}\boldsymbol{A}'_F \tag{4.55}$$

对式(4.55) 由 $t=0$ 至 $t=\tau$ 求积分,可得

$$\boldsymbol{X}(\tau) - \boldsymbol{X}(0) = \boldsymbol{A}_F\left(\int_0^\tau \boldsymbol{X}(t)\,\mathrm{d}t\right) + \left(\int_0^\tau \boldsymbol{X}(t)\,\mathrm{d}t\right)\boldsymbol{A}'_F \tag{4.56}$$

式(4.56) 也可写成

$$\boldsymbol{X}(\tau) - \boldsymbol{X}(0) = \boldsymbol{A}_F\boldsymbol{L}_C + \boldsymbol{L}_C\boldsymbol{A}'_F \tag{4.57}$$

式中

$$\boldsymbol{X}(\tau) - \boldsymbol{X}(0) = \mathrm{e}^{\boldsymbol{A}_F\tau}\boldsymbol{B}_F\boldsymbol{B}'_F\mathrm{e}^{\boldsymbol{A}'_F\tau} - \boldsymbol{B}_F\boldsymbol{B}'_F \tag{4.58}$$

根据式(4.58) 先算得 $\boldsymbol{X}(\tau)-\boldsymbol{X}(0)$ 后代入式(4.57),再解此 Lyapunov 方程便可得式(4.53) 的解 $\boldsymbol{B}_{F\mathrm{d}}$。

注意到式(4.51) 右项矩阵的最大特征值就是算子 $\hat{\boldsymbol{B}}_1\hat{\boldsymbol{B}}_1^*$ 的范数 $\|\hat{\boldsymbol{B}}_1\hat{\boldsymbol{B}}_1^*\|$[1],而 $\hat{\boldsymbol{B}}_1$ 和 $\hat{\boldsymbol{B}}_1\hat{\boldsymbol{B}}_1^*$ 的范数之间又有如下关系:

$$\|\hat{\boldsymbol{B}}_1\|^2 = \|\hat{\boldsymbol{B}}_1\hat{\boldsymbol{B}}_1^*\| \tag{4.59}$$

所以从式(4.51) 求取离散化对象 $\boldsymbol{G}_\mathrm{d}$ 的 $\boldsymbol{B}_{1\mathrm{d}}$ 相当于是用范数来代替算子。

算子 $\hat{\boldsymbol{C}}_1:\mathbf{R}^x \to L_2[0,\tau]$,这个算子是由一函数 $\hat{\boldsymbol{C}}_1(t)$ 对一向量 $x\in\mathbf{R}^x$ 所做的变换,$t\in[0,\tau]$:

$$\hat{\boldsymbol{C}}_1 x = \hat{\boldsymbol{C}}_1(t)x = \boldsymbol{C}_1\mathrm{e}^{\boldsymbol{A}t}x \tag{4.60}$$

根据其对应的伴随算子 $\hat{\boldsymbol{C}}_1^*$,可得

$$\hat{\boldsymbol{C}}_1^*\hat{\boldsymbol{C}}_1 = \int_0^\tau \mathrm{e}^{\boldsymbol{A}'t}\boldsymbol{C}'_1\boldsymbol{C}_1\mathrm{e}^{\boldsymbol{A}t}\,\mathrm{d}t \tag{4.61}$$

结合本例中 $\boldsymbol{A}$ 和 $\boldsymbol{C}_1$ 的特点,算子 $\hat{\boldsymbol{C}}_1$ 可表示成 $\hat{\boldsymbol{C}}_1=[\boldsymbol{0}\quad \boldsymbol{\Phi}_{PC}]$,故将式(4.61) 写为

$$\boldsymbol{\Phi}_{PC}^*\boldsymbol{\Phi}_{PC} = \int_0^\tau \mathrm{e}^{\boldsymbol{A}'_P s}\boldsymbol{C}'_P\boldsymbol{C}_P\mathrm{e}^{\boldsymbol{A}_P s}\,\mathrm{d}s \tag{4.62}$$

式(4.62) 表明,算子 $\boldsymbol{\Phi}_{PC}^*\boldsymbol{\Phi}_{PC}$ 的矩阵表示就是能观性格拉姆矩阵 $\boldsymbol{L}_O$,与 $\boldsymbol{L}_C$ 的求解过程类似,可从以下 Lyapunov 方程中解得 $\boldsymbol{L}_O$:

$$\boldsymbol{A}'_P\boldsymbol{L}_O + \boldsymbol{L}_O\boldsymbol{A}_P = \mathrm{e}^{\boldsymbol{A}'_P\tau}\boldsymbol{C}'_P\boldsymbol{C}_P\mathrm{e}^{\boldsymbol{A}_P\tau} - \boldsymbol{C}'_P\boldsymbol{C}_P \tag{4.63}$$

算子 $\widetilde{\boldsymbol{D}}_{12}:\mathbf{R}^u \to L_2[0,\tau]$,这个算子是对(经过保持器的) 常值输入所做的变换:

$$\widetilde{\boldsymbol{D}}_{12} = \int_0^t \boldsymbol{C}_1\mathrm{e}^{\boldsymbol{A}(t-s)}\boldsymbol{B}_2\,\mathrm{d}s = \boldsymbol{C}_1\left(\int_0^t \mathrm{e}^{\boldsymbol{A}r}\,\mathrm{d}r\right)\boldsymbol{B}_2 = \boldsymbol{C}_1\boldsymbol{\psi}(t)\boldsymbol{B}_2 \tag{4.64}$$

设 $\widetilde{\boldsymbol{D}}_{12}$ 的伴随算子为 $\widetilde{\boldsymbol{D}}_{12}^{*}$，可以写成

$$\widetilde{\boldsymbol{D}}_{12}^{*}\widetilde{\boldsymbol{D}}_{12}=\boldsymbol{B}_2'\left[\int_0^{\tau}\boldsymbol{\psi}'(t)\boldsymbol{C}_1'\boldsymbol{C}_1\boldsymbol{\psi}(t)\mathrm{d}t\right]\boldsymbol{B}_2 \tag{4.65}$$

根据本例中 $\boldsymbol{A},\boldsymbol{B}_2,\boldsymbol{C}_1$ 的特点，整理可得

$$\widetilde{\boldsymbol{D}}_{12}^{*}\widetilde{\boldsymbol{D}}_{12}=\boldsymbol{B}_P'\left[\int_0^{\tau}\left(\int_0^{t}\mathrm{e}^{\boldsymbol{A}_P'r}\mathrm{d}r\right)\boldsymbol{C}_P'\boldsymbol{C}_P\left(\int_0^{t}\mathrm{e}^{\boldsymbol{A}_P r}\mathrm{d}r\right)\mathrm{d}t\right]\boldsymbol{B}_P \tag{4.66}$$

计算中还需要用到算子 $\hat{\boldsymbol{C}}_1^{*}\widetilde{\boldsymbol{D}}_{12}$，根据式(4.61)及式(4.64)可得

$$\hat{\boldsymbol{C}}_1^{*}\widetilde{\boldsymbol{D}}_{12}=\int_0^{\tau}\mathrm{e}^{\boldsymbol{A}'t}\boldsymbol{C}_1'\boldsymbol{C}_1\boldsymbol{\psi}(t)\boldsymbol{B}_2\mathrm{d}t$$

结合本例中的 $\boldsymbol{A}$ 和 $\boldsymbol{C}_1,\boldsymbol{B}_2$ 的特点，整理可得

$$\hat{\boldsymbol{C}}_1^{*}\widetilde{\boldsymbol{D}}_{12}=\begin{bmatrix}\boldsymbol{0}\\ \boldsymbol{\Phi}_{PC}^{*}\end{bmatrix}\widetilde{\boldsymbol{D}}_{12}=\int_0^{\tau}\begin{bmatrix}\boldsymbol{0}\\ \mathrm{e}^{\boldsymbol{A}_P't}\boldsymbol{C}_P'\boldsymbol{C}_P\left(\int_0^{t}\mathrm{e}^{\boldsymbol{A}_P r}\mathrm{d}r\right)\end{bmatrix}\mathrm{d}t \tag{4.67}$$

与式(4.48)～(4.53)的处理类似，由式(4.67)可得

$$\boldsymbol{\Phi}_{PC}^{*}\widetilde{\boldsymbol{D}}_{12}=\int_0^{\tau}\mathrm{e}^{\boldsymbol{A}_P't}\boldsymbol{C}_P'\boldsymbol{C}_P\left(\int_0^{t}\mathrm{e}^{\boldsymbol{A}_P r}\mathrm{d}r\right)\mathrm{d}t \tag{4.68}$$

注意到式(4.66)及式(4.67)的矩阵指数的积分可以化成下列指数形式：

$$\int_0^{t}\mathrm{e}^{\boldsymbol{A}r}\mathrm{d}r=[\boldsymbol{I}\quad \boldsymbol{0}]\mathrm{e}^{\begin{bmatrix}\boldsymbol{A}&\boldsymbol{I}\\ \boldsymbol{0}&\boldsymbol{0}\end{bmatrix}t}\begin{bmatrix}\boldsymbol{0}\\ \boldsymbol{I}\end{bmatrix} \tag{4.69}$$

所以在具体问题中是可解的。当然也可参照文献[1]来给出具体的算法，不过本节的目的还是在于想通过这些表达式来说明提升技术在鲁棒稳定性分析中的问题。

这样，上述算子的矩阵表达式可以整理如下：

$$\begin{bmatrix}\hat{\boldsymbol{C}}_1^{*}\\ \widetilde{\boldsymbol{D}}_{12}^{*}\end{bmatrix}[\hat{\boldsymbol{C}}_1\widetilde{\boldsymbol{D}}_{12}]=\left[\begin{array}{cc:c}\boldsymbol{0}&\boldsymbol{0}&\boldsymbol{0}\\ \boldsymbol{0}&\boldsymbol{\Phi}_{PC}^{*}\boldsymbol{\Phi}_{PC}&\boldsymbol{\Phi}_{PC}^{*}\widetilde{\boldsymbol{D}}_{12}\\ \hdashline \boldsymbol{0}&\widetilde{\boldsymbol{D}}_{12}^{*}\boldsymbol{\Phi}_{PC}&\widetilde{\boldsymbol{D}}_{12}^{*}\widetilde{\boldsymbol{D}}_{12}\end{array}\right] \tag{4.70}$$

求得算子 $\begin{bmatrix}\hat{\boldsymbol{C}}_1^{*}\\ \widetilde{\boldsymbol{D}}_{12}^{*}\end{bmatrix}[\hat{\boldsymbol{C}}_1\quad \widetilde{\boldsymbol{D}}_{12}]$ 的矩阵表达式(4.70)后再进行对称分解便可以得等价离散系统中的 $[\boldsymbol{C}_{1\mathrm{d}}\quad \boldsymbol{D}_{12\mathrm{d}}]$。根据式(4.70)的特点可知，$\boldsymbol{C}_{1\mathrm{d}}$ 可写成 $\boldsymbol{C}_{1\mathrm{d}}=[\boldsymbol{0}\quad \boldsymbol{C}_{P\mathrm{d}}]$，因而可以只对式(4.70)中的非零阵进行对称分解：

$$\begin{bmatrix}\boldsymbol{\Phi}_{PC}^{*}\\ \widetilde{\boldsymbol{D}}_{12}^{*}\end{bmatrix}[\boldsymbol{\Phi}_{PC}\quad \widetilde{\boldsymbol{D}}_{12}]=\boldsymbol{T}_{CD}^{*}\begin{bmatrix}\boldsymbol{\Sigma}_{CD}&\boldsymbol{0}\\ \boldsymbol{0}&\boldsymbol{0}\end{bmatrix}\boldsymbol{T}_{CD} \tag{4.71}$$

而等价离散模型 $\boldsymbol{G}_{\mathrm{d}}$（式(4.18)）中的 $[\boldsymbol{C}_{P\mathrm{d}}\quad \boldsymbol{D}_{12\mathrm{d}}]$ 就是对称分解后的结果[1]：

$$[\boldsymbol{C}_{P\mathrm{d}}\quad \boldsymbol{D}_{12\mathrm{d}}]=[\boldsymbol{\Sigma}_{CD}^{1/2}\quad 0]\boldsymbol{T}_{CD} \tag{4.72}$$

式中，$\boldsymbol{T}_{CD}$ 是相应的正交基。

式(4.71)中的 $\boldsymbol{\Sigma}_{CD}$ 是特征值的对角阵，我们知道，其中的最大特征值就是式(4.71)左侧这个自伴随算子的范数，而这个最大特征值的平方根就是算子 $[\boldsymbol{\Phi}_{PC}\quad \widetilde{\boldsymbol{D}}_{12}]$ 的范数。所以上述求等价离散系统的过程，相当于是用范数运算来代替算子运算，而且从式(4.64)、式(4.68)、式(4.70)可以看到，这个算子只与系统中对象的输出阵 $\boldsymbol{C}_P$ 有关。

**例 4.1**　设图 4.10 中的对象和抗混叠滤波器分别为

$$P(s)=\frac{1}{s+1}$$

$$F(s)=\frac{31.4}{s+31.4}$$

设图中的 $\boldsymbol{W}=\boldsymbol{I}$，采样周期 $\tau=0.1\ \mathrm{s}$，则根据上述各公式可得提升后等价的离散对象 $\boldsymbol{G}_\mathrm{d}$ 为

$$\boldsymbol{G}_\mathrm{d}=\begin{bmatrix}\boldsymbol{A}_\mathrm{d} & \boldsymbol{B}_{1\mathrm{d}} & \boldsymbol{B}_{2\mathrm{d}}\\ \boldsymbol{C}_{1\mathrm{d}} & \boldsymbol{0} & \boldsymbol{D}_{12\mathrm{d}}\\ \boldsymbol{C}_{2\mathrm{d}} & \boldsymbol{0} & \boldsymbol{0}\end{bmatrix}=\left[\begin{array}{cc:cc}0.0433 & 0.8899 & 3.9586 & 0.0668\\ 0 & 0.9048 & 0 & 0.0952\\ \hdashline 0 & 0.3011 & 0 & 0.0151\\ 1 & 0 & 0 & 0\end{array}\right] \tag{4.73}$$

设系统中的控制器为

$$K(z)=\frac{\tau}{z-1}$$

则可得此离散系统的 $H_\infty$ 范数 $\|T_{zw}\|_\infty=1.6773$。

如果对这个由连续对象和离散控制器组成的混合系统用Simulink仿真，观察 $w$ 为正弦输入下 $z$ 的频率响应，当 $\omega=0.79$ 时得到频率响应的峰值为1.283 1。可见，提升计算所得的 $H_\infty$ 范数大于实际的 $L_2$ 诱导范数。

这是因为在鲁棒稳定性分析中，提升计算相当于是分别用算子的范数来代替算子。从式(4.52)及式(4.53)可以看到，$\boldsymbol{B}_{1\mathrm{d}}$ 只反映了 $w$ 信号对滤波器 $F$ 的状态所施加的作用，而从式(4.70)及式(4.72)可以看到，$[\boldsymbol{C}_{1\mathrm{d}}\quad \boldsymbol{D}_{12}]$ 只反映了对象 $P$ 的状态，输入输出通道没有直接联系。如果这两个通道所对应的状态阵是同一个状态阵 $\boldsymbol{A}=\boldsymbol{A}_F=\boldsymbol{A}_P$，那么就满足了$(\boldsymbol{A},\boldsymbol{B}_1)$可控，$(\boldsymbol{C}_1,\boldsymbol{A})$可观测的假设条件，文献[1]证明了这时的提升计算具有保范性质，即等价离散化系统的 $H_\infty$ 范数等于提升系统的 $L_2$ 诱导范数。例4.1就是$(\boldsymbol{A},\boldsymbol{B}_1)$可控，$(\boldsymbol{C}_1,\boldsymbol{A})$可观测的例子，经提升计算转换成等价离散系统后，该例的 $H_\infty$ 范数不变。

但是在鲁棒稳定性问题中，算子 $\hat{\boldsymbol{D}}_{11}=0$，可控性和可观测性的状态并不共享，这时的提升计算只是相当于分段对各局部的算子用其范数来代替。由于范数具有次可乘性质：$\|\boldsymbol{AB}\|\leqslant\|\boldsymbol{A}\|\,\|\boldsymbol{B}\|$，所以这种分段用范数来代替的结果是，提升后离散系统的 $H_\infty$ 范数一般均大于原采样控制系统的 $L_2$ 诱导范数。在鲁棒稳定性分析中，如果用这个范数来计算就具有保守性了。按照笔者所计算过的几个例子来看，这种提升后离散系统的 $H_\infty$ 范数约是原采样控制系统 $L_2$ 诱导范数的 $\sqrt{2}$ 倍(不大于)。虽然这个倍数并不太大，但是对于 $H_\infty$ 设计和小增益定理来说，本来讲究的就是充要条件，这个 $\sqrt{2}$ 就使提升技术失去了部分光彩，而且这也有违于提升技术提出时的初衷。因为本来是想利用提升技术将采样控制系统的实际性能(采样时刻之间的波形)考虑得更精确一些。有鉴于此，需要为采样控制系统寻找一个能够与小增益定理相匹配的不保守的分析方法。

## 4.8　算　　例

**例 4.2**　设连续对象 $G_1(s)=\dfrac{1}{s+1}$。

设采样周期 $\tau=0.1\ \mathrm{s}$，应用4.6.1节的提升算法(式(4.27)～(4.32))，得提升后的等价离散化对象 $G_{1\mathrm{d}}$ 为

$$G_{1\mathrm{d}}(z)=\frac{0.0909}{z-0.9091} \tag{4.74}$$

这个一阶系统的范数对应于 $\omega=0$ 时的频率特性值，从 $G_{1d}$ 可知

$$G_{1d}(z)\big|_{z=1}=G_1(j\omega)\big|_{\omega=0}=1 \tag{4.75}$$

即提升前后的范数是相等的，都等于 1，验证了式(4.1)。

**例 4.3**　设 $G_2(s)=\dfrac{s+1}{(s+10)^2}$，并设采样时间 $\tau=0.1$ s，同样应用 4.6.1 节的提升算法(式(4.27) ～ (4.32))，得提升等价离散化对象 $\boldsymbol{G}_{2d}$。

$$\boldsymbol{G}_{2d}=\left[\begin{array}{cc:ccc} 0.0946 & -0.3012 & -0.0852 & -0.1403 & 0.0528 \\ 0.8590 & 0.6189 & 0.0699 & -0.1710 & 0.0698 \\ \hdashline 0.1711 & -0.0286 & 0 & 0 & 0.0080 \\ -0.0077 & -0.0438 & 0 & 0 & 0.0090 \\ -0.0000 & 0.0000 & 0 & 0 & 0.0001 \\ 1 & 0.0625 & 0 & 0 & 0 \end{array}\right] \tag{4.76}$$

图 4.11 所示为 $\boldsymbol{G}_{2d}$ 的奇异值 Bode 图(实线)，该提升后的等价系统有两条奇异值曲线，最大奇异值曲线的峰值即系统的 $H_\infty$ 范数为 0.050 3。图中虚线所示就是原连续系统的频率特性 $|G_2(j\omega)|$，其峰值也是 0.050 3，可见提升前后的范数是相等的。这里需要说明的是，由于本例中对象的范数并不是 1，提升计算中需要进行 $\gamma$ 迭代(见 4.6.2 节)，最终的 $\gamma$ 值为 0.050 3，等于系统的 $H_\infty$ 范数值。

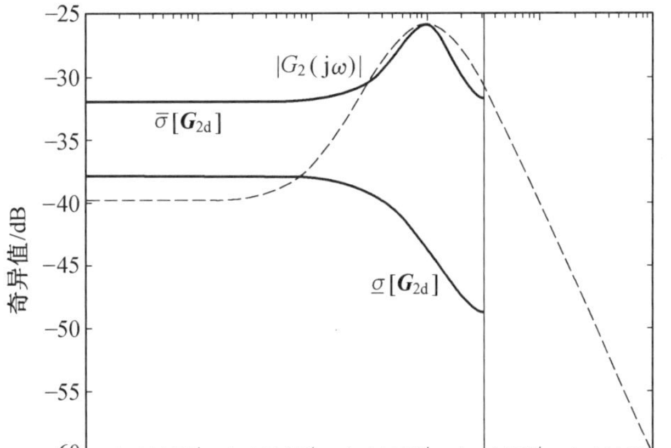


图 4.11　$\boldsymbol{G}_{2d}$ 提升前后的 Bode 图

从上面的两个例子可以看出，对单一的对象而言，提升运算确实是保范运算，其提升前后的 $H_\infty$ 范数是相等的。

**例 4.4**　采样控制系统的分析。

设采样控制系统如图 4.12 所示，图中 $P$ 为对象，则

$$P(s)=\frac{20-s}{(s+20)(s+1)} \tag{4.77}$$

$F$ 为抗混叠滤波器，则

$$F(s)=\frac{31.4}{s+31.4} \tag{4.78}$$

图 4.12 所示系统的广义对象(连续系统)的状态空间实现为

$$\boldsymbol{G}=\begin{bmatrix}\boldsymbol{A} & \boldsymbol{B}_1 & \boldsymbol{B}_2\\ \boldsymbol{C}_1 & \boldsymbol{0} & \boldsymbol{0}\\ \boldsymbol{C}_2 & \boldsymbol{0} & \boldsymbol{0}\end{bmatrix}=\left[\begin{array}{ccc:cc}-20 & 0 & 0 & 40 & 40\\ 1 & -1 & 0 & -1 & -1\\ 0 & 31.4 & -31.4 & 0 & 0\\ \hdashline 0 & 1 & 0 & 0 & 0\\ 0 & 0 & 1 & 0 & 0\end{array}\right] \tag{4.79}$$

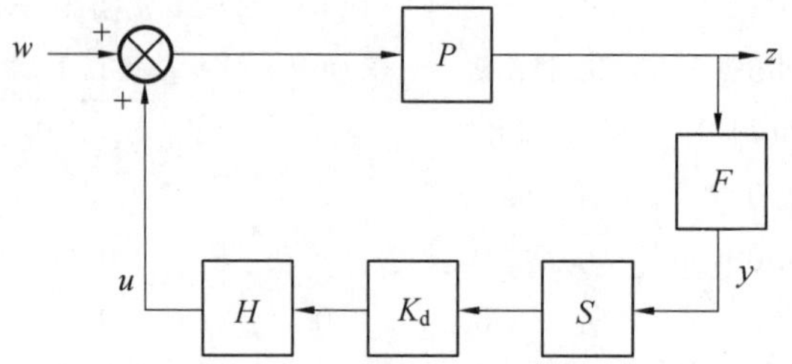


图 4.12　采样控制系统的算例

下面就应用 4.6.2 节给出的 MATLAB 算法,对这个对象 $\boldsymbol{G}$ 进行提升等价离散化。

设采样周期 $\tau=0.1$ s。注意到上述的提升等价离散化过程要先给出系统的范数 $\|T_{zw}\|_\infty$ 值 $\gamma$。现以系统的性能分析(图 4.12) 为例来进行说明。分析问题中离散控制器 $K_d(z)$ 是已知的,要求取该采样控制系统从 $w$ 到 $z$ 的 $L_2$ 诱导范数,即等价的离散系统的 $H_\infty$ 范数 $\|T_{zw}\|_\infty$。

本例中设

$$K_d(z)=-\frac{0.15\tau}{z-1} \tag{4.80}$$

由于待求的 $\gamma$ 值事先并不知道,可以先给定一个范围:上界 $\gamma_u$ 和下界 $\gamma_l$,然后采用二分法来进行迭代,具体的做法如下。

先根据 $\gamma_u$ 和 $\gamma_l$,取其中间值 $\gamma_{1/2}=(\gamma_u+\gamma_l)/2$ 来进行试验,将这个 $\gamma_{1/2}$ 代入到 $H_\infty$ 离散化算法中计算 $\boldsymbol{G}_d$,再计算加控制器 $K_d(z)$ 后的等价离散系统的 $H_\infty$ 范数 $\|T_{zw}\|_\infty$。如果这个范数 $\|\cdot\|_\infty<\gamma_{1/2}$,就用这个 $\gamma_{1/2}$ 值作为下一次迭代的上界 $\gamma_u$,对下一半的 $\gamma$ 值范围再对半测试下去。如果出现 $\|\cdot\|_\infty>\gamma_{1/2}$,就用这次的 $\gamma_{1/2}$ 作为下一次迭代的下界,对上一半的 $\gamma$ 值范围进行对半测试,一直到 $\gamma_u\approx\gamma_l$(进入允许误差内),这时新的平均值 $(\gamma_u+\gamma_l)/2$ 就是该系统的 $H_\infty$ 范数 $\gamma$,与这个 $\gamma$ 值对应的 $\boldsymbol{G}_d$ 就是所求的 $H_\infty$ 离散化对象。二分法的程序是比较容易编写的。

结合本例来说,先给定上界 $\gamma_u=2$,下界 $\gamma_l=0.1$,则第一次的中间值 $\gamma_{1/2}=1.05$。$H_\infty$ 离散化后算得的范数小于 1.05,故取 $\gamma_u=1.05$,$\gamma_l=0.1$,得第二次的 $\gamma_{1/2}=0.5750$,进行第二次离散化计算。依次迭代,最终收敛到

$$\gamma=1.0360 \tag{4.81}$$

并得对应的 $H_\infty$ 离散化对象为

$$\boldsymbol{G}_d=\begin{bmatrix}\boldsymbol{A}_d & \boldsymbol{B}_{1d} & \boldsymbol{B}_{2d}\\ \boldsymbol{C}_{1d} & \boldsymbol{0} & \boldsymbol{D}_{12d}\\ \boldsymbol{C}_{2d} & \boldsymbol{0} & \boldsymbol{0}\end{bmatrix}$$

$$
=\left[\begin{array}{ccc|cccc}
0.1349 & -0.0130 & 0 & -6.2666 & 0.0011 & 0.0001 & 5.4688 \\
0.0405 & 0.9049 & 0 & 0.0350 & 0.1536 & -0.0147 & 0.0448 \\
0.0335 & 0.8900 & 0.0433 & 0.0290 & 0.0542 & 0.0416 & -0.0005 \\
\hline
-0.0085 & -0.3011 & -0.0000 & 0 & 0 & 0 & 0.0064 \\
-0.0037 & 0.0001 & 0.0000 & 0 & 0 & 0 & -0.0053 \\
-0.0009 & 0.0000 & -0.0000 & 0 & 0 & 0 & 0.0061 \\
0 & 0 & 0.3162 & 0 & 0 & 0 & 0
\end{array}\right] \tag{4.82}
$$

式(4.82)是已经经过 step4(见 4.6.2 节)恢复原标度后的提升等价离散化对象。

作为验证,将此 $\boldsymbol{G}_{\mathrm{d}}$(式(4.82))与控制器 $K_{\mathrm{d}}$(式(4.80))闭合,计算得出此提升系统的闭环奇异值 Bode 图(图 4.13),从图中可得系统的 $H_\infty$ 范数为 1.036 0,等于 $\gamma$ 迭代的最终值(式(4.81))。

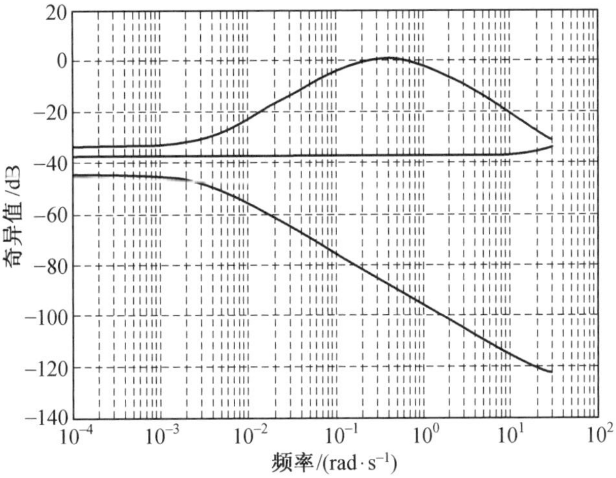


图 4.13　系统的闭环奇异值 Bode 图

## 4.9　本章小结

由于采样控制系统的周期时变性,使得对采样控制系统的分析和设计变得很复杂。近年来提出的提升算法,由于能够考虑到采样控制系统在采样时刻之间的特性,已成为采样控制系统分析和设计的主要工具。本章对采样控制系统的提升技术进行了详细分析,给出了一套利用 MATLAB 的算法,可以不去进行矩阵指数和矩阵积分等复杂的运算,直接给出 $H_\infty$ 离散化对象和相应的 $L_2$ 诱导范数,对于深入研究提升技术提供了很大方便。另外,本章所列出的提升变换的步骤和算法将是进一步讨论采样控制系统应用提升法来进行 $H_\infty$ 设计的基础。

# 第 5 章　采样控制系统的频域提升技术

## 5.1　基础知识

图 5.1 所示是典型的采样控制系统，图中对象 $P(s)$ 是真有理传递函数，抗混叠滤波器 $F(s)$ 是严格真有理传递函数，$K_d$ 为离散控制器，$S$ 为采样开关，$H$ 为保持器。图中的信号 $r$，$d$ 和 $n$ 分别为系统的指令、干扰和噪声输入，$y$ 为系统的输出，$u$ 为系统的控制输入。

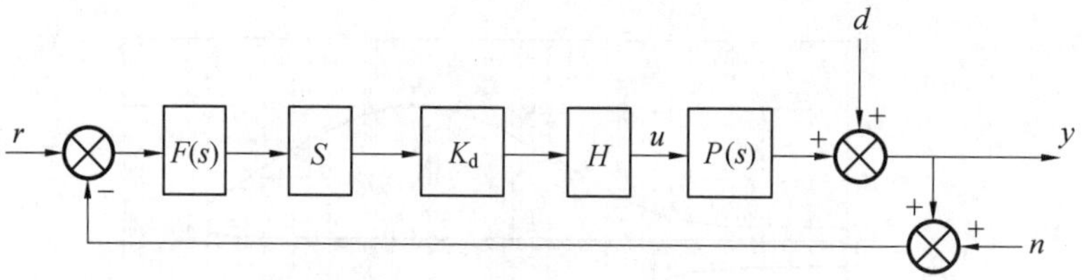


图 5.1　典型的采样控制系统

定义采样周期为 $\tau$，采样角频率为 $\omega_s \triangleq 2\pi/\tau$，系统的 Nyquist 频率范围定义为 $\Omega_N \triangleq [-\omega_s/2, \omega_s/2]$。若 $v$ 是连续信号，定义具有采样周期 $\tau$ 的采样操作为 $S_\tau v = \{v_k\}_{k=-\infty}^{\infty}$，这里序列 $\{v_k\}_{k=-\infty}^{\infty}$ 表示采样信号，对任意整数 $k$，$v_k = v(k\tau)$。$z$－传递函数算子用 $Z$ 表示，即 $Z\{u_k\} \triangleq \sum_{k=-\infty}^{\infty} u_k z^{-k}$。拉普拉斯算子用 $\mathscr{L}$ 表示，$\mathscr{L}u = U$。

图 5.1 中的保持器 $H$ 是一个广义采样保持函数(GSHF)[18,37]，定义如下：

$$u(t) = h(t - k\tau)u_k, k\tau \leqslant t < (k+1)\tau, k \in \mathbf{Z} \tag{5.1}$$

经过拉普拉斯变换，有 $H = \mathscr{L}h$，这样该保持器可用如下的频率响应函数描述：

$$H(s) = \int_0^\tau e^{-st} h(t) dt \tag{5.2}$$

对于零阶保持器 ZOH，其传递函数为

$$H(s) = (1 - e^{-s\tau})/s \tag{5.3}$$

其他类型保持器的传递函数请参考文献[38]。

$$(FPH)_d \triangleq ZS_\tau \mathscr{L}^{-1} FPH \tag{5.4}$$

$$(FPH)_d(e^{j\omega\tau}) \triangleq \frac{1}{\tau} \sum_{k=-\infty}^{\infty} H_k(j\omega) P_k(j\omega) F_k(j\omega) \tag{5.5}$$

式中，下脚标带 $k$ 的符号为简化符号，例如 $H_k(j\omega)$ 表示 $H(j\omega + jk\omega_s)$。

现在引入离散灵敏度函数 $S_d$ 和离散补灵敏度函数 $T_d$ 两个离散函数，有

$$\boldsymbol{S}_d(z) \triangleq [\boldsymbol{I} + K_d(z)\,(FPH)_d(z)]^{-1} \tag{5.6}$$

$$\boldsymbol{T}_d(z) \triangleq \boldsymbol{I} - S_d(z) = (FPH)_d(z) S_d(z) K_d(z) \tag{5.7}$$

为了便于后续推导应用，这里还定义了如下的函数 $G$：

$$G(\mathrm{j}\omega) \triangleq \frac{1}{\tau}P(\mathrm{j}\omega)H(\mathrm{j}\omega)S_{\mathrm{d}}(\mathrm{e}^{\mathrm{j}\omega\tau})K_{\mathrm{d}}(\mathrm{e}^{\mathrm{j}\omega\tau}) \tag{5.8}$$

对于 $G$ 和 $F$，引入如下两个离散传递函数矩阵：

$$\boldsymbol{G}_{\mathrm{d}}(\mathrm{e}^{\mathrm{j}\omega\tau}) \triangleq \sum_{k=-\infty}^{\infty} \boldsymbol{G}_k^*(\mathrm{j}\omega)\boldsymbol{G}_k(\mathrm{j}\omega) \tag{5.9}$$

$$\boldsymbol{F}_{\mathrm{d}}(\mathrm{e}^{\mathrm{j}\omega\tau}) \triangleq \sum_{k=-\infty}^{\infty} \boldsymbol{F}_k(\mathrm{j}\omega)\boldsymbol{F}_k^*(\mathrm{j}\omega) \tag{5.10}$$

式中，$\boldsymbol{G}^*$，$\boldsymbol{F}^*$ 分别表示 $\boldsymbol{G}$ 和 $\boldsymbol{F}$ 的共轭转置。如果信号 $r$，$d$ 和 $n$ 都在 $\mathbf{R}_m$ 上取值，则 $\boldsymbol{G}_{\mathrm{d}}$ 和 $\boldsymbol{F}_{\mathrm{d}}$ 都是 $m\times m$ 的离散传递函数矩阵。

从式(5.3)可以看出，采样控制系统的典型特点是，离散对象在频率点 $\omega\in\Omega_{\mathrm{N}}$ 上的响应与连续对象、抗混叠滤波器以及保持器在无数个频率点的响应有关。事实上，采样控制系统对一个正弦输入信号的稳态响应是由一个基本频率分量和无数个以采样频率的倍数移位的谐波分量组成。这一特点对噪声信号 $n$ 和输出干扰信号 $d$ 也成立。

下面来看系统对噪声信号 $n$ 的响应，如果 $n$ 属于 $L_2(0,\infty)$ 且 $N$ 是其拉普拉斯变换，则系统的响应为

$$Y(\mathrm{j}\omega) = -P(\mathrm{j}\omega)H(\mathrm{j}\omega)S_{\mathrm{d}}(\mathrm{e}^{\mathrm{j}\omega\tau})K_{\mathrm{d}}(\mathrm{e}^{\mathrm{j}\omega\tau})(FN)_{\mathrm{d}}(\mathrm{e}^{\mathrm{j}\omega\tau}) \tag{5.11}$$

其中

$$(FN)_{\mathrm{d}}(\mathrm{e}^{\mathrm{j}\omega\tau}) = \frac{1}{\tau}\sum_{k=-\infty}^{\infty} F_k(\mathrm{j}\omega)N_k(\mathrm{j}\omega) \tag{5.12}$$

类似地，可以得到系统对干扰 $d(d\in L_2(0,\infty))$ 的响应为

$$Y(\mathrm{j}\omega) = D(\mathrm{j}\omega) - P(\mathrm{j}\omega)H(\mathrm{j}\omega)S_{\mathrm{d}}(\mathrm{e}^{\mathrm{j}\omega\tau})K_{\mathrm{d}}(\mathrm{e}^{\mathrm{j}\omega\tau})(FD)_{\mathrm{d}}(\mathrm{e}^{\mathrm{j}\omega\tau}) \tag{5.13}$$

## 5.2　频域提升技术

频域提升技术是一种基于采样控制系统对正弦信号稳态响应的纯频率域分析方法。众所周知，采样控制系统对单一正弦信号的响应是由无数个以采样频率的整数倍移位的谐波信号构成的，每个谐波信号都由一个频率响应函数控制，这个频率响应函数和传递函数具有相似的特性。本节将给出这种谐波结构的采样控制系统的数学描述，这一描述称为频域提升。频域提升技术和第 4 章给出的连续时间域提升技术等价，只不过是直接在频率域进行运算。

### 5.2.1　频域提升的概念及信号的提升

设 $y$ 是定义在信号空间 $L_2[0,\infty)$ 上的信号，则它的傅里叶变换 $Y(\mathrm{j}\omega)$ 属于信号空间 $L_2(-\infty,\infty)$。频域提升是指将这个傅里叶变换 $Y(\mathrm{j}\omega)$ 沿频率轴切成各个片段，即

$$\{Y_k(\mathrm{j}\omega)\} = \{Y(\mathrm{j}(\omega+k\omega_{\mathrm{s}}))\},\ k=0,\pm1,\pm2,\cdots \tag{5.14}$$

并构成一无限维的向量 $\boldsymbol{y}_\omega$，即

$$\boldsymbol{y}_\omega \triangleq [\cdots,\boldsymbol{Y}_1^{\mathrm{T}}(\mathrm{j}\omega),\boldsymbol{Y}_0^{\mathrm{T}}(\mathrm{j}\omega),\boldsymbol{Y}_{-1}^{\mathrm{T}}(\mathrm{j}\omega),\cdots]^{\mathrm{T}} \tag{5.15}$$

这个 $\boldsymbol{y}_\omega$ 就是 $Y$ 的提升，设系统的采样周期为 $\tau$，则 $\omega_{\mathrm{s}}=2\pi/\tau$ 为采样角频率，$\omega\in\Omega_{\mathrm{N}}\triangleq[-\omega_{\mathrm{s}}/2,\omega_{\mathrm{s}}/2]$，$k$ 是整数。

令 $\theta=\omega\tau$，定义角度变量 $\theta$，这样 $\{Y_k(\mathrm{j}\omega)\}=\{Y_k(\mathrm{j}\theta/\tau)\}$，为了简化，可表示为 $\{Y_k(\theta)\}$，这个 $\{Y_k(\theta)\}$ 定义为 $\boldsymbol{y}_\theta$，即

$$\boldsymbol{y}_\theta=[\cdots,\boldsymbol{Y}_1^{\mathrm{T}}(\theta),\boldsymbol{Y}_0^{\mathrm{T}}(\theta),\boldsymbol{Y}_{-1}^{\mathrm{T}}(\theta),\cdots]^{\mathrm{T}} \tag{5.16}$$

同样，有的文献也用 $\boldsymbol{y}_\theta$ 表示信号 $Y$ 的频域提升，其中 $\theta\in\Omega_{\mathrm{N}}\triangleq[0,2\pi)$。

$\boldsymbol{y}_\omega$ 是一个定义在几乎每一个频率点 $\omega\in\Omega_{\mathrm{N}}$ 上的且在 $l_2$ 空间取值的函数。这些在 $l_2$ 空间取值的函数在如下的范数和内积定义下，构成一个 Hilbert 空间。

$$\|y\|\triangleq\left(\int_{\Omega_{\mathrm{N}}}\|y(\omega)\|_{l_2}^2\mathrm{d}\omega\right)^{1/2} \tag{5.17}$$

$$\langle y,x\rangle\triangleq\int_{\Omega_{\mathrm{N}}}\langle y(\omega),x(\omega)\rangle_{l_2}\mathrm{d}\omega \tag{5.18}$$

这里用 $L_2(\Omega_{\mathrm{N}};l_2)$ 来表示这个空间。因为 $L_2(\Omega_{\mathrm{N}};l_2)$ 空间中的元素实际上是 $L_2(-\infty,\infty)$ 中元素的重新排列，因此两个空间是等距同构的且范数等价。

这个 $\{Y_k(\mathrm{j}\omega)\}$ 序列是能量有限的，即

$$\sum_{k=-\infty}^{\infty}\|Y_k\|^2<\infty \tag{5.19}$$

### 5.2.2 系统及广义对象的提升

这里用 $F$ 来表示频域提升运算，如果 $G$ 是定义在 $L_2$ 上的有界算子，并且 $G=\mathscr{F}\boldsymbol{G}\mathscr{F}^{-1}$ 是与其相对应的 $L_2(\Omega_{\mathrm{N}};l_2)$ 算子，即 $(\boldsymbol{G}y)(\omega)=\boldsymbol{G}_\omega y(\omega)$。

算子 $\boldsymbol{G}_\omega$ 为频率响应矩阵描述，称为提升后采样控制系统的频率响应（$FR$）算子，$\boldsymbol{G}_\omega$ 的 $L_2$ 诱导范数可以根据如下式子进行计算[9]：

$$\|\boldsymbol{G}\|=\sup_{\omega\in\Omega_{\mathrm{N}}}\|\boldsymbol{G}_\omega\|_{l_2} \tag{5.20}$$

式(5.20)等号右侧的标量函数 $\|\boldsymbol{G}_\omega\|_{l_2}:\Omega_{\mathrm{N}}\to\mathbf{R}_0^+$ 就是算子 $\boldsymbol{G}_\omega$ 的频率响应增益。

对于线性时不变系统 $y(t)=\boldsymbol{G}u(t)$，其频域表示为 $Y(\omega)=G(\omega)U(\omega)$。定义 $\omega_k:=\omega+k\omega_{\mathrm{s}},k\in\mathbf{Z},\omega\in[0,\omega_{\mathrm{s}})$，则有

$$Y(\mathrm{j}\omega_k)=G(\mathrm{j}\omega_k)U(\mathrm{j}\omega_k) \tag{5.21}$$

频域提升后的系统可以表示为 $\boldsymbol{y}_\omega=\boldsymbol{G}_\omega\boldsymbol{u}_\omega$，这里 $\boldsymbol{u}_\omega=\mathscr{F}u(t)$ 和 $\boldsymbol{y}_\omega=\mathscr{F}y(t)$ 是提升后的系统输入和输出信号，为无穷维列向量，$\boldsymbol{G}_\omega$ 为无穷维的对角矩阵，这样提升后的系统可以表示成矩阵形式为

$$\begin{bmatrix}\vdots\\Y(\mathrm{j}\omega_k)\\\vdots\end{bmatrix}=\begin{bmatrix}\ddots&&\\&G(\mathrm{j}\omega_k)&\\&&\ddots\end{bmatrix}\begin{bmatrix}\vdots\\U(\mathrm{j}\omega_k)\\\vdots\end{bmatrix} \tag{5.22}$$

根据频域提升算法，理想的采样开关 $S$ 和零阶保持器 $H$ 提升后的频率响应算子可以用如下的矩阵形式来表示：

$$\boldsymbol{S}_\omega=[\cdots\quad\boldsymbol{I}\quad\cdots] \tag{5.23}$$

$$\boldsymbol{H}_\omega=\frac{1-\mathrm{e}^{-\mathrm{j}\omega\tau}}{\tau}\begin{bmatrix}\vdots\\\dfrac{\boldsymbol{I}}{\mathrm{j}\omega_k}\\\vdots\end{bmatrix} \tag{5.24}$$

对图 5.2 的采样控制系统，可以用如下的输入输出关系描述连续的广义对象 $\boldsymbol{G}$：

$$\begin{bmatrix} z \\ y \end{bmatrix} = \boldsymbol{G}\begin{bmatrix} w \\ u \end{bmatrix} = \begin{bmatrix} G_{11} & G_{12} \\ G_{21} & G_{22} \end{bmatrix}\begin{bmatrix} w \\ u \end{bmatrix} \tag{5.25}$$

式中，$G_{11}$ 表示广义对象的第 1 个输入信号 $w$ 到第 1 个输出信号 $z$ 的传递函数，$G_{12}$ 表示第 2 个输入信号 $u$ 到第 1 个输出信号 $z$ 的传递函数，同理可知，$G_{21}$ 和 $G_{22}$ 也分别是相应的输入信号到输出信号的传递函数。

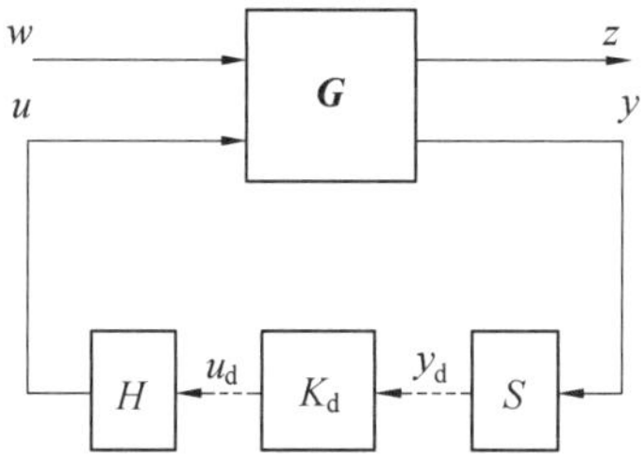


图 5.2　标准采样控制系统

应用频域提升技术对系统进行提升，可以得到提升后的系统为

$$\begin{bmatrix} \boldsymbol{z}_\omega \\ \boldsymbol{y}_\omega \end{bmatrix} = \begin{bmatrix} \boldsymbol{G}_{11\omega} & \boldsymbol{G}_{12\omega} \\ \boldsymbol{G}_{21\omega} & \boldsymbol{G}_{22\omega} \end{bmatrix}\begin{bmatrix} \boldsymbol{w}_\omega \\ \boldsymbol{u}_\omega \end{bmatrix} \tag{5.26}$$

提升后的广义对象 $\boldsymbol{G}_\omega$ 为

$$\boldsymbol{G}_\omega = \begin{bmatrix} \boldsymbol{G}_{11\omega} & \boldsymbol{G}_{12\omega} \\ \boldsymbol{G}_{21\omega} & \boldsymbol{G}_{22\omega} \end{bmatrix} \tag{5.27}$$

式(5.27) 中各分块 $\boldsymbol{G}_{11\omega}$，$\boldsymbol{G}_{12\omega}$，$\boldsymbol{G}_{21\omega}$，$\boldsymbol{G}_{22\omega}$ 的具体定义详见 5.5 节。

# 5.3　灵敏度算子及补灵敏度算子

## 5.3.1　扰动抑制问题与灵敏度算子

利用图 5.1 所示采样控制系统来讨论灵敏度算子。去掉输入信号 $r$ 和噪声信号 $n$，只考虑干扰信号 $d$，图 5.1 所示系统就是图 5.3 所示输出端扰动抑制问题。扰动信号 $d$ 到系统输出 $y$ 的映射可用灵敏度算子 $S$ 表示，即

$$\begin{aligned} S:L_2 &\to L_2 \\ S_{\mathrm{d}} &\mapsto y \end{aligned} \tag{5.28}$$

在闭环系统 $L_2$ 稳定的假设条件下，$S$ 是 $L_2$ 上的有界算子。

式(5.13) 的稳态响应从频域的角度对灵敏度算子的作用进行了描述，这个算子的作用还可以描述为

$$y = \boldsymbol{S}_\omega d \tag{5.29}$$

根据 5.2 节的频域提升技术，$\boldsymbol{S}_\omega$ 是定义在 $\omega \in \Omega_{\mathrm{N}} \triangleq [0,\omega_s)$ 上的无穷维传递函数矩阵，即

$$\boldsymbol{S}_\omega = \begin{bmatrix} & \vdots & \vdots & \\ \cdots & \boldsymbol{I} - G_k\boldsymbol{F}_k & -G_k\boldsymbol{F}_{k-1} & \cdots \\ \cdots & -G_{k-1}\boldsymbol{F}_k & \boldsymbol{I} - G_{k-1}\boldsymbol{F}_{k-1} & \cdots \\ & \vdots & \vdots & \end{bmatrix} \tag{5.30}$$

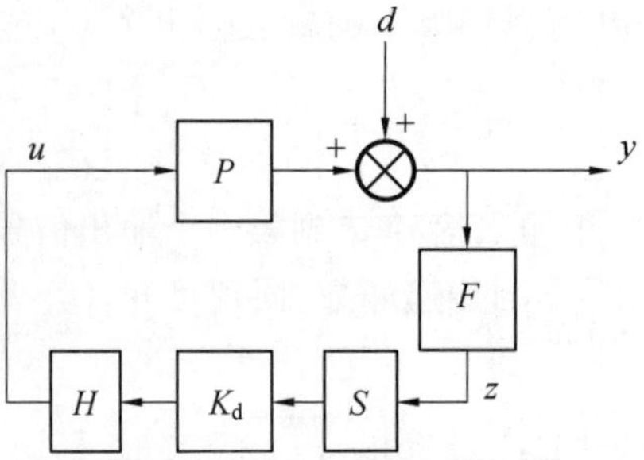


图 5.3　扰动抑制问题

式中，$\boldsymbol{F}$ 是滤波器的传递函数矩阵；$G$ 是式(5.8) 定义的函数。

### 5.3.2　鲁棒稳定性问题与补灵敏度算子

利用图 5.1 所示采样控制系统来讨论补灵敏度算子。去掉输入信号 $r$ 和干扰信号 $d$，只考虑噪声信号 $n$，图 5.1 所示系统就是图 5.4 所示鲁棒稳定性问题。噪声信号 $n$ 到系统输出 $y$ 的映射可用补灵敏度算子 $\tau$ 表示，即

$$\begin{gathered}\tau: L_2 \rightarrow L_2 \\ \tau_n \mapsto y\end{gathered} \tag{5.31}$$

在闭环系统 $L_2$ 稳定的假设条件下，$\tau$ 是 $L_2$ 上的有界算子。

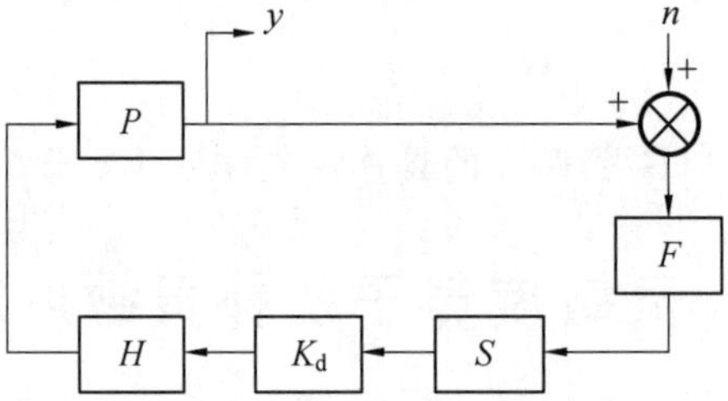


图 5.4　鲁棒稳定性问题

式(5.11) 的稳态响应从频域的角度对补灵敏度算子的作用进行了描述，这个算子的作用还可以描述为

$$y = \boldsymbol{T}_\omega n \tag{5.32}$$

根据 5.2 节的频域提升技术，$\boldsymbol{T}_\omega$ 是定义在 $\omega \in \Omega_{\mathrm{N}} \triangleq [0, \omega_{\mathrm{s}})$ 上的无穷维传递函数矩阵，即

$$\boldsymbol{T}_\omega = \begin{bmatrix} & \vdots & \vdots & \\ \cdots & G_k \boldsymbol{F}_k & G_k \boldsymbol{F}_{k-1} & \cdots \\ \cdots & G_{k-1} \boldsymbol{F}_k & G_{k-1} \boldsymbol{F}_{k-1} & \cdots \\ & \vdots & \vdots & \end{bmatrix} \tag{5.33}$$

## 5.4　混合灵敏度算子的 $L_2$ 诱导范数

5.3 节给出了灵敏度算子和补灵敏度算子的定义，下面来讨论图 5.1 所示系统的灵敏度算子和补灵敏度算子的范数问题，即系统的 $L_2$ 诱导范数问题[39]。

算子 $\boldsymbol{S}_\omega$ 和 $\boldsymbol{T}_\omega$ 分别是 $\mathcal{T}$ 和 $\mathcal{S}$ 的无穷维传递函数矩阵描述。通过计算 $\boldsymbol{S}_\omega$ 和 $\boldsymbol{T}_\omega$ 的频率响应增益在 $\omega \in \Omega_{\mathrm{N}}$ 上的最大值，可以得到灵敏度算子和补灵敏度算子的 $L_2$ 诱导范数。

对于补灵敏度算子 $\mathcal{T}$，一个很重要的事实是它具有有限秩（因此是紧的）。

**引理 5.1**　如果图 5.1 所示系统的输入信号是在 $\mathbf{R}_m$ 上取值，则算子 $\mathcal{T}$ 的秩不大于 $m$。

**证明**　将 $\boldsymbol{F}(\mathrm{j}\omega)$ 按行分块，$\boldsymbol{G}(\mathrm{j}\omega)$ 按列分块，即 $\boldsymbol{F}=[\boldsymbol{f}_1^*,\boldsymbol{f}_2^*,\cdots,\boldsymbol{f}_m^*]^*$，$\boldsymbol{G}=[\boldsymbol{g}_1,\boldsymbol{g}_2,\cdots,\boldsymbol{g}_m]$。分别用 $\boldsymbol{f}=\mathscr{F}F^*$ 和 $\mathbf{g}=\mathscr{F}G$ 表示 $F^*$ 和 $G$ 的频域提升，则 $\boldsymbol{f}=[\boldsymbol{f}_1,\boldsymbol{f}_2,\cdots,\boldsymbol{f}_m]$，$\boldsymbol{g}=[\boldsymbol{g}_1,\boldsymbol{g}_2,\cdots,\boldsymbol{g}_m]$，而且因为 $F$ 和 $G$ 都是稳定且严格真的，$\boldsymbol{f}$ 中的所有列 $f_i=\mathscr{F}f_{i^*}$ 和 $\mathbf{g}$ 中的所有列 $g_i=\mathscr{F}g_i$ 都 $\in L_2(\Omega_{\mathrm{N}};l_2)$。这样，算子 $\boldsymbol{T}_\omega$ 的作用还可以写为

$$\boldsymbol{T}_\omega n=\sum_{i=1}^{m}\boldsymbol{g}_i\langle n,\boldsymbol{f}_i\rangle_{l_2} \tag{5.34}$$

式中，$\langle n,\boldsymbol{f}_i\rangle_{l_2}$ 是定义在 $\Omega_{\mathrm{N}}$ 上的标量函数。由式(5.33)可知，$\boldsymbol{T}_\omega$ 是 $L_2(\Omega_{\mathrm{N}};l_2)$ 上的 $m$ 个秩为 1 的算子的和，因此其秩最大为 $m$，从而证明补灵敏度算子 $\mathcal{T}$ 的秩最大为 $m$。

因为 $\mathcal{T}$ 是紧的，其范数的数值计算可以用截取 $\boldsymbol{T}_\omega$ 的 $-n$ 到 $n$ 的中间部分矩阵来近似，也就是说，通过计算一个 $(2n+1)\times(2n+1)$ 矩阵的最大奇异值来近似得到 $\mathcal{T}$ 的范数。虽然这种近似计算求解过程比较慢，但整个计算是收敛的，因为 $\boldsymbol{F}(\mathrm{j}\omega)$ 和 $\boldsymbol{G}(\mathrm{j}\omega)$ 是以 $1/\omega^p$ 衰减的（$p$ 是与所包含的传递函数矩阵的相对度有关的整数）。

事实上，因为 $\mathcal{T}$ 是有限秩，$\|\boldsymbol{T}_\omega\|$ 可以用一种更有效的方法计算。文献[17]指出 $\|\boldsymbol{T}_\omega\|$ 是一个在单位圆上取值的有限维离散传递函数矩阵的最大特征值 $\lambda_{\max}[\cdot]$。下面将直接引用文献的结果，并在后面用几何论据来证明。

**定理 5.1**　如果图 5.1 所示的采样控制系统是 $L_2$ 一输入一输出稳定的，则有

$$\|\mathcal{T}\|=\sup_{\omega\in\Omega_{\mathrm{N}}}\|\boldsymbol{T}_\omega\| \tag{5.35}$$

其中

$$\|\boldsymbol{T}_\omega\|^2=\lambda_{\max}[\boldsymbol{G}_{\mathrm{d}}(\mathrm{e}^{\mathrm{j}\omega\tau})\boldsymbol{F}_{\mathrm{d}}(\mathrm{e}^{\mathrm{j}\omega\tau})] \tag{5.36}$$

$\boldsymbol{G}_{\mathrm{d}}$ 和 $\boldsymbol{F}_{\mathrm{d}}$ 的定义分别见式(5.9)和式(5.10)。

**证明**　由式(5.20)可得 $\|\mathcal{T}\|=\sup\limits_{\omega\in\Omega_{\mathrm{N}}}\|\boldsymbol{T}_\omega\|$。将频率 $\omega$ 固定在 $\Omega_{\mathrm{N}}$ 上。因为 $\boldsymbol{T}_\omega$ 是 $l_2$ 上的有限秩算子，根据式(5.34)，有 $\boldsymbol{T}_\omega=\boldsymbol{g}\boldsymbol{f}^*$。可以将 $l_2$ 分解为 $l_2=\mathcal{Y}F\oplus\mathcal{Y}F^{\perp}$，其中 $\mathcal{Y}F$ 是 $\boldsymbol{f}$ 的扩展空间，而 $\mathcal{Y}F^{\perp}$ 是它的正交补。因此，如果 $\boldsymbol{v}$ 是 $\mathcal{Y}F^{\perp}$ 上的向量，则 $\boldsymbol{T}_\omega\boldsymbol{v}=0$，而且可以得到

$$\|\boldsymbol{T}_\omega\|=\sup_{\substack{v\in l_2\\ v\neq 0}}\frac{\|\boldsymbol{T}_\omega\boldsymbol{v}\|_{l_2}}{\|\boldsymbol{v}\|_{l_2}}=\sup_{\substack{v\in\mathcal{Y}F\\ v\neq 0}}\frac{\|\boldsymbol{T}_\omega\boldsymbol{v}\|_{l_2}}{\|\boldsymbol{v}\|_{l_2}}$$

因为 $\mathcal{Y}F$ 中的 $l_2$ 向量可被有限参数化为 $\boldsymbol{v}=\boldsymbol{f}\alpha$，其中 $\alpha\in\mathbb{C}^m$，$m$ 是 $F$ 的输入数，可以得到

$$\|\boldsymbol{T}_\omega\|^2=\sup_{\substack{\alpha\\ f\alpha\neq 0}}\frac{\alpha^*\boldsymbol{f}^*\boldsymbol{f}\boldsymbol{g}^*\boldsymbol{g}\boldsymbol{f}^*\boldsymbol{f}\alpha}{\alpha^*\boldsymbol{f}^*\boldsymbol{f}\alpha}=\lambda_{\max}[(\boldsymbol{f}^*\boldsymbol{f})^{1/2}(\boldsymbol{g}^*\boldsymbol{g})(\boldsymbol{f}^*\boldsymbol{f})^{1/2}] \tag{5.37}$$

值得注意的是，$(\boldsymbol{g}^*\boldsymbol{g})(\omega)=\boldsymbol{G}_{\mathrm{d}}(\mathrm{e}^{\mathrm{j}\omega\tau})$ 和 $(\boldsymbol{f}^*\boldsymbol{f})(\omega)=\boldsymbol{F}_{\mathrm{d}}(\mathrm{e}^{\mathrm{j}\omega\tau})$ 都是 $m\times m$ 的离散传递函数矩阵，其定义分别见式(5.9)和式(5.10)。此外，因为 $F$ 是列满秩的，$\boldsymbol{f}^*\boldsymbol{f}$ 是非奇异的。

最后，因为在相似转换过程中特征值不变，由式(5.37)可以得到式(5.36)，从而定理 5.1 得证。

对于算子 $\mathscr{S}$ 范数的计算，则需要仔细研究。因为它是一个非紧算子，不能用类似的有限秩算子序列近似，也就是说，截取 $\boldsymbol{S}_\omega$ 的部分矩阵得到的范数不一定能够收敛到算子 $\mathscr{S}$ 的范数。

文献[40]讨论了非紧采样(SD)算子的频率增益，但是计算过程很复杂，很难用数值计算实现。文献[17]针对像 $\mathscr{S}$ 这种类型的算子($\mathscr{S}=\boldsymbol{I}-\mathscr{T}$，是一个紧算子和一个常量算子的和)，提出了一种更加可靠的数值计算方法。但是，要计算 $\boldsymbol{S}_\omega$ 的频率增益 $\|\boldsymbol{S}_\omega\|$，还需要对每一个频率点 $\omega\in\Omega_{\mathrm{N}}$ 的 $\gamma$ 迭代。

下面的定理针对 SD 灵敏度算子 $\mathscr{S}$ 的频率增益和 $L_2$ 诱导范数，给出了一种精确又便于计算的计算公式。定理的结果是针对 $\mathscr{S}=\boldsymbol{I}-\mathscr{T}$ 这一关系推导出来的，因为 $\mathscr{T}$ 是有限秩，$\mathscr{S}$ 的频率增益的计算也缩减成有限维特征值问题。

**定理 5.2**　若图 5.1 所示采样控制系统是 $L_2$－输入－输出稳定的，则有

$$\|\mathscr{S}\|=\sup_{\omega\in\Omega_{\mathrm{N}}}\|\boldsymbol{S}_\omega\| \tag{5.38}$$

其中

$$\|\boldsymbol{S}_\omega\|^2=1+\lambda_{\max}\begin{bmatrix}\boldsymbol{F}_{\mathrm{d}}(\mathrm{e}^{\mathrm{j}\omega\tau})\boldsymbol{G}_{\mathrm{d}}(\mathrm{e}^{\mathrm{j}\omega\tau})-\boldsymbol{T}_{\mathrm{d}}(\mathrm{e}^{\mathrm{j}\omega\tau}) & -\boldsymbol{F}_{\mathrm{d}}(\mathrm{e}^{\mathrm{j}\omega\tau})\\ \boldsymbol{T}_{\mathrm{d}}^*(\mathrm{e}^{\mathrm{j}\omega\tau})\boldsymbol{G}_{\mathrm{d}}(\mathrm{e}^{\mathrm{j}\omega\tau})-\boldsymbol{G}_{\mathrm{d}}(\mathrm{e}^{\mathrm{j}\omega\tau}) & -\boldsymbol{T}_{\mathrm{d}}^*(\mathrm{e}^{\mathrm{j}\omega\tau})\end{bmatrix} \tag{5.39}$$

$\boldsymbol{G}_{\mathrm{d}}$ 和 $\boldsymbol{F}_{\mathrm{d}}$ 的定义分别见式(5.9)和式(5.10)，$\boldsymbol{T}_{\mathrm{d}}$ 是式(5.7)定义的离散补灵敏度函数。

**证明**　与定理 5.1 的证明类似，将频率 $\omega$ 固定在 $\Omega_{\mathrm{N}}$ 上，将 $l_2$ 分解为 $l_2=y(F,G)\oplus y(\overset{\perp}{F},G)$，其中 $y(F,G)$ 是 $\boldsymbol{f}$ 和 $\boldsymbol{g}$ 共同扩展成的子空间，而 $y(\overset{\perp}{F},G)$ 是它的正交补。因为 $\boldsymbol{S}_\omega$ 在这些空间中是分块对角阵，有

$$\begin{aligned}\|\boldsymbol{S}_\omega\|&=\max\left\{\sup_{\substack{\boldsymbol{v}\in y(F,G)\\ \boldsymbol{v}\neq 0}}\frac{\|\boldsymbol{S}_\omega\boldsymbol{v}\|_{l_2}}{\|\boldsymbol{v}\|_{l_2}},\ \sup_{\substack{\boldsymbol{v}\in y(\overset{\perp}{F},G)\\ v\neq 0}}\frac{\|\boldsymbol{T}_\omega\boldsymbol{v}\|_{l_2}}{\|\boldsymbol{v}\|_{l_2}}\right\}\\ &=\max\left\{\sup_{\substack{\boldsymbol{v}\in y(F,G)\\ \boldsymbol{v}\neq 0}}\frac{\|\boldsymbol{S}_\omega\boldsymbol{v}\|_{l_2}}{\|\boldsymbol{v}\|_{l_2}},1\right\}\end{aligned} \tag{5.40}$$

现在，$y(F,G)$ 中的任意向量可被有限参数化为

$$\boldsymbol{v}=[\boldsymbol{f},\boldsymbol{g}]\gamma \tag{5.41}$$

其中 $\gamma\in\mathbb{C}^{2m}$。定义 $\boldsymbol{h}\triangleq[\boldsymbol{f},\boldsymbol{g}]$，$\boldsymbol{M}\triangleq\boldsymbol{h}^*\boldsymbol{h}$，根据式(5.9)和式(5.10)的定义，可以看出 $\boldsymbol{M}$ 是一个有限维半正定赫尔维茨矩阵。注意到式(5.7)定义的离散补灵敏度函数可以表示为 $\boldsymbol{T}_{\mathrm{d}}=\boldsymbol{f}^*\boldsymbol{g}$，$\boldsymbol{M}$ 可以写为

$$\boldsymbol{M}=\begin{bmatrix}\boldsymbol{F}_{\mathrm{d}} & \boldsymbol{T}_{\mathrm{d}}\\ \boldsymbol{T}_{\mathrm{d}}^* & \boldsymbol{G}_{\mathrm{d}}\end{bmatrix}$$

引入矩阵

$$\boldsymbol{N}\triangleq\begin{bmatrix}\boldsymbol{G}_{\mathrm{d}} & -\boldsymbol{I}\\ -\boldsymbol{I} & \boldsymbol{0}\end{bmatrix}$$

则有 $\boldsymbol{h}^*\boldsymbol{S}_\omega^*\boldsymbol{S}_\omega\boldsymbol{h}=\boldsymbol{h}^*(\boldsymbol{I}-\boldsymbol{f}\boldsymbol{g}^*)(\boldsymbol{I}-\boldsymbol{g}\boldsymbol{f}^*)\boldsymbol{h}=(\boldsymbol{I}+\boldsymbol{M}\boldsymbol{N})\boldsymbol{M}$，因此，由式(5.41)可以得到

$$\begin{aligned}\sup_{\substack{\boldsymbol{v}\in y(F,G)\\ \boldsymbol{v}\neq 0}}\frac{\|\boldsymbol{S}_\omega\boldsymbol{v}\|_{l_2}^2}{\|\boldsymbol{v}\|_{l_2}^2}&=\sup_{\gamma\in\mathbb{C}^{2m}}\frac{\gamma^*\boldsymbol{M}\gamma+\gamma^*\boldsymbol{M}\boldsymbol{N}\boldsymbol{M}\gamma}{\gamma^*\boldsymbol{M}\gamma}\\ &=1+\lambda_{\max}[\boldsymbol{M}^{1/2}\boldsymbol{N}\boldsymbol{M}^{1/2}]\end{aligned}$$

$$=1+\lambda_{\max}[\boldsymbol{MN}] \tag{5.42}$$

式(5.42)中,乘积 $\boldsymbol{MN}$ 为

$$\boldsymbol{MN}=\begin{bmatrix}\boldsymbol{F}_{\mathrm{d}}\boldsymbol{G}_{\mathrm{d}}-\boldsymbol{T}_{\mathrm{d}} & -\boldsymbol{F}_{\mathrm{d}}\\ \boldsymbol{T}_{\mathrm{d}}^{*}\boldsymbol{G}_{\mathrm{d}}-\boldsymbol{G}_{\mathrm{d}} & -\boldsymbol{T}_{\mathrm{d}}^{*}\end{bmatrix} \tag{5.43}$$

由式(5.40)及式(5.42)可以看出,只需要再证明 $\lambda_{\max}[\boldsymbol{MN}]$ 是非负值,就可完成定理的证明,而实际上有 $\boldsymbol{M}\geqslant 0$ 的条件成立,这一点很容易证明。事实上,如果 $\boldsymbol{M}>0$,则有

$$\delta=\begin{bmatrix}\boldsymbol{F}_{\mathrm{d}} & \boldsymbol{T}_{\mathrm{d}}\\ \boldsymbol{T}_{\mathrm{d}}^{*} & \boldsymbol{G}_{\mathrm{d}}\end{bmatrix}^{-1/2}\begin{bmatrix}\boldsymbol{I}\\ \boldsymbol{0}\end{bmatrix}$$

使得 $\delta^{*}\boldsymbol{M}^{1/2}\boldsymbol{N}\boldsymbol{M}^{1/2}\delta=\boldsymbol{G}_{\mathrm{d}}\geqslant 0$,因此式(5.42)中的 $\lambda_{\max}$ 是非负的。如果 $\boldsymbol{M}>0$ 不成立,则 $\boldsymbol{M}$ 一定是奇异的,这样 $\boldsymbol{M}^{1/2}\boldsymbol{N}\boldsymbol{M}^{1/2}$ 的谱中一定存在0,因此 $\lambda_{\max}[\boldsymbol{MN}]\geqslant 0$,从而定理5.2得证。

定理5.1的闭环形式描述及式(5.38)可以用于采样控制系统的性能和鲁棒稳定性分析[41]。

对于单入单出(SISO)系统的特殊情形,这些公式会更加简化。此时,算子 $\mathscr{T}$ 的秩为1,因此频率增益就是标量离散传递函数频率响应的幅值。

**推论 5.1**　如图5.1所示采样控制系统是SISO,则有

$$\|\boldsymbol{T}_{\omega}\|=\boldsymbol{\Phi}_{\mathrm{d}}\,|\boldsymbol{T}_{\mathrm{d}}| \tag{5.44}$$

并且

$$\|\boldsymbol{S}_{\omega}\|=\frac{1}{2}\left(\sqrt{(\boldsymbol{\Phi}_{\mathrm{d}}^{2}-1)\,|\boldsymbol{T}_{\mathrm{d}}|^{2}+(|S_{\mathrm{d}}|+1)^{2}}+\sqrt{(\boldsymbol{\Phi}_{\mathrm{d}}^{2}-1)\,|\boldsymbol{T}_{\mathrm{d}}|^{2}+(|S_{\mathrm{d}}|-1)^{2}}\right) \tag{5.45}$$

其中 $S_{\mathrm{d}}$ 和 $T_{\mathrm{d}}$ 是离散灵敏度和补灵敏度函数,而

$$\Phi_{\mathrm{d}}^{2}(\mathrm{e}^{\mathrm{j}\omega\tau})=\frac{\left(\sum\limits_{k=-\infty}^{\infty}|F_{k}(\mathrm{j}\omega)|^{2}\right)\left(\sum\limits_{k=-\infty}^{\infty}|P_{k}(\mathrm{j}\omega)H_{k}(\mathrm{j}\omega)|^{2}\right)}{|(FPH)_{\mathrm{d}}(\mathrm{e}^{\mathrm{j}\omega\tau})|^{2}} \tag{5.46}$$

**证明**　式(5.44)的证明由定理5.1很容易得到。式(5.45)可以根据式(5.39)的公式通过 $\lambda_{\max}$ 的计算来直接证明。

推论5.1的结果给出了离散灵敏度函数 $S_{\mathrm{d}}$ 和 $\boldsymbol{T}_{\mathrm{d}}$ 的直接关系。事实上,它们的频率响应的幅值是相应的 $\mathscr{S}$ 和 $\mathscr{T}$ 频率增益的下界,这一点可通过下面的推论给出。

**推论 5.2**　在推论5.1的假设下,有

$$\|\boldsymbol{T}_{\omega}\|\geqslant|T_{\mathrm{d}}(\mathrm{e}^{\mathrm{j}\omega\tau})| \tag{5.47}$$

并且

$$\|\boldsymbol{S}_{\omega}\|\geqslant\max\{|S_{\mathrm{d}}(\mathrm{e}^{\mathrm{j}\omega\tau})|,1\} \tag{5.48}$$

对任意的频率 $\omega\in\Omega_{\mathrm{N}}$ 都成立。

**证明**　首先从式(5.46)可以看出,对于任意的 $\omega\in\Omega_{\mathrm{N}}$,$\boldsymbol{\Phi}_{\mathrm{d}}\geqslant 1$ 都成立,因为有下面的Cauchy-Schwarz不等式:

$$\begin{aligned}|(FPH)(\mathrm{e}^{\mathrm{j}\omega\tau})|^{2}&=\left|\frac{1}{\tau}\sum_{k=-\infty}^{\infty}F_{k}(\mathrm{j}\omega)P_{k}(\mathrm{j}\omega)H_{k}(\mathrm{j}\omega)\right|^{2}\\&\leqslant\left(\sum_{k=-\infty}^{\infty}|F_{k}(\mathrm{j}\omega)|^{2}\right)\left(\sum_{k=-\infty}^{\infty}|P_{k}(\mathrm{j}\omega)H_{k}(\mathrm{j}\omega)|^{2}\right)\end{aligned}$$

因此，式(5.47)得证。对于式(5.48)可根据式(5.45)来证明，因为 $\boldsymbol{\Phi}_\mathrm{d} \geqslant 1$，由式(5.45)有

$$\| \boldsymbol{S}_\omega \| \geqslant \frac{\big| |S_\mathrm{d}| - 1 \big| + |S_\mathrm{d}| + 1}{2} \tag{5.49}$$

从而，根据式(5.49)，如果 $S_\mathrm{d} \geqslant 1$，则有 $\| \boldsymbol{S}_\omega \| \geqslant |S_\mathrm{d}|$，否则 $\| \boldsymbol{S}_\omega \| \geqslant 1$，从而完成了推论的证明。

不足为奇，由推论 5.2 可以得出的结论是离散系统的 $L_2$ 诱导范数也给出了相应的采样控制系统 $L_2$ 诱导范数的下界。这两个范数之所以有差异，是因为系统的离散描述缺失了采样时刻间的信息。在这种意义上，$\sup\limits_{\omega \in \Omega_\mathrm{N}} \Phi_\mathrm{d}$ 可以被解释为是能够量化离散系统和采样控制系统接近程度的、与控制器无关的“保真度指数”。

## 5.5　混合灵敏度算子的数值计算

5.4 节给出的频率增益和 $L_2$ 诱导范数可以很容易地通过式(5.9)的 $\boldsymbol{G}_\mathrm{d}$ 和式(5.10)的 $\boldsymbol{F}_\mathrm{d}$ 来实现它们的数值计算。这些计算可以通过类似式(5.5)的“特殊离散化”关系式来完成。

**1. $\boldsymbol{F}_\mathrm{d}(\mathrm{e}^{\mathrm{j}\omega\tau})$ 的计算**

考虑 $F_\mathrm{d} \triangleq \mathcal{T} Z \mathcal{S}_\tau \mathcal{L}^{-1}(\mathcal{F}\widetilde{F})$，其中 $\widetilde{F}(s) \triangleq F(-s)^t$，即 $F$ 在 $-s$ 上的转置。因为 $F$ 是严格真的，$F\widetilde{F}$ 的输出的采样是有明确定义的。设$\{a, b, c, 0\}$是 $F$ 的最小状态空间实现，则 $F\widetilde{F}$ 的最小实现为

$$\boldsymbol{A} = \begin{bmatrix} a & bb^t \\ 0 & -a^t \end{bmatrix}, \boldsymbol{B} = \begin{bmatrix} 0 \\ -c^t \end{bmatrix}, \boldsymbol{C} = \begin{bmatrix} c & 0 \end{bmatrix}$$

这样可直接得到 $F_\mathrm{d}(\mathrm{e}^{\mathrm{j}\omega\tau}) = \tau \boldsymbol{C}(\mathrm{e}^{\mathrm{j}\omega\tau}\boldsymbol{I} - \mathrm{e}^{\boldsymbol{A}\tau})^{-1}\boldsymbol{B}$。

**2. $G_\mathrm{d}(\mathrm{e}^{\mathrm{j}\omega\tau})$ 的计算**

$G_\mathrm{d}$ 的计算稍微有些复杂，但也可以用类似的方法得到。式(5.9)中的 $G_\mathrm{d}$ 可以写为 $G_\mathrm{d} = \dfrac{1}{\tau} K_\mathrm{d}^* S_\mathrm{d}^* E_\mathrm{d} S_\mathrm{d} K_\mathrm{d}$，其中

$$E_\mathrm{d} \triangleq \frac{1}{\tau} \sum_{k=-\infty}^{\infty} H_k^* P_k^* P_k H_k \tag{5.50}$$

因此，要计算 $G_\mathrm{d}$，先要计算 $E_\mathrm{d}(\mathrm{e}^{\mathrm{j}\omega\tau})$。因为 $H$ 是真的，所以其共轭转置 $\widetilde{H}$ 也是真的，所以对 $\widetilde{H}$ 的离散化，即对其的采样操作是有明确定义的。如果对象 $P$ 具有最小实现$\{a, b, c, d\}$，则 $\widetilde{P}P$ 的最小实现为

$$\boldsymbol{A} = \begin{bmatrix} a & 0 \\ c^t c & -a^t \end{bmatrix}, \boldsymbol{B} = \begin{bmatrix} b \\ c^t d \end{bmatrix}$$

$$\boldsymbol{C} = \begin{bmatrix} d^t c & -b^t \end{bmatrix}, \boldsymbol{D} = \begin{bmatrix} d^t d \end{bmatrix}$$

假定保持器是 5.1 节定义的保持器，则保持器的脉冲响应可描述为

$$h(t) = \begin{cases} \boldsymbol{K}\mathrm{e}^{\boldsymbol{L}(\tau - t)}\boldsymbol{M}, & t \in [0, \tau] \\ 0, & t \notin [0, \tau] \end{cases} \tag{5.51}$$

式中，$\boldsymbol{K},\boldsymbol{L},\boldsymbol{M}$ 是具有适当维数的矩阵。根据这些数据，可以得到式(5.50)中的 $E_{\mathrm{d}}(\mathrm{e}^{\mathrm{j}\omega\tau})$ 为 $E_{\mathrm{d}}(\mathrm{e}^{\mathrm{j}\omega\tau})=\boldsymbol{C}_{\mathrm{d}}(\mathrm{e}^{\mathrm{j}\omega\tau}\boldsymbol{I}-\boldsymbol{A}_{\mathrm{d}})\boldsymbol{B}_{\mathrm{d}}+\boldsymbol{D}_{\mathrm{d}}$，其中 $\boldsymbol{A}_{\mathrm{d}}=\mathrm{e}^{\boldsymbol{A}\tau}$，$\boldsymbol{B}_{\mathrm{d}}=\int_0^{\tau}\mathrm{e}^{\boldsymbol{A}s}\boldsymbol{BK}\mathrm{e}^{\boldsymbol{L}s}\boldsymbol{M}\mathrm{d}s$，且

$$\boldsymbol{C}_{\mathrm{d}}=\int_0^{\tau}\boldsymbol{M}^{\mathrm{t}}\mathrm{e}^{\boldsymbol{L}^{\mathrm{t}}(\tau-s)}\boldsymbol{K}^{\mathrm{t}}\boldsymbol{C}\mathrm{e}^{\boldsymbol{A}s}\mathrm{d}s$$

$$\boldsymbol{D}_{\mathrm{d}}=\int_0^{\tau}\boldsymbol{M}^{\mathrm{t}}\mathrm{e}^{\boldsymbol{L}^{\mathrm{t}}s}\boldsymbol{K}^{\mathrm{t}}\boldsymbol{DK}\mathrm{e}^{\boldsymbol{L}s}\boldsymbol{M}\mathrm{d}s+\int_0^{\tau}\boldsymbol{M}^{\mathrm{t}}\mathrm{e}^{\boldsymbol{L}^{\mathrm{t}}(\tau-s)}\boldsymbol{K}^{\mathrm{t}}\boldsymbol{C}\int_0^{\tau}\mathrm{e}^{\boldsymbol{A}(s-\sigma)}\boldsymbol{BK}\mathrm{e}^{\boldsymbol{L}(\tau-\sigma)}\boldsymbol{M}\mathrm{d}\sigma\mathrm{d}s$$

上述矩阵描述可以根据文献[7]给出的矩阵指数公式给出其数值解，即

$$\boldsymbol{B}_{\mathrm{d}}=[\mathrm{e}^{\boldsymbol{A}\tau}\quad \boldsymbol{0}]\exp\left\{\begin{bmatrix}-\boldsymbol{A} & \boldsymbol{BK}\\ \boldsymbol{0} & \boldsymbol{L}\end{bmatrix}\tau\right\}\begin{bmatrix}\boldsymbol{0}\\ \boldsymbol{M}\end{bmatrix}$$

$$\boldsymbol{C}_{\mathrm{d}}=[\boldsymbol{M}^{\mathrm{t}}\quad \boldsymbol{0}]\exp\left\{\begin{bmatrix}\boldsymbol{L}^{\mathrm{t}} & \boldsymbol{K}^{\mathrm{t}}\boldsymbol{C}\\ \boldsymbol{0} & \boldsymbol{A}\end{bmatrix}\tau\right\}\begin{bmatrix}\boldsymbol{0}\\ \boldsymbol{I}\end{bmatrix}$$

$$\boldsymbol{D}_{\mathrm{d}}=\left[\boldsymbol{M}^{\mathrm{t}}\mathrm{e}^{\boldsymbol{L}^{\mathrm{t}}\tau}\quad \boldsymbol{0}\right]\exp\left\{\begin{bmatrix}-\boldsymbol{L}^{\mathrm{t}} & \boldsymbol{K}^{\mathrm{t}}\boldsymbol{DK}\\ \boldsymbol{0} & \boldsymbol{L}\end{bmatrix}\tau\right\}\begin{bmatrix}\boldsymbol{0}\\ \boldsymbol{M}\end{bmatrix}+$$
$$[\boldsymbol{M}^{\mathrm{t}}\quad \boldsymbol{0}]\exp\left\{\begin{bmatrix}\boldsymbol{L}^{\mathrm{t}} & \boldsymbol{K}^{\mathrm{t}}\boldsymbol{C} & \boldsymbol{0}\\ \boldsymbol{0} & \boldsymbol{A} & \boldsymbol{BK}\\ \boldsymbol{0} & \boldsymbol{0} & -\boldsymbol{L}\end{bmatrix}\tau\right\}\begin{bmatrix}\boldsymbol{0}\\ \mathrm{e}^{\boldsymbol{L}\tau}\boldsymbol{M}\end{bmatrix}$$

## 5.6　采样控制系统的频率响应增益及 $H_\infty$ 范数

本节将在一定的假设条件下，对采样控制系统的范数和频率响应问题给出一种更为简单的分析和计算方法。其思想是找到一离散系统，使得采样控制系统在每一个频率点的增益都与离散系统一致(而第 4 章的时间域提升，是在满足一定的应用条件时也只能保证离散系统的 $H_\infty$ 范数等价于采样控制系统的 $L_2$ 诱导范数，并不能保证提升前后系统频率特性的等价)，这样可以通过求解等价离散系统的 $H_\infty$ 范数来给出采样控制系统的 $L_2$ 诱导范数。

### 5.6.1　FR 算子、频率响应增益及 $H_\infty$ 范数

本小节针对图 5.2 所示内稳定采样控制系统，图中的对象 $\boldsymbol{G}(s)$ 是有限维线性时不变(FDLTI)连续系统，具有如下描述：

$$\boldsymbol{G}(s)=\left[\begin{array}{c|cc}\boldsymbol{A} & \boldsymbol{B}_1 & \boldsymbol{B}_2\\ \hline \boldsymbol{C}_1 & \boldsymbol{D}_{11} & \boldsymbol{D}_{12}\\ \boldsymbol{C}_2 & \boldsymbol{0} & \boldsymbol{0}\end{array}\right]=\begin{bmatrix}G_{11}(s) & G_{12}(s)\\ G_{21}(s) & G_{22}(s)\end{bmatrix}\tag{5.52}$$

图 5.2 中的控制器 $K_{\mathrm{d}}$ 是 FDLTI 离散系统。$S$ 是采样周期为 $\tau$ 的理想采样开关，为了简化，假定保持器 $H$ 是零阶保持器，其传递函数为 $H(s)=(1-\mathrm{e}^{-s\tau})/s$。

根据 5.2 节中频域提升的概念，对于 $\omega:=\omega+k\omega_{\mathrm{s}}(k=0,\pm1,\pm2,\cdots)$，$\omega\in\Omega_{\mathrm{N}}\triangleq[-\omega_{\mathrm{s}}/2\quad \omega_{\mathrm{s}}/2]$，设 $y_\omega$ 具有有限功率，且为由无数个正弦信号组成的信号集，即

$$y_\omega:=\left\{y(t)\mid y(t)=\sum_{k=-\infty}^{\infty}y_k\mathrm{e}^{\mathrm{j}\omega_k t},\ \sum_{k=-\infty}^{\infty}\|y_k\|<\infty\right\}\tag{5.53}$$

称 $y_\omega$ 中的元素为具有角频率 $\omega$ 的 SD 正弦，这里的 SD 代表“采样”。一个 SD 正弦由具有复系数的双向序列 $y_k$ 和角频率 $\omega$ 唯一决定，所以可以用式(5.15)中的无穷维向量来表示

$y_\omega$（$y_\omega \in l_2$）。

对于一个稳定的采样控制系统，在稳态时能够把 $y_\omega$ 中的正弦信号映射到相同的信号集，且这种映射是有界的[42,43]。对图 5.2 所示的采样控制系统，设其输入信号是在信号集 $y_\omega$ 中取值，则该系统可以用一个提升的算子 $\mathscr{G}(\mathrm{j}\omega)$ 来表示，这个算子称为 FR 算子，这里的 FR 表示“频率响应”，该算子的范数就是具有角频率 $\omega$ 的 SD 正弦的频率响应增益。由于 $y_\omega \in l_2$ 且具有一对一的关系，FR 算子可视为是 $l_2$ 上的映射。取式(5.15)的标准基，用 $K_\omega = K_\mathrm{d}(\mathrm{e}^{\mathrm{j}\omega\tau})$ 表示控制器的 $z$ 传递函数，则算子 $\mathscr{G}(\mathrm{j}\omega)$ 可以用如下的无穷维矩阵形式的线性分式变换来描述：

$$\boldsymbol{G}_\omega = \boldsymbol{G}_{11\omega} + \frac{1}{\tau}\boldsymbol{G}_{12\omega}\boldsymbol{K}_\omega(\boldsymbol{I} - \boldsymbol{G}_{22\omega}\boldsymbol{K}_\omega)^{-1}\boldsymbol{G}_{21\omega} \tag{5.54}$$

式中，$\boldsymbol{G}_{11\omega}$，$\boldsymbol{G}_{12\omega}$，$\boldsymbol{G}_{21\omega}$，$\boldsymbol{G}_{22\omega}$ 为提升后广义对象的各分块，具体为如下形式[17]：

$$\boldsymbol{G}_{11\omega} = \begin{bmatrix} \ddots & & \\ & G_{11}(\mathrm{j}\omega_k) & \\ & & \ddots \end{bmatrix}$$

$$\boldsymbol{G}_{12\omega} = \begin{bmatrix} \vdots \\ G_{12}(\mathrm{j}\omega_k)H(\mathrm{j}\omega_k) \\ \vdots \end{bmatrix} = \begin{bmatrix} \vdots \\ G_{12}(\mathrm{j}\omega_k)\dfrac{1}{\mathrm{j}\omega_k} \\ \vdots \end{bmatrix}(1 - \mathrm{e}^{-\mathrm{j}\omega}) \tag{5.55}$$

$$\boldsymbol{G}_{21\omega} = [\cdots \quad G_{21}(\mathrm{j}\omega_k) \quad \cdots]$$

$$\boldsymbol{G}_{22\omega} = \sum_{k=-\infty}^{\infty} \frac{1 - \mathrm{e}^{-\mathrm{j}\omega}}{\mathrm{j}\omega_k\tau} G_{22}(\mathrm{j}\omega_k)$$

其中 $\omega_k := \omega + k\omega_\mathrm{s}$，$k \in \mathbf{Z}$，$\omega \in [0, \omega_\mathrm{s})$。

对于算子 $\boldsymbol{G}_{22\omega}$ 可以写为

$$\boldsymbol{G}_{22\omega} = \frac{1}{\tau}\sum_{k=-\infty}^{\infty} G_{22}(\mathrm{j}\omega_k) \cdot \frac{1 - \mathrm{e}^{-\mathrm{j}\omega}}{\mathrm{j}\omega_k} = SG_{22}H \tag{5.56}$$

式(5.56)表明，提升后的 $\boldsymbol{G}_{22\omega}$ 实际上就是原连续对象 $G_{22}$ 的零阶保持器离散化，设原连续的广义对象 $G$ 具有式(5.52)的状态空间实现，则 $\boldsymbol{G}_{22\omega}$ 可用如下的脉冲响应传递函数 $\boldsymbol{\Pi}_{22}$ 来描述：

$$\boldsymbol{\Pi}_{22}(z) = \left[\begin{array}{c:c} \exp(A\tau) & \int_0^\tau \exp(At)B_2\,\mathrm{d}t \\ \hdashline C_2 & 0 \end{array}\right] \tag{5.57}$$

相应地，用 $\boldsymbol{L}_\omega$ 表示 $\boldsymbol{K}_\omega(\boldsymbol{I} - \boldsymbol{G}_{22\omega}\boldsymbol{K}_\omega)^{-1}$，则

$$\boldsymbol{L}_\omega = \boldsymbol{K}_\omega[\boldsymbol{I} - \boldsymbol{\Pi}_{22}(z)\boldsymbol{K}_\omega]^{-1} \tag{5.58}$$

这样，$\boldsymbol{G}_\omega$ 可进一步写为

$$\boldsymbol{G}_\omega = \boldsymbol{G}_{11\omega} + \frac{1}{\tau}\boldsymbol{G}_{12\omega}\boldsymbol{L}_\omega\boldsymbol{G}_{21\omega} \tag{5.59}$$

在下面的频率响应增益的计算和分析中，将主要研究 $\boldsymbol{G}_{11\omega} = 0$ 的情形，即假设如下条件成立：

$$\begin{cases} (1)\ \boldsymbol{D}_{11} = 0; \\ (2)\ \boldsymbol{C}_1\boldsymbol{A}^k\boldsymbol{B}_1 = 0，\text{对任意的非负整数 } k \end{cases} \tag{5.60}$$

虽然上述假设比较苛刻，但对于一类典型的设计问题 —— 鲁棒稳定性问题，其广义对象满足上述假设条件，下面的研究将表明，此假设下系统频率响应增益的计算将会大大简化（可以给出一个可靠的数值计算公式）。在这种情形下得到的算法可以推广到 $\boldsymbol{G}_{11\omega} \neq 0$ 的情形。

现在，给定正整数 $N$，引入有限维矩阵

$$\{\boldsymbol{G}_{12\omega}\}_{[N]} = [G_{12}(\mathrm{j}\omega_{-N})H(\mathrm{j}\omega_{-N}),\cdots,G_{12}(\mathrm{j}\omega_0)H(\mathrm{j}\omega_0),\cdots,G_{12}(\mathrm{j}\omega_N)H(\mathrm{j}\omega_N)]^{\mathrm{T}} \tag{5.61}$$

$$\boldsymbol{G}_{21\omega[N]} = [G_{21}(\mathrm{j}\omega_{-N})\cdots G_{21}(\mathrm{j}\omega_0)\cdots G_{21}(\mathrm{j}\omega_N)] \tag{5.62}$$

则存在下面的结果。

**引理 5.2**　设假设条件(1)和(2)满足，则算子 $\mathscr{T}_{zw\omega}$ 的频率响应增益 $\|\mathscr{T}_{zw\omega}\|$ 可表示为

$$\|\mathscr{G}(\mathrm{j}\omega)\| = \lim_{N\to\infty}\bar{\sigma}(\boldsymbol{G}_{[N]}(\mathrm{j}\omega)) \tag{5.63}$$

其中 $\boldsymbol{G}_{[N]}(\mathrm{j}\omega)$ 如下定义：

$$\boldsymbol{G}_{[N]}(\mathrm{j}\omega) = \frac{1}{\tau}\{\boldsymbol{G}_{12\omega}\}_{[N]}(\mathrm{j}\omega)\cdot \boldsymbol{L}_{\omega}(\mathrm{e}^{\mathrm{j}\omega\tau})\cdot \boldsymbol{G}_{21\omega[N]}(\mathrm{j}\omega) \tag{5.64}$$

式中，$\bar{\sigma}(\cdot)$ 表示有限维矩阵的最大奇异值。

接下来，令 $\mathscr{T}_{zw}$ 表示从 $w(t)\in L_2$ 到 $z(t)\in L_2$ 上的线性有界算子。下面的结果给出了采样控制系统 $L_2$ 诱导范数的频域特性。

**引理 5.3**　采样控制系统的 $L_2$ 诱导范数 $\|\mathscr{T}_{zw}\|$ 可通过如下的公式由 FR 算子 $G(\mathrm{j}\omega)$ 给出

$$\|\mathscr{T}_{zw}\| = \max_{\omega\in\Omega_{\mathrm{N}}}\|\mathscr{G}(\mathrm{j}\omega)\| \tag{5.65}$$

这一引理的结论与线性时不变连续系统的一个显著事实相类似，对 FDLTI 连续系统，其 $L_2$ 诱导范数就是其 $H_\infty$ 范数。在下面的讨论中，式(5.65)将作为采样控制系统的 $H_\infty$ 范数被提及。

## 5.6.2　频率响应增益及 $H_\infty$ 范数的计算

本小节将基于式(5.60)中(1)和(2)的假设条件，给出图 5.2 所示采样控制系统的频率响应增益和 $H_\infty$ 范数的计算方法。首先研究 $\|\mathscr{G}(\mathrm{j}\omega)\|$ 的计算问题，如式(5.64)所示，根据矩阵奇异值和特征值的基本特性，很容易得到

$$\begin{aligned}\lim_{N\to\infty}\bar{\sigma}(\boldsymbol{G}_{[N]}(\mathrm{j}\omega)) &= \lambda_{\max}^{1/2}\Big[\lim_{N\to\infty}\boldsymbol{L}_{\omega}(\mathrm{e}^{\mathrm{j}\omega\tau})^{*}\cdot\frac{1}{\tau}\{\boldsymbol{G}_{12\omega}\}_{[N]}(\mathrm{j}\omega)^{*}\{\boldsymbol{G}_{12\omega}\}_{[N]}(\mathrm{j}\omega)\times \\ &\qquad \frac{1}{\tau}\boldsymbol{L}_{\omega}(\mathrm{e}^{\mathrm{j}\omega\tau})\boldsymbol{G}_{21\omega[N]}(\mathrm{j}\omega)\boldsymbol{G}_{21\omega[N]}(\mathrm{j}\omega)^{*}\Big] \\ &= \lambda_{\max}^{1/2}[\boldsymbol{L}_{\omega}(\mathrm{e}^{\mathrm{j}\omega\tau})^{*}\cdot\Sigma_{12}(\mathrm{j}\omega)\cdot\boldsymbol{L}_{\omega}(\mathrm{e}^{\mathrm{j}\omega\tau})\cdot\Sigma_{21}(\mathrm{j}\omega)]\end{aligned} \tag{5.66}$$

其中

$$\Sigma_{12}(\mathrm{j}\omega) := \frac{1}{\tau}\sum_{k=-\infty}^{\infty}[G_{12}(\mathrm{j}\omega_k)H(\mathrm{j}\omega_k)]^{*}[G_{12}(\mathrm{j}\omega_k)H(\mathrm{j}\omega_k)]$$

$$\Sigma_{21}(\mathrm{j}\omega) := \frac{1}{\tau}\sum_{k=-\infty}^{\infty}G_{21}(\mathrm{j}\omega_k)G_{21}(\mathrm{j}\omega_k)^{*} \tag{5.67}$$

根据脉冲调制公式，有

$$\Sigma_{12}(\mathrm{j}\omega) := Z[H^{\sim}(s)P_{12}^{\sim}(s)P_{12}(s)H(s)]\big|_{z=\mathrm{e}^{\mathrm{j}\omega\tau}},\ \Sigma_{21}(\mathrm{j}\omega) := Z[P_{21}(s)P_{21}^{\sim}(s)]\big|_{z=\mathrm{e}^{\mathrm{j}\omega\tau}} \tag{5.68}$$

引入

$$\boldsymbol{\Pi}_{12}(z)=\begin{bmatrix}\exp(\boldsymbol{A}\tau) & \int_0^\tau \exp(\boldsymbol{A}t)\boldsymbol{B}_2\,\mathrm{d}t\\ \boldsymbol{V}_1 & \boldsymbol{V}_2\end{bmatrix},\boldsymbol{\Pi}_{21}(z)=\begin{bmatrix}\exp(\boldsymbol{A}\tau) & \boldsymbol{W}\\ \boldsymbol{C}_2 & \boldsymbol{0}\end{bmatrix} \tag{5.69}$$

其中 $\boldsymbol{V}_1,\boldsymbol{V}_2$ 和 $\boldsymbol{W}$ 是满足下面的任意矩阵：

$$[\boldsymbol{V}_1\quad \boldsymbol{V}_2]^{\mathrm{T}}[\boldsymbol{V}_1\quad \boldsymbol{V}_2]=\int_0^\tau \exp\left(\begin{bmatrix}\boldsymbol{A} & \boldsymbol{B}_2\\ \boldsymbol{0} & \boldsymbol{0}\end{bmatrix}^{\mathrm{T}} t\right)[\boldsymbol{C}_1\quad \boldsymbol{D}_{12}]^{\mathrm{T}}[\boldsymbol{C}_1\quad \boldsymbol{D}_{12}]\exp\left(\begin{bmatrix}\boldsymbol{A} & \boldsymbol{B}_2\\ \boldsymbol{0} & \boldsymbol{0}\end{bmatrix} t\right)\mathrm{d}t$$

$$\boldsymbol{W}\boldsymbol{W}^{\mathrm{T}}=\int_0^\tau \exp(\boldsymbol{A}t)\boldsymbol{B}_1\boldsymbol{B}_1^{\mathrm{T}}\exp(\boldsymbol{A}^{\mathrm{T}}t)\,\mathrm{d}t \tag{5.70}$$

做如下分解：

$$Z[H^{\sim}(s)P_{12}^{\sim}(s)P_{12}(s)H(s)]=\boldsymbol{\Pi}_{12}^{\sim}(z)\boldsymbol{\Pi}_{12}(z),Z[P_{21}(s)P_{21}^{\sim}(s)]=\boldsymbol{\Pi}_{21}(z)\boldsymbol{\Pi}_{21}^{\sim}(z) \tag{5.71}$$

整理后可得

$$\begin{aligned}\|G(\mathrm{j}\omega)\| &=\lambda_{\max}^{1/2}[\boldsymbol{L}_\omega(\mathrm{e}^{\mathrm{j}\omega\tau})^*\cdot\boldsymbol{\Pi}_{12}(\mathrm{e}^{\mathrm{j}\omega\tau})^*\cdot\boldsymbol{\Pi}_{12}(\mathrm{e}^{\mathrm{j}\omega\tau})\cdot\boldsymbol{L}_\omega(\mathrm{e}^{\mathrm{j}\omega\tau})\cdot\boldsymbol{\Pi}_{21}(\mathrm{e}^{\mathrm{j}\omega\tau})\boldsymbol{\Pi}_{21}(\mathrm{e}^{\mathrm{j}\omega\tau})^*]\\ &=\bar{\sigma}[\boldsymbol{\Phi}(\mathrm{e}^{\mathrm{j}\omega\tau})]\end{aligned} \tag{5.72}$$

其中 $\boldsymbol{\Phi}(z)$ 为

$$\boldsymbol{\Phi}(z):\overset{\mathrm{def}}{=}\boldsymbol{\Pi}_{12}(z)\boldsymbol{L}_\omega(z)\boldsymbol{\Pi}_{21}(z) \tag{5.73}$$

这样，频率响应增益 $\|\mathcal{G}(\mathrm{j}\omega)\|$ 可以通过计算脉冲响应传递函数 $\Phi(z)$ 在 $z=\mathrm{e}^{\mathrm{j}\omega\tau}$ 的最大奇异值得到。

现在引入

$$\boldsymbol{\Pi}(z)=\begin{bmatrix}\exp(\boldsymbol{A}\tau) & \boldsymbol{W} & \int_0^\tau \exp(\boldsymbol{A}t)\boldsymbol{B}_2\,\mathrm{d}t\\ \boldsymbol{V}_1 & \boldsymbol{0} & \boldsymbol{V}_2\\ \boldsymbol{C}_2 & \boldsymbol{0} & \boldsymbol{0}\end{bmatrix} \tag{5.74}$$

则根据式(5.57)、式(5.60)、式(5.69)及式(5.70)，很容易证明

$$\boldsymbol{\Pi}(z)=\begin{bmatrix}\boldsymbol{0} & \boldsymbol{\Pi}_{12}(z)\\ \boldsymbol{\Pi}_{21}(z) & \boldsymbol{\Pi}_{22}(z)\end{bmatrix} \tag{5.75}$$

根据式(5.58)，$\boldsymbol{\Phi}(z)$ 就是图 5.5 所示离散系统的从 $\rho$ 到 $\zeta$ 的脉冲传函矩阵（即 $\boldsymbol{\Phi}(z)=T_{\zeta\rho}[\boldsymbol{\Pi}(z),K_{\mathrm{d}}(z)]$，这里 $T_{\zeta\rho}$ 表示下线性分式变换）。这样，得到了如下的定理，该定理给出了频率响应增益的计算方法。

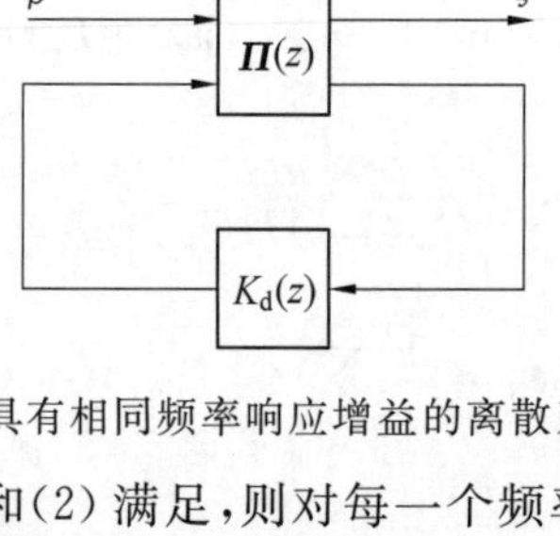


图 5.5　具有相同频率响应增益的离散系统 $\boldsymbol{\Phi}(z)$

**定理 5.3**　设假设条件(1)和(2)满足，则对每一个频率点 $\omega$，图 5.2 所示采样控制系统的频率响应增益 $\|\mathcal{G}(\mathrm{j}\omega)\|$ 就是 $\bar{\sigma}[\Phi(\mathrm{e}^{\mathrm{j}\omega\tau})]$，其中 $\boldsymbol{\Phi}(z)$ 就是图 5.5 所示离散系统的从 $\rho$ 到 $\zeta$ 的脉冲传递函数矩阵。

根据上面的定理及 $\boldsymbol{\Pi}_{22}=\mathscr{S}P_{22}\mathscr{H}$,可以很容易得到下面的结果。

**推论 5.4**　设假设条件(1) 和(2) 满足,则对任意的 $\gamma>0$,下面的两个阐述等价。

① 图 5.1 的系统是内稳定的且 $\|\mathscr{G}\|_{\infty}:=\max\limits_{\omega\in\Omega_{\mathrm{N}}}\|\mathscr{G}(\mathrm{j}\omega)\|<\gamma$。

② 图 5.1 的系统是内稳定的且 $\|\boldsymbol{\Phi}\|_{\infty}:=\max\limits_{\omega\in\Omega_{\mathrm{N}}}\bar{\sigma}[\boldsymbol{\Phi}(\mathrm{e}^{\mathrm{j}\omega\tau})]<\gamma$。

### 5.6.3　$\boldsymbol{G}_{11\omega}\neq\mathbf{0}$ 时的扩展计算公式

对于常规的 $\boldsymbol{G}_{11\omega}\neq\mathbf{0}$ 的采样控制系统,频率响应增益 $\|\mathscr{G}(\mathrm{j}\omega)\|$ 的计算要复杂得多。此时,可以对输入和输出信号进行适当的酉变换。至少在假设条件(2) 满足的情况下($\boldsymbol{G}_{11\omega}(s)=\boldsymbol{D}_{11}$),这种酉变换可以诱导出一个类似上一节所论述的离散系统 $\Phi_{\gamma}(z)$,使得 $\|\mathscr{G}(\mathrm{j}\omega)\|<\gamma$ 的充要条件是

$$\bar{\sigma}[\boldsymbol{\Phi}_{\gamma}(\mathrm{e}^{\mathrm{j}\omega\tau})]<\gamma \tag{5.76}$$

这里的 $\boldsymbol{\Phi}_{\gamma}(z)$ 由线性分式变换 $\boldsymbol{\Phi}_{\gamma}(z)=T_{\zeta\rho}(\boldsymbol{\Pi}_{\gamma}(z),K_{\mathrm{d}}(z))$ 给出,其中由式(5.74) 给出,只是原采样控制系统中的连续对象 $\boldsymbol{G}(s)$ 替换为

$$\boldsymbol{G}_{\gamma}(s)=\left[\begin{array}{c:cc}\boldsymbol{A}_{\gamma}&\boldsymbol{B}_{1\gamma}&\boldsymbol{B}_{2\gamma}\\ \hdashline \boldsymbol{C}_{1\gamma}&\mathbf{0}&\boldsymbol{D}_{12\gamma}\\ \boldsymbol{C}_{2\gamma}&\mathbf{0}&\mathbf{0}\end{array}\right] \tag{5.77}$$

式中

$$\boldsymbol{B}_{1\gamma}\overset{\text{def}}{=}\gamma\boldsymbol{B}_{1}(\gamma^{2}\boldsymbol{I}-\boldsymbol{D}_{11}^{\mathrm{T}}\boldsymbol{D}_{11})^{-1/2},\boldsymbol{B}_{2\gamma}\overset{\text{def}}{=}\boldsymbol{B}_{2}+\boldsymbol{B}_{1}\boldsymbol{D}_{11}^{\mathrm{T}}(\gamma^{2}\boldsymbol{I}-\boldsymbol{D}_{11}\boldsymbol{D}_{11}^{\mathrm{T}})^{-1}\boldsymbol{D}_{12} \tag{5.78}$$

$$\boldsymbol{C}_{1\gamma}\overset{\text{def}}{=}\gamma(\gamma^{2}\boldsymbol{I}-\boldsymbol{D}_{11}\boldsymbol{D}_{11}^{\mathrm{T}})^{-1/2}\boldsymbol{C}_{1},\boldsymbol{C}_{2\gamma}:=\boldsymbol{C}_{2} \tag{5.79}$$

$$\boldsymbol{D}_{12\gamma}\overset{\text{def}}{=}\gamma(\gamma^{2}\boldsymbol{I}-\boldsymbol{D}_{11}\boldsymbol{D}_{11}^{\mathrm{T}})^{-1/2}\boldsymbol{D}_{12} \tag{5.80}$$

式(5.76) 很容易测算,通过一个 $\gamma$ 迭代算法可以使得 $\|\mathscr{G}(\mathrm{j}\omega)\|$ 达到所要求的精度。这里需要指出的是,这个 $\bar{\sigma}[\boldsymbol{\Phi}_{\gamma}(\mathrm{e}^{\mathrm{j}\omega\tau})]$ 值本身并不能够帮我们计算出频率响应增益 $\|\mathscr{G}(\mathrm{j}\omega)\|$,可以用 5.5 节最后给出的柯列斯基分解方法来测算式(5.76)。

对于 $H_{\infty}$ 范数的计算问题,可以在每一频率点 $\omega\in\Omega_{\mathrm{N}}$ 上对式(5.76) 进行测算,而 $\gamma$ 迭代在计算中是不可避免的。

## 5.7　本章小结

本章研究了采样控制系统的频域提升技术,介绍了频域提升的概念及模型描述,提出了采样控制系统频率响应算子(FR) 的概念,并给出了不同 FR 算子的计算方法和 $L_2$ 诱导范数的计算公式,最后又给出了采样控制系统的频率响应增益及等价 $H_{\infty}$ 范数的计算方法。

# 第 6 章　采样控制系统的离散提升技术

第 3 章给出了采样控制系统离散控制器的两种常规设计方法，即连续化设计方法和离散化设计方法。对于控制器的直接设计即离散化设计方法，是以采样频率对对象进行离散化，再针对此离散化对象设计控制器，这种设计方法忽略了采样时刻之间系统的性能，而且这样设计出的系统可能会在采样时刻间存在纹波或波动。鉴于此，本章将提出一种新的离散控制器设计方法，该方法能够避免控制器设计后系统的纹波问题。主要设计思想是对系统的连续输入输出信号以高于系统采样频率($m$ 倍，$m$ 为大于 1 的整数）的频率进行快速离散化，然后应用离散提升技术，最终将采样控制系统等价成一个慢速(采样频率）且单一采样速率的离散系统。

## 6.1　离散提升技术的引出

关于离散的提升技术，Anderson 有很精辟的解释[13,14]。他针对实际工程应用中控制器设计时出现的一些问题提出了离散提升技术的设计思想[44-47]。Anderson 指出对于实际工程设计者来说，对控制器的要求为：阶次不能太高；数字化控制器要易于实现。无论是控制器的降阶还是连续控制器的离散化，都是一定程度的近似，对于如何验证二者近似的程度，Anderson 提出了 3 种方法：① 传递函数匹配；② 鲁棒稳定性；③ 信号谱匹配。

所谓控制器离散化问题[48]，就是给定一连续控制器，如何得到一等价的离散控制器，控制器离散化是一种近似，传统的离散化方法详见第 3 章，在离散化过程中并没有将连续对象的特性考虑进去，也就是说，并没考虑近似后闭环系统的性能。第 3 章还提出了先将对象离散化，再在离散域设计控制器的直接设计方法。这种方法也有很多缺点：一是忽略了采样时刻之间系统的性能；二是信号在采样时刻之间可能会有纹波或波动，当然还有许多其他问题，这里就不一一叙述了。

对于如何使连续系统和采样控制系统的性能接近或相匹配，实际上是控制器离散化的关键要求和设计前提。鉴于此，文献[1] 选择传递函数指标作为描述闭环系统性能接近程度的指标。

图 6.1 所示给出了这种传递函数指标的结构描述，图 6.1 中 $W(s)$ 为权函数，$T(s)$ 为原连续系统的闭环传递函数。可以通过指定权函数的频率特性形状，使得控制器离散化后采样控制系统与原连续系统在需要的频段内尽可能地接近。指标函数 $J_T$ 为

$$\begin{aligned} J_T &= TW - PHK_\mathrm{d}(\boldsymbol{I} + SFPHK_\mathrm{d})^{-1}SFW \\ &= G_{11} - G_{12}K_\mathrm{d}(\boldsymbol{I} + G_{22}K_\mathrm{d})^{-1}G_{21} \end{aligned} \tag{6.1}$$

式(6.1) 中的指标类似 $H_\infty$ 问题的结构，但由于对象 $G_{ij}$ 并不都是纯连续的，也不都是纯离散的，所以并不是真正的连续或离散 $H_\infty$ 问题。

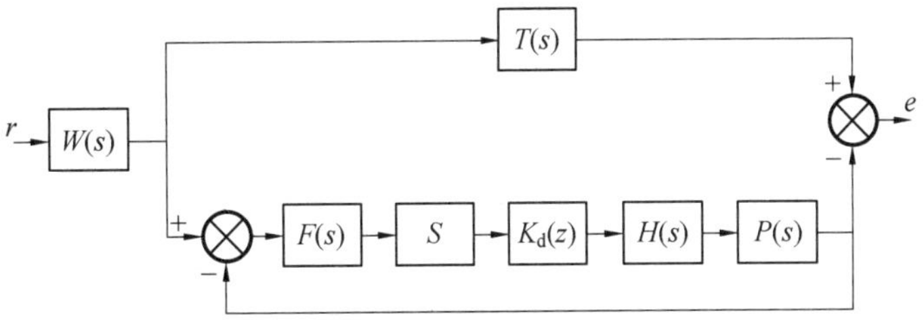


图 6.1 使用连续和离散控制器时的误差测量

现在面临两个关键问题:① 如何计算 $J_T$ 的范数;② 如何选择一镇定控制器 $K_d$ 来最小化 $\| J_T \|$。

许多研究者都对类似问题进行了研究,研究表明,式(6.1)的范数最小问题在数学结构上与图6.2所示的采样控制系统 $H_\infty$ 问题一致。这一问题变为给定对象 $P(s)$、保持器 $H$、采样开关 $S$ 及采样周期 $\tau$,要设计一离散控制器 $K_d(z)$ 来最小化 $w$ 到 $z$ 的增益。

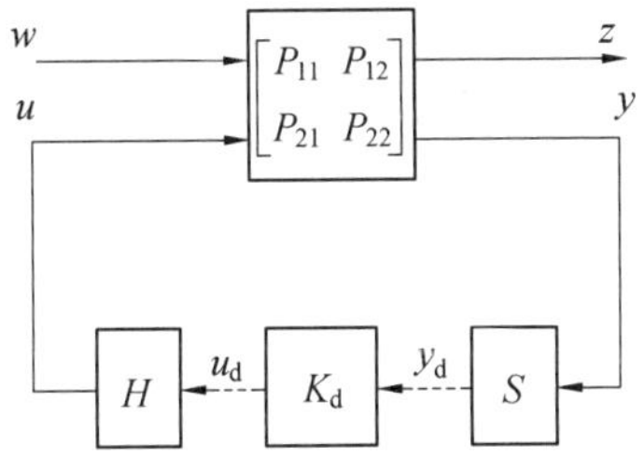


图 6.2 采样控制系统 $H_\infty$ 问题

针对这一采样控制系统的 $H_\infty$ 问题,Anderson 引出了离散提升技术,提出了要解决上述问题,需要如下几个关键步骤:

(1) 做一尽可能好的近似,把这种混合连续离散问题转换成多速率离散系统问题;

(2) 通过"封装(blocking)"或"提升(lifting)"把多速率问题转换成速率问题;

(3) 最后通过求解离散 $H_\infty$ 问题得到 $K_d(z)$,这实际上也就解决了最初的设计问题:如何设计一个 $K_d(z)$,使其能很好地近似 $K(s)$,且使采样控制系统的闭环性能与连续系统相接近。

### 6.1.1 离散信号的提升

下面给出离散信号提升的概念和定义[49-51]。考虑如下情形:

存在一个基础周期为 $\tau$ 的隐藏时钟和一个采样周期为 $\tau/m$ 的离散信号 $v(k)(m)$。即信号 $v(0)$ 表示 $t=0$ 时刻的信号,$v(1)$ 表示 $t=\tau/m$ 时刻的信号,$v(2)$ 表示 $t=2\tau/m$ 时刻的信号等。提升的信号 $\underline{v}$ 定义如下:若

$$v=\{v(0),v(1),v(2),\cdots\} \tag{6.2}$$

则

$$\underline{v}=\left\{\begin{bmatrix} v(0) \\ v(1) \\ \vdots \\ v(m-1) \end{bmatrix}, \begin{bmatrix} v(m) \\ v(m+1) \\ \vdots \\ v(2m-1) \end{bmatrix}, \cdots\right\} \tag{6.3}$$

因此 $\underline{v}(k)$ 的维数是 $v(k)$ 的 $m$ 倍(所以有术语“提升”),$\underline{v}$ 与基本周期 $\tau$ 有关,即 $\underline{v}(k)$ 为 $t=k\tau$ 时刻的信号。

将映射 $v\mapsto\underline{v}$ 定义为提升算子 $\boldsymbol{L}$,信号的提升可用如图 6.3 所示框图来描述。

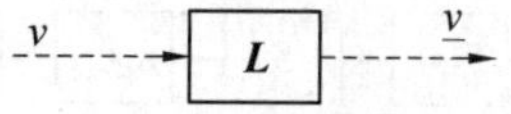


图 6.3　信号 $v$ 的提升

低速率信号用低速率点表示,高速率信号用高速率点表示,当 $m=2$ 时,$\underline{v}=\boldsymbol{L}v$ 的向量描述为

$$\begin{bmatrix}\underline{v}(0)\\ \underline{v}(1)\\ \underline{v}(2)\\ \vdots\end{bmatrix}=\begin{bmatrix}\boldsymbol{I}&\boldsymbol{0}&\boldsymbol{0}&\boldsymbol{0}&\boldsymbol{0}&\cdots\\ \boldsymbol{0}&\boldsymbol{I}&\boldsymbol{0}&\boldsymbol{0}&\boldsymbol{0}&\cdots\\ \boldsymbol{0}&\boldsymbol{0}&\boldsymbol{I}&\boldsymbol{0}&\boldsymbol{0}&\cdots\\ \boldsymbol{0}&\boldsymbol{0}&\boldsymbol{0}&\boldsymbol{I}&\boldsymbol{0}&\cdots\\ \boldsymbol{0}&\boldsymbol{0}&\boldsymbol{0}&\boldsymbol{0}&\boldsymbol{I}&\cdots\\ \boldsymbol{0}&\boldsymbol{0}&\boldsymbol{0}&\boldsymbol{0}&\boldsymbol{0}&\cdots\\ \vdots&\vdots&\vdots&\vdots&\vdots&\end{bmatrix}\begin{bmatrix}v(0)\\ v(1)\\ v(2)\\ \vdots\end{bmatrix} \tag{6.4}$$

从上述分块可以看出,$[\boldsymbol{L}]$ 既不是下三角阵,也不是托普利兹矩阵,因此,作为系统来说 $\boldsymbol{L}$ 是非因果且时变的。

可以证明 $\boldsymbol{L}$ 是保范算子。来看一下 $l_2$ 范数的情形:

$$v\in l_2(\mathbf{Z}_+,\mathbf{R}^m)$$
$$\underline{v}\in l_2(\mathbf{Z}_+,\mathbf{R}^m)$$

$$\|v\|_2^2=v(0)'v(0)+v(1)'v(1)+\cdots$$

$$\begin{aligned}\|\underline{v}\|_2^2&=\underline{v}(0)'\underline{v}(0)+\underline{v}(1)'\underline{v}(1)+\cdots\\ &=\begin{bmatrix}v(0)\\ \vdots\\ v(m-1)\end{bmatrix}'\begin{bmatrix}v(0)\\ \vdots\\ v(m-1)\end{bmatrix}+\begin{bmatrix}v(m)\\ \vdots\\ v(2m-1)\end{bmatrix}'\begin{bmatrix}v(m)\\ \vdots\\ v(2m-1)\end{bmatrix}+\cdots\\ &=v(0)'v(0)+v(1)'v(1)+\cdots\\ &=\|v\|_2^2\end{aligned}$$

因此有

$$\|\boldsymbol{L}v\|_2=\|v\|_2 \tag{6.5}$$

提升的逆算子的定义如下:若

$$\psi=\left\{\begin{bmatrix}\psi_1(0)\\ \vdots\\ \psi_m(0)\end{bmatrix},\begin{bmatrix}\psi_1(1)\\ \vdots\\ \psi_m(1)\end{bmatrix},\cdots\right\} \tag{6.6}$$

且

$$v=\boldsymbol{L}^{-1}\psi \tag{6.7}$$

则有

$$v=\{\psi_1(0),\cdots,\psi_m(0),\psi_1(1),\cdots,\psi_m(1),\cdots\} \tag{6.8}$$

当 $m=2$ 时，对应的矩阵为

$$[\boldsymbol{L}^{-1}]=\begin{bmatrix}\boldsymbol{I} & \boldsymbol{0} & \boldsymbol{0} & \boldsymbol{0} & \boldsymbol{0} & \boldsymbol{0} & \cdots\\ \boldsymbol{0} & \boldsymbol{I} & \boldsymbol{0} & \boldsymbol{0} & \boldsymbol{0} & \boldsymbol{0} & \cdots\\ \boldsymbol{0} & \boldsymbol{0} & \boldsymbol{0} & \boldsymbol{0} & \boldsymbol{0} & \boldsymbol{0} & \cdots\\ \boldsymbol{0} & \boldsymbol{0} & \boldsymbol{I} & \boldsymbol{0} & \boldsymbol{0} & \boldsymbol{0} & \cdots\\ \boldsymbol{0} & \boldsymbol{0} & \boldsymbol{0} & \boldsymbol{0} & \boldsymbol{I} & \boldsymbol{0} & \cdots\\ \vdots & \vdots & \vdots & \vdots & \vdots & \vdots & \end{bmatrix} \tag{6.8}$$

很显然，$\boldsymbol{L}^{-1}$ 是因果矩阵但是时变的。

### 6.1.2　离散系统的提升

对一隐藏周期为 $\tau/m$ 的线性时不变(FDLTI) 离散系统，对其输入输出信号进行提升，使提升后的信号周期与基础周期 $\tau$ 一致，这样得到如图 6.4 所示的提升系统，$\underline{\boldsymbol{G}}_{\mathrm{d}}:=\boldsymbol{L}\boldsymbol{G}_{\mathrm{d}}\boldsymbol{L}^{-1}$。不难证明，$\underline{\boldsymbol{G}}_{\mathrm{d}}$ 也是 LTI。

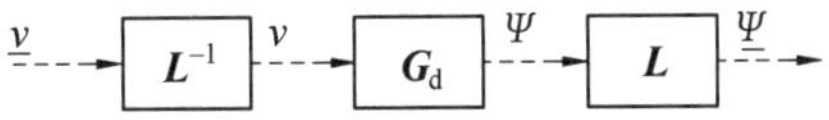


图 6.4　系统的提升

设 $\boldsymbol{G}_{\mathrm{d}}$ 的状态空间实现 $\hat{\boldsymbol{g}}_{\mathrm{d}}$ 为

$$\hat{\boldsymbol{g}}_{\mathrm{d}}(\lambda)=\left[\begin{array}{c|c}\boldsymbol{A} & \boldsymbol{B}\\ \hline \boldsymbol{C} & \boldsymbol{D}\end{array}\right] \tag{6.10}$$

那么该如何计算 $\underline{\boldsymbol{G}}_{\mathrm{d}}$ 的传递函数矩阵$\underline{\hat{\boldsymbol{g}}}_{\mathrm{d}}$ 是下面要讨论的问题。

**定理 6.1**　提升后的系统 $\underline{\boldsymbol{G}}_{\mathrm{d}}$ 是 FDLTI，而且其传递函数矩阵为

$$\underline{\hat{\boldsymbol{g}}}_{\mathrm{d}}(\lambda)=\left[\begin{array}{c|cccc}\boldsymbol{A}^{m} & \boldsymbol{A}^{m-1}\boldsymbol{B} & \boldsymbol{A}^{m-2}\boldsymbol{B} & \cdots & \boldsymbol{B}\\ \hline \boldsymbol{C} & \boldsymbol{D} & \boldsymbol{0} & \cdots & \boldsymbol{0}\\ \boldsymbol{CA} & \boldsymbol{CB} & \boldsymbol{D} & \cdots & \boldsymbol{0}\\ \vdots & \vdots & \vdots & & \vdots\\ \boldsymbol{CA}^{m-1} & \boldsymbol{CA}^{m-2}\boldsymbol{B} & \boldsymbol{CA}^{m-3}\boldsymbol{B} & \cdots & \boldsymbol{D}\end{array}\right] \tag{6.11}$$

**证明**　下面将以 $m=2$ 为例进行证明，其他情形的证明类似可以得到。对于系统矩阵，有

$$[\underline{\boldsymbol{G}}_{\mathrm{d}}]=[\boldsymbol{L}]\,[\boldsymbol{G}_{\mathrm{d}}]\,[\boldsymbol{L}^{-1}]=[\boldsymbol{L}]\begin{bmatrix}\boldsymbol{D} & \boldsymbol{0} & \boldsymbol{0} & \boldsymbol{0} & \cdots\\ \boldsymbol{CB} & \boldsymbol{D} & \boldsymbol{0} & \boldsymbol{0} & \cdots\\ \boldsymbol{CAB} & \boldsymbol{CB} & \boldsymbol{D} & \boldsymbol{0} & \cdots\\ \boldsymbol{CA}^{2}\boldsymbol{B} & \boldsymbol{CAB} & \boldsymbol{CB} & \boldsymbol{D} & \cdots\\ \vdots & \vdots & \vdots & \vdots & \end{bmatrix}[\boldsymbol{L}^{-1}]$$

$$=\begin{bmatrix}\boldsymbol{D} & \boldsymbol{0} & \boldsymbol{0} & \boldsymbol{0} & \cdots\\ \boldsymbol{CB} & \boldsymbol{D} & \boldsymbol{0} & \boldsymbol{0} & \cdots\\ \boldsymbol{CAB} & \boldsymbol{CB} & \boldsymbol{D} & \boldsymbol{0} & \cdots\\ \boldsymbol{CA}^{2}\boldsymbol{B} & \boldsymbol{CAB} & \boldsymbol{CB} & \boldsymbol{D} & \cdots\\ \vdots & \vdots & \vdots & \vdots & \end{bmatrix} \tag{6.12}$$

值得注意的是，$[\underline{G}_d]$ 和 $[G_d]$ 看起来完全相同，只是重新进行了分块。式(6.12)中后面矩阵的传递函数矩阵为

$$\begin{bmatrix} \boldsymbol{A}^2 & \boldsymbol{AB} & \boldsymbol{B} \\ \boldsymbol{C} & \boldsymbol{D} & \boldsymbol{0} \\ \boldsymbol{CA} & \boldsymbol{CB} & \boldsymbol{D} \end{bmatrix} \tag{6.13}$$

这就是 $\underline{\hat{\boldsymbol{g}}}_d(m=2)$。在这样一状态空间模型下，$\underline{\boldsymbol{G}}_d$ 显然是 FDLTI 且是因果矩阵。类似地可以推广到 $m$ 为其他正整数的情形，从而定理得证。

若矩阵 $\boldsymbol{A}$ 是稳定的，则 $\boldsymbol{A}^m$ 也是稳定的。因为提升算子具有保范性，$\hat{\boldsymbol{g}}_d$ 和 $\underline{\hat{\boldsymbol{g}}}_d$ 两个传递函数的范数满足：$\| \hat{\boldsymbol{g}}_d \|_2^2 = \| \underline{\hat{\boldsymbol{g}}}_d \|_2^2 / m$ 且 $\| \hat{\boldsymbol{g}}_d \|_\infty = \| \underline{\hat{\boldsymbol{g}}}_d \|_\infty$。这是一个非常有用的性质。

## 6.2 采样控制系统的离散提升技术

### 6.2.1 采样控制系统的快速离散化

现在返回到第 1 章图 1.2 给出的标准采样控制系统，选择一正整数 $m$，引入周期为 $\tau/m$ 的快速采样和保持操作 $S_f$ 及 $H_f$，对图 1.2 的系统进行快速离散化，得到如图 6.5 所示的离散化系统[49,52]。当 $m$ 足够大时，图 6.5 可以模拟图 1.2 的采样控制系统，因此快速离散化在系统分析和设计中都非常有用。(第 3 章中的传统离散化相当于 $m=1$ 的情形)

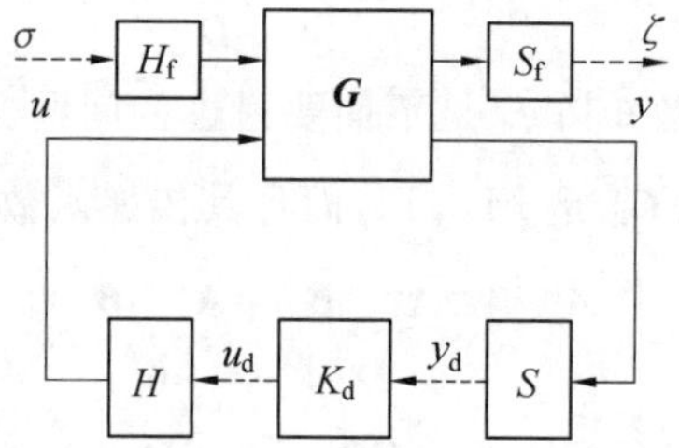


图 6.5 采样控制系统的快速离散化

为了使图 6.5 所示系统更易于分析，将采样开关和保持器合并到广义对象 $\boldsymbol{G}$ 中，得到图 6.6 所示的结构描述。

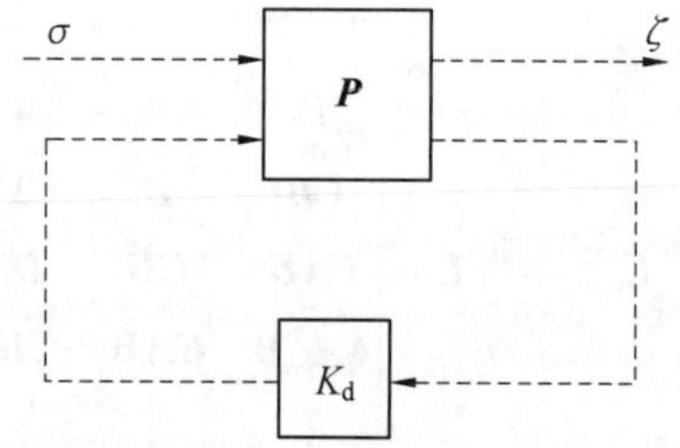


图 6.6 双速率离散系统

图 6.6 是一个具有两个不同采样速率的离散系统，因此是时变系统。图中的对象 $\boldsymbol{P}$ 为

$$\boldsymbol{P} := \begin{bmatrix} \boldsymbol{S}_f & \boldsymbol{0} \\ \boldsymbol{0} & \boldsymbol{S} \end{bmatrix} \boldsymbol{G} \begin{bmatrix} \boldsymbol{H}_f & \boldsymbol{0} \\ \boldsymbol{0} & \boldsymbol{H} \end{bmatrix} \tag{6.14}$$

### 6.2.2　系统提升及慢速离散化等价

对图 6.6 所示的系统引入提升运算，如图 6.7 所示，然后将提升算子 $\boldsymbol{L}$ 和 $\boldsymbol{L}^{-1}$ 合并到 $\boldsymbol{P}$ 中，得到图 6.8。其中

$$\underline{\boldsymbol{P}} := \begin{bmatrix} \boldsymbol{L} & \boldsymbol{0} \\ \boldsymbol{0} & \boldsymbol{I} \end{bmatrix} \boldsymbol{P} \begin{bmatrix} \boldsymbol{L}^{-1} & \boldsymbol{0} \\ \boldsymbol{0} & \boldsymbol{I} \end{bmatrix} \tag{6.15}$$

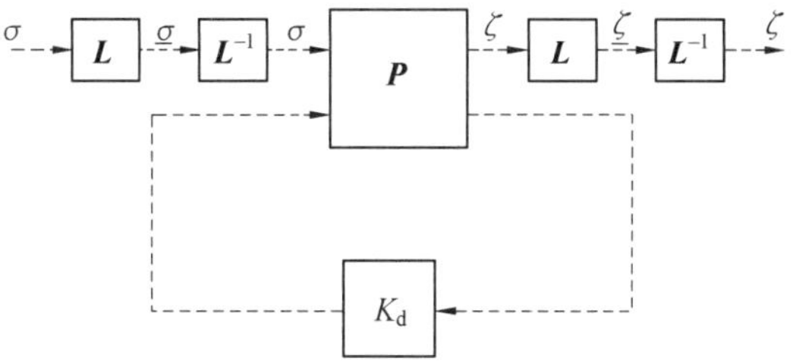


图 6.7　加入提升运算的双速率离散系统

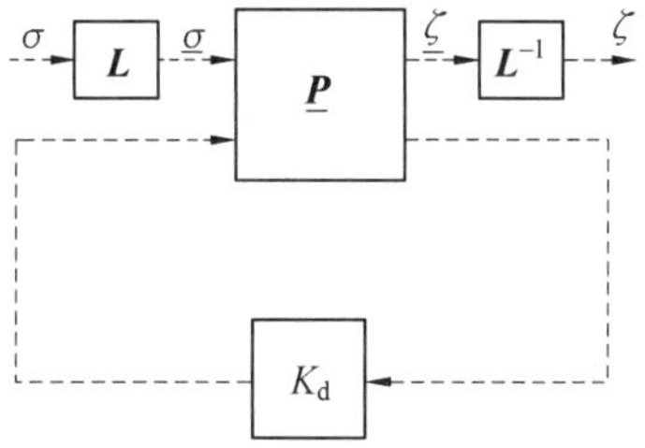


图 6.8　包含提升广义对象的双速率离散系统

最后，如果只关注提升信号 $\underline{\sigma}$ 和 $\underline{\zeta}$ 而不是 $\sigma$ 和 $\zeta$，可以得到如图 6.9 所示的单速率离散系统，这就是离散提升后的系统[49,53]。图 6.9 的优点是提升的广义对象 $\underline{\boldsymbol{P}}$ 是时不变的，这一点后面将证明。

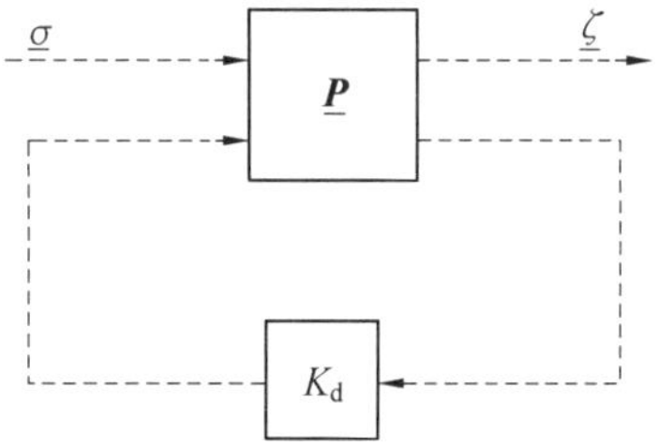


图 6.9　单速率离散提升系统

现在返回到图 1.2 所示的标准采样控制系统，将对象 $\boldsymbol{G}$ 分块为

$$\boldsymbol{G} = \begin{bmatrix} G_{11} & G_{12} \\ G_{21} & G_{22} \end{bmatrix} \tag{6.16}$$

则有

$$\underline{\boldsymbol{P}} = \begin{bmatrix} \underline{P}_{11} & \underline{P}_{12} \\ \underline{P}_{21} & \underline{P}_{22} \end{bmatrix} = \begin{bmatrix} \boldsymbol{L}S_{\mathrm{f}}G_{11}H_{\mathrm{f}}\boldsymbol{L}^{-1} & \boldsymbol{L}S_{\mathrm{f}}G_{12}H \\ SG_{21}H_{\mathrm{f}}\boldsymbol{L}^{-1} & SG_{22}H \end{bmatrix} \tag{6.17}$$

设 $G$ 的状态空间实现为

$$\hat{\boldsymbol{g}}(s)=\left[\begin{array}{c|cc}\boldsymbol{A} & \boldsymbol{B}_1 & \boldsymbol{B}_2\\ \hline \boldsymbol{C}_1 & \boldsymbol{D}_{11} & \boldsymbol{D}_{12}\\ \boldsymbol{C}_2 & \boldsymbol{D}_{21} & \boldsymbol{D}_{22}\end{array}\right] \tag{6.18}$$

对系统进行低速离散化，得

$$[\boldsymbol{A}_{\mathrm{d}},\boldsymbol{B}_{2\mathrm{d}}]:=\boldsymbol{C}_{2\mathrm{d}}(\boldsymbol{A},\boldsymbol{B}_2,\tau) \tag{6.19}$$

进行高速离散化，得

$$[\boldsymbol{A}_{\mathrm{f}},[\boldsymbol{B}_{1\mathrm{f}},\boldsymbol{B}_{2\mathrm{f}}]]:=\boldsymbol{C}_{2\mathrm{d}}(\boldsymbol{A},[\boldsymbol{B}_1,\boldsymbol{B}_2],\tau/m) \tag{6.20}$$

将基于上述矩阵导出 $\underline{\boldsymbol{P}}$ 的状态空间模型，设其传递函数形式为

$$\underline{\boldsymbol{P}}=\left[\begin{array}{c|c}\underline{P}_{11} & \underline{P}_{12}\\ \hline \underline{P}_{21} & \underline{P}_{22}\end{array}\right] \tag{6.21}$$

首先来看 $\underline{\boldsymbol{P}}$ 的 4 个部分。

**1. $\underline{P}_{11}$ 的传递函数**

注意到 $S_{\mathrm{f}}G_{11}H_{\mathrm{f}}$ 是 $G_{11}$ 的快速离散化，与其相对应的传递函数为

$$\left[\begin{array}{c|c}\boldsymbol{A}_{\mathrm{f}} & \boldsymbol{B}_{1\mathrm{f}}\\ \hline \boldsymbol{C}_1 & \boldsymbol{D}_{11}\end{array}\right] \tag{6.22}$$

根据定理 6.1，可得到 $\underline{P}_{11}$ 的传递函数，做如下定义：

$$\underline{\boldsymbol{B}}_1=[\boldsymbol{A}_{\mathrm{f}}^{m-1}\boldsymbol{B}_{1\mathrm{f}}\quad \boldsymbol{A}_{\mathrm{f}}^{m-2}\boldsymbol{B}_{1\mathrm{f}}\quad \cdots\quad \boldsymbol{B}_{1\mathrm{f}}] \tag{6.23}$$

$$\underline{\boldsymbol{C}}_1=\begin{bmatrix}\boldsymbol{C}_1\\ \boldsymbol{C}_1\boldsymbol{A}_{\mathrm{f}}\\ \vdots\\ \boldsymbol{C}_1\boldsymbol{A}_{\mathrm{f}}^{m-1}\end{bmatrix} \tag{6.24}$$

$$\underline{\boldsymbol{D}}_{11}=\begin{bmatrix}\boldsymbol{D}_{11} & \boldsymbol{0} & \cdots & \boldsymbol{0}\\ \boldsymbol{C}_1\boldsymbol{B}_{1\mathrm{f}} & \boldsymbol{D}_{11} & \cdots & \boldsymbol{0}\\ \vdots & \vdots & & \vdots\\ \boldsymbol{C}_1\boldsymbol{A}_{\mathrm{f}}^{m-2}\boldsymbol{B}_{1\mathrm{f}} & \boldsymbol{C}_1\boldsymbol{A}_{\mathrm{f}}^{m-3}\boldsymbol{B}_{1\mathrm{f}} & \cdots & \boldsymbol{D}_{11}\end{bmatrix} \tag{6.25}$$

则（$\boldsymbol{A}_{\mathrm{d}}=\boldsymbol{A}_{\mathrm{f}}^{m}$）

$$\hat{\underline{\boldsymbol{p}}}_{11}(\lambda)=\left[\begin{array}{c|c}\boldsymbol{A}_{\mathrm{d}} & \underline{\boldsymbol{B}}_1\\ \hline \underline{\boldsymbol{C}}_1 & \underline{\boldsymbol{D}}_{11}\end{array}\right] \tag{6.26}$$

**2. $\underline{P}_{12}$ 的传递函数**

$\underline{P}_{12}$ 的定义为

$$\underline{P}_{12}=\boldsymbol{L}S_{\mathrm{f}}G_{12}H \tag{6.27}$$

很容易验证 $H_{\mathrm{f}}S_{\mathrm{f}}H=H$，也就是说，当在输出端施加一保持器 $H$，$H_{\mathrm{f}}S_{\mathrm{f}}$ 相当于单位系统。因此有

$$\underline{P}_{12}=\boldsymbol{L}(S_{\mathrm{f}}G_{12}H_{\mathrm{f}})S_{\mathrm{f}}H \tag{6.28}$$

式(6.28)中的 $S_fG_{12}H_f$ 是 $G_{12}$ 的快速离散化,其传递函数为

$$\left[\begin{array}{cc}\boldsymbol{A}_f & \boldsymbol{B}_{2f}\\ \boldsymbol{C}_1 & \boldsymbol{D}_{12}\end{array}\right] \tag{6.29}$$

而且,$S_fH$ 的矩阵描述为

$$[S_fH]=\left[\begin{array}{ccc}\left.\begin{array}{cc}\boldsymbol{I} & \boldsymbol{0}\\ \vdots & \vdots\\ \boldsymbol{I} & \boldsymbol{0}\end{array}\right\}m & & \\ \left.\begin{array}{cc}\boldsymbol{0} & \boldsymbol{I}\\ \vdots & \vdots\\ \boldsymbol{0} & \boldsymbol{I}\end{array}\right\}m & & \\ & & \ddots\end{array}\right] \tag{6.30}$$

由式(6.30)及$[\boldsymbol{L}]$可得

$$\boldsymbol{L}S_fH=\begin{bmatrix}\boldsymbol{I}\\ \vdots\\ \boldsymbol{I}\end{bmatrix},m\text{ 块} \tag{6.31}$$

即

$$S_fH=\boldsymbol{L}^{-1}\begin{bmatrix}\boldsymbol{I}\\ \vdots\\ \boldsymbol{I}\end{bmatrix} \tag{6.32}$$

因此有

$$\underline{P}_{12}=\boldsymbol{L}(S_fG_{12}H_f)\boldsymbol{L}^{-1}\begin{bmatrix}\boldsymbol{I}\\ \vdots\\ \boldsymbol{I}\end{bmatrix} \tag{6.33}$$

传递函数$\boldsymbol{L}(S_fG_{12}H_f)\boldsymbol{L}^{-1}$可以根据定理6.1的结果得到。从而,最终得到传递函数$\underline{P}_{12}$为

$$\begin{aligned}\hat{\underline{\boldsymbol{p}}}_{12}(\lambda)&=\left[\begin{array}{ccccc}\boldsymbol{A}_d & \boldsymbol{A}_f^{m-1}\boldsymbol{B}_{2f} & \boldsymbol{A}_f^{m-2}\boldsymbol{B}_{2f} & \cdots & \boldsymbol{B}_{2f}\\ \boldsymbol{C}_1 & \boldsymbol{D}_{12} & \boldsymbol{0} & \cdots & \boldsymbol{0}\\ \boldsymbol{C}_1\boldsymbol{A}_f & \boldsymbol{C}_1\boldsymbol{B}_{2f} & \boldsymbol{D}_{12} & \cdots & \boldsymbol{0}\\ \vdots & \vdots & \vdots & & \vdots\\ \boldsymbol{C}_1\boldsymbol{A}_f^{m-1} & \boldsymbol{C}_1\boldsymbol{A}_f^{m-2}\boldsymbol{B}_{2f} & \boldsymbol{C}_1\boldsymbol{A}_f^{m-2}\boldsymbol{B}_{2f} & \cdots & \boldsymbol{D}_{12}\end{array}\right]\begin{bmatrix}\boldsymbol{I}\\ \boldsymbol{I}\\ \vdots\\ \boldsymbol{I}\end{bmatrix}\\ &=\left[\begin{array}{cc}\boldsymbol{A}_d & (\boldsymbol{A}_f^{m-1}+\boldsymbol{A}_f^{m-2}+\cdots+\boldsymbol{I})\boldsymbol{B}_{2f}\\ \boldsymbol{C}_1 & \boldsymbol{D}_{12}\\ \boldsymbol{C}_1\boldsymbol{A}_f & \boldsymbol{C}_1\boldsymbol{B}_{2f}+\boldsymbol{D}_{12}\\ \vdots & \vdots\\ \boldsymbol{C}_1\boldsymbol{A}_f^{m-1} & \boldsymbol{C}_1\boldsymbol{A}_f^{m-2}\boldsymbol{B}_{2f}+\cdots+\boldsymbol{C}_1\boldsymbol{B}_{2f}+\boldsymbol{D}_{12}\end{array}\right]\end{aligned} \tag{6.34}$$

$\underline{\boldsymbol{C}}_1$ 的定义见式(6.23),$\underline{\boldsymbol{D}}_{12}$ 定义为

$$\underline{\boldsymbol{D}}_{12}=\begin{bmatrix}\boldsymbol{D}_{12}\\ \boldsymbol{C}_1\boldsymbol{B}_{2\mathrm{f}}+\boldsymbol{D}_{12}\\ \vdots\\ \boldsymbol{C}_1\boldsymbol{A}_{\mathrm{f}}^{m-2}\boldsymbol{B}_{2\mathrm{f}}+\cdots+\boldsymbol{C}_1\boldsymbol{B}_{2\mathrm{f}}+\boldsymbol{D}_{12}\end{bmatrix} \tag{6.35}$$

根据等式

$$\int_0^{\tau}\mathrm{e}^{s\boldsymbol{A}}\mathrm{d}s=\int_0^{\tau/m}\mathrm{e}^{s\boldsymbol{A}}\mathrm{d}s+\cdots+\int_{(m-1)\tau/m}^{\tau}\mathrm{e}^{s\boldsymbol{A}}\mathrm{d}s \tag{6.36}$$

有

$$(\boldsymbol{A}_{\mathrm{f}}^{m-1}+\boldsymbol{A}_{\mathrm{f}}^{m-2}+\cdots+\boldsymbol{I})\boldsymbol{B}_{2\mathrm{f}}=\boldsymbol{B}_{2\mathrm{d}} \tag{6.37}$$

因此

$$\underline{\hat{\boldsymbol{p}}}_{12}(\lambda)=\begin{bmatrix}\boldsymbol{A}_{\mathrm{d}} & \boldsymbol{B}_{2\mathrm{d}}\\ \underline{\boldsymbol{C}}_1 & \underline{\boldsymbol{D}}_{12}\end{bmatrix} \tag{6.38}$$

3. $\underline{P}_{21}$ **的传递函数**

很容易证明 $S=SH_{\mathrm{f}}S_{\mathrm{f}}$，而且 $SH_{\mathrm{f}}$ 的矩阵描述为

$$[SH_{\mathrm{f}}]=\begin{bmatrix}\overbrace{\boldsymbol{I}\quad\boldsymbol{0}\quad\cdots\quad\boldsymbol{0}}^{m} & \overbrace{\boldsymbol{0}\quad\boldsymbol{0}\quad\cdots\quad\boldsymbol{0}}^{m} & \\ \boldsymbol{0}\quad\boldsymbol{0}\quad\cdots\quad\boldsymbol{0} & \boldsymbol{I}\quad\boldsymbol{0}\quad\cdots\quad\boldsymbol{0} & \\ & & \ddots\end{bmatrix} \tag{6.39}$$

由式(6.39)可知

$$SH_{\mathrm{f}}=[\boldsymbol{I}\quad\boldsymbol{0}\quad\cdots\quad\boldsymbol{0}]\boldsymbol{L} \tag{6.40}$$

因此有

$$\begin{aligned}\underline{\boldsymbol{P}}_{21}&=SG_{21}H_{\mathrm{f}}\boldsymbol{L}^{-1}=\boldsymbol{SH}_{\mathrm{f}}(S_{\mathrm{f}}G_{21}H_{\mathrm{f}})\boldsymbol{L}^{-1}\\&=SH_{\mathrm{f}}\boldsymbol{L}^{-1}\boldsymbol{L}(S_{\mathrm{f}}G_{21}H_{\mathrm{f}})\boldsymbol{L}^{-1}\\&=[\boldsymbol{I}\quad\boldsymbol{0}\quad\cdots\quad\boldsymbol{0}]\boldsymbol{L}(S_{\mathrm{f}}G_{21}H_{\mathrm{f}})\boldsymbol{L}^{-1}\end{aligned} \tag{6.41}$$

从而可以得到如下的状态空间模型：

$$\underline{\hat{\boldsymbol{p}}}_{21}(\lambda)=\begin{bmatrix}\boldsymbol{A}_{\mathrm{d}} & \underline{\boldsymbol{B}}_1\\ \boldsymbol{C}_2 & \underline{\boldsymbol{D}}_{21}\end{bmatrix} \tag{6.42}$$

其中 $\underline{\boldsymbol{B}}_1$ 的定义见式(6.22)，$\underline{\boldsymbol{D}}_{21}$ 的定义为

$$\underline{\boldsymbol{D}}_{21}:=[\boldsymbol{D}_{21}\quad\boldsymbol{0}\quad\cdots\quad\boldsymbol{0}] \tag{6.43}$$

4. $\underline{P}_{22}$ **的传递函数**

这个传递函数很简单，就是 $G_{22}$ 的低速率离散化：

$$\underline{\hat{\boldsymbol{p}}}_{22}(\lambda)=\begin{bmatrix}\boldsymbol{A}_{\mathrm{d}} & \boldsymbol{B}_{2\mathrm{d}}\\ \boldsymbol{C}_2 & \boldsymbol{D}_{22}\end{bmatrix} \tag{6.44}$$

根据上述结果，可以得到传递函数 $\underline{\boldsymbol{P}}$ 的状态空间实现为

$$\underline{\hat{\boldsymbol{p}}}(\lambda)=\left[\begin{array}{c|cc}\boldsymbol{A}_{\mathrm{d}} & \underline{\boldsymbol{B}}_1 & \boldsymbol{B}_{2\mathrm{d}} \\ \hline \underline{\boldsymbol{C}}_1 & \underline{\boldsymbol{D}}_{11} & \underline{\boldsymbol{D}}_{12} \\ \boldsymbol{C}_2 & \underline{\boldsymbol{D}}_{21} & \boldsymbol{D}_{22}\end{array}\right] \tag{6.45}$$

式(6.45) 中右侧带“_”的矩阵具体为

$$\underline{\boldsymbol{B}}_1=\left[\boldsymbol{A}_{\mathrm{f}}^{m-1}\boldsymbol{B}_{1\mathrm{f}} \quad \boldsymbol{A}_{\mathrm{f}}^{m-2}\boldsymbol{B}_{1\mathrm{f}} \quad \cdots \quad \boldsymbol{B}_{1\mathrm{f}}\right]$$

$$\underline{\boldsymbol{C}}_1=\begin{bmatrix}\boldsymbol{C}_1 \\ \boldsymbol{C}_1\boldsymbol{A}_{\mathrm{f}} \\ \vdots \\ \boldsymbol{C}_1\boldsymbol{A}_{\mathrm{f}}^{m-1}\end{bmatrix}$$

$$\underline{\boldsymbol{D}}_{11}=\begin{bmatrix}\boldsymbol{D}_{11} & \boldsymbol{0} & \cdots & \boldsymbol{0} \\ \boldsymbol{C}_1\boldsymbol{B}_{1\mathrm{f}} & \boldsymbol{D}_{11} & \cdots & \boldsymbol{0} \\ \vdots & \vdots & & \vdots \\ \boldsymbol{C}_1\boldsymbol{A}_{\mathrm{f}}^{m-2}\boldsymbol{B}_{1\mathrm{f}} & \boldsymbol{C}_1\boldsymbol{A}_{\mathrm{f}}^{m-3}\boldsymbol{B}_{1\mathrm{f}} & \cdots & \boldsymbol{D}_{11}\end{bmatrix}$$

$$\underline{\boldsymbol{D}}_{12}=\begin{bmatrix}\boldsymbol{D}_{12} \\ \boldsymbol{C}_1\boldsymbol{B}_{2\mathrm{f}}+\boldsymbol{D}_{12} \\ \vdots \\ \boldsymbol{C}_1\boldsymbol{A}_{\mathrm{f}}^{m-2}\boldsymbol{B}_{2\mathrm{f}}+\cdots+\boldsymbol{C}_1\boldsymbol{B}_{2\mathrm{f}}+\boldsymbol{D}_{12}\end{bmatrix}$$

$$\underline{\boldsymbol{D}}_{21}:=\left[\boldsymbol{D}_{21} \quad \boldsymbol{0} \quad \cdots \quad \boldsymbol{0}\right]$$

因此如前所述，$\underline{\boldsymbol{P}}$ 是时不变的。

综上可知，离散提升技术首先对标准采样控制系统进行快速离散化，即将采样控制系统的连续输入输出用快速采样(采样周期为 $\tau/m$，$m>1$) 来近似，得到一个双速率离散系统，对这个双速率离散系统进行提升后，又将其转换成一个单速率离散系统。

上面给出了提升等价离散化系统传递函数状态空间实现的详细推导和计算公式，推导和计算过程看起来比较复杂，而在实际算例的应用中，只需按照定理 6.1 给出的公式(6.10) 进行简单计算就可以得到相应的传递函数，下面将用一种更加简单、直观的思想来描述这个离散提升等价过程。

首先，将采样控制系统的连续输入输出用快速采样(采样周期为 $\tau/m$，$m>1$) 来近似，得到如图 6.10(a) 所示的系统，接下来将其转换成图 6.10(b) 所示的等价结构描述。

具体计算时先将系统看成是一个快速采样的离散系统(图 6.10(b))，再将系统进行离散提升，将其转换成慢速采样的离散系统，如图 6.11 所示，此时信号的维数都增加了 $m$(这里以 $m=3$ 为例) 倍。

根据图 6.11 所示的方法，采样控制系统就可转化成图 6.12 所示的单速率(慢速率) 离散系统。

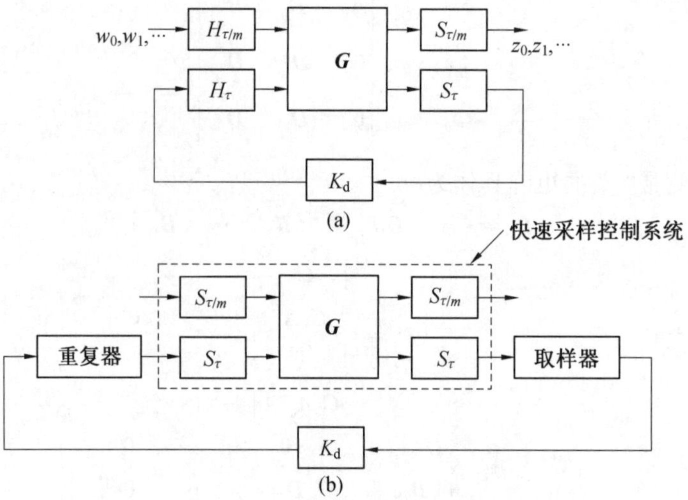


图 6.10　用快速采样来近似得到的离散系统

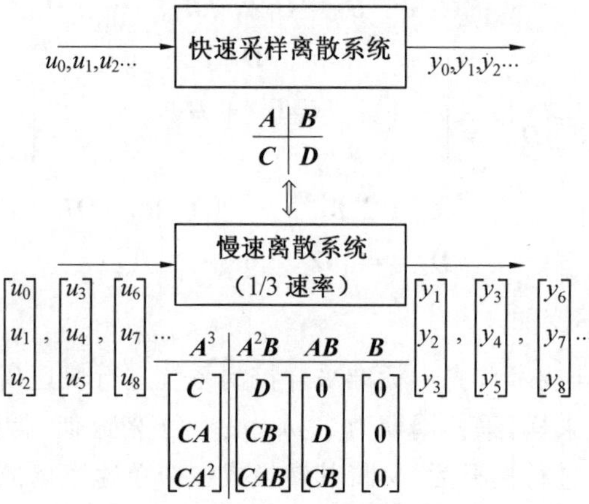


图 6.11　快速系统到慢速系统的转换

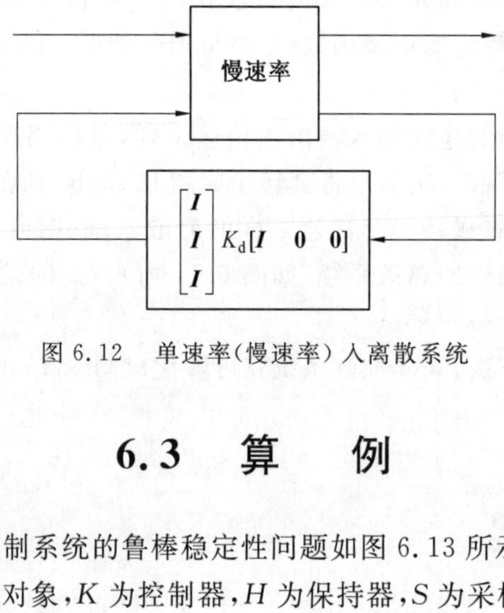


图 6.12　单速率(慢速率)入离散系统

## 6.3　算　例

**算例 6.1**　设采样控制系统的鲁棒稳定性问题如图 6.13 所示。

图 6.13 中,$P$ 为名义对象,$K$ 为控制器,$H$ 为保持器,$S$ 为采样器,$F$ 为抗混叠滤波器。

这里考虑的是乘性不确定性，$W$ 是乘性不确定性的界函数。根据小增益定理，鲁棒稳定性的条件是

$$\| T_{zw} \| \leqslant 1, \| \Delta \| < 1 \tag{6.46}$$

式中，$\| T_{zw} \|$ 是信号 $w$ 到 $z$ 的采样控制系统的 $L_2$ 诱导范数。

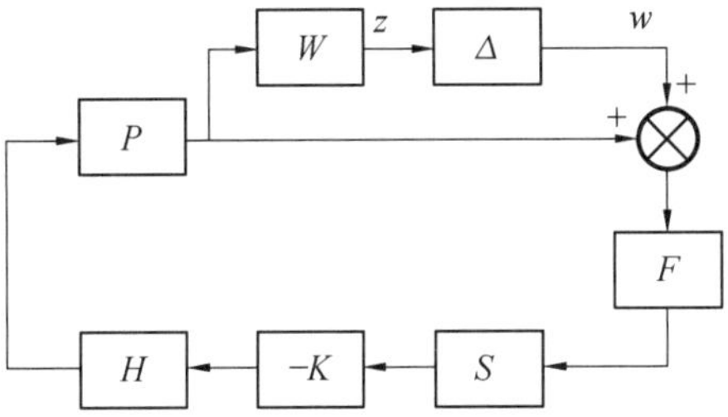


图 6.13　鲁棒稳定性问题

设图 6.13 系统中对象 $P$ 为

$$P(s) = \frac{2-s}{(s+2)(10s+1)} \tag{6.47}$$

抗混叠滤波器为

$$F(s) = \frac{31.4}{s+31.4} \tag{6.48}$$

权函数为

$$W(s) = \frac{2.895(s+0.1)}{(0.1s+1)} \tag{6.49}$$

设离散控制器为

$$K(z) = -\left(2.5 + \frac{0.5\tau}{z-1}\right) \tag{6.50}$$

式中，$\tau$ 为采样周期，本例中取 $\tau = 0.1$ s。

首先采用连续提升算法，求得提升计算后的对象 $\boldsymbol{G}_{\mathrm{d}}$ 为

$$\boldsymbol{G}_{\mathrm{d}} = \left[\begin{array}{cccc|cc} 0.0432 & 0.0064 & 0.9499 & 0 & 3.9596 & -0.0059 \\ 0 & 0.8187 & 0 & 0 & 0 & 0.3625 \\ 0 & 0.0090 & 0.9900 & 0 & 0 & -0.0081 \\ 0 & -0.0979 & -18.0118 & 0.3679 & 0 & 0.0907 \\ \hline 0 & -0.0261 & -6.0195 & -0.2079 & 0 & 0.0244 \\ 0 & -0.0228 & 0.0002 & 0.0000 & 0 & 0.0205 \\ 0 & -0.0003 & -0.0000 & -0.0000 & 0 & -0.0004 \\ 1.0000 & 0 & 0 & 0 & 0 & 0 \end{array}\right]$$

进而可算得这个 $\boldsymbol{G}_{\mathrm{d}}$ 与 $K(z)$ 所构成的系统的 $H_\infty$ 范数为 1.321 4。这就是用连续提升法所得的采样控制系统的 $L_2$ 诱导范数。

图 6.14 中长划虚线为对应的奇异值 Bode 图，峰值即为 $H_\infty$ 范数(2.42 dB)。本例中系统的带宽 $\omega_{\mathrm{b}} \approx 0.314$ rad/s，与这个 $\omega_{\mathrm{b}}$ 对应的周期 $T = 2\pi/\omega_{\mathrm{b}} = 20$ s。本例故意取窄带宽，是为了使该采样控制系统能接近连续系统，从而可以用连续系统的 $H_\infty$ 范数来校核提升计算。事实上与上述 $K(z)$ 对应的连续控制器为 $K(s) = -(2.5 + 0.5/s)$，对应的连续系统的

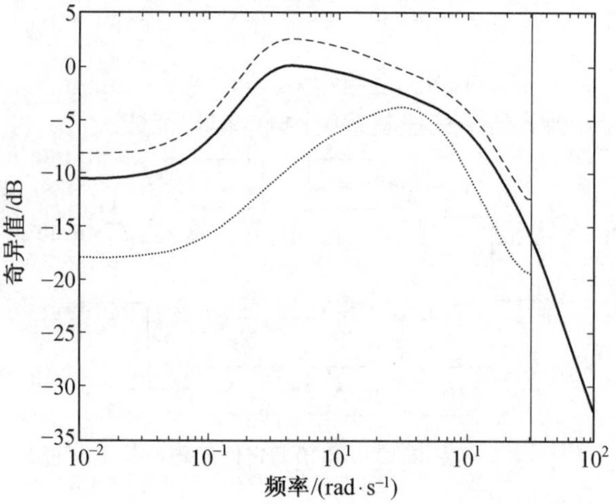


图 6.14 闭环系统奇异值 Bode 图

$H_\infty$ 范数 $\| T_{zw} \|_\infty = 0.9993$。这说明用连续提升法所得的 $L_2$ 诱导范数与实际值相差较大。

下面再采用离散提升算法将连续广义对象进行离散化，采样周期仍取 0.1 s，$m=3$，得到离散化的广义对象 $\underline{G}_{\mathrm{d}}$ 的状态空间实现矩阵分别为

$$\underline{\boldsymbol{A}}=\begin{bmatrix} 0.8187 & 0 & 0 & 0 \\ 0.0090 & 0.9900 & 0 & 0 \\ 0.0064 & 0.9499 & 0.0432 & 0 \\ -0.0979 & -18.0118 & 0 & 0.3679 \end{bmatrix}$$

$$\underline{\boldsymbol{B}}=\begin{bmatrix} 0 & 0.1129 & 0 & 0.1207 & 0 & 0.1290 \\ 0 & -0.0023 & 0 & -0.0027 & 0 & -0.0031 \\ 0.0799 & -0.0024 & 0.2278 & -0.0023 & 0.6491 & -0.0012 \\ 0 & 0.0439 & 0 & 0.0332 & 0 & 0.0136 \end{bmatrix}$$

$$\underline{\boldsymbol{C}}=\begin{bmatrix} 0 & 28.9500 & 0 & 1.0000 \\ 0 & 0 & 1.0000 & 0 \\ 0.0792 & 20.7436 & 0 & 0.7165 \\ 0.0012 & 0.6478 & 0.3509 & 0 \\ 0.1309 & 14.8634 & 0 & 0.5134 \\ 0.0037 & 0.8730 & 0.1231 & 0 \end{bmatrix}$$

$$\underline{\boldsymbol{D}}=\begin{bmatrix} 0 & 0 & 0 & 0 & 0 & 0 \\ 0 & 0 & 0 & 0 & 0 & 0 \\ 0 & -0.0764 & 0 & 0 & 0 & 0 \\ 0.6491 & -0.0012 & 0 & 0 & 0 & 0 \\ 0 & -0.0445 & 0 & -0.0764 & 0 & 0 \\ 0.2278 & -0.0023 & 0.6491 & -0.0012 & 0 & 0 \end{bmatrix}$$

图 6.14 中的点线为采用离散提升算法的等价离散化系统的闭环奇异值 Bode 图，$H_\infty$ 范数 $\| T_{zw} \|_\infty = 0.6419$。可以看出，提升后的范数值远小于原连续系统的值，而且系统的频

率特性也完全不同。所以无论是连续提升技术，还是离散提升技术，所得的结果都不能反映原连续系统的特性。如果用小增益定理来分析鲁棒稳定性，连续提升计算所得的范数值就会带来保守性。如果用离散提升的结果，更是不能体现真正的鲁棒稳定性。

对于连续提升技术，产生上面的问题主要是因为鲁棒稳定性问题不满足连续提升法的应用条件，所以导致了提升前后的范数不等价。对于离散提升技术，文献[49]只是证明了提升算子 $L$ 的保范性，并没能证明最终得到的提升等价离散化系统与原采样控制系统的范数等价性，更不能保证频率特性。对于采样控制系统来说，其第一步是进行快速离散化，第二步才是离散提升，经过这两步变换后得到的慢速等价离散化系统与原采样控制系统已有很大不同，且输入输出维数也发生了变化，所以才会出现上述范数不等价和频率特性不同的问题。这一例子表明，无论是连续提升技术还是离散提升技术，都有其应用条件，并不能适用于所有类型采样控制系统的分析与 $H_\infty$ 设计。

## 6.4　本章小结

本章以离散信号的提升概念为基础，给出了采样控制系统的离散提升技术，以传递函数状态空间矩阵的形式给出了系统（广义对象）的离散提升算法。通过将离散提升技术用于采样控制系统的鲁棒稳定性问题，与连续提升的结果进行了对比，并分析了提升法所存在的问题。

# 第 7 章　采样控制系统的提升法 $H_\infty$ 设计

## 7.1　采样控制系统的标准 $H_\infty$ 结构描述

图 7.1 是闭环采样控制系统结构图。图 7.1 中，$\boldsymbol{G}$ 是广义对象；$K_d$ 是离散控制器；$S$ 表示采样开关；$H$ 是零阶保持器；$w$ 为外部输入信号，通常包括参考（指令）信号、干扰和传感器噪声等；$z$ 为被控输出信号，也称为评价信号，通常包括跟踪误差、调节误差和执行机构输出或控制器的加权输出等；$u$ 为控制信号，即控制器的输出信号；$y$ 为量测输出信号，如传感器输出信号或其他能够被测量的输出信号等。

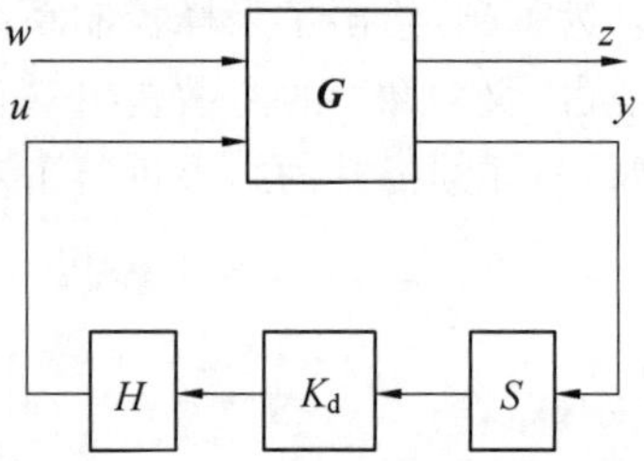


图 7.1　闭环采样控制系统

对连续广义对象 $G$，有两个输入信号 $(w, u)$，两个输出信号 $(z, y)$，作为线性系统，可以分成如下 4 部分：

$$\begin{cases} z = G_{11} w + G_{12} u \\ y = G_{21} w + G_{22} u \end{cases} \tag{7.1}$$

即

$$\begin{bmatrix} z \\ y \end{bmatrix} = \boldsymbol{G} \begin{bmatrix} w \\ u \end{bmatrix} = \begin{bmatrix} G_{11} & G_{12} \\ G_{21} & G_{22} \end{bmatrix} \begin{bmatrix} w \\ u \end{bmatrix} \tag{7.2}$$

设广义被控对象 $\boldsymbol{G}(s)$ 的状态空间实现为

$$\begin{cases} \dot{x} = \boldsymbol{A}x + \boldsymbol{B}_1 w + \boldsymbol{B}_2 u \\ z = \boldsymbol{C}_1 x + \boldsymbol{D}_{11} w + \boldsymbol{D}_{12} u \\ y = \boldsymbol{C}_2 x + \boldsymbol{D}_{21} w + \boldsymbol{D}_{22} u \end{cases} \tag{7.3}$$

其中，$x \in \mathbf{R}^n$，$w \in \mathbf{R}^{m_1}$，$u \in \mathbf{R}^{m_2}$，$z \in \mathbf{R}^{p_1}$，$y \in \mathbf{R}^{p_2}$ 分别是状态变量、外部输入、控制输入、性能（受控）输出和测量输出。相应的传递函数矩阵为

$$\boldsymbol{G}(s) = \begin{bmatrix} G_{11} & G_{12} \\ G_{21} & G_{22} \end{bmatrix} = \begin{bmatrix} \boldsymbol{A} & \boldsymbol{B}_1 & \boldsymbol{B}_2 \\ \boldsymbol{C}_1 & \boldsymbol{D}_{11} & \boldsymbol{D}_{12} \\ \boldsymbol{C}_2 & \boldsymbol{D}_{21} & \boldsymbol{D}_{22} \end{bmatrix} \tag{7.4}$$

可以推出，从 $w$ 到 $z$ 的闭环系统为

$$G_{11}+G_{12}HK_dS(\boldsymbol{I}-G_{22}HK_dS)^{-1}G_{21} \tag{7.5}$$

或

$$G_{11}+G_{12}(\boldsymbol{I}-HK_dSG_{22})^{-1}HK_dSG_{21} \tag{7.6}$$

# 7.2　$H_\infty$ 灵敏度问题的提升法 $H_\infty$ 设计

## 7.2.1　$H_\infty$ 灵敏度问题

考虑一个基本反馈结构，如图 7.2 所示。图中，$r$ 为参考输入，$e$ 为偏差量，$w$ 为干扰，$y$ 为测量输出。

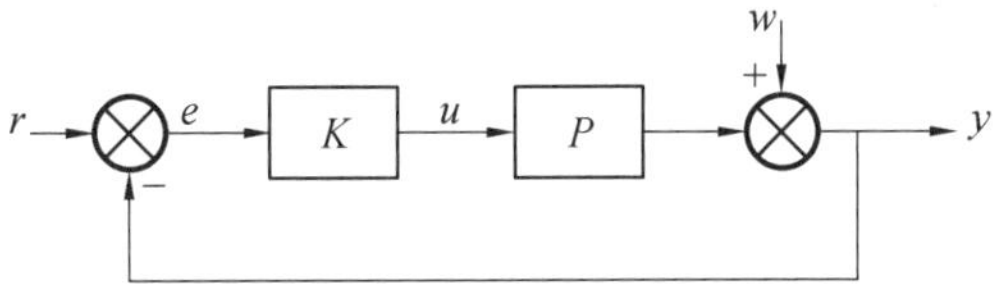


图 7.2　基本反馈结构

灵敏度函数定义为

$$S=(\boldsymbol{I}+PK)^{-1} \tag{7.7}$$

灵敏度函数表示从 $w$ 到 $y$ 的传递函数（也等于从参考输入 $r$ 到误差 $e$ 的传递函数），它反映了系统对输出端扰动的抑制性能，是一项重要的性能指标。显然，灵敏度越小越好。对于控制系统设计来说，通常引入性能权函数 $W_1$，使

$$\|W_1S\|_\infty \leqslant 1 \tag{7.8}$$

图 7.3 所示为 $H_\infty$ 设计中加权灵敏度问题的框图。图中，$P$ 表示对象；$W_1$ 为权函数；$K$ 为控制器。

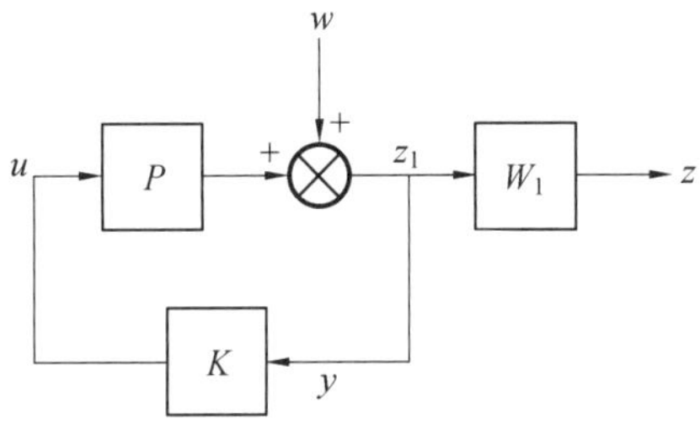


图 7.3　加权灵敏度问题

加权灵敏度问题的广义对象传递函数为

$$\boldsymbol{G}(s)=\begin{bmatrix}G_{11}(s) & G_{12}(s)\\ G_{21}(s) & G_{22}(s)\end{bmatrix}=\begin{bmatrix}W_1 & -W_1P\\ \boldsymbol{I} & -P\end{bmatrix} \tag{7.9}$$

## 7.2.2　采样控制系统的 $H_\infty$ 灵敏度问题及提升法设计

对于采样控制系统，其控制器 $K_d$ 是离散的，系统中还要加入采样开关 $S$ 和保持器 $H$。另外，采样控制系统中为了消除采样引起的混叠效应，一般均需要在采样前加一滤波器 $F$ 以滤除信号中的高频分量。加抗混叠滤波器后广义对象中相应的直通项 $D_{21}=D_{22}=0$。图 7.4

给出了采样控制系统的 $H_\infty$ 加权灵敏度问题。

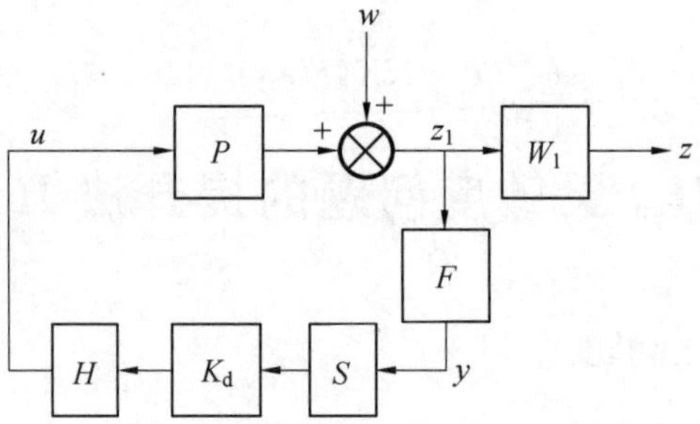


图 7.4 采样控制系统的 $H_\infty$ 加权灵敏度问题

图 7.4 的广义对象 $\boldsymbol{G}$ 为

$$\boldsymbol{G}=\begin{bmatrix}\boldsymbol{A} & \boldsymbol{B}_1 & \boldsymbol{B}_2\\ \boldsymbol{C}_1 & \boldsymbol{0} & \boldsymbol{0}\\ \boldsymbol{C}_2 & \boldsymbol{0} & \boldsymbol{0}\end{bmatrix} \tag{7.10}$$

其提升后的等价离散化对象为

$$\boldsymbol{G}_{\mathrm{d}}=\begin{bmatrix}\boldsymbol{A}_{\mathrm{d}} & \boldsymbol{B}_{1\mathrm{d}} & \boldsymbol{B}_{2\mathrm{d}}\\ \boldsymbol{C}_{1\mathrm{d}} & \boldsymbol{0} & \boldsymbol{D}_{12\mathrm{d}}\\ \boldsymbol{C}_2 & \boldsymbol{0} & \boldsymbol{0}\end{bmatrix} \tag{7.11}$$

本例的灵敏度问题是要求解下面的优化问题[54]：

$$\min \| W_1 S \|_\infty \tag{7.12}$$

式中，$W_1$ 是带宽为 $\omega_0$ 的理想滤波器，即

$$\begin{cases} | W_1(\mathrm{j}\omega) | = 1, \omega \leqslant \omega_0 \\ | W_1(\mathrm{j}\omega) | = 0, \omega > \omega_0 \end{cases} \tag{7.13}$$

这样可做到在 $0 \sim \omega_0$ 的带宽内使 $| S(\mathrm{j}\omega) |$ 达到最小。

当然具体设计时，这个 $W_1$ 应该是有理函数，例如可以取

$$W_1(s) = \left(\frac{\omega_0}{s+\omega_0}\right)^2 \tag{7.14}$$

**例 7.1** 设图 7.4 中的对象 $P$ 为

$$P(s) = \frac{20-s}{(s+1)(s+20)} \tag{7.15}$$

权函数 $W_1$ 取为

$$W_1(s) = \left(\frac{0.04\pi}{s+0.04\pi}\right)^2 \tag{7.16}$$

滤波器 $F$ 为

$$F(s) = \frac{2\pi}{s+2\pi} \tag{7.17}$$

设采样时间 $\tau = 0.5$ s。按 4.6.1 节中给出的提升算法，得到提升后等价的离散对象 $\boldsymbol{G}_{\mathrm{d}}$（式(4.18)）为

$$
\boldsymbol{G}_{\mathrm{d}}=\left[\begin{array}{ccccc:cccc}
0.0000 & 0 & 0 & 0 & 0 & 0 & 0 & 0 & 1.9999 \\
0.0319 & 0.6065 & 0 & 0 & 0 & 0 & 0 & 0 & 0.3296 \\
0.0342 & 0.6699 & 0.0432 & 0.0000 & 0.0005 & 1.7708 & -0.0021 & -0.0000 & 0.2184 \\
0.0022 & 0.0478 & 0 & 0.9391 & 0.0001 & 0.0668 & 0.0544 & 0.0000 & 0.0087 \\
0.0001 & 0.0016 & 0 & 0.0590 & 0.9391 & 0.0011 & 0.0028 & -0.0006 & 0.0001 \\
\hdashline
0.0000 & 0.0004 & 0 & 0.0211 & 0.6855 & 0 & 0 & 0 & 0.0000 \\
-0.0000 & -0.0003 & 0 & -0.0124 & 0.0004 & 0 & 0 & 0 & -0.0000 \\
-0.0000 & -0.0001 & 0 & 0.0000 & -0.0000 & 0 & 0 & 0 & -0.0000 \\
-0.0000 & 0.0000 & 0 & -0.0000 & 0.0000 & 0 & 0 & 0 & 0.0000 \\
0 & 0 & 1 & 0 & 0 & 0 & 0 & 0 & 0
\end{array}\right]
$$

根据 $\boldsymbol{G}_{\mathrm{d}}$，利用MATLAB的dhfsyn函数求解式(7.12)的 $H_\infty$ 优化问题，得最优的 $H_\infty$ 范数 $\gamma_{\min}=\min\|T_{zw}\|_\infty=0.6451$。对应的 $H_\infty$ 控制器为

$$
K_{\mathrm{d}}(z)=\frac{-5.0537(z-0.6065)(z-0.4671)(z-0.04321)(z-4.54\times10^{-5})}{(z+0.6703)(z+0.008099)(z^2-1.117z+0.546)} \tag{7.18}
$$

图 7.5 是将控制器 $K_{\mathrm{d}}$(式(7.18)) 与提升后的 $G_{\mathrm{d}}(2,2)$ 闭合后所得系统的灵敏度 $|S(\mathrm{j}\omega)|$，从图 7.5 上可得低频段的 $S_{\min}=0.4161=-7.62\ \mathrm{dB}$。这才是真正的表示performance的灵敏度最小值，与提升所得的 $\gamma_{\min}=0.6451$ 并不一致，说明系统提升前后的范数并不等价。

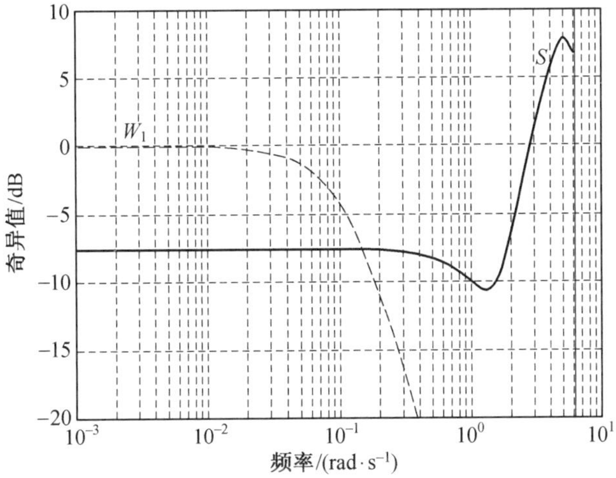


图 7.5　提升设计后的灵敏度 $|S(\mathrm{j}\omega)|$

另外，$H_\infty$ 设计本是一种频域成形(loop-shaping) 设计，设计所得的频率特性应与权函数 $W_1$ 相一致。图 7.5 中虚线为权函数 $W_1$ 的 Bode 图，权函数 $W_1$ 的带宽 $\omega_0=0.04\pi=0.126\ \mathrm{rad/s}$，而灵敏度特性 $|S(\mathrm{j}\omega)|$ 的带宽与此值明显不一致，说明提升变换的频率特性会发生变化，提升 $H_\infty$ 优化设计无法控制所设计系统的频率特性。

从图 7.5 还可以看出，灵敏度特性 $|S(\mathrm{j}\omega)|$ 的峰值很高，为 7.82 dB，这一点可以用下面的 Bode 积分来解释。

离散形式的 Bode 积分公式为[55,56]

$$\int_0^\pi \ln | S(e^{j\varphi}) | d\varphi = 0$$

上式说明,在 $0 \sim \omega_N$ 频段内,$\ln | S(j\omega) |$ 的正负面积是相等的。由于提升设计的灵敏度特性 $| S(j\omega) |$ 的带宽不受 $W_1$ 的带宽控制,实际所得的带宽比较宽,$| S(j\omega) |$ 在 0 dB 线下的面积就大,因此根据 Bode 积分公式,要达到正负面积相等,其峰值就会变得很高。$| S(j\omega) |$ 的峰值高,系统的鲁棒性就很差,相应的超调量也比较大。图 7.6 所示是用混合仿真所得的 $w$ 作用下 $z_1$(图 7.4)的阶跃响应,图中的超调量是相当大的。所以由于提升设计无法控制系统的频率特性,因此设计后的性能也是无法保证的。

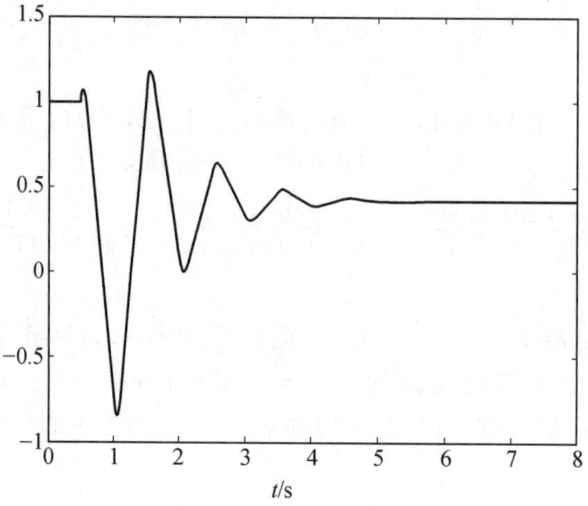


图 7.6　提升设计后 $z_1$ 的阶跃响应

# 7.3　鲁棒稳定性问题的提升法 $H_\infty$ 分析

## 7.3.1　鲁棒稳定性问题

现在来分析 $H_\infty$ 设计中的另一个典型问题 —— 鲁棒稳定性。

**定理 7.1**(小增益定理)　系统如图 7.7 所示,设 $K \in RH_\infty$,$P$ 是严格真的,则系统稳定的充分性条件是

$$\| PK \|_\infty \leqslant 1 \tag{7.19}$$

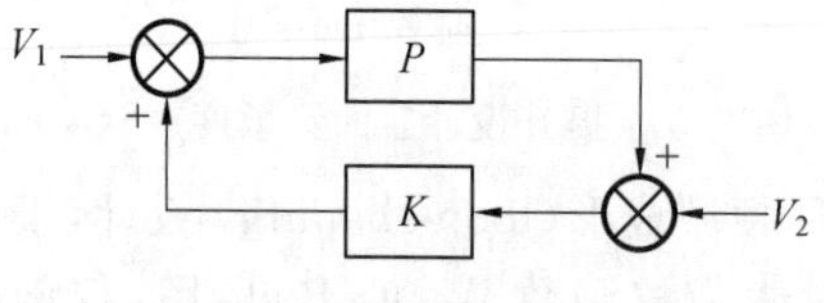


图 7.7　鲁棒稳定性

以输出端乘性不确定性为例,如图 7.8 所示。鲁棒稳定性的提法是,求一个控制器 $K$ 使名义系统 $G_0$ 稳定,同时 $G_0$ 在一定范围内摄动时,控制器 $K$ 也能镇定 $G_0 + \Delta G_0$。

$$\| \Delta G_0(j\omega) \|_\infty < | W_2(j\omega) |, 0 < \omega < \infty \tag{7.20}$$

为了方便讨论,可将图 7.8 转化成图 7.9。

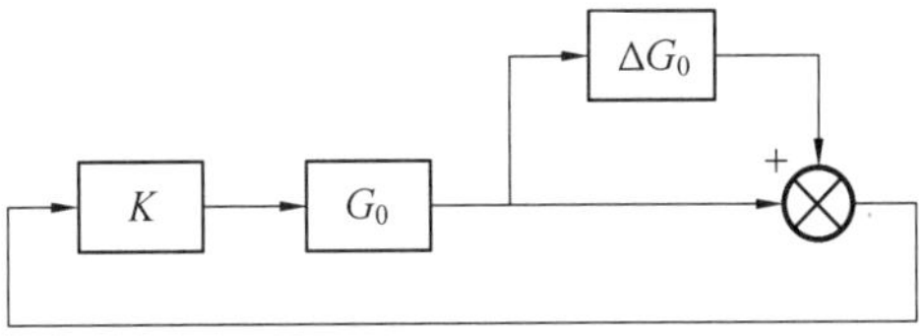


图 7.8　输出端乘性不确定性

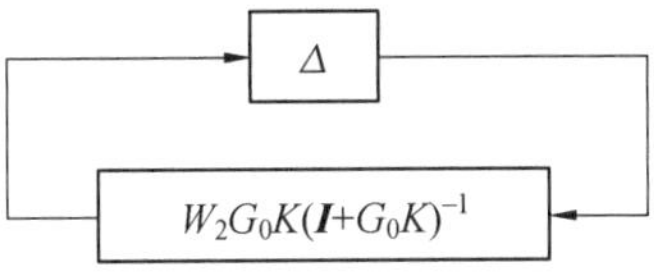


图 7.9　简化框图

其中，$\|\Delta(\mathrm{j}\omega)\|_\infty \leqslant 1$。根据小增益定理，只要满足式(7.21)的关系，系统就具有鲁棒稳定性。

$$\|W_2G_0K(\boldsymbol{I}+G_0K)^{-1}\|_\infty \leqslant 1 \tag{7.21}$$

所以鲁棒稳定性的 $H_\infty$ 范数条件为

$$\|W_2T\|_\infty \leqslant 1 \tag{7.22}$$

式中，$W_2$ 是表征乘性不确定性的权函数；$T$ 是闭环传递函数，即

$$T = GK(\boldsymbol{I}+GK)^{-1} = \boldsymbol{I} - S \tag{7.23}$$

由于 $S+T=\boldsymbol{I}$，所以把 $T$ 称为补灵敏度。

### 7.3.2　采样控制系统的鲁棒稳定性问题及提升法分析

图 7.10 是采样控制系统鲁棒稳定性问题的框图。图中，$P$ 为名义对象，$K_\mathrm{d}$ 为离散控制器，$H$ 为保持器，$S$ 为采样器，$F$ 为抗混叠滤波器，$W$ 是乘性不确定性的权函数。图 7.10 中去掉 $K_\mathrm{d}$ 和 $\Delta$ 后留下的部分为本问题中的广义对象 $\boldsymbol{G}$(图 7.10(b))，广义对象的输入和输出分别为 $w,u$ 和 $z,y$。设 $T_{zw}$ 表示从 $w$ 到 $z$ 的闭环系统的传递函数，根据小增益定理，系统鲁棒稳定性的充要条件是[57]

$$\|T_{zw}\|_\infty \leqslant 1 \tag{7.24}$$

**例 7.2**　设图 7.10 系统中对象的名义特性，即 $P$ 为

$$P(s) = \frac{2-s}{(s+2)(10s+1)} \tag{7.25}$$

抗混叠滤波器为

$$F(s) = \frac{31.4}{s+31.4} \tag{7.26}$$

权函数为

$$W(s) = \frac{2.895(s+0.1)}{(0.1s+1)} \tag{7.27}$$

设离散控制器为

$$K_\mathrm{d}(z) = -\left(2.5 + \frac{0.5\tau}{z-1}\right) \tag{7.28}$$

式中，$\tau$ 为采样周期，本例中取 $\tau = 0.1$ s。

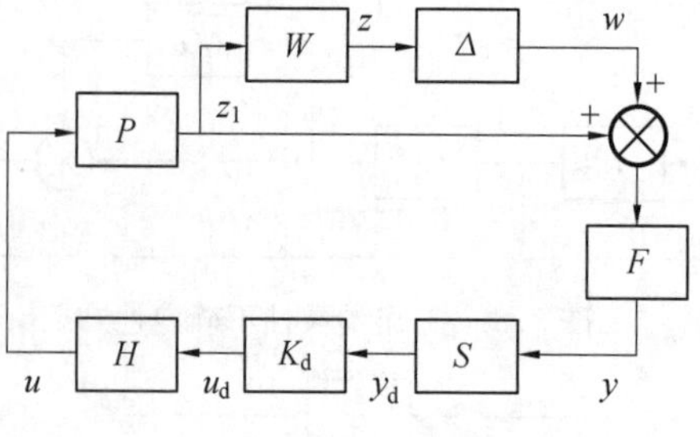


(a)

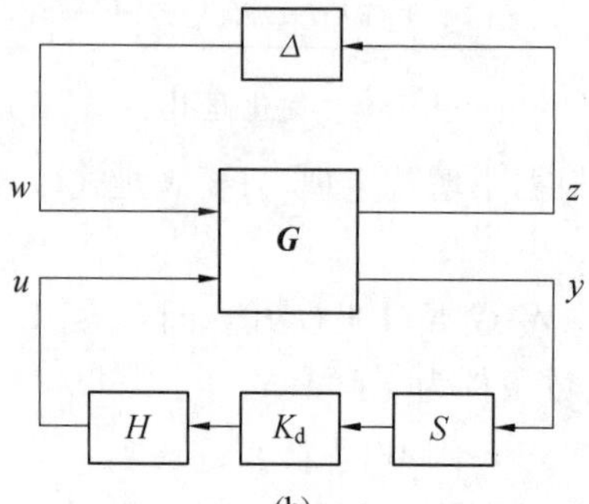


(b)

图 7.10　鲁棒稳定性问题

本例中系统的带宽 $\omega_b \approx 0.314$ rad/s，与这个 $\omega_b$ 对应的周期 $T=2\pi/\omega_b=20$ s。本例中故意取窄带宽，这是因为若采样周期 $\tau=0.1$ s，在这么密集的采样下，采样控制系统的采样时刻之间的信号特性已逼近连续系统了。也就是说，如果等价条件成立，这时提升所得的范数应该等于连续系统的 $H_\infty$ 范数，所以可以用这个 $H_\infty$ 范数来校核提升计算。

结合本例中 $P(s)$，$W(s)$ 和 $F(s)$ 的参数，根据 4.6.1 节的提升算法，得到提升计算后的 $H_\infty$ 离散化对象为

$$\boldsymbol{G}_d = \left[\begin{array}{cccc:cc} 0.0432 & 0.0064 & 0.9499 & 0 & 3.9596 & -0.0059 \\ 0 & 0.8187 & 0 & 0 & 0 & 0.3625 \\ 0 & 0.0090 & 0.9900 & 0 & 0 & -0.0081 \\ 0 & -0.0979 & -18.0118 & 0.3679 & 0 & 0.0907 \\ \hdashline 0 & -0.0261 & -6.0195 & -0.2079 & 0 & 0.0244 \\ 0 & -0.0228 & 0.0002 & 0.0000 & 0 & 0.0205 \\ 0 & -0.0003 & -0.0000 & -0.0000 & 0 & -0.0004 \\ 1.0000 & 0 & 0 & 0 & 0 & 0 \end{array}\right]$$

这个 $\boldsymbol{G}_d$ 与 $K_d(z)$ 所构成的系统的 $H_\infty$ 范数为 $\|T_{zw}\|_\infty=1.3214$，图 7.11 中实线所示为对应的奇异值 Bode 图，峰值即为 $H_\infty$ 范数(为 2.42 dB)。

为了与提升结果进行对比，这里再来列出连续系统的 $H_\infty$ 范数。注意到与上面 $K_d(z)$ 对应的连续系统的控制器为

$$K(s)=-\frac{0.5(5s+1)}{s} \tag{7.29}$$

图 7.11 中虚线即为此连续系统的 Bode 图，其峰值即为 $H_\infty$ 范数，$\|T_{zw}\|_\infty=0.9993$。

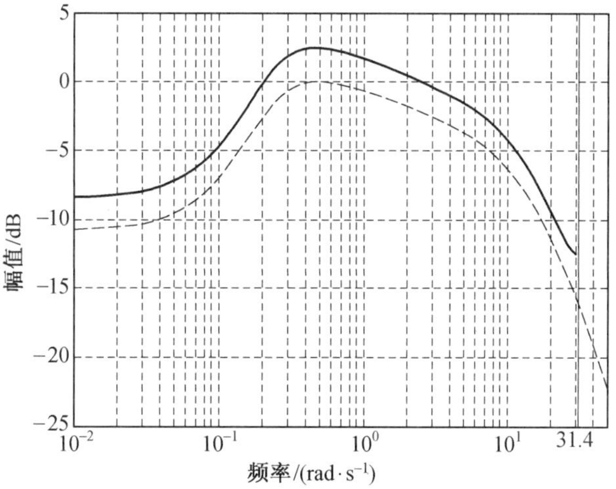


图 7.11　例 7.2 的奇异值 Bode 图

对于本例这种窄带宽系统,采样周期又很小(0.1 s),采样控制系统与连续系统本已无多大差别,也就是说,正确的提升结果,其范数也应该等于连续系统的范数(0.999 3),但是上面提升后的范数却是 1.321 4。

下面再用小增益定理来分析这个采样控制系统的鲁棒稳定性。设对象的摄动为 $U(s)=e^{-3.2s}$,本例中的不确定性的权函数 $W$ 就是与这个摄动对应的,因为按乘性不确定性来处理[58],满足 $|W(j\omega)|\geqslant|U(j\omega)-1|$。图 7.13 所示就是对象加上这个摄动后,这个连续对象和离散控制器的混合仿真曲线[59],摄动后的系统仍然是稳定的(图中虚线为名义系统的阶跃响应)。但是上面提升后系统的范数是 $\|T_{zw}\|_\infty=1.321\ 4$,早已破坏了小增益定理 $\|T_{zw}\|_\infty\leqslant 1$ 的条件。这说明如果用小增益定理来分析鲁棒稳定性,这个提升计算所得的范数值并不能反映系统的鲁棒稳定性。事实上,这个系统的真正的范数值是 0.999 3,满足小增益条件不大于 1,但又贴近稳定边缘(图 7.12),图 7.13 的仿真曲线也完全证实了这一点。这个算例进一步说明,系统提升后的范数并不是系统真正的范数。

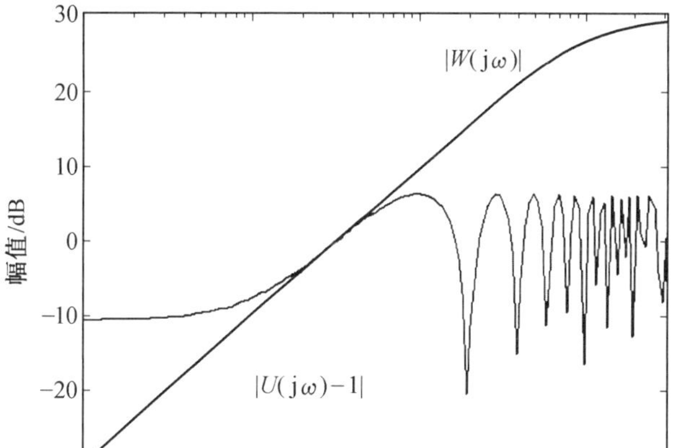


图 7.12　不确定性的权函数

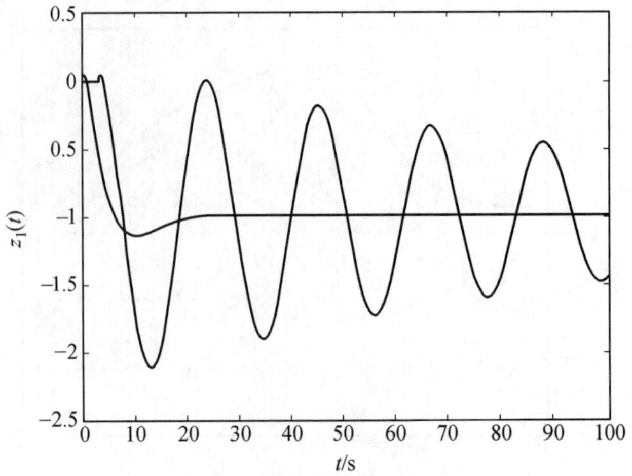


图 7.13　输出 $z_1$ 的阶跃响应

下面来分析产生上述问题的原因。

设一般情形下的广义对象(连续系统)为

$$\boldsymbol{G}=\begin{bmatrix}\boldsymbol{A} & \boldsymbol{B}_1 & \boldsymbol{B}_2\\ \boldsymbol{C}_1 & \boldsymbol{0} & \boldsymbol{0}\\ \boldsymbol{C}_2 & \boldsymbol{0} & \boldsymbol{0}\end{bmatrix} \tag{7.30}$$

对象 $\boldsymbol{G}$ 提升后为 $\widetilde{\boldsymbol{G}}$(见式(4.11)),即

$$\widetilde{\boldsymbol{G}}=\begin{bmatrix}\mathrm{e}^{\boldsymbol{A}\tau} & \hat{\boldsymbol{B}}_1 & \boldsymbol{B}_{2\mathrm{d}}\\ \hat{\boldsymbol{C}}_1 & \hat{\boldsymbol{D}}_{11} & \widetilde{\boldsymbol{D}}_{12}\\ \boldsymbol{C}_2 & \boldsymbol{0} & \boldsymbol{0}\end{bmatrix} \tag{7.31}$$

式(7.31)中 $\boldsymbol{B}_{2\mathrm{d}}$ 对应于零阶保持器给出的 $u_k$ 到离散时刻状态 $x_k$ 的映射,这就是保持器离散化所得的 $\boldsymbol{B}_2$ 阵,故用下脚标 d 来表示。对采样控制系统来说,广义对象的第二个输入(保持器的输入)$u_\mathrm{d}$ 和第二个(采样)输出 $y_\mathrm{d}$ 是和离散控制器 $K_\mathrm{d}(z)$ 相接形成反馈回路。设 $K_\mathrm{d}(z)$ 的实现为$(A_k,B_k,C_k)$,即

$$K_\mathrm{d}(z)=\boldsymbol{C}_k(z\boldsymbol{I}-\boldsymbol{A}_k)^{-1}\boldsymbol{B}_k$$

则可得 $\widetilde{\boldsymbol{G}}$ 和 $K_\mathrm{d}$ 形成的闭环系统为

$$F_1(\widetilde{\boldsymbol{G}},K_\mathrm{d})=\begin{bmatrix}\boldsymbol{A}_\mathrm{cl} & \boldsymbol{B}_\mathrm{cl}\\ \boldsymbol{C}_\mathrm{cl} & \boldsymbol{0}\end{bmatrix}=\begin{bmatrix}\boldsymbol{A}_\mathrm{d} & \boldsymbol{B}_{2\mathrm{d}}\boldsymbol{C}_k & \hat{\boldsymbol{B}}_1\\ \boldsymbol{B}_k\boldsymbol{C}_2 & \boldsymbol{A}_k & \boldsymbol{0}\\ \hat{\boldsymbol{C}}_1 & \widetilde{\boldsymbol{D}}_{12}\boldsymbol{C}_k & \boldsymbol{0}\end{bmatrix} \tag{7.32}$$

式中,$\boldsymbol{A}_\mathrm{cl}$ 为矩阵;$\boldsymbol{A}_\mathrm{d}=\mathrm{e}^{\boldsymbol{A}\tau}$,等于对象离散化后的状态阵;$\boldsymbol{B}_\mathrm{cl}$ 和 $\boldsymbol{C}_\mathrm{cl}$ 都是算子。

式(7.32)表明,采样控制系统提升后,提升的输入信号$\{\hat{w}_k\}$通过算子 $\hat{\boldsymbol{B}}_1$ 映射到对象 $\widetilde{\boldsymbol{G}}$ 的离散时刻状态 $x_\mathrm{g}(k\tau)$。这个离散时刻状态与控制器离散时刻的输出 $u_\mathrm{d}$ 分别通过算子 $\hat{\boldsymbol{C}}_1$ 和 $\widetilde{\boldsymbol{D}}_{12}$ 映射到提升输出$\{\hat{z}_k\}$。这里需要说明的是,式(7.32)的运算中已经设 $\hat{\boldsymbol{D}}_{11}=0$,这是因为在这个鲁棒稳定性的特殊问题中,可算得算子 $\hat{\boldsymbol{D}}_{11}=0$(详见第 4 章)。

现结合本例的鲁棒稳定性问题来说(图 7.10(a)),式(7.30)中相应的矩阵为

$$A=\begin{bmatrix} A_F & B_FC_P & 0 \\ 0 & A_P & 0 \\ 0 & B_WC_P & A_W \end{bmatrix},B_1=\begin{bmatrix} B_F \\ 0 \\ 0 \end{bmatrix},B_2=\begin{bmatrix} 0 \\ B_P \\ 0 \end{bmatrix} \tag{7.33}$$

$$C_1=[0 \quad D_WC_P \quad C_W]$$

$$C_2=[C_F \quad 0 \quad 0]$$

式中的下脚标表明了图 7.10 中的相应环节。

而与式(7.32) 相对应的提升后的闭环系统则是

$$F_1(\widetilde{G},K)=\begin{bmatrix} A_{\rm cl} & B_{\rm cl} \\ C_{\rm cl} & 0 \end{bmatrix}=\left[\begin{array}{cccc|c} A_{F\rm d} & \multicolumn{3}{c|}{\left(\begin{matrix} B_FC_P & 0 & 0 \\ A_P & 0 & B_PC_K \\ B_WC_P & A_W & 0 \end{matrix}\right)_D} & \hat{B}_F \\ 0 & & & & 0 \\ 0 & & & & 0 \\ B_KC_F & 0 & 0 & A_K & 0 \\ 0 & 0 & \hat{C}_W & \widetilde{D}_{12}C_K & 0 \end{array}\right] \tag{7.34}$$

式中，$A_{\rm cl}$ 是矩阵，是该闭环系统的状态阵；$B_{\rm cl}$ 和 $C_{\rm cl}$ 均为算子。状态阵 $A_{\rm cl}$ 中用 d 括起来的那一部分表示离散控制器的输出(通过 $C_K$) 加到连接有权函数 $W$ 和滤波器 $F$ 的对象 $P$ 的那整个连续系统的保持器离散化后的特性。为了便于与式(7.32) 对比，将式(7.34) 的状态阵 $A_{\rm cl}$ 用虚线分隔为 4 块阵，其中包含 $A_{F\rm d}$ 的(1,1) 块相当于式(7.32) 中的对象 $A_{\rm d}$，提升的输入信号 $\{\hat{w}_K\}$ 通过算子 $\hat{B}_F$ 映射到 $A_{F\rm d}$ 的各状态的离散值。(2,1) 块 $B_KC_{\rm f}$ 表示 $A_{F\rm d}$ 的状态通过 $C_F$ 作用到离散控制器 $A_K$ 的各状态，这相当于式(7.32) 中的(2,1) 块 $B_KC_2$。而用 d 括起来的部分相当于式 (7.32) 中的 $B_{2\rm d}C_K$ 块。值得注意的是，式(7.32) 中的算子 $\hat{C}_1$ 在鲁棒稳定性问题的式(7.34) 中却等于零。这个 $\hat{C}_1$ 正是将对象 $A_{\rm d}$ 的离散状态映射到提升输出 $\{\hat{z}_K\}$ 的算子，是构成提升系统输出的一个重要组成部分，而鲁棒稳定性问题中却缺了这一项。由于提升后这一项为零，相当于缺项，所以系统提升后的范数等价条件就不成立了。

## 7.4　扰动抑制问题的提升法 $H_\infty$ 设计

### 7.4.1　扰动抑制问题

图 7.14 是加权的扰动抑制问题的框图。抑制是指控制系统在对象输入扰动 $w$ 作用下的性能，对应的传递函数为

$$T(s)=P(s)[I-K(s)P(s)]^{-1} \tag{7.35}$$

式中，$P(s)$ 为对象；$K(s)$ 为控制器。

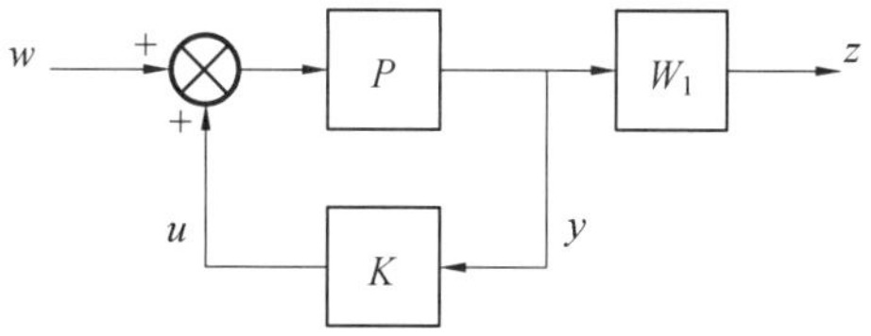


图 7.14　加权的扰动抑制问题

当用 $H_\infty$ 优化方法来设计时，是先对式(7.35) 的传递函数进行加权(图 7.14)，再求解下列优化问题：

$$\gamma = \min_{K_{\text{stab}}} \| W_1 P(\boldsymbol{I} - KP)^{-1} \|_\infty \tag{7.36}$$

### 7.4.2　采样控制系统的扰动抑制问题及提升法设计

图 7.15 是采样控制系统的扰动抑制问题。对采样控制系统来说，控制器是离散的，是带采样和保持器的离散控制器 $K_d$。而式(7.36) 中的 $\gamma$ 则是指系统的 $L_2$ 诱导范数。不过加权(函数) 设计的概念(与连续系统) 都是一样的。这里权函数 $W_1$ 具有低通特性，例如本例中可以取为

$$W_1(s) = \frac{0.01\pi}{s + 0.01\pi} \tag{7.37}$$

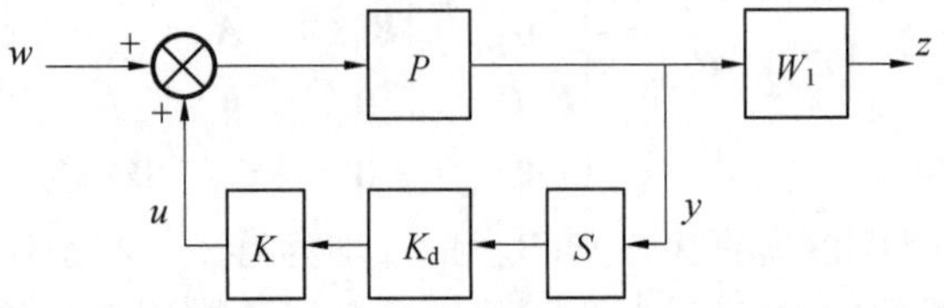


图 7.15　采样控制系统的扰动抑制问题

注意到 $W_1$ 的低频段幅值为 1，即

$$\lim_{\omega \to 0} W_1(\mathrm{j}\omega) = 1$$

所以根据式(7.36) 求解所得的范数最小值 $\gamma$ 就是低频段 $P(\boldsymbol{I} - KP)^{-1}$ 的幅值，也就是扰动抑制问题中的性能(performance)。$H_\infty$ 设计所起的作用是使 $\gamma$ 做到可能的最小值，即最佳性能[7]。

**例 7.3**　设图 7.15 系统中对象 $P$ 为

$$P(s) = \frac{20 - s}{(5s + 1)(s + 20)} \tag{7.38}$$

权函数如式(7.37) 所示，根据式(7.37) 及式(7.38) 可得本例中(图 7.15) 的广义对象为

$$\boldsymbol{G} = \left[\begin{array}{ccc:cc} -20 & 0 & 0 & 40 & 40 \\ 0.2 & -0.2 & 0 & -0.2 & -0.2 \\ 0 & 0.0314 & -0.0314 & 0 & 0 \\ \hdashline 0 & 0 & 1 & 0 & 0 \\ 0 & 1 & 0 & 0 & 0 \end{array}\right] \tag{7.39}$$

取采样周期 $\tau = 0.1$ s，对 $\boldsymbol{G}(s)$ 进行提升计算，得提升变换后的 $\boldsymbol{G}_d$ 为

$$\boldsymbol{G}_d = \left[\begin{array}{ccc:cccc} 0.1353 & -0.0002 & -0.1084 & 6.2664 & -0.0000 & 0.0000 & 1.7293 \\ 0.0085 & 0.9802 & -0.0007 & -0.0074 & -0.0309 & -0.0000 & 0.0027 \\ 0.0000 & 0.0031 & 0.9969 & -0.0000 & -0.0000 & 0.0000 & -0.0000 \\ \hdashline -0.0000 & -0.0005 & -0.3157 & 0 & 0 & 0 & -9.753\mathrm{e}-007 \\ 0.0000 & 0.0003 & -0.0000 & 0 & 0 & 0 & -5.335\mathrm{e}-007 \\ -0.0000 & 0.0000 & -0.0000 & 0 & 0 & 0 & -1.566\mathrm{e}-007 \\ -0.0000 & 0.0000 & -0.0000 & 0 & 0 & 0 & 0.966\mathrm{e}-007 \\ 0 & 1.0000 & 0 & 0 & 0 & 0 & 0 \end{array}\right] \tag{7.40}$$

利用 MATLAB 函数 dhinflmi 求解得 $H_\infty$ 控制器为

$$K(z)=\frac{-8.3868(z-0.918)(z-0.1246)}{(z-0.9998)(z+0.07344)} \tag{7.41}$$

对应的范数值为

$$\gamma=0.0058=-44.8\ \mathrm{dB} \tag{7.42}$$

为了进行验证，这里将对象 $P$ 进行常规的(保持器）离散化，得到 $P(z)$。然后再与提升所得的离散控制器 $K(z)$(式(7.41)）构成一对比用的反馈系统。本例中对象 $P$ 和权函数 $W_1$ 故意取窄带宽，使系统的过 0 dB 线的频率 $\omega_c=1.5$ rad/s，大大低于此采样控制系统的 Nyquist 频率 $\omega_s/2=31.4$ rad/s。这个 $\omega_c$ 所对应的周期约为 4 s，一个周期内对应 40 次采样，在这样密集的采样作用下离散系统的阶梯形信号可以说已经逼近连续信号了。因而可以认为该离散系统的特性($H_\infty$ 范数）已逼近提升所得的采样控制系统的特性(范数）。这里之所以设计这样一个窄带宽的系统，就是要利用一个可以计算的离散系统的特性($H_\infty$ 范数）来对提升计算的结果进行验算。

这个离散系统的扰动抑制特性是

$$T(z)=\frac{P(z)}{1-K(z)P(z)} \tag{7.43}$$

图 7.16 中曲线 1 为提升设计所得的系统的奇异值(最大)Bode 图，其最大值($\omega=0$ 处）就是范数 $-44.8$ dB(见式(7.42))。图 7.16 中曲线 2 是式(7.43) 对应的频率特性，其低频段的值是 $-69.1$ dB，这个值才是采样控制系统真正的扰动抑制性能 $\gamma$。由图 7.16 可见，提升设计所得的范数值 $\gamma$ 并不是采样控制系统真正的扰动抑制性能 $\gamma$，二者明显不一致。

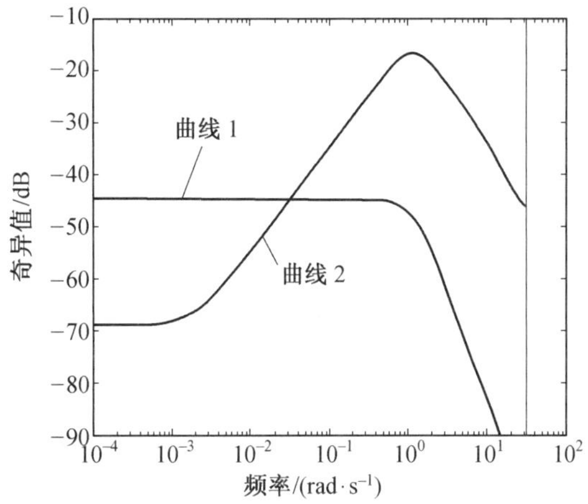


图 7.16　提升系统奇异值 Bode 图

提升计算是通过矩阵的指数运算来进行的，$\boldsymbol{G}_d$(式(7.11)）中各相应的阵都不是用解析式来表示的，不过上述不一致的结果还是可以根据算子的性质用物理概念来解释。事实上这里的问题还是由权函数引起的。因为作为性能要求的权函数 $W_1$ 都是低通窄带宽的。而提升计算中的直通项 $\hat{\boldsymbol{D}}_{11}$(见式(7.31)）就是图 7.15 中 $w$ 到 $z$ 的卷积算子，由于 $W_1$ 是低通窄带宽，所以由 $w(t)$ 引起的 $z(t)$ 就必然小，即卷积算子 $\hat{\boldsymbol{D}}_{11}$ 的范数是比较小的，因而提升所得 $\boldsymbol{G}_d$ 中的状态阵 $\boldsymbol{A}_d$ 与 $e^{\boldsymbol{A}\tau}$ 是相接近的，即

$$\boldsymbol{A}_d=e^{\boldsymbol{A}\tau}+\hat{\boldsymbol{B}}_1\hat{\boldsymbol{D}}_{11}^*(\boldsymbol{I}-\hat{\boldsymbol{D}}_{11}\hat{\boldsymbol{D}}_{11}^*)^{-1}\hat{\boldsymbol{C}}_1\approx e^{\boldsymbol{A}\tau} \tag{7.44}$$

结合本例来说，根据式(7.39)中的 $\boldsymbol{A}$ 阵可得

$$e^{A\tau}=\begin{bmatrix}0.1353 & 0 & 0\\ 0.0085 & 0.9802 & 0\\ 0.0000 & 0.0031 & 0.9969\end{bmatrix}$$

与提升所得式(7.40)中的状态阵 $\boldsymbol{A}_d$ 是非常接近的。如果忽略这个 $\hat{\boldsymbol{D}}_{11}$ 所附加的微小量，而将 $e^{A\tau}$ 代替 $\boldsymbol{A}_d$，那么提升变换所得的 $\boldsymbol{G}_d$（式(7.11)）就具有如下形式：

$$\boldsymbol{G}_d\approx\begin{bmatrix}e^{A\tau} & \boldsymbol{B}_{1d} & \boldsymbol{B}_{2d}\\ \boldsymbol{C}_{1d} & \boldsymbol{0} & \boldsymbol{0}\\ \boldsymbol{C}_2 & \boldsymbol{0} & \boldsymbol{0}\end{bmatrix}\tag{7.45}$$

式(7.45)中的 $\boldsymbol{D}_{12d}$ 项也因为同样的理由而可忽略。注意到式(7.45)除 $\boldsymbol{B}_{1d}$ 和 $\boldsymbol{C}_{1d}$ 外，与常规的离散化结果是一样的。

对本例的扰动抑制问题来说，性能要求反映在 $\omega<0.01\pi$（式(7.37)）以内的低频段内，对于这样的低频段内的信号来说，一定要考虑两个采样时刻之间(0.1 s)的信号变化似乎已无必要，或者说，采样时刻上的信号足以描述系统的性能。也就是说，对这种低频段的性能来说，已经与离散化系统相接近了。但式(7.45)表明提升变换后的 $\boldsymbol{G}_d$ 与离散化对象并不一样，主要是第一个输入阵和第一个输出阵不一样，所以提升设计的结果（式(7.42)）并不是系统的真正的性能（式(7.43)）。

## 7.5　提升法的应用条件

本章前几节的算例表明，用提升法进行 $H_\infty$ 设计，提升前后的范数并不等价。这说明提升法的应用实际上是有条件的。根据大量算例的分析，笔者归纳并得出了如下 $H_\infty$ 设计中应用提升法的条件[60]。

设采样控制系统的连续广义对象 $\boldsymbol{G}$ 如式(7.10)所示。

应用提升法的第一个条件：

A1　$(\boldsymbol{A},\boldsymbol{B}_1)$ 可控，$(\boldsymbol{C}_1,\boldsymbol{A})$ 可观测。

这个 A1 在文献[58]中讨论等价性时并没有被正面提出，只是在给出计算公式时，“顺便”提了一下[58]。其实这个 A1 就是提升变换应用时的一个条件。这是因为提升变换包含算子的运算，一些算子是将输入映射到状态变量，另一些算子则将状态变量映射到输出。如果 A1 不满足，势必对象中有些状态没有进入到整个算子变换的映射链中，得不到正确的输入输出关系。这个假设一般不为人们所注意，这是因为提升计算都是一些矩阵的指数运算（式(4.25)），不满足 A1 时出现的一些零（矩阵）不会影响指数运算的进程。但是这个 A1 在实际的 $H_\infty$ 设计中却常常得不到满足，因此有必要在这里重申这个条件。这里要说明的是，条件中的 $\boldsymbol{A}$ 阵为广义对象的状态阵（式(7.10)），自然也包括系统中的抗混叠(anti-aliasing)滤波器。但是抗混叠滤波器的输出采样后就加到离散控制器 $K_d$ 上，也就是说，其状态在系统的（性能）输出 $z$ 上是观测不到的，即不满足 $(\boldsymbol{C}_1,\boldsymbol{A})$ 可观测的假设。不过这种滤波器的带宽相对较宽（属小时间常数），如果将其忽略，对计算结果（范数值）是有误差的，但不会影响这里的定性结果。所以这里在考虑条件 A1 时不包括系统中的抗混叠滤波器。

除了提升变换范数等价性的条件 A1 以外，当将提升法用于 $H_\infty$ 设计时还有一个很重要

的条件要考虑：

A2　$(\boldsymbol{C}_2, \boldsymbol{A})$ 可观测。

式中 $\boldsymbol{C}_2$ 是对应于第二个输出 $y$ 的输出阵。这个 $(\boldsymbol{C}_2, \boldsymbol{A})$ 问题在有权函数时就突出了，这是因为权函数都在闭环回路之外，权函数的状态对加到控制器上的第二个输出 $y$ 来说是不可观测的，即 $(\boldsymbol{C}_2, \boldsymbol{A})$ 不是可观测的。这样，在对广义对象进行提升变换时，权函数的状态变量并没有完全参与到变换过程，因而影响到提升法的 $H_\infty$ 设计结果。

A1 和 A2 就是提升法的范数等价条件。上面各例中提升前后范数不等价的根本原因就是因为不满足条件 A1 或 A2。例如，例 7.1(图 7.4) 中系统提升前后的范数并不等价。这是因为系统广义对象的第一个输入 $w$ 对对象 $P$ 的状态是不可控的，即 $(\boldsymbol{A}, \boldsymbol{B}_1)$ 不是可控的，另一方面权函数 $W_1$ 的状态从第二个输出 $y$ 来说是不可观测的，即 $(\boldsymbol{C}_2, \boldsymbol{A})$ 不是可观测的，即不满足条件 A2。在例 7.2 中(图 7.10(a))，对象 $P$ 和权函数 $W$ 的状态对输入 $w$ 来说都是不可控的，滤波器 $F$ 的状态对输出 $z$ 来说是不可观测的(式(7.33) 的 $(\boldsymbol{A}, \boldsymbol{B}_1, \boldsymbol{C}_1)$)，即不满足条件 A1，导致提升后的缺项，影响等价条件。对于例 7.3(图 7.15)，权函数 $W_1$ 的状态对 $y$ 来说是不可观测的，即不满足条件 A2。当 $(\boldsymbol{C}_2, \boldsymbol{A})$ 不可观测时，虽然计算过程可以照常进行，但是所得的结果(范数值) 却与 $H_\infty$ 设计毫不相干。

A1 和 A2 不满足，除了不能保证范数等价，还因为提升变换中的一系列特殊运算，会使 $H_\infty$ 的设计结果变得毫无意义。现结合图 7.17 所示的更为一般性的 $H_\infty$ 混合灵敏度问题来进行说明。

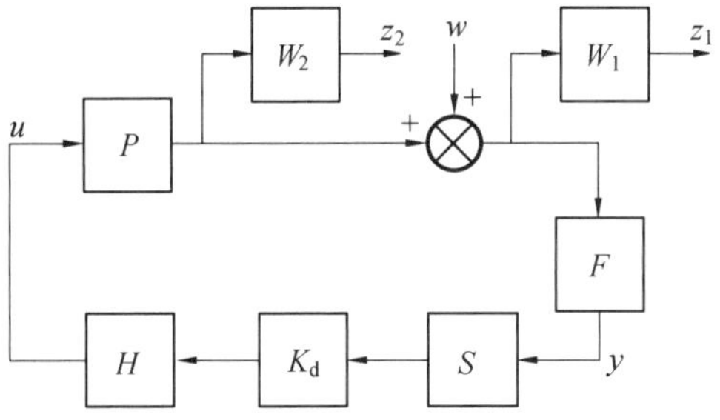


图 7.17　采样控制系统的混合灵敏度问题

混合灵敏度 S/T 问题是指求解下列的优化问题[54]：

$$\min_{K_{\text{stab}}} \left\| \begin{matrix} W_1 S \\ W_2 T \end{matrix} \right\|_\infty \leqslant \gamma, \gamma = 1 \tag{7.46}$$

式中，$W_2$ 为不确定性权函数；$W_1$ 为性能权函数。$W_1$ 的典型形式为

$$W_1(s) = \frac{\rho}{100s + 1} \tag{7.47}$$

$H_\infty$ 优化设计是指在(7.46) 的约束下使 $\rho$ 取最大值，即性能最优。

**例 7.4**　设图 7.17 中对象 $P$ 为

$$P(s) = \frac{10 - s}{(0.4s + 1)(s + 10)} \tag{7.48}$$

不确定性的权函数 $W_2$ 为

$$W_2(s) = \frac{3(s + 0.002\,9)}{s + 2.9} \tag{7.49}$$

滤波器 $F$ 为

$$F(s)=\frac{10\pi}{s+10\pi} \tag{7.50}$$

本例中性能权函数 $W_1$ 按式(7.47)来取。设采样周期 $\tau=0.1$ s,对系统进行提升设计,得到的闭环系统的 $H_\infty$ 范数值(见式(7.46)) $\gamma=1.032\,1$。式(7.51)及式(7.52)是对应的提升对象 $\boldsymbol{G}_\mathrm{d}$ 和所得到的离散控制器 $K_\mathrm{d}$。

$$\boldsymbol{G}_\mathrm{d}=\begin{bmatrix}\boldsymbol{A}_\mathrm{d} & \boldsymbol{B}_{1\mathrm{d}} & \boldsymbol{B}_{2\mathrm{d}}\\ \boldsymbol{C}_{1\mathrm{d}} & \boldsymbol{0} & \boldsymbol{D}_{12\mathrm{d}}\\ \boldsymbol{C}_{2\mathrm{d}} & \boldsymbol{0} & \boldsymbol{0}\end{bmatrix} \tag{7.51}$$

$$\boldsymbol{A}_\mathrm{d}=\begin{bmatrix}0.367\,9 & -0.000\,0 & 0 & 0.000\,0 & -0.000\,0\\ 0.137\,0 & 0.778\,8 & 0 & -0.000\,0 & 0.000\,0\\ 0.107\,6 & 0.799\,2 & 0.043\,2 & 0.000\,4 & 0.000\,0\\ 0.000\,1 & 0.001\,4 & 0 & 0.999\,0 & 0.000\,0\\ -0.066\,0 & -0.663\,5 & 0 & 0.000\,0 & 0.748\,3\end{bmatrix}$$

$$\boldsymbol{B}_{1\mathrm{d}}=\begin{bmatrix}0 & 0\\ -0.000\,0 & -0.000\,0\\ 3.959\,6 & -0.000\,0\\ 0.003\,9 & 0.003\,3\\ -0.000\,0 & 0.000\,0\end{bmatrix}\quad \boldsymbol{B}_{2\mathrm{d}}=\begin{bmatrix}3.997\,9\\ -0.166\,8\\ -0.182\,4\\ -0.000\,3\\ 0.129\,6\end{bmatrix}$$

$$\boldsymbol{C}_{1\mathrm{d}}=\begin{bmatrix}-0.066\,6 & -0.734\,3 & 0.000\,0 & -0.000\,1 & -0.274\,9\\ -0.000\,0 & -0.000\,0 & -0.000\,0 & 0.316\,1 & -0.000\,1\\ 0.041\,5 & -0.011\,5 & -0.000\,0 & 0.000\,0 & 0.018\,0\\ 0.000\,0 & 0.000\,0 & -0.000\,0 & -0.000\,0 & -0.000\,0\\ -0.001\,6 & 0.001\,0 & -0.000\,0 & -0.000\,0 & -0.003\,4\end{bmatrix}$$

$$\boldsymbol{C}_{2\mathrm{d}}=[0\quad 0\quad 0.316\,2\quad 0\quad 0]$$

$$\boldsymbol{D}_{12\mathrm{d}}=[0.135\,7\quad 0.000\,0\quad -0.055\,2\quad 0.000\,0\quad -0.025\,5]^\mathrm{T}$$

$$K_\mathrm{d}(z)=\frac{-0.003\,854\,3(z-0.368\,1)(z-0.007\,129)(z^2-1.673z+0.738\,3)}{(z-0.996\,1)(z-0.966\,2)(z-0.238\,9)(z+0.113\,5)(z-0.000\,725\,4)} \tag{7.52}$$

这里需要指出的是,性能权函数 $W_1$ 中的 $\rho$ 在这个提升设计中最大只能取到 $\rho_\mathrm{max}=1.6$。这个 $\rho$ 的值很小,表明这种提升法 $H_\infty$ 设计所得到的性能是非常差的。事实上,从式(7.52)也可看到,设计所得 $H_\infty$ 控制器的静态增益 $K_\mathrm{d}(1)=1.403\,1$,是非常低的。

为什么采用提升法的 $H_\infty$ 设计性能这么差呢?这与 $H_\infty$ 标准问题的结构特点和基本的提升运算有关。$H_\infty$ 标准问题对连续系统来说,是一种线性分式变换的结构:

$$F(\boldsymbol{G},K)=G_{11}+G_{12}K(\boldsymbol{I}-G_{22}K)^{-1}G_{21} \tag{7.53}$$

采样控制系统虽不是定常线性系统,也有类似的映射关系 $F(\boldsymbol{G},K)$。这种系统是由两部分组成的,第一项是 $G_{11}$,与控制器 $K$ 无关,而第二项与控制器 $K$ 有关。

由第2章的提升运算可知,提升变换中的一个重要的一步是去掉算子 $\hat{G}_{11}$ 中的 $\hat{\boldsymbol{D}}_{11}$ 项,这是利用 Safonov 的回路转移(loop-shifting)的概念,加进一个算子 $\Theta$ 来实现的,整个变换是在不受控制器控制的 $\hat{G}_{11}$ 上进行的。将直通项 $\hat{\boldsymbol{D}}_{11}$ 去掉换成一个等效输入后，多了一个不受控制器 $K_d$ 控制的独立通道，牵制了整个系统的范数。

结合例 7.4 来说，对象提升后(式(7.51)) 输入已是二维，$\boldsymbol{w}^T=[w_1 \quad w_2]$。$\boldsymbol{B}_{1d}$ 阵中的第二列与 $w_2$ 相对应，这第二列中各个系数均为零，只有一个 0.003 3(5 位有效数字为 0.003 26)。也就是说，第二个输入只作用于 $\boldsymbol{A}_d$ 阵中的第 4 个状态变量 $(x_4)_k$，并经 $\boldsymbol{C}_{1d}$(式(7.51)) 输出，对应的传递函数和静态增益为

$$\left.\frac{0.003\,26\times0.316\,1}{z-0.999\,0}\right|_{z=1}=1.030\,5 \tag{7.54}$$

所计算的这个通道是个独立通道，不受控制器($K_d$) 参数的影响。也就是说，无论 $K_d$ 怎么变化，系统的范数不可能小于式(7.54) 的这个值。事实上，上面提升 $H_\infty$ 设计所得的 $\gamma$ 值为1.032 1 就是受制于这个通道。

这个状态变量 $x_4$ 就是权函数 $W_1$(图 7.17) 的状态变量。这个通道的增益直接和 $W_1$ 的系数 $\rho$ 有关(具体数值与提升运算有关)。由于 $H_\infty$ 优化设计的 $\gamma$ 的名义值是 1(式(7.46))，而这个 $\gamma$ 值又是受到回路转移后多出来的一个独立通道(式(7.54)) 的制约。所以在提升的 $H_\infty$ 优化设计中这个 $\rho$ 值只能与 $\gamma=1$ 是同一个数量级的，本例中 $\rho_{max}=1.6$。由于性能权函数(式(7.47)) 的 $\rho$ 无法取更大的值，所以虽然是采用了 $H_\infty$ 优化设计的算法，但是所得设计结果(控制器) 将是毫无用处的。

## 7.5.1　满足提升应用条件的 $H_\infty$ 设计

条件 A1 和 A2 实际上限制了在 $H_\infty$ 设计中不能采用权函数，因而提升法不能用于灵敏度问题和鲁棒稳定性问题，只有采用权系数的扰动抑制问题(图 7.18) 才能满足这范数等价性条件。图 7.18 中 $\beta_y$ 和 $\beta_u$ 为相应的权系数。

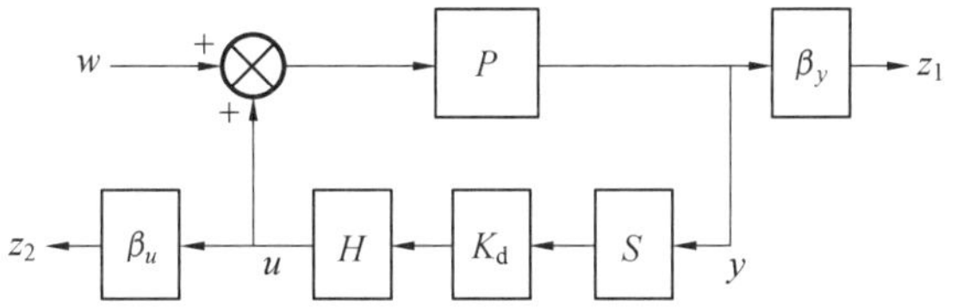


图 7.18　加权系数的扰动抑制问题

**例 7.5**　设图 7.18 中对象仍为式(7.37) 所示的 $P(s)$，即

$$P(s)=\frac{20-s}{(5s+1)(s+20)}$$

图 7.18 中的广义对象 $\boldsymbol{G}$ 取为

$$\boldsymbol{G}=\left[\begin{array}{cc|cc} -20 & 0 & 40 & 40 \\ 0.2 & -0.2 & -0.2 & -0.2 \\ \hline 0 & \beta_y & 0 & 0 \\ 0 & 0 & 0 & \beta_u \\ 0 & 1 & 0 & 0 \end{array}\right] \tag{7.55}$$

表示性能的输出现在是

$$z=\begin{bmatrix}0 & \beta_y\\ 0 & 0\end{bmatrix}\begin{bmatrix}x_1\\ x_2\end{bmatrix}+\begin{bmatrix}0\\ \beta_u\end{bmatrix}u=\boldsymbol{C}_1x+\boldsymbol{D}_{12}u \tag{7.56}$$

对象的输出是

$$y=x_2$$

因为不能用加权函数的办法来进行设计，下面参照非线性 $H_\infty$ 设计的做法来处理[61]，即认为 $H_\infty$ 设计目标是设计一反馈控制器使系统的 $L_2$ 增益（或称 $L_2$ 诱导范数）小于或等于 $\gamma$，即

$$\int_0^\infty \|z(t)\|^2\mathrm{d}t\leqslant \gamma^2\int_0^\infty \|w(t)\|^2\mathrm{d}t \tag{7.57}$$

如果 $\gamma=1$，则式(7.57) 表明设计后加权（系数）输出的能量是有界的，且小于扰动输入 $w(t)$ 的能量。

设计时先对广义对象进行提升，得一等价的 $H_\infty$ 离散化对象 $\boldsymbol{G}_\mathrm{d}$，再用 MATLAB 中的函数 dhinflmi 设计 $H_\infty$ 控制器[62]。本例是在 $\gamma=1$ 的约束下选取不同的权系数组合（$\beta_y$，$\beta_u$）。现以其中的两组数据的设计结果（表 7.1）为例来进行说明。

**表 7.1　加权(系数) $H_\infty$ 设计的结果**

| 序号 | $\beta_y$ | $\beta_u$ | 提升设计所得的 $\gamma$ 值 |
|---|---|---|---|
| 1 | 3.2 | 1.05 | 0.997 7 |
| 2 | 2.4 | 1.1 | 0.999 9 |

图 7.19 和图 7.20 是相应的 Simulink 混合仿真曲线。仿真时对象是用式(7.38) 的连续模型，控制器则分别是与表 7.1 对应的提升设计所得的离散控制器 $K_\mathrm{d}(z)$。图 7.19 是阶跃扰动作用下的输出响应 $y(t)$。图 7.20 是对象的输入 $u(t)$。曲线的标号对应表 7.1 的设计序号。从图 7.19 可以看到，权系数 $\beta_y$ 大，$y$ 的偏差就小。本例中权系数 $\beta_u$ 相差不太大，所以 $u(t)$ 的曲线比较靠近。

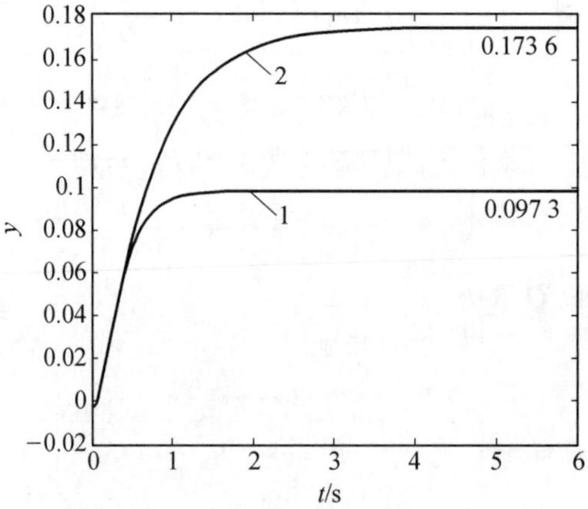


图 7.19　阶跃扰动下输出 $y$ 的响应

设计时选用不同的权系数进行比较以确定一个最佳的设计，例如本例中宜选 $\beta_y=3.2$，$\beta_u=1.05$ 的设计，因为这时 $y(t)$ 的偏差小而 $u(t)$ 又不是太大。

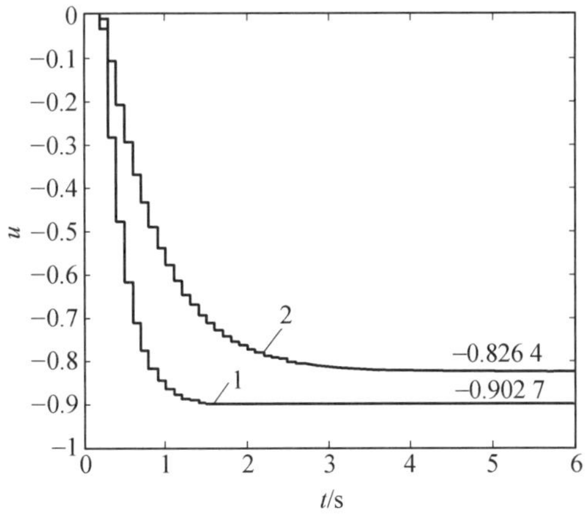


图 7.20　阶跃扰动下 $u$ 的响应

此参数下提升后的广义对象为

$$G_d=\begin{bmatrix} \boldsymbol{A}_d & \boldsymbol{B}_{1d} & \boldsymbol{B}_{2d} \\ \boldsymbol{C}_{1d} & \boldsymbol{0} & \boldsymbol{D}_{12d} \\ \boldsymbol{C}_{2d} & \boldsymbol{0} & \boldsymbol{0} \end{bmatrix}=\left[\begin{array}{cc:cc:c} 0.1351 & -0.0310 & 6.2665 & 0.0000 & 1.7294 \\ 0.0085 & 0.9802 & -0.0074 & 0.0309 & 0.0027 \\ \hdashline 0.0024 & -0.0000 & 0 & 0 & -0.0000 \\ -0.0057 & -1.0019 & 0 & 0 & 0.0015 \\ 0.0000 & 0.0005 & 0 & 0 & 0.3320 \\ \hdashline 0 & 1 & 0 & 0 & 0 \end{array}\right] \tag{7.58}$$

对应的 $\gamma=0.9977=-0.0203\ \mathrm{dB}$。

所得的 $H_\infty$ 控制器为

$$K_d(z)=\frac{-14.847(z-0.1289)}{z^2+0.186z+0.2075} \tag{7.59}$$

现在来分析这个设计中提升变换的范数等价问题。本例故意选用窄带宽设计，所以即使是离散化设计，其结果与考虑连续信号的采样控制系统应该是接近的。例如，从图 7.19 也可以看到，在过渡过程的 2 s时间内共有 20 个采样($\tau=0.1$ s)，所以即使换成离散化对象，其输出 $y(k)$ 构成的阶梯形波形与图 7.19 中的 $y(t)$ 应该是很接近的。因此这里用一(保持器)离散化对象 $P(z)$ 来代替，与前面提升设计得到的离散控制器 $K_d(z)$ 构成一个离散系统，然后用常规的方法计算该离散系统的 $H_\infty$ 范数 $\|T_{zw}\|_\infty$ 用以验证提升计算所得的 $\gamma$ 值。

图 7.21 所示是这个离散系统从 $w$ 到 $y$ 和 $w$ 到 $u$ 的两条幅频特性 $|T_{yw}(e^{j\omega\tau})|$ 和 $|T_{uw}(e^{j\omega\tau})|$。这两条幅频特性都有很长一段平坦段，并略呈下降趋势。事实上，从 $H_\infty$ 优化设计来说，设计结果是一条全通特性。当然这里因为仅用了 $H_\infty$ 设计中的中心控制器，所以其奇异值特性(幅频特性)到高频段会有衰减，如图 7.21 中的 $\sigma_{\max}$ 曲线所示。当用权系数来设计时，加权的性能输出是 $y$ 和 $u$ 的线性(向量)相加，因此这全通特性分配到这两个分量也是平坦的。根据图形特点可知，这离散系统的 $H_\infty$ 范数对应于频率特性在 $\omega=0$ 时的值。由图 7.21 可得 $\lim\limits_{\omega\to 0}|T_{yw}|=0.0973$，$\lim\limits_{\omega\to 0}|T_{uw}|=0.9027$。根据式(7.56)，将 $T_{yw}$，$T_{uw}$ 分别乘以权系数，平方相加得该离散系统的 $H_\infty$ 范数为

$$\| T_{zw} \|_\infty = \sqrt{(\cdot)^2 + (\cdot)^2} = 0.9977 \tag{7.60}$$

这个窄带宽离散系统的 $H_\infty$ 范数应该是与采样控制系统的 $L_2$ 诱导范数相接近。事实上提升计算所得的 $\gamma$ 值就是 0.997 7(精确到小数 4 位)(表 7.1)。

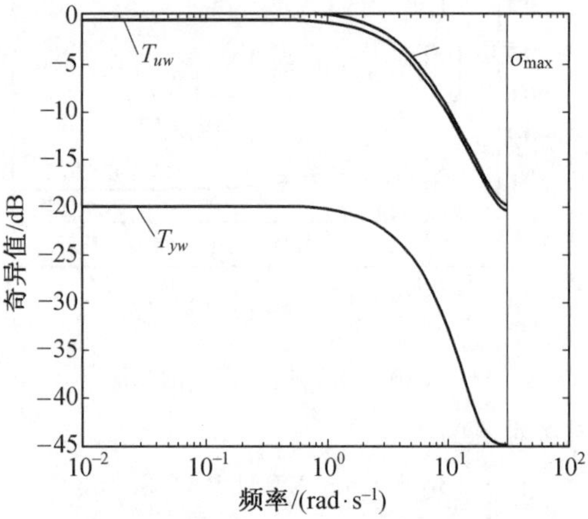

图 7.21　离散化系统的幅频特性

这个例子表明,当采用权系数时,提升变换后的范数值 $\gamma$ 等于原采样控制系统的反映系统性能的 $L_2$ 诱导范数。

但是由于所能做到的扰动抑制性能只能是图 7.21 中 $\sigma_{max}$ 所示的那种平坦特性,不可能像7.4 节中那样利用权函数还可以将低频段特性压低。这是因为那样做会使抑制特性出现一个峰值。因此从设计的角度来说,利用权函数作回路成形可提高系统的性能指标,而用权系数只能满足中等程度的要求。

这里还应该说明的是,利用权系数的设计是选取不同的权系数来进行衡量,式(7.57)中的 $\gamma$ 值只是设计时的一种参考界限,使加权输出的能量在同一个界限下进行选择[8],与系统的真正性能无直接联系,要在各种指标间进行分析对比才能做出最后选择(表 7.1)。所以即使是采用 $H_\infty$ 方法,也不是真正意义上的综合(synthesis)。

总之,这个算例对提升的理论本身来说是个很好的例题,说明对满足提升法应用条件 A1 和 A2 的情形,提升前后范数确实相等,等于反映系统加权性能的 $L_2$ 诱导范数。但是之所以要提升是因为提升设计所算得的范数比离散设计更为精确。可是在这种设计中 $\gamma$ 值只是一个中间参考值,并不能代表扰动抑制问题中真正的性能指标,因此要求更精确地将范数值 $\gamma$ 计算出来,并非必要。况且用权系数来设计,设计指标也做不高,且不是真正意义上的 $H_\infty$ 综合。

### 7.5.2　关于范数等价性的补充说明

上面给出了提升法的两个应用条件,实际上在应用中还存在一个带宽限制条件,为了说明这个条件,首先来看下面的例子。

**例 7.6**　设采样控制系统如图 7.22 所示,图中 $H$ 为保持器,$S$ 为采样器,采样周期 $\tau = 0.1$ s。

此例满足 7.5 节给出的提升法应用条件 A1 和 A2。设本例中的对象 $P$ 为 $P(s) = 1/(\tau s + 1)$,

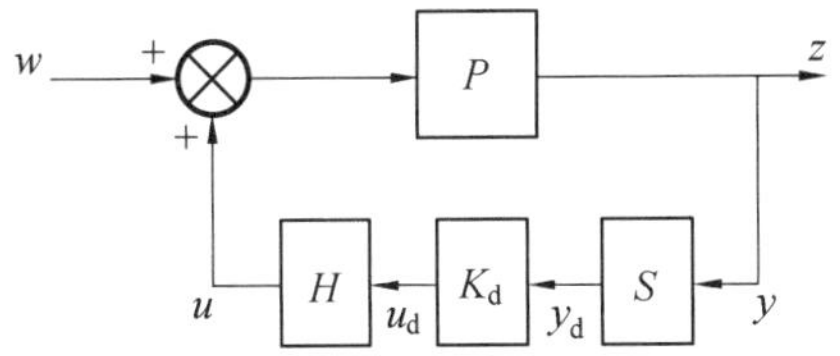


图 7.22　采样控制系统之例

并取控制器为比例控制器，$K_d=-9.508$。选取不同的时间常数 $T(10,2,1,1/1.3)$，可算得从 $w\to z$ 的提升后的闭环系统的频率特性如图 7.23 所示，图中虚线是 $T=1$ 时实际的频率响应(见 8.2 节)。这是个一阶系统，其 $H_\infty$ 范数等于 $\omega=0$ 处的幅频特性值。本例中对象的时间常数虽然不同，但 $P(\mathrm{j}0)=1$ 是不变的，因此这个系统的 $H_\infty$ 范数，即 $\omega=0$ 处的增益是不变的，应该等于$1/(1-K_d)=0.095\ 16=-20.43$ dB。但不同时间常数下提升系统的增益并不相同，即此闭环系统提升后的范数并不是不变的。只有当对象带宽很窄时($T=10$ s)，系统提升前后的范数才是相同的。

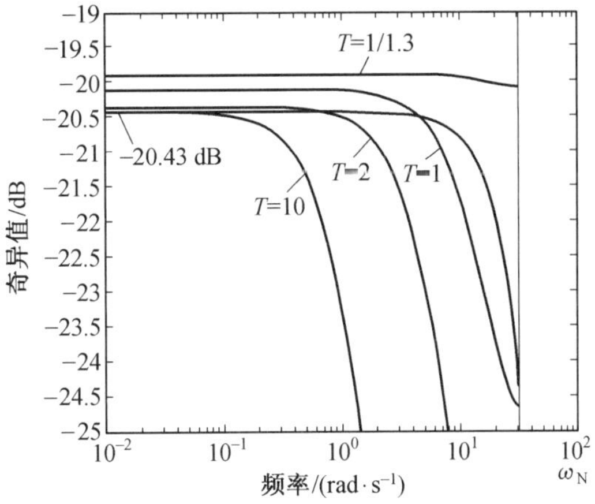


图 7.23　不同带宽时的提升结果

这个问题还是一个提升前后范数是否等价的问题，事实上，将系统 $\boldsymbol{G}$ 提升前后的范数等价不加论证地推广到带有离散控制器 $K_d$ 的采样控制系统的做法是不对的，也就是说，等式

$$\|F(\boldsymbol{G},HK_dS)\|=\|F(\widetilde{\boldsymbol{G}},K_d)\| \tag{7.61}$$

是否成立是不能证明的，或者说是没有根据的。这是因为 $F(\boldsymbol{G},HK_dS)$ 所表示的系统是用微分方程和差分方程描述的混合系统，是一种复合形式的算子。现将算子 $F(\boldsymbol{G},HK_dS)$ 展开如下：

$$F(\boldsymbol{G},HK_dS)=G_{11}+G_{12}\boldsymbol{H}K_d\boldsymbol{S}(\boldsymbol{I}-G_{22}HK_dS)^{-1}G_{21} \tag{7.62}$$

式中，$G_{ij}$ 是广义对象 $\boldsymbol{G}$ 中与各输入输出对应的算子。式(7.62)表明采样控制系统的闭环算子 $F(\boldsymbol{G},HK_dS)$ 是由两部分构成，第一部分 $G_{11}$ 表示输入 $w$ 直接经过系统的连续部分到输出，而第二部分所代表的信号通道中则有采样开关。这第二部分的特性是可以用常规的采样控制系统理论来解释的。考虑到采样控制系统一般均有抗混叠滤波器，系统的频率特性不会混叠，因此如果输入信号 $w$ 中有高于 $\omega_s/2$ 的谐波成分，通过第二部分时都会被滤掉，不会出现在输出端。也就是说，式(7.61)中的算子 $F(\boldsymbol{G},HK_dS)$ 从频域上来说，有一部分信号将被截断，而式(7.61) 并没有反映这种截断特性，所以采样控制系统在提升前后的范数并不是不变的。但如果 $G_{11}$ 本来就是窄带宽的，这个矛盾就没显出来，所以范数相等。

结合例 7.6 来说，图 7.22 中的 $P(s)$ 就是式(7.62) 中的 $G_{11}$ 项，从图 7.23 可以看到 $P(s)$ 的带宽越宽提升系统的范数差别就越大，只有当 $P(s)$ 的带宽很窄时($T=10$ s)，提升前后范数才相等(等于 $-20.43$ dB)，因为那时式(7.62) 右侧的两项都是窄带宽的，掩盖了上述频域截断所带来的问题。

考虑到在实际的提升法 $H_\infty$ 设计中，如果鲁棒稳定性问题另外考虑(见第 9 章)，对性能设计来说，都是指低频段的特性，这时这个由频率截断带来的范数不等价问题并不严重，因此对 $H_\infty$ 设计的应用来说，可以只提条件 A1 和 A2 是范数等价的条件。

## 7.6 本章小结

本章将提升法用于各种 $H_\infty$ 设计问题，包括 $H_\infty$ 灵敏度问题、鲁棒稳定性问题及扰动抑制问题，指出提升法并不像设想的那样具有保范性质，即系统在提升前后的范数是不等价的，说明提升法的应用是有条件的。本章给出了采样控制系统提升法 $H_\infty$ 设计的应用条件 A1 和 A2，并指出只有不加权的扰动抑制设计或加权系数的扰动抑制设计才能同时满足条件 A1 和 A2。

# 第 8 章　采样控制系统的频率响应

提升法的主要目的是要给出采样控制系统的 $L_2$ 诱导范数以用于 $H_\infty$ 设计。但是第 7 章的分析指出，在 $H_\infty$ 设计中提升变换所要求的范数等价条件一般是保证不了的。本书将提出从频率响应着手来处理采样控制系统的 $H_\infty$ 设计。本章是第一步，再加上鲁棒稳定性问题的重新考虑，最后在第 10 章给出采样控制系统 $H_\infty$ 优化设计的系统性方法。

由于提升法存在问题，近 10 年来也有研究人员试图从频率响应上来计算系统的 $L_2$ 诱导范数，但这些方法均和笔者所提出的方法不一样。为了进行对比和区别，8.1 节先对前人的方法做一回顾。

## 8.1　采样控制系统的频率响应：已有的工作

因为提升信号反映了采样时刻之间的原连续信号，所以 Yamamoto[63] 根据频率响应的概念，将正弦信号 $u(t)=\mathrm{e}^{\mathrm{j}\omega t}v_0$ 进行提升：

$$\{\hat{u}_k\}=\{(\mathrm{e}^{\mathrm{j}\omega\tau})^k v(\theta)\},\ v(\theta)=\mathrm{e}^{\mathrm{j}\omega\theta}v_0 \tag{8.1}$$

然后将这个 $\{\hat{u}_k\}$ 作为输入，计算系统提升输出的稳态解，并将这个输入输出的映射定义为频率响应(算子)(frequency response operator)：

$$G(\mathrm{e}^{\mathrm{j}\omega\tau}):L_2[0,\tau)\rightarrow L_2[0,\tau) \tag{8.2}$$

并定义该算子在频率 $\omega$ 时的增益为

$$\|G(\mathrm{e}^{\mathrm{j}\omega\tau})\|=\sup_{v\in L_2[0,\tau)}\frac{\|G(\mathrm{e}^{\mathrm{j}\omega\tau})v\|}{\|v\|} \tag{8.3}$$

当 $\omega$ 从 0 到 $\omega_s$ 变化时，该增益 $\|G(\mathrm{e}^{\mathrm{j}\omega\tau})\|$ 的上确界就是 $G$ 的 $H_\infty$ 范数。

式(8.2) 是目前文献上公认的采样控制系统的频率响应的定义。Yamamoto 并给出了此频率响应 $\|G(\mathrm{e}^{\mathrm{j}\omega\tau})\|$ 的计算公式[63]。下面的例 8.1 就是按 Yamamoto 法计算的例子。

**例 8.1**　设二阶对象[63]

$$G(s)=\frac{50^2}{s^2+10s+50^2} \tag{8.4}$$

给定采样时间 $\tau=0.1$ s，用 Yamamoto 的算法逐点求得系统的频率响应如图 8.1 所示。图中 1 号线是原系统(8.4) 的频率响应特性，图中 2 号线是算得的 Yamamoto 定义的频率响应。由图 8.1 可以看出，原系统的静态增益是 0 dB，其谐振峰值出现在频率 $\omega=50$ rad/s 处。但是 Yamamoto 的频率响应的静态增益却是将近 4 dB，其谐振峰值则出现在频率 $\omega=13$ rad/s 附近。

这说明虽然提升信号与采样时刻之间的原连续信号是一样的，但据此所得的频率特性(图 8.1 中 2 号线) 却并不是原系统的频率特性。

下面就用第 5 章给出的频域提升的概念来计算式(8.3) 的频率响应的增益，例 8.2 就是取自该文献中的算例。

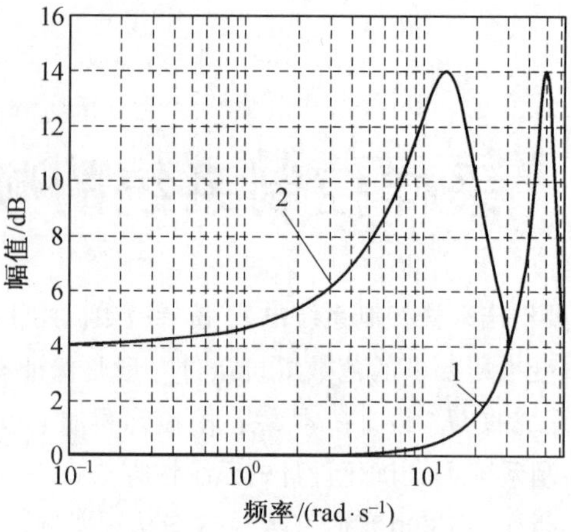


图 8.1　提升系统的频率响应

**例 8.2**　设图 8.2 系统中的对象 $P$ 为

$$P(s)=\frac{1}{s^2+1} \tag{8.5}$$

本例中以系统的输入端灵敏度 $S_i(\mathrm{j}\omega)$ 的计算为例。不过这里需要说明的是，图 8.2 所示系统只能用正反馈才能镇定，即图 8.2 中的 $K_\mathrm{d}=0.75$。

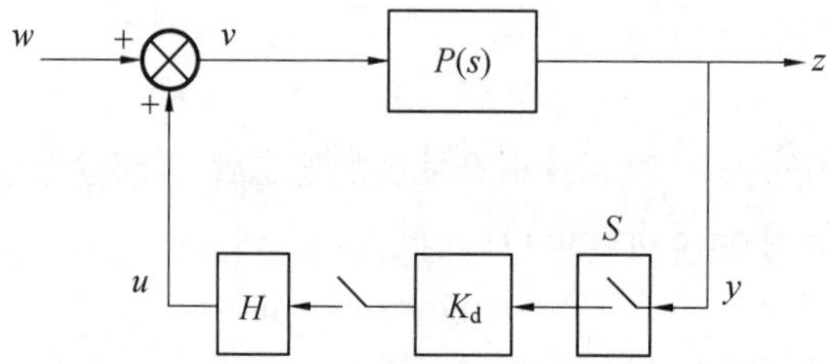


图 8.2　采样控制系统之例

作为校对，注意到图 8.2 所示系统的闭环回路是带采样开关和保持器的单回路，这个单回路的特性应该是与经典的离散化的概念相符合的。对象 $P(s)$ 离散化后为

$$P(z)=\frac{(z+1)(1-\cos\tau)}{z^2-2z\cos\tau+1} \tag{8.6}$$

根据式(8.6)可得 $\omega=1$ 的频率特性为

$$P(\mathrm{e}^{\mathrm{j}\omega\tau})\big|_{\omega=1}=\infty$$

即这个离散回路的增益在 $\omega=1$ 时为 $\infty$，对应的灵敏度 $S_i(\mathrm{j}1)$ 就是零。这对应图 8.3 横坐标上是 $\omega/\omega_\mathrm{N}=1/3.14=0.32$ 的点。但图中实线，即采用频域提升法所得的频率特性在此频率点上却等于 1，显然与实际的系统性能不一致。

图 8.3 中虚线所示则是用本章所提出的方法(见 8.3 节)所得的真实的频率响应曲线。上面的算例表明，按现有的采样控制系统频率响应的定义，所得结果无法与实际系统的性能结合起来。实际上，Yamamoto 所定义的频率响应是在提升的概念下提出来的，实质上是提升系统的频率响应，并不是真正的采样控制系统的频率响应。

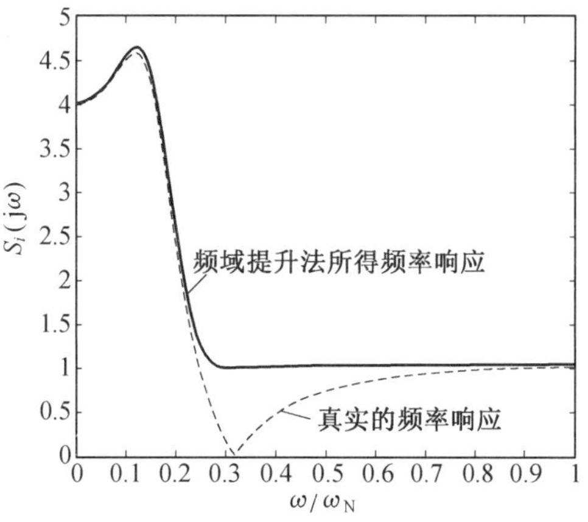


图 8.3　例 8.2 的输入端灵敏度

# 8.2　频率响应的直接计算

本节将提出一种采样控制系统频率响应的算法,所算得的频率响应幅值的最大值就是系统的 $L_2$ 诱导范数,不存在混叠效应。本节所提方法简单直观,物理概念清楚。

## 8.2.1　采样控制系统的频率响应计算公式

下面先通过一具体问题来说明方法的实质,再推广到一般情形。图 8.4 所示是一采样控制系统的扰动抑制问题。

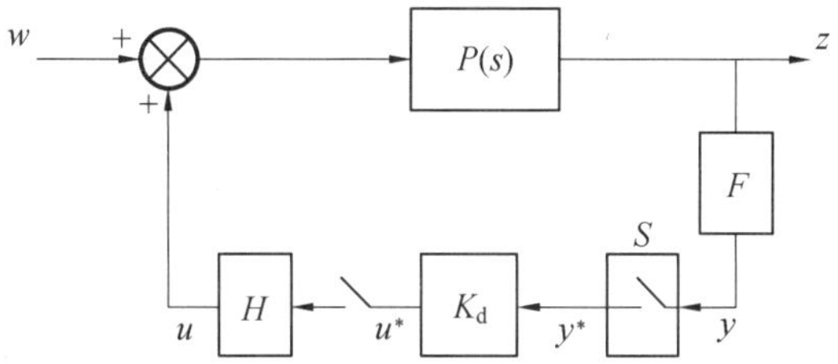


图 8.4　采样控制系统的扰动抑制问题

图 8.4 中,$P$ 为对象,$H$ 为保持器,$S$ 为采样器,$K_d$ 为数字控制器,$K_d$ 前后的开关是为了强调控制器前后的信号都是离散的,$F$ 为抗混叠滤波器(低通滤波器)。现在要计算的是从扰动信号 $w$ 到输出 $z$ 的系统的扰动抑制特性。

为了便于说明问题,这里将系统看成算子 $T$,将 $w$ 到 $z$ 看成是从 $L_2$ 信号到 $L_2$ 信号的映射。结合图 8.4,这个算子 $T$ 在形式上可写成[64]

$$T = P + PHK_d(\boldsymbol{I} - SFPHK_d)^{-1}SFP \tag{8.7}$$

式(8.7)表明采样控制系统的响应是由两部分组成的,右侧的第一项 $P$ 表示有一部分信号是直通过去的,并未经过采样,就是连续系统的响应;第二项则是经过采样的,经典的采样控制理论应该是完全适用的。这种由两部分频率特性分别计算并相加的观点,就是本方法与现在流行的提升变换的根本区别。

这里在推导具体的计算关系式时,要用到一些标准的表示式:用"$*$"号表示采样信号,$Y^*(s)$

表示采样信号的拉氏变换，即

$$Y^*(s) = \frac{1}{\tau}\sum_{k=-\infty}^{\infty} Y(s+\mathrm{j}k\omega_s) \tag{8.8}$$

式中，$Y^*(\mathrm{j}\omega)$ 表示其频谱；$\tau$ 为采样时间。

图 8.4 中各信号的变换式如下(注：在不需要特殊表明时，书中仅用大写字母来表示拉氏变换或频谱)：

$$Z(s) = P(s)W(s) + P(s)H(s)U^*(s) \tag{8.9}$$

$$Y^*(s) = (FPW)^*(s) + (FPH)^*U^*(s) \tag{8.10}$$

$$U^*(s) = K_\mathrm{d}^*(s)Y^*(s) \tag{8.11}$$

式中，$K_\mathrm{d}$ 为数字控制器；$H$ 为保持器，即

$$H(s) = \frac{1-\mathrm{e}^{-\tau s}}{s} \tag{8.12}$$

式(8.10) 中用括号括起来的部分表示乘在一起以后再离散化，例如输入信号 $w$ 到 $P$ 再到 $F$ 之间没有采样开关，所以应该将这 3 个拉氏变换 / 传递函数乘到一起后再离散化，表示为 $(FPW)^*$。

根据式(8.9) ～ (8.11) 可得输出信号的拉氏变换式为

$$Z = PW + PH\frac{K_\mathrm{d}^*(FPW)^*}{1-K_\mathrm{d}^*(FPH)^*} \tag{8.13}$$

现在来计算系统的频率响应。设输入信号是一正弦函数 $w(t) = \exp(\mathrm{j}\omega_0 t)$。这种函数也称为复数正弦(phasor)，其频谱为

$$W(\mathrm{j}\omega) = 2\pi\delta(\omega-\omega_0) \tag{8.14}$$

所以根据式(8.8) 可以将 $(FPW)^*$ 的频谱整理如下：

$$(FPW)^* = \frac{1}{\tau}\sum_{k=-\infty}^{\infty} F(\mathrm{j}\omega-\mathrm{j}k\omega_s)P(\mathrm{j}\omega-\mathrm{j}k\omega_s)2\pi\delta(\omega-\omega_0-k\omega_s)$$

因为输入信号的频率 $\omega_0$ 小于 $\omega_s/2$，而 $F$ 为低通滤波，故信号 $(FPW)^*$ 的频谱并没有重叠，它的频谱就只有主频段上 $\omega_0$ 处的脉冲函数，为

$$(FPW)^* = \frac{1}{\tau}F(\mathrm{j}\omega_0)P(\mathrm{j}\omega_0)2\pi\delta(\omega-\omega_0) \tag{8.15}$$

式(8.15) 表明 $(FPW)^*$ 也是一个正弦信号，其频谱等于输入正弦信号的频谱乘以相应的传递函数 $F(\mathrm{j}\omega_0)P(\mathrm{j}\omega_0)/\tau$，因此可以将式(8.15) 写成

$$(FPW)^* = \frac{1}{\tau}FPW \tag{8.16}$$

当然，式(8.16) 只对正弦输入有效。

将式(8.16) 代入式(8.13)，整理后得

$$Z = PW + P\frac{K_\mathrm{d}^*\left(\frac{1}{\tau}FPH\right)}{1-K_\mathrm{d}^*(FPH)^*}W = \left[P + P\frac{K_\mathrm{d}^*(FPH)^*}{1-K_\mathrm{d}^*(FPH)^*}\right]W \tag{8.17}$$

式(8.17) 的第二个等式是因为系统中存在抗混叠滤波器 $F$，当 $|\omega| > \omega_s/2$ 时 $|FPH| = 0$，即频率特性没有重叠。因此根据式(8.8)，对于 $\omega < \omega_s/2$ 的正弦输入来说

$$(FPH)^* = \frac{1}{\tau}FPH$$

如果换成通用的广义对象的符号，则式(8.17) 可写成

$$Z=[G_{11}+G_{12}K_{\mathrm{d}}^{*}(\boldsymbol{I}-G_{22}^{*}K_{\mathrm{d}}^{*})^{-1}G_{21}^{*}]W \tag{8.18a}$$

或者改用现在文献中通用的符号，用脚标 d 来表示相应的离散化传递函数，则式(8.18a) 可写成

$$Z=[G_{11}+G_{12}K_{\mathrm{d}}(\boldsymbol{I}-G_{22\mathrm{d}}K_{\mathrm{d}})^{-1}G_{21\mathrm{d}}]W \tag{8.18b}$$

式(8.18b) 表明，采样控制系统的频率响应可根据如下的线性分式关系 $F(\boldsymbol{G},K_{\mathrm{d}})$ 来进行计算：

$$Z=F(\boldsymbol{G},K_{\mathrm{d}})W \tag{8.19}$$

式中

$$\boldsymbol{G}=\begin{bmatrix} G_{11}(\mathrm{j}\omega) & G_{12}(\mathrm{j}\omega) \\ G_{21\mathrm{d}}(\mathrm{e}^{\mathrm{j}\omega T}) & G_{22\mathrm{d}}(\mathrm{e}^{\mathrm{j}\omega T}) \end{bmatrix} \tag{8.20}$$

式(8.19) 及式(8.20) 表明，采样控制系统的频率响应可根据传递函数和离散化传递函数直接算得。由于频率响应的幅值最大值就是采样控制系统的 $L_2$ 诱导范数[63]，因而在计算系统的频率响应的同时，就可以很容易得到采样控制系统的 $L_2$ 诱导范数。这个方法比通过提升变换来计算范数简单、直观，且易于掌握。

### 8.2.2 算例

**例 8.3** $L_2$ 诱导范数的计算。

设图 8.4 中对象 $P$ 为

$$P(s)=\frac{20-s}{(5s+1)(s+20)} \tag{8.21}$$

滤波器 $F$ 为

$$F(s)=\frac{25\pi^2}{(s+5\pi)^2} \tag{8.22}$$

并取控制器 $K_{\mathrm{d}}$ 为

$$K_{\mathrm{d}}(z)=\frac{-8.3868(z-0.918)(z-0.1246)}{(z-0.9998)(z+0.07344)} \tag{8.23}$$

取采样周期 $\tau=0.1$ s，根据式(8.18) 可以计算出采样控制系统的频率响应如图 8.5 所示。频率响应上的峰值就是该采样控制系统的 $L_2$ 诱导范数，为 0.172 9(等于 −15.244 dB)。

为了进行比较，这里还用第 4 章的连续时间域提升法计算系统的 $L_2$ 诱导范数，也是 0.172 9，与上面根据式(8.18) 算出的频率响应上读取最大幅值所得的结果是相同的。显然本节的方法简单、直观。

现在再来看正弦输入下的输出。一般来说，采样控制系统是时变的周期性系统，如果输入正弦信号，则其输出响应是非平稳的。这个概念对“全采样”的系统来说是对的，而对这里的采样控制问题来说，见图 8.4 和式(8.7)，有一个主要的信号通道是不经过采样的，所以系统的输出并不呈现明显的时变特性，尤其是低频段(此时误差信号(与离散回路有关) 较小)，系统的响应呈现出平稳的特性。图 8.6 所示就是本例中正弦频率高达 $\omega=0.628$ rad/s 时的输出响应曲线，这与一般的时不变系统的响应一样，看不出有时变特性。对本例的扰动抑制问题来说，峰值频率对应于系统过 0 dB 线的频率 $\omega_{\mathrm{c}}$，因为那时回路增益已衰减到 1，误

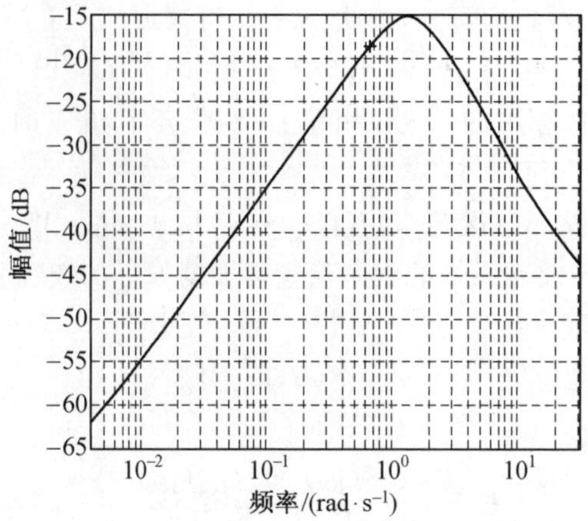


图 8.5　采样控制系统的频率响应

差最大。本例中峰值频率为 1.3 rad/s(图 8.5)，故图 8.6 的信号频率 0.628 rad/s 对这个系统来说已经是相当高了，覆盖了决定系统性能(performance) 的整个低频段。也就是说，在反映系统性能的频段上，这个采样控制系统呈现出时不变系统的特性。图 8.6 中，正弦的幅值为0.110 8。因为输入正弦的幅值为1，所以输出与输入之比为0.110 8。而根据式(8.18)算得的频率响应(图 8.5) 在 $\omega=0.628$ 处的读数为 0.110 7(19.117 dB，图中标“+”号的点)，可见，所算得的频率响应与实际正弦输入下的响应在低频段是一致的，是可以实验测定和验证的。与前人的工作相比较，本书所计算的频率响应具有明确的物理意义。

图 8.6 的响应曲线是用 Simulink 混合仿真所得的曲线。仿真时对象 $P$ 和滤波器 $F$ 都是连续的环节，控制器是离散的。

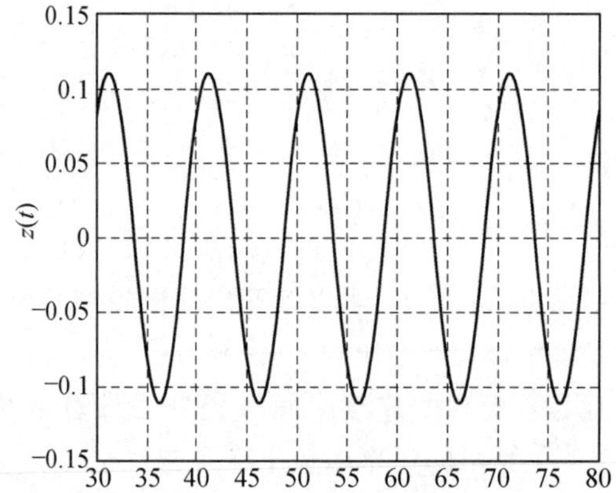


图 8.6　$\omega=0.2\pi$ 时的频率响应

**例 8.4**　与离散化方法的一个对比。

考虑图 8.4 的扰动抑制问题(本例中没有滤波器 $F$)，对象 $P$ 为

$$P(s)=1/(s+1) \tag{8.24}$$

并取控制器为比例控制器

$$K_d=-9.508 \tag{8.25}$$

如果对本例的系统采用常规的离散化方法来分析，则对象 $P$ 离散化后为

$$P(z)=\frac{0.09516}{z}-0.9048 \tag{8.26}$$

系统的闭环 $z$ 传递函数为

$$T_{zw}(z)=\frac{P(z)}{1-K_{\mathrm{d}}P(z)}=\frac{0.09516}{z} \tag{8.27}$$

其对应的幅频特性 $|T_{zw}(\mathrm{e}^{\mathrm{j}\omega\tau})|=0.09516$，见图 8.7 中虚线 $d$。这表明离散化方法所得的频率特性(幅值)是一条水平线，并不衰减。

现在再用本节提出的采样控制系统的频率响应法来进行计算。根据式(8.18)来求此系统的频率响应，可得采样控制系统的频率响应如图 8.7 中实线所示，这条频率响应特性在低频段与离散的频率特性(图中虚线 $d$)是重合的，到高频段则衰减下来，这才是图 8.4 所示系统的真正的频率特性。

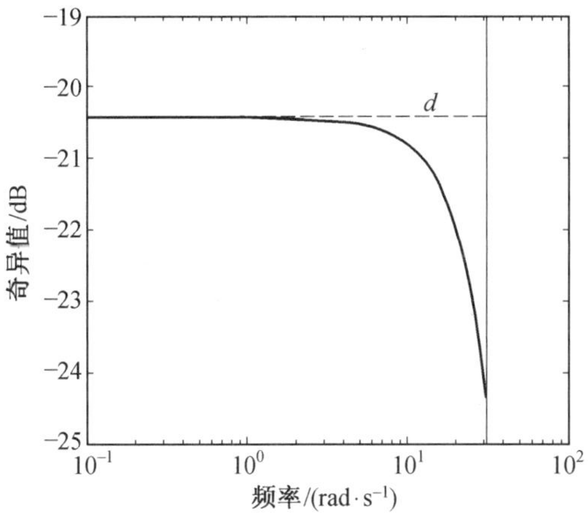


图 8.7　采样控制系统的频率响应

本例中用常规的离散化方法算得的频率响应(曲线 $d$)到高频段并不衰减，显然是不符合实际情况的。这说明简单地根据离散时刻的值来分析采样控制系统会得到不正确的结果。这也许就是当初要采用提升法的原因。但是提升法存在着诸多问题，还需要从多方面来解决采样控制系统的分析和设计问题。

## 8.3　应用：计算机控制系统的非线性分析

本章给出的计算频率响应的方法不单是可以用来计算采样控制系统的 $L_2$ 诱导范数，其本身也是有应用价值的，例如还可以用于非线性系统的分析。因为当用描述函数法来分析时，需要将系统分为线性部分和非线性部分。系统的非线性特性一般是连续的，故与其相连接的线性部分的输入输出信号也都是连续的。如果所研究的是计算机控制系统，那么这个线性部分就是图 8.8 所示包含有离散控制器 $K_{\mathrm{d}}$ 反馈回路的从 $w(t)$ 到 $z(t)$ 的系统。过去由于不能计算这个从 $w\rightarrow z$ 的频率响应，所以描述函数法只能用来分析连续系统与离散控制器结合部的非线性，如量化非线性及功放级饱和。现在可以利用本章给出的方法来计算计算机控制系统的线性部分频率响应，并推广描述函数法的应用范围。

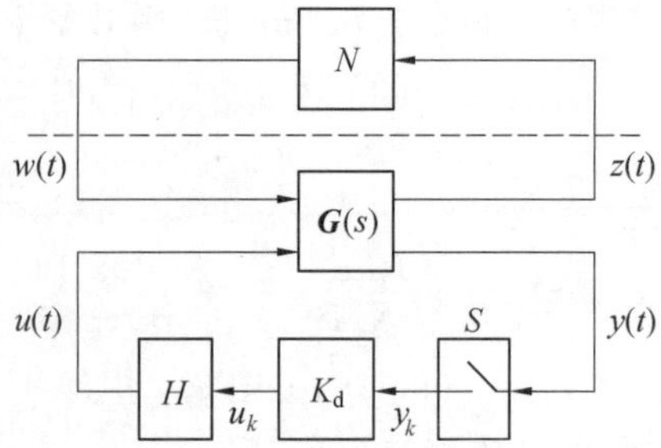


图 8.8　非线性采样控制系统

现结合一球－杆系统的实例来进行分析[65,66]。图 8.9 和 8.10 是德国 Amira 公司生产的 BW500 球－杆实验系统，小球可以在杆上自由滚动，施加在杆上的力矩 $\tau$ 是系统的控制输入，通过控制杆的转动来控制小球在杆上的位置。

图 8.9　BW500 球－杆实验系统

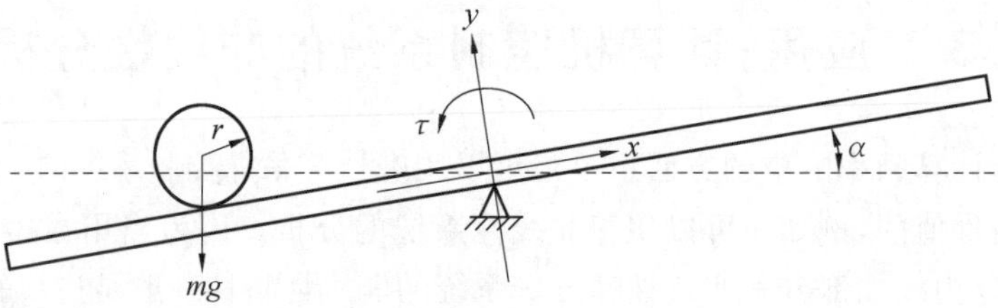


图 8.10　球－杆系统

球－杆系统的运动方程式为[67,68]

$$\left(m+\frac{I_b}{r^2}\right)\ddot{x}-mx\dot{\alpha}^2+mg\sin\alpha=0 \tag{8.28}$$

$$(mx^2+I_w+I_b)\ddot{\alpha}+2mx\dot{x}\dot{\alpha}+mgx\cos\alpha=\tau \tag{8.29}$$

式中,球的转动惯量 $I_b = 4.32 \times 10^{-5}\ \mathrm{kg \cdot m^2}$;球的质量 $m = 0.27$ kg;球的半径 $r = 0.02$ m;杆的转动惯量 $I_w = 0.1402\ \mathrm{kg \cdot m^2}$;$x$ 为球在杆上的位移;$\alpha$ 为杆的转角。

式(8.28) 及式(8.29) 是一组非线性方程。设原点为平衡点,如果按原点展开,其小偏差线性化方程为[3]

$$\left(m + \frac{I_b}{r^2}\right)\ddot{x} = -mg\alpha \tag{8.30}$$

$$(I_w + I_b)\ddot{\alpha} + mgx = \tau \tag{8.31}$$

这个球 — 杆系统极易出现自振荡,图 8.11 所示是一条典型的实验记录曲线,是参考信号为 $\pm 0.10$ m 方波时球 — 杆系统的球位置 $x$ 和杆角度 $\alpha$ 的曲线。图中的第一个方波周期内系统是稳定的,第二个周期内无论是正向或反向,角度一直在振荡,球则围绕着平衡点来回滚动,系统存在着自振荡。分析表明,这是因为比较重的钢球压在边缘较薄的铝槽上产生弹性变形致使系统中存在一种滞环特性所引起的。此球 — 杆系统的结构框图如图 8.12 所示。这里的非线性是杆偏转(式(8.31)) 到球真正滚动(式(8.30)) 之间的滞环特性,是夹在式(8.30) 及式(8.31) 两个动态方程式之间的非线性。

此实验系统是采用数字控制的,采样周期 $\tau = 0.05$ s。设对应的离散的状态反馈阵为

$$K_{d1} = -[25.0418 \quad 26.9373 \quad 56.1205 \quad 6.1019] \tag{8.32}$$

现在用本章所给出的方法来计算此非线性采样控制系统的从 $w \to z$(图 8.8) 的系统线性部分的频率特性。

设状态变量 $x$ 为

$$x \subset [x_1 \quad x_2 \quad x_3 \quad x_4]^{\mathrm{T}} = [x \quad \dot{x} \quad \alpha \quad \dot{\alpha}]^{\mathrm{T}} \tag{8.33}$$

系统的广义对象 $\boldsymbol{G}$(图 8.8) 为

$$\boldsymbol{G} = \begin{bmatrix} 0 & 1 & 0 & 0 & 0 & 0 \\ 0 & 0 & 0 & 0 & 7.0 & 0 \\ 0 & 0 & 0 & 1 & 0 & 0 \\ 18.873 & 0 & 0 & 0 & 0 & 3.495 \\ 0 & 0 & 1 & 0 & 0 & 0 \\ 1 & 0 & 0 & 0 & 0 & 0 \\ 0 & 1 & 0 & 0 & 0 & 0 \\ 0 & 0 & 1 & 0 & 0 & 0 \\ 0 & 0 & 0 & 1 & 0 & 0 \end{bmatrix} \tag{8.34}$$

根据式(8.34),采用 8.2 节提出的采样控制系统的频率响应法求得的球 — 杆系统线性部分的频率响应 $T_{zw}(\mathrm{j}\omega)$ 如图 8.13 所示。

本例中的滞环特性,经过大量实验测定为 $a_1 = 0.007\ \mathrm{rad} = 0.4°$。图 8.13 中的 $-1/N$ 就是此滞环非线性的负倒特性。从图中可读得交点处的频率 $\omega_0 = 1.19$ rad/s 和 $A/a_1 = 1.32$。因为 $a_1 = 0.007$ rad,所以幅值 $A = 0.00924$ rad。根据描述函数法,此交点表明系统中存在自振荡,这个 $A$ 和 $\omega_0$ 就是自振荡的幅值和频率。

图 8.14 所示是 Simulink 的仿真曲线。仿真是采取混合仿真,对象是连续的,而控制器是离散的。表 8.1 所列的是这 3 种情况下转角的自振荡参数。

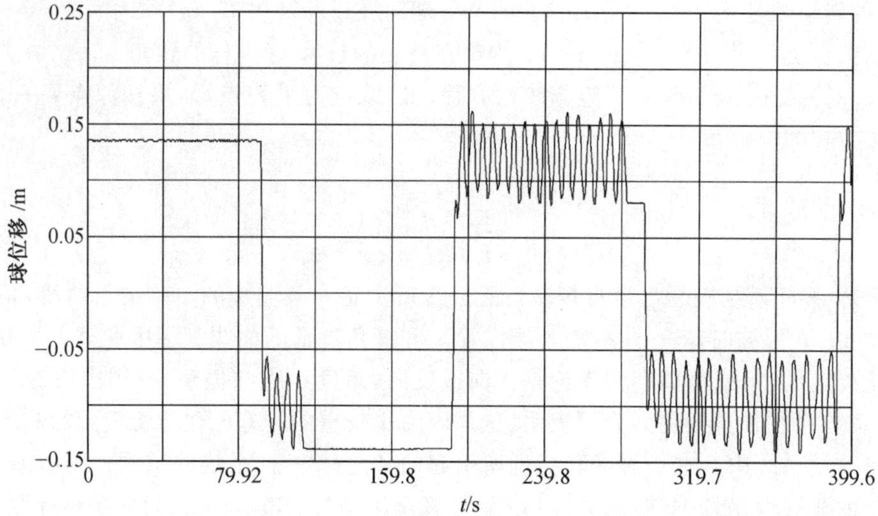


(a) 球位移曲线

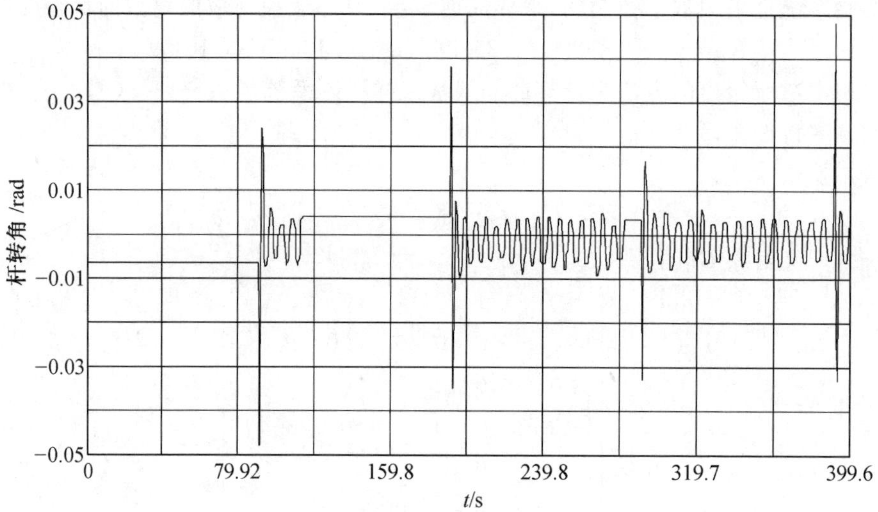


(b) 杆的转角曲线

图 8.11 实验记录 1

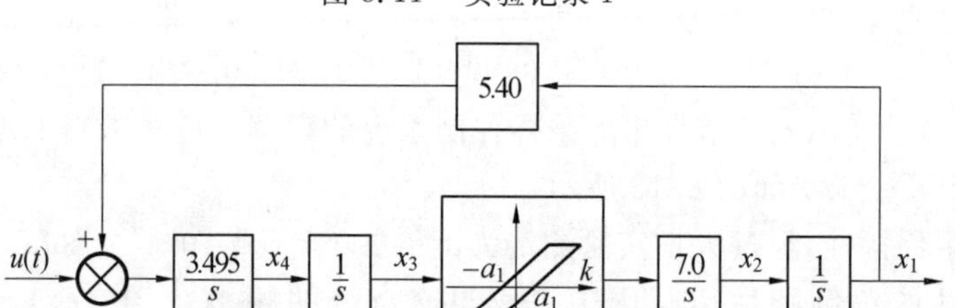


图 8.12 球－杆系统中的非线性

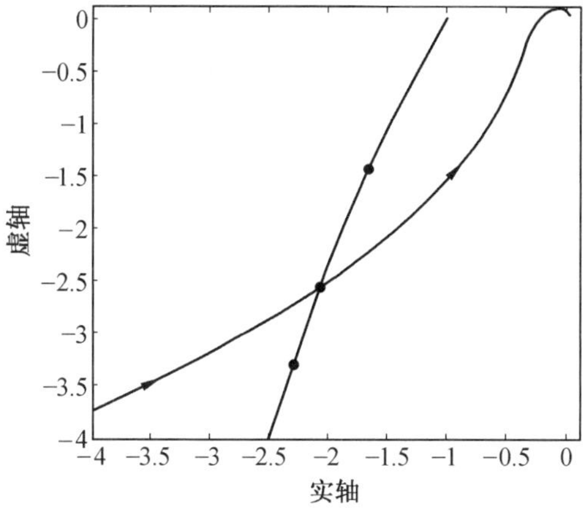


图 8.13　自激振荡的描述函数法分析

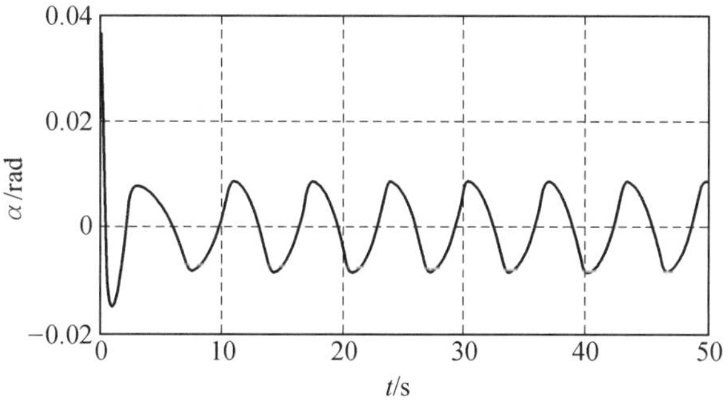


图 8.14　Simulink 的仿真曲线

**表 8.1　转角的自振荡参数**

| 3 种情况 | 频率 /(rad·s$^{-1}$) | 周期 /s | 峰－峰值 /rad |
|---|---|---|---|
| 描述函数法(图 8.13) | 1.19 | 5.28 | 0.018 5 |
| 仿真(图 8.14) | 0.97 | 6.47 | 0.017 1 |
| 实验(图 8.11(b)) | 1.1 | 5.71 | 0.013 4 |

换用不同的反馈增益阵 $K_d$，会出现不同的自振荡频率和幅值，不过 3 种情况下的数据关系仍然是与表 8.1 相类似的。表 8.1 的这 3 种不同方法所得的结果如此接近，说明本章给出的频率响应具有明显的物理意义(与前人工作相比)，可应用于实际系统的分析。

这里需要说明的是，滞环特性并不完全反映球－杆系统的特点，对球－杆系统来说，实验表明在平衡点附近的小区域内还存在一个死区特性 $\Omega$，即

$$\Omega=\{(\alpha,\dot{\alpha})\mid|\dot{\alpha}|<|\Delta\dot{\alpha}|,|\alpha|<|a_2|\} \tag{8.35}$$

所以这是一种带死区的滞环特性。仿真分析中 $a_1$ 仍取其标称值 0.007 rad，而死区部分 $\Omega$ 的参数为

$$\begin{cases}a_2=0.0065\ \text{rad}\\ \Delta\dot{\alpha}=0.002\ \text{rad/s}\end{cases} \tag{8.36}$$

按式(8.36)参数仿真所得的结果如图 8.15 所示，角度振荡一次后就稳定下来了，与图 8.11 前一个方波周期内的波形有相似的特性。当参数不变，仅改变 $a_2$，将 $a_2$ 从式(8.36)的 0.006 5 rad 改成 0.006 4 rad 时，系统就出现与图 8.14 一样的自振荡。这说明这个系统对 $a_1$ 与 $a_2$ 的相对关系极为敏感，稍有变化时就会从进入死区的稳定状态跳变为自振荡，或相反。而这个 $a_1$ 和 $a_2$ 是由于球压在杆上的弹性变形引起的，本身就带有不确定性。因此这个实验系统就会出现如图 8.11 所示的情况，有时是稳定的(进入死区)，有时则出现自振荡，一直停不下来。

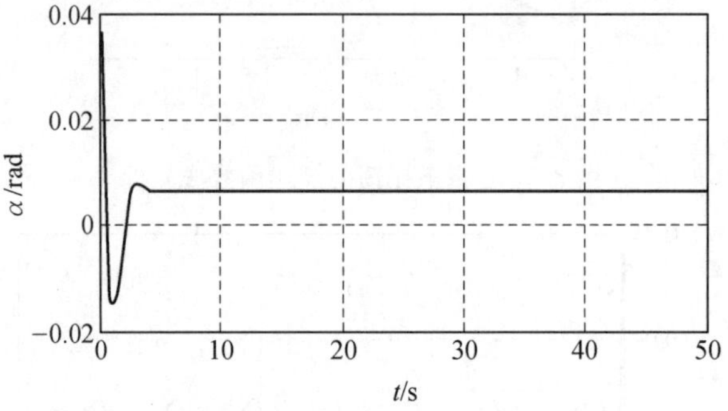


图 8.15　按式(8.36)的仿真曲线

因为这里有死区特性，所以杆和球是可以停下来的，但 $a_1$ 和 $a_2$ 相差不大，球只要一滚出 $\Omega$ 区域就会出现自振荡。所以状态反馈增益 $K_d$(式(8.32))选择时应使系统的主导极点是一个单极点，即应该使系统呈现出一阶系统的特性。因为如果是一阶的特性，则其相轨迹是单侧趋近于死区的。如果按常规的复数主导极点来设计，则其相轨迹有可能要绕过死区，即有可能离开 $\Omega$ 区域，进入自振荡状态。

基于这个认识，对球－杆系统来说应先按连续系统设计，使极点配置在 $-0.8$，$-4$，$-12.338\,2\pm j19.638\,7$。当然也可以配置其他极点，主要是设法让只有一个单极点靠近原点。将这些极点按 $z=e^{s\tau}$ 的关系式转换为离散极点，再根据极点配置理论，得离散的状态反馈阵为

$$K_{d2}=-[37.555\,9\quad 50.826\,1\quad 97.255\,8\quad 6.696\,2] \tag{8.37}$$

图 8.16 所示就是在这个反馈阵 $K_{d2}$ 控制下球－杆系统跟踪方波信号的记录曲线，每次阶跃变化后系统都能稳定下来，不再出现自振荡。

这个实验结果表明，本章给出的频率响应的计算公式可用于实际采样控制系统的分析，在实际数字控制系统的调试中得到了成功的应用。

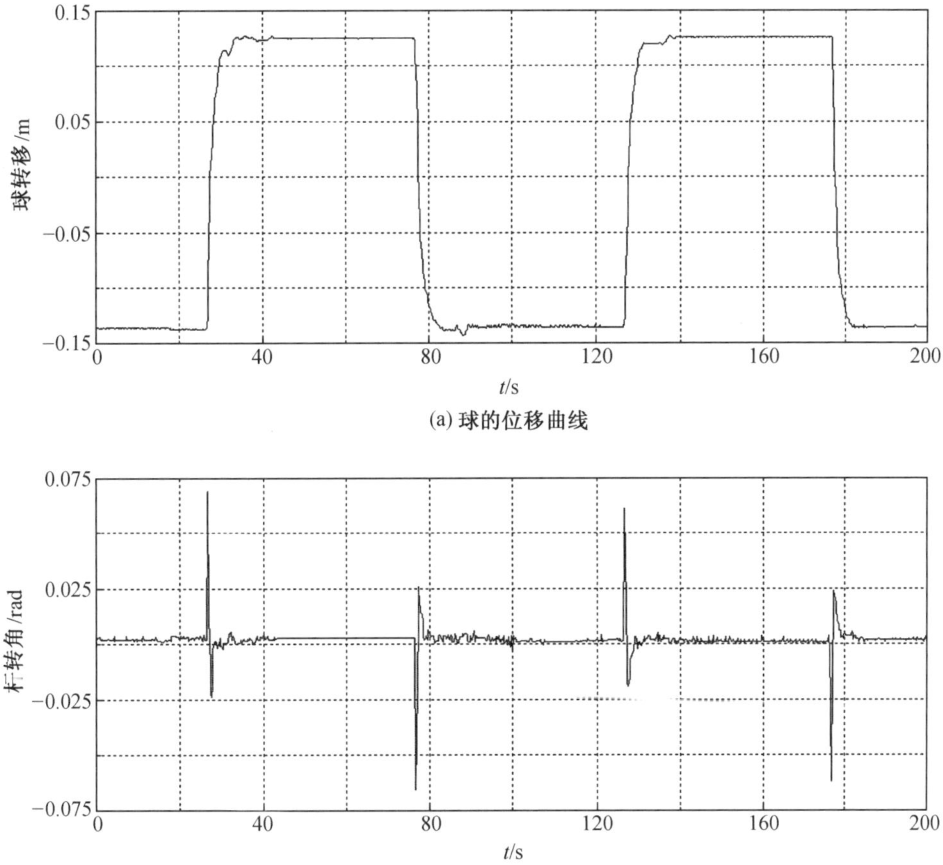


(a) 球的位移曲线

(b) 杆的转角曲线

图 8.16 实验记录 2

# 8.4 本章小结

实际的采样控制系统中，连续信号的一个主要通道是直通的，并不经过采样，基于这个观点来分析采样控制系统，既简单，物理概念又清楚，可以很容易、直接地得到采样控制系统的频率响应和 $L_2$ 诱导范数。作为实际应用，本章又将此频率响应法用于非线性采样控制系统，并获得了成功。

# 第 9 章　采样控制系统的鲁棒稳定性分析

由于提升法算得的 $L_2$ 诱导范数不能用于鲁棒稳定性分析，因此本章给出一种鲁棒稳定性分析的新方法。9.1 节及 9.2 节则是对 $H_\infty$ 设计中关于鲁棒稳定性分析的小增益定理和有关计算公式的说明。

## 9.1　对象的不确定性

### 9.1.1　不确定性的描述

对象的不确定性是指设计所用的数学模型 $P(s)$ 与实际物理系统之间的差别，或者称为模型误差。而这里的不确定性描述，也可称为(模型) 误差的表示方法。

这个不确定性可能是由于参数变化引起的，例如对象的参数随工作点而有变化，也可能是对象老化引起的，还可能是燃煤成分有变化而引起的，等等。这个不确定性也可能是由于忽略了一些高频的动态特性而引起的，这种动态特性称为未建模动态特性，意指对象建模时没有包括在内的这部分特性。例如，在列写电机的传递函数时可能忽略了其电枢回路的电气时间常数，也可能忽略了其功放驱动级的动特性，还可能没有考虑到机械传动部分的谐振特性。建模时也可能没有考虑到信号采集、传输或者物质传输过程中的时间滞后，也可能是用一个简化的集中参数模型来代替不容易处理的分布参数模型，例如挠性对象的控制或者温度控制的场合。这里所说的未建模动态，有的是由于我们的认识能力或表达方式有限，不能在对象的模型上表示出来，有的则是可以知道的，但是为了便于设计处理而采用了简化模型。例如计算机硬盘驱动器的伺服系统设计，因为是工业化的批量生产，不可能针对每一台特定的挠性模态来进行设计和调试，故这类系统设计时对象的数学模型一般均采用刚性模型，而将挠性模态按未建模动态来处理。不论是何种原因，既然将其定义为不确定性，设计时就认为是不知道的，一般只给出其范围大小。

不确定对象建模的基本方法是用一个集合 $F$ 来代表对象的模型。这个集合可以是结构化的，也可以是非结构化的[69]。

作为一个结构化的例子，考察对象模型为

$$\frac{1}{s^2+as+1}$$

这是一个标准的二阶传递函数，其自然频率为 1 rad/s，阻尼比为 $a/2$。例如，同时可代表一个质量－弹簧－阻尼系统或是一个 $R-L-C$ 电路。假定仅知常数 $a$ 在某个区间 $[a_{\min}, a_{\max}]$ 内，那么这个对象属于结构化的集合

$$F=\left\{\frac{1}{s^2+as+1}: a_{\min}\leqslant a\leqslant a_{\max}\right\}$$

这样的一类结构化集合需要由有限个标量参数来表示(此例仅一个参数 $a$)。另一类结构化不确定集合是离散的对象集合,不一定有明显的参数表示。

实际上非结构化的集合更重要,这有两个原因:其一,在实际的反馈设计中采用的所有模型都应当包括某些非结构化的不确定性才能覆盖未建模动态,尤其是在高频。其他类型的不确定性虽然重要,但可能是,也可能不是从给定的问题中自然引出的;其二,对于一种特定类型的非结构化不确定性,如圆状不确定性[70],可以找到一种既简单又具有一般性的分析方法。这样对于非结构化几何的基本出发点就是圆状不确定性的集合。非结构化的模型不确定性表示方法有以下两种[71,72]:

**1. 加性不确定性**

用加性形式来表示不确定性时,传递函数写成相加的形式,对应的频率特性为

$$P(\mathrm{j}\omega)=P_0(\mathrm{j}\omega)+\Delta P(\mathrm{j}\omega) \tag{9.1}$$

这里

$$|\Delta P(\mathrm{j}\omega)|<l_{\mathrm{a}}(\omega)$$

式中,$l_{\mathrm{a}}(\omega)$ 称为加性不确定性的界函数,表示实际 $P(\mathrm{j}\omega)$ 偏离模型 $P_0(\mathrm{j}\omega)$ 的范围。这里模型 $P_0(\mathrm{j}\omega)$ 也称为名义特性或者标称特性。

式(9.1)的含义用图来说明就更清楚了。图 9.1 中对应每一个频率点,以界函数 $l_{\mathrm{a}}$ 为半径作圆。图中的虚线就是这些圆的包络,而实际对象特性就位于虚线所限定的范围之内。

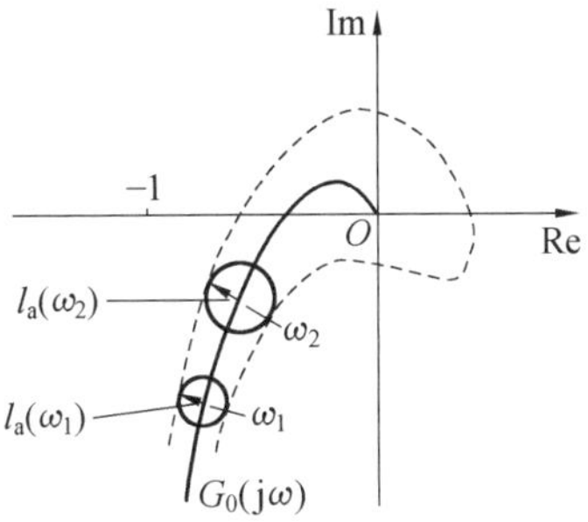


图 9.1　用加性不确定性表示的摄动范围

这里要强调的是,式(9.1)中只有 $P_0(\mathrm{j}\omega)$ 是已知的,$\Delta P$ 只知其界函数,而等号左侧的 $P(\mathrm{j}\omega)$ 不是已知的,设计时并没有这个 $P(\mathrm{j}\omega)$。所以今后常略去“标称”的脚标,将标称模型 $P_0(\mathrm{j}\omega)$ 写成 $P(\mathrm{j}\omega)$。

**2. 乘性不确定性**

在下面的讨论中,为了简化分析以便做出一些比较精确的论断,将选择乘积圆状不确定性做详细研究,然而这仅仅是一种类型的非结构化摄动。

假定标称(名义)对象的传递函数是 $P$,考察形如 $\tilde{P}=(1+\Delta W)P$ 的摄动对象的传递函数。这里 $W$ 是一固定的稳定的权函数,$\Delta$ 是一可变的稳定传递函数且满足 $\|\Delta\|_\infty<1$。进一步假定在构成 $\tilde{P}$ 中没有消掉 $P$ 的任何不稳定极点(即 $P$ 和 $\tilde{P}$ 有相同的不稳定极点)。这样的摄动 $\Delta$ 称为可容许的。

上述不确定性模型的含义是,$\Delta W$ 是偏离 1 的标称化的对象摄动:

$$\frac{\widetilde{P}}{P}-1=\Delta W \tag{9.2}$$

因此如果 $\|\Delta\|_\infty<1$,则

$$\left|\frac{\widetilde{P}(j\omega)}{P(j\omega)}-1\right|\leqslant|W(j\omega)|,\forall\omega \tag{9.3}$$

可见 $|W(j\omega)|$ 给出了不确定性的范围。这个不等式在复平面描绘了一个圆:在每个频率点,$\widetilde{P}/P$ 都位于以 1 为圆心,以 $|W|$ 为半径的圆内。典型情况是,$|W(j\omega)|$ 是 $\omega$ 的增函数(粗略地),不确定性随频率的增加而增加。$\Delta$ 的主要目的是为了考虑相位不确定性和作为摄动幅值的尺度因子(即 $|\Delta|$ 是在 0 和 1 之间变化)。

这样不确定模型就可以用标称对象 $P$ 与权函数 $W$ 来表示。下面用对象存在未建模动态特性的例子来说明实际中怎样获得权函数 $W$。

作为例子,设对象存在未建模动态,即

$$\widetilde{P}=UP \tag{9.4}$$

$$U(s)=\frac{1}{(1+Ts/3)^3} \tag{9.5}$$

并假设仅知道 $T$ 的范围,$0\leqslant T\leqslant 0.1$ s。那么根据式(9.3)可知,权函数 $W$ 应满足下列不等式:

$$\left|\frac{\widetilde{P}(j\omega)}{P(j\omega)}-1\right|=|U(j\omega)-1|\leqslant|W(j\omega)| \tag{9.6}$$

取 $T=0.1$ s(最差值),可以找到

$$W(s)=\frac{24(s+0.24)}{s+240} \tag{9.7}$$

图 9.2 是权函数 $W(j\omega)$(实线)和 $T=0.1$ 时的 $(U(j\omega)-1)$(虚线)的 Bode 幅频特性图,可以看出这个界函数 $|W(j\omega)|$ 与这个乘性不确定性的相对关系。

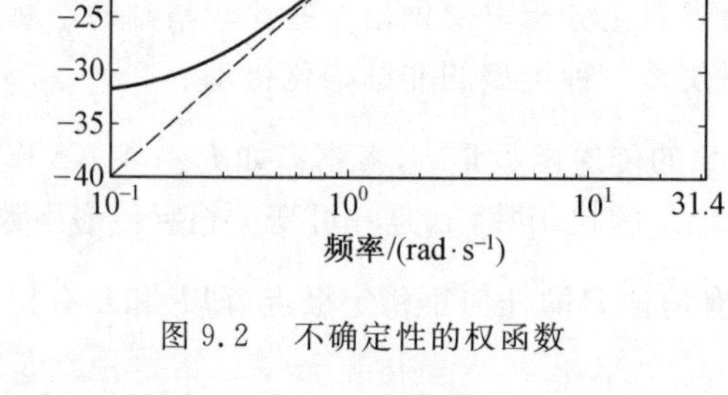

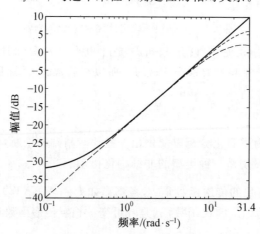

图 9.2　不确定性的权函数

### 9.1.2　不确定性和鲁棒性

不确定性问题在反馈控制系统中占有重要的位置。图 9.3 是一个系统在设计时的框图，这时对象 $P$ 尚是某种形式的数学模型。图中 $K(s)$ 是待设计的控制器。图 9.4 是控制器 $K(s)$ 设计好以后工作时的框图。这时的控制对象已不是设计时的数学模型 $P(s)$，二者之间存在差别，即存在不确定性。或者说，存在建模误差。一个设计应该允许有这种不确定性，这样，设计好的系统(图 9.4) 才是能工作的，能够实现设计的要求。如果一个设计不允许有不确定性，就意味着这个设计(图 9.3) 无法应用于实际(图 9.4)。所谓允许不确定性，至少要求按图 9.3 设计的控制器当用在实际系统中时(图 9.4) 仍是稳定的。这个性能称为鲁棒稳定性(robust stability)。鲁棒稳定性是指对象摄动后系统仍是稳定的。由于实际的对象特性(图 9.4) 与设计时用的数学模型 $P(s)$ 不可能是完全一致的，所以鲁棒稳定性问题对系统设计来说，是一个设计是否能实现的问题。

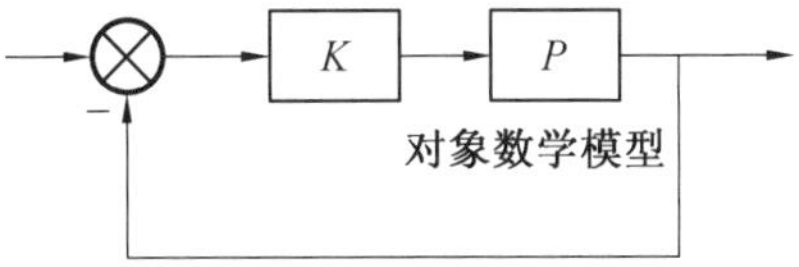


图 9.3　控制系统设计时的框图

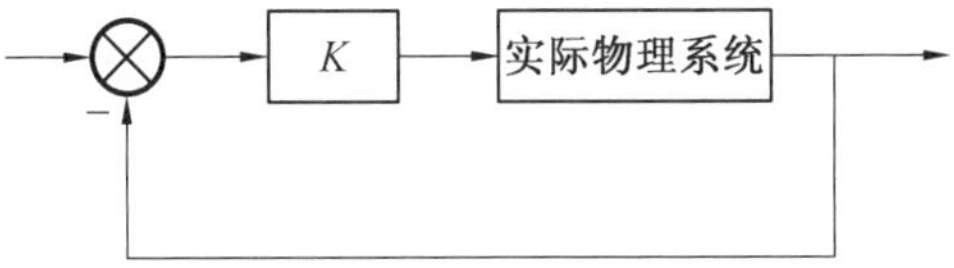


图 9.4　实际工作时的控制系统

当然，不确定性可能是由于参数变化引起的。所谓参数变化是指描述系统的数学模型中的参数与实际的参数不一致。由于数学模型总是某种意义下的低频数学模型，所以参数变化都反映在系统低频到中频段的摄动 $\Delta P(s)$ 上。而这个频段上的关于模型误差引起的鲁棒性问题是可以用灵敏度 $S=\dfrac{\mathrm{d}T/T}{\mathrm{d}G/G}$ 来处理的。

由于数学模型不可能将对象的各种细小的动态关系都描述出来，图 9.3 和图 9.4 这两幅图的真正差别在于这些高频的未建模动态。所以从控制系统的设计并实现来说，鲁棒性的主要问题是高频的未建模动态。

### 9.1.3　范数有界不确定性

范数有界不确定性是指图 9.5 所示的线性分式模型中的不确定性 $\Delta$ 是范数有界的。

图 9.5 中：

(1) 线性时不变系统 $P(s)$ 包含了所有已知的线性时不变元件(控制器、系统的名义对象、传感器及执行机构等)。

(2) 输入向量 $\boldsymbol{u}$ 包括作用在系统上的所有外部信号(扰动、噪声及参考信号等)，向量 $\boldsymbol{y}$ 由系统所有输出信号组成。

(3)$\Delta$ 为不确定性的结构化描述形式，即

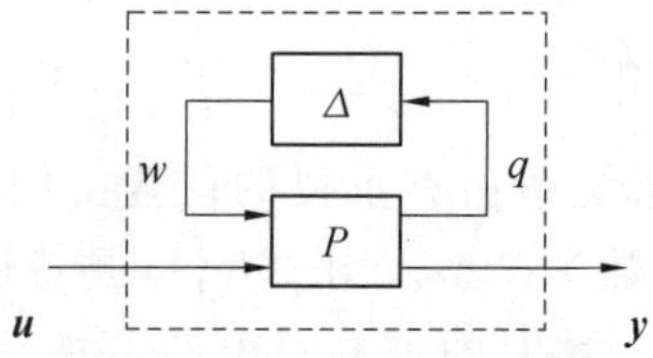


图 9.5 线性分式不确定性

$$\Delta = \mathrm{diag}(\Delta_1, \cdots, \Delta_r)$$

其中每个不确定块 $\Delta_i$ 代表一种不确定因素(忽略的动态特性、非线性特性、不确定参数等)。

在这种模型中,每个不确定块 $\Delta_i$ 可以是满块或标量块 $\Delta_i = \delta_i \times \boldsymbol{I}$,标量块代表参数不确定性。$\Delta_i$ 的大小由范数界来表示。

## 9.2 小增益定理

**小增益定理**[73] 假设图 9.6 中 $P,K$ 是实有理、真的、稳定的传递函数,且 $P$ 是严格真的。则图 9.6 所示系统内稳定的一个充分条件是

$$\| PK \|_\infty < 1 \tag{9.8}$$

下面根据小增益定理来推导反馈控制系统鲁棒稳定性的条件。

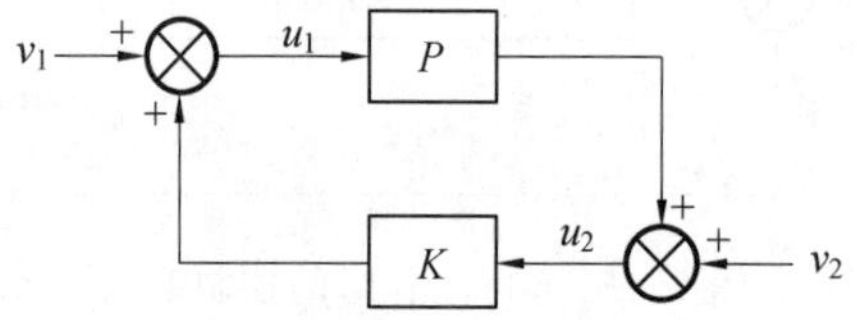


图 9.6 小增益定理

考虑 9.1 节给出的乘性圆状不确定性 $\widetilde{P} = (1 + \Delta W)P$, $\|\Delta\|_\infty < 1$,$\Delta$ 是满足 $\bar{\sigma}[\Delta(\mathrm{j}\omega)] < 1$ 的所有稳定的传递函数阵。这种不确定性 $\Delta$ 又称为“范数有界不确定性”。下面要讨论的图 9.7 所示系统鲁棒稳定的充要条件就是针对的范数有界不确定性。

由小增益定理内稳定的条件(式(9.8))可以推出 $\|\Delta WPK(\boldsymbol{I} - PK)^{-1}\|_\infty = \|\Delta WT\|_\infty \leqslant 1$,又因为 $\|\Delta\|_\infty < 1$,从而得到图 9.7 系统鲁棒稳定性的条件是

$$\| WPK(\boldsymbol{I} - PK)^{-1} \|_\infty = \| WT \|_\infty \leqslant 1 \tag{9.9}$$

对于图 9.8 所示的一般的不确定性($\|\Delta\|_\infty < 1$),断开 $w$ 和 $z$ 两点,系统鲁棒稳定性的充要条件是

$$\| T_{zw} \|_\infty \leqslant 1 \tag{9.10}$$

式(9.10)中的 $T_{zw}$ 是包含了权函数 $W$ 在内的闭环传递函数,相当于式(9.9)中的 $WT$。

这里需要指出的是,当处理范数有界不确定性问题时,小增益定理是个充要条件[73],小增益定理是 $H_\infty$ 设计中处理鲁棒稳定性时的基本工具。

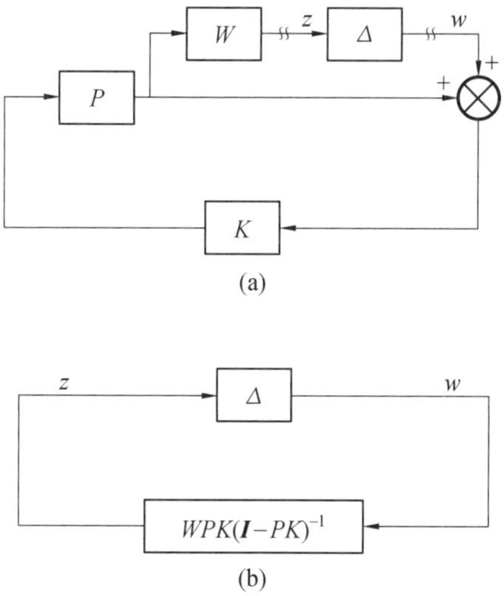


图 9.7　具有乘性摄动的系统

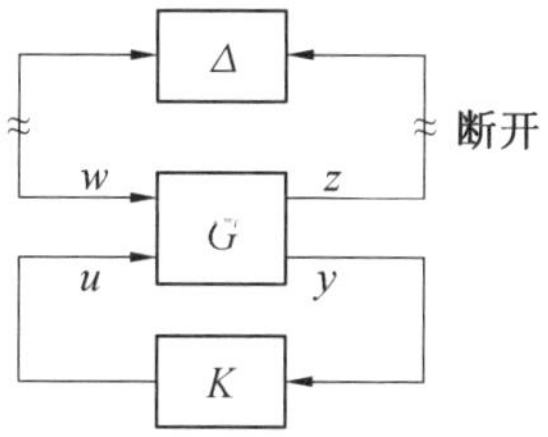


图 9.8　不确定性问题

# 9.3　鲁棒稳定性分析的新方法

## 9.3.1　鲁棒稳定性的离散化分析

图 9.9 所示是 $H_\infty$ 设计中鲁棒稳定性问题的框图。图 9.9 中，$P$ 为名义对象，$K_d$ 为离散控制器，$H$ 为保持器，$S$ 为采样器，$F$ 为抗混叠滤波器。这里考虑乘性不确定性，$W$ 是乘性不确定性的权函数。

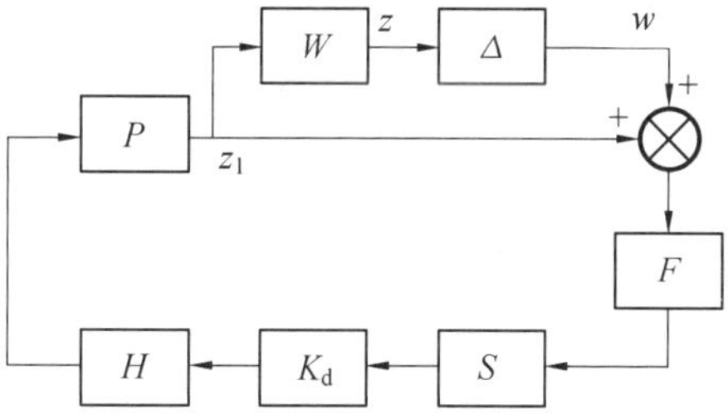


图 9.9　鲁棒稳定性问题

当用小增益定理来处理这类鲁棒稳定性问题时，就需要研究 $w$ 到 $z$ 之间的 $L_2$ 诱导范数。虽然提升法可以计算从 $w \to z$ 的采样控制系统的 $L_2$ 诱导范数，但是前面第 7 章已经指出，图9.9所示的鲁棒稳定性问题不满足提升法的应用条件，所算得的 $L_2$ 诱导范数在判别鲁棒稳定性时是不正确的。下面将提出一种新的分析鲁棒稳定性的方法。该方法的实质是用离散不确定性 $\Delta_d$ 加零阶保持器(ZOH) 来取代原连续系统中的不确定性 $\Delta$，如图 9.10 中虚线所示。图中采用两个采样开关以表示现在的 $\Delta_d$ 是离散的不确定性，即

$$\Delta_d = \{\Delta_k\}_{k=0}^{\infty}, \bar{\sigma}(\Delta_k) \leqslant 1 \tag{9.11}$$

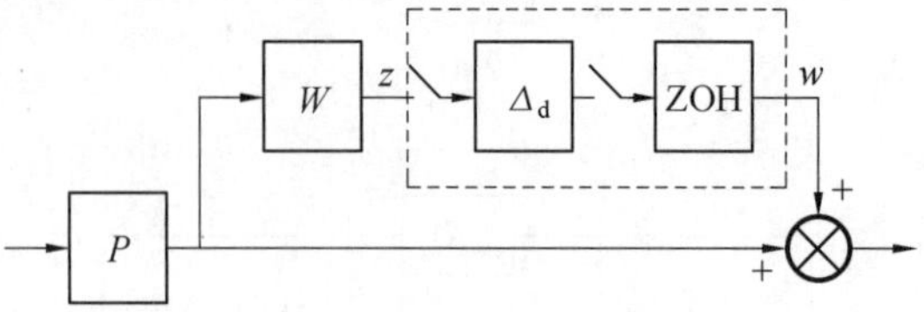


图 9.10 离散化不确定性

为了推导图 9.10 中虚线框部分的频率特性，可以将采样开关看作是脉冲调制器，即采样后的信号为

$$z^*(t) = \sum_{n=-\infty}^{\infty} z(n)\delta(t - n\tau) \tag{9.12}$$

式中，$\tau$ 为采样周期，对应的信号频谱(傅里叶变换) 为[74]

$$Z^*(s) = \frac{1}{\tau}\sum_{k=-\infty}^{\infty} Z(s + jk\omega_s) \tag{9.13}$$

注意到信号 $z(t)$ 是一个由离散控制器 $K_d$ 闭合的采样控制系统的输出，根据经典理论可以知道，$z$ 的信号中只有 $|\omega| < \omega_s/2$ 的频率成分，故在主频段$[-\omega_s/2, \omega_s/2]$内 $Z^*(j\omega) \approx Z(j\omega)/\tau$，即如果看作脉冲调制，那么采样后信号的频谱将是原信号的 $1/\tau$ 倍。而在脉冲信号作用下零阶保持器的频率特性为

$$H(j\omega) = \left.\frac{1 - e^{-\tau s}}{s}\right|_{s=j\omega} = \tau\,\frac{\sin(\omega\tau/2)}{\omega\tau/2}e^{-j\omega\tau/2} \tag{9.14}$$

因为采样器的增益为 $1/\tau$，故采样加保持的合成频率特性为

$$H(j\omega) = \frac{\sin(\omega\tau/2)}{\omega\tau/2}e^{-j\omega\tau/2} \tag{9.15}$$

其幅频特性和相频特性如图 9.11 和图 9.12 所示，从图可以看出，当 $\omega = 0$ 时，$|H| = 1$，而当 $\omega = \omega_s/2$ 时，$|H| = 0.636\ 6$，较 1 有所减小。

如果将采样加保持的合成幅频特性

$$|H(j\omega)| = \left|\frac{\sin(\omega\tau/2)}{\omega\tau/2}\right| \tag{9.16}$$

归入到权函数 $W$ 中去考虑，那么图 9.10 中的 ZOH 的幅频特性就可以看作 1，这时虚线所框的不确定性就具有范数小于等于1的特性，符合原连续系统的 $\|\Delta\|_\infty \leqslant 1$ 的假设，故而可以用这个离散不确定性 $\Delta_d$ 来取代图 9.9 中的 $\Delta$ 来分析采样控制系统的鲁棒稳定性。

由于图 9.10 的 $z(t)$ 是一采样控制系统的输出，只要考虑主频率段 $\omega \in [-\omega_s/2, \omega_s/2]$ 即可，所以零阶保持器附加在权函数 $W$ 上的影响实际上并不大。

如果将图 9.10 中零阶保持器的特性归入到权函数 $W$(式(9.7)) 中，有

$$|W(j\omega)H(j\omega)| = \left|\frac{24(j\omega + 0.24)\sin(\omega\tau/2)}{(j\omega + 240)\omega\tau/2}\right| \tag{9.17}$$

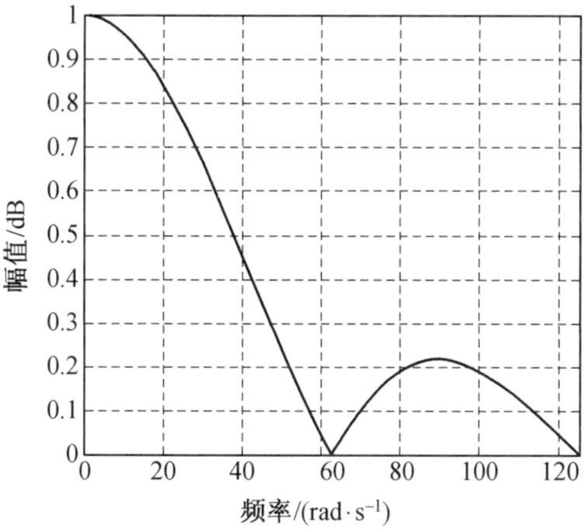


图 9.11　采样加保持的幅频特性

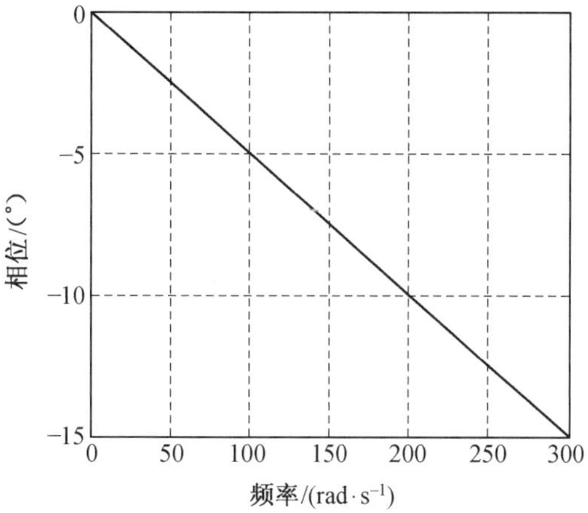


图 9.12　采样加保持的相频特性

图 9.2 中短虚线所示即为此加上 ZOH 后的权函数图形，可见这附加的特性对原权函数的影响并不大，依然是这个不确定性的界。换言之，只要考虑到有 ZOH 的影响，在确定权函数时略做调整，根据式(9.6) 所找到的 $W(\mathrm{j}\omega)$ 一般都能满足加上 ZOH 后的要求。

按图 9.10 用离散不确定性 $\Delta_{\mathrm{d}}$ 取代原连续系统的 $\Delta$ 后，加到系统上的 $w$ 信号已是保持器的输出信号：

$$w(k\tau + t) = w(k\tau), 0 \leqslant t \leqslant \tau$$

而鲁棒稳定性问题中的输出，也已是采样时刻的信号 $z(k\tau)$。这样，采样控制系统的鲁棒稳定性分析已转换成为离散系统的鲁棒稳定性分析了，可以利用常规的离散化方法和相应的充要条件来进行判断。

这里要说明的是，改用 $\Delta_{\mathrm{d}}$ 转换成离散系统来分析稳定性时不应改变系统的可控和可观测的性能，其充要条件是对于分立的特征值 $s_i \neq s_j$，对应的离散系统的特征值不能相等[75]，即

$$\exp s_i\tau \neq \exp s_j\tau \tag{9.18}$$

式中，$\tau$ 为采样周期。对一对复数特征值 $s_{1,2} = \sigma_1 \pm \mathrm{j}\omega_1$ 来说，当 $\tau = q\pi/\omega_1$，或改用 $\omega_{\mathrm{s}} = 2\pi/\tau$ 来表示时，当

$$\frac{\omega_s}{2}=\frac{\omega_1}{q},q=1,2,3,\cdots$$

时，式 (9.18) 就遭到破坏。不过由于实际上 $\omega_s$ 均远大于系统的特征值 $\omega_1$，因此对一般的系统设计来说，这个不等式(9.18) 总是成立的。也就是说，改用 $\Delta_d$ 用离散系统的方法来使系统稳定，一般都可以保证原系统也是稳定的。当然，如果系统中确实存在高频谐振模态，则应该验算一下式(9.18)。

### 9.3.2　算例

**例 9.1**　设图 9.9 系统中对象特性 $P$ 为

$$P(s)=\frac{24(48-s)}{(s+48)(10s+24)} \tag{9.19}$$

抗混叠滤波器为

$$F(s)=\frac{31.4}{s+31.4} \tag{9.20}$$

权函数取上面分析的式(9.7)，为

$$W(s)=\frac{24(s+0.24)}{s+240} \tag{9.21}$$

设对象 $P$ 的状态空间实现为$[\boldsymbol{A}_P,\boldsymbol{B}_P,\boldsymbol{C}_P]$，滤波器 $F$ 的状态空间实现为$[\boldsymbol{A}_F,\boldsymbol{B}_F,\boldsymbol{C}_F]$，权函数 $W$ 的状态空间实现为$[\boldsymbol{A}_W,\boldsymbol{B}_W,\boldsymbol{C}_W]$，可得图 9.9 所示系统的广义对象为

$$\boldsymbol{G}=\begin{bmatrix}\boldsymbol{A} & \boldsymbol{B}_1 & \boldsymbol{B}_2\\ \boldsymbol{C}_1 & \boldsymbol{0} & \boldsymbol{0}\\ \boldsymbol{C}_2 & \boldsymbol{0} & \boldsymbol{0}\end{bmatrix} \tag{9.22}$$

其中

$$\boldsymbol{A}=\begin{bmatrix}\boldsymbol{A}_P & \boldsymbol{0} & \boldsymbol{0}\\ \boldsymbol{B}_F\boldsymbol{C}_P & \boldsymbol{A}_F & \boldsymbol{0}\\ \boldsymbol{B}_W\boldsymbol{C}_P & \boldsymbol{0} & \boldsymbol{A}_W\end{bmatrix}$$

$$\boldsymbol{B}_1=\begin{bmatrix}0\\ \boldsymbol{B}_F\\ 0\end{bmatrix},\boldsymbol{B}_2=\begin{bmatrix}\boldsymbol{B}_P\\ \boldsymbol{0}\\ \boldsymbol{0}\end{bmatrix}$$

$$\boldsymbol{C}_1=[\boldsymbol{D}_W\boldsymbol{C}_P\quad \boldsymbol{0}\quad \boldsymbol{C}_W]$$

$$\boldsymbol{C}_2=[\boldsymbol{0}\quad \boldsymbol{C}_F\quad \boldsymbol{0}]$$

设离散控制器为

$$K_d(z)=-\left(1.852+\frac{8.889\tau}{z-1}\right) \tag{9.23}$$

式中，$\tau$ 为采样周期，本例中取 $\tau=0.1$ s。

本例中系统的带宽 $\omega_b\approx 6.28$ rad/s，这个系统已是一个典型的采样控制系统。

按上面的思想，换成离散不确定性后用常规方法对系统进行离散化，求得离散频率特性 $T_{zw}(e^{j\omega\tau})$ 如图 9.13 所示，其峰值即为 $H_\infty$ 范数，$\| T_{zw} \|_\infty=0.994\ 9=-0.044\ 4$ dB。

因此根据小增益定理(式(9.9))，如果对象的摄动不超出这个界函数 $W$，系统仍应该是稳定的。作为验证，设对象的摄动如式(9.5)所示，并取最坏的情况 $T=0.1$ s，图 9.2 表明这

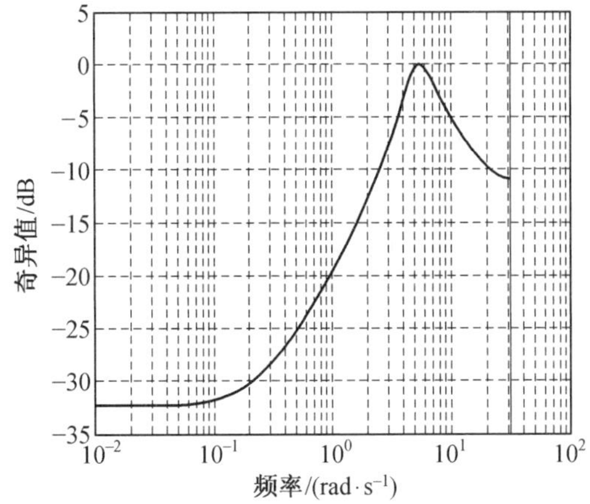


图 9.13　例 9.1 的奇异值 Bode 图

个摄动已贴近界函数 $W$ 了。

图 9.14 所示就是对象加上这个最坏摄动后，这个连续对象和离散控制器的混合仿真曲线。这个系统虽然稳定，但已接近稳定边缘，与图 9.2 的摄动已贴近界函数的概念是相一致的，可见这种分析是不保守的。

本例如果采用第 4 章中的提升法进行计算，所得的 $H_\infty$ 范数 $\|T_{zw}\|_\infty=1.3244$，早已破坏了小增益定理的条件，可是摄动后的系统却是稳定的。

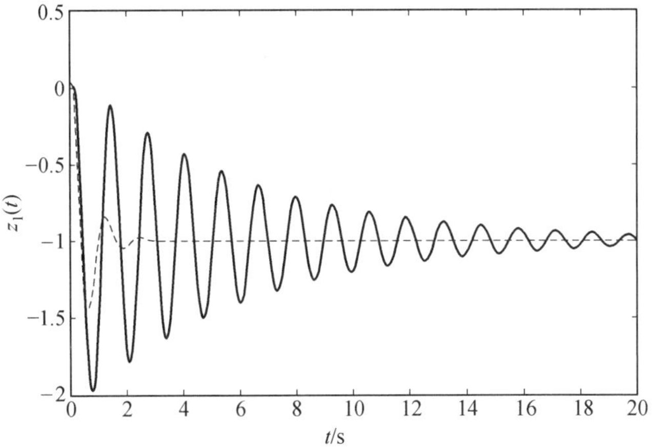


图 9.14　摄动系统(实线)与名义系统(虚线)的阶跃响应

## 9.4　本章小结

本章提出用离散不确定性代替原采样控制系统的连续不确定性来进行鲁棒稳定性分析。对范数有界的乘性不确定性来说，这种离散化方法与连续系统中应用小增益定理的效果是一样的，都是不保守的。这个 $\|T_{zw}\|_\infty\leqslant 1$ 的条件还可以进一步用作采样控制系统 $H_\infty$ 设计中的鲁棒稳定性条件。

# 第 10 章　基于离散不确定等价法的采样控制系统的 $H_\infty$ 设计

有了前面几章的基础，现在可以来讨论采样控制系统的 $H_\infty$ 设计了。常见的 $H_\infty$ 设计问题有两大类，即混合灵敏度问题和扰动抑制问题。本章将结合这两类问题来给出可用于系统综合(synthesis)的 $H_\infty$ 设计方法。

## 10.1　标准 $H_\infty$ 问题

设线性定常系统如图 10.1 所示。图中各信号均为向量。其中 $w$ 是外部输入信号，包括参考输入、干扰和噪声等；$z$ 为广义控制误差信号；$u$ 为控制输入信号；$y$ 为观测输出信号；$\boldsymbol{G}$ 是广义被控对象，包括实际被控对象和各权函数等；$K$ 是控制器。

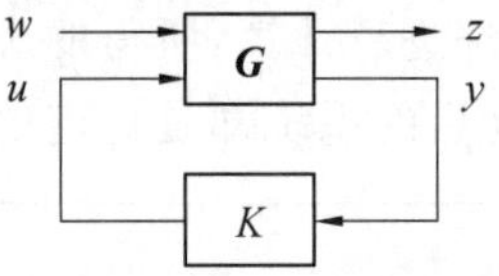


图 10.1　标准 $H_\infty$ 控制问题框图

设广义对象 $\boldsymbol{G}$ 的状态空间实现为

$$\begin{cases}\dot{x} = \boldsymbol{A} + \boldsymbol{B}_1 w + \boldsymbol{B}_2 u \\ z = \boldsymbol{C}_1 x + \boldsymbol{D}_{11} w + \boldsymbol{D}_{12} u \\ y = \boldsymbol{C}_2 x + \boldsymbol{D}_{21} w + \boldsymbol{D}_{22} u\end{cases} \tag{10.1}$$

式中 $x \in \mathbf{R}^n, w \in \mathbf{R}^{m_1}, u \in \mathbf{R}^{m_2}, z \in \mathbf{R}^{p_1}, y \in \mathbf{R}^{p_2}$。相应的传递函数阵为

$$\boldsymbol{G}(s) = \begin{bmatrix} G_{11}(s) & G_{12}(s) \\ G_{21}(s) & G_{22}(s)\end{bmatrix} = \begin{bmatrix} \boldsymbol{A} & \boldsymbol{B}_1 & \boldsymbol{B}_2 \\ \boldsymbol{C}_1 & \boldsymbol{D}_{11} & \boldsymbol{D}_{12} \\ \boldsymbol{C}_2 & \boldsymbol{D}_{21} & \boldsymbol{D}_{22}\end{bmatrix}$$

即

$$\begin{bmatrix} z \\ y \end{bmatrix} = \boldsymbol{G}(s)\begin{bmatrix} w \\ u \end{bmatrix} = \begin{bmatrix} G_{11}(s) & G_{12}(s) \\ G_{21}(s) & G_{22}(s)\end{bmatrix}\begin{bmatrix} w \\ u \end{bmatrix}$$

$$u = K(s)y$$

于是，图 10.1 中由 $w$ 到 $z$ 的闭环传递函数阵为

$$T_{zw}(s) = G_{11} + G^{12}K(\boldsymbol{I} - G_{22}K)^{-1}G_{21} \tag{10.2}$$

式(10.2) 也称为 $K$ 的线性分式变换(linear fractional transformation, LFT)。

$H_\infty$ 控制问题就是寻找一真的实有理控制器 $K$，在保证闭环系统内稳定的同时，使闭环传递函数阵 $T_{zw}(s)$ 的 $H_\infty$ 范数极小，即

$$\min_{K_{\text{stab}}} \| T_{zw} \|_\infty = \gamma_{\text{opt}} \tag{10.3}$$

式中，$K_{\text{stab}}$ 表示能使系统内稳定的控制器集合。使式(10.3)成立的 $K$ 称为 $H_\infty$ 最优控制器。$H_\infty$ 最优控制器比较难求，一般求解如下 $H_\infty$ 次优控制问题：寻找真的实有理控制器 $K$，在保证闭环系统内稳定的同时，满足

$$\| T_{zw} \|_\infty < \gamma \tag{10.4}$$

显然，$\gamma > \gamma_{\text{opt}}$。

在 $H_\infty$ 控制问题中，如果广义对象 $G(s)$ 中的 $G_{12}(s)$ 和 $G_{21}(s)$ 在包含无穷远点在内的虚轴上具有不变零点，则对应的 $H_\infty$ 控制问题称为奇异 $H_\infty$ 控制问题。

### 10.1.1　混合灵敏度问题

控制系统设计中的干扰抑制问题、鲁棒稳定性问题等都可以化为标准 $H_\infty$ 控制问题来求解。混合灵敏度优化问题就是常用的 $H_\infty$ 优化设计方法。

$H_\infty$ 混合灵敏度问题常称为两块问题：混合灵敏度 S/T 问题和混合灵敏度 S/KS 问题[76]。

**1. 混合灵敏度 S/T 问题**

S/T 问题的系统结构图如图 10.2 所示。

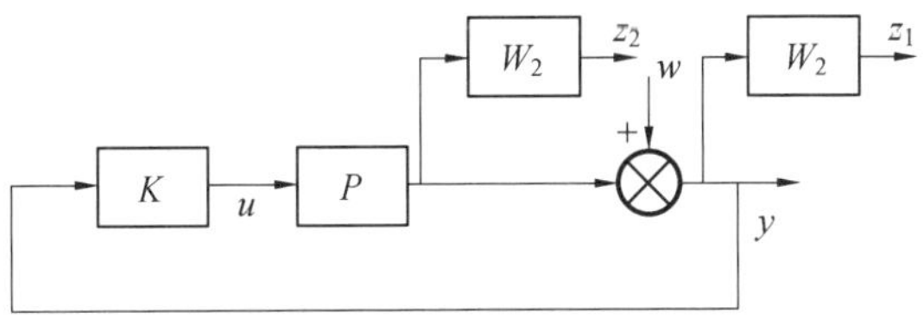


图 10.2　S/T 问题结构图

$H_\infty$ 设计中通常用加权传递函数的 $H_\infty$ 范数作为性能指标。S/T 问题就是要求一控制器 $K$ 使闭环系统稳定，且从 $w$ 到 $z_1$ 和 $z_2$ 的两个传递函数同时满足：

$$\| W_1 S \|_\infty \leqslant 1 \tag{10.5}$$

$$\| W_2 T \|_\infty \leqslant 1 \tag{10.6}$$

式(10.5)中 $S = (\boldsymbol{I} - KP)^{-1}$ 称为灵敏度函数，反映系统输出对干扰的抑制能力，是一项重要的性能指标。灵敏度越小，说明系统抗干扰能力越强。权函数 $W_1$ 反映系统对灵敏度函数的要求，一般为低通形式，以满足低频段灵敏度小的要求。

式(10.6)中 $T = KP(\boldsymbol{I} - KP)^{-1}$ 也称为补灵敏度函数，与系统的鲁棒稳定性有关。因为式(10.6)可以看成是系统在不确定性条件下的鲁棒稳定性条件。对于图 10.3 所示含乘性不确定性系统，可以化为图 10.4 所示的形式。

设不确定性 $\Delta_M(s)$ 的界函数是 $W_2(s)$，即

$$\| \Delta_M(s) \|_\infty \leqslant |W_2(s)|$$

则可由小增益定理得系统鲁棒稳定的充要条件就是式(10.6)。一般权函数 $W_2$ 是高通的，以保证闭环系统鲁棒稳定性的要求。

$S$ 和 $T$ 满足关系式

$$S + T = \boldsymbol{I}$$

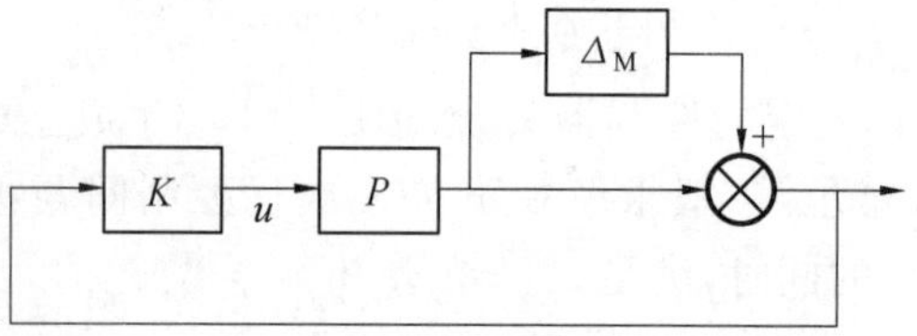


图 10.3　含乘性不确定性系统

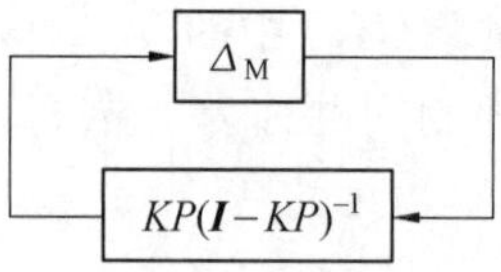


图 10.4　简化框图

通常式(10.5)和式(10.6)合为一个性能指标要求,即要求

$$\min_{K_{atab}}\left\|\begin{matrix}W_1 S\\ W_2 T\end{matrix}\right\|_\infty \leqslant 1 \tag{10.7}$$

这是由于有[77]

$$\frac{1}{\sqrt{2}}\bar{\sigma}\begin{bmatrix}A\\ B\end{bmatrix}\leqslant \max\{\bar{\sigma}(A),\bar{\sigma}(B)\}\leqslant \bar{\sigma}\begin{bmatrix}A\\ B\end{bmatrix}$$

混合灵敏度问题实际上就是通过权函数的选取,利用式(10.7)所示的 $H_\infty$ 优化问题的结果,使与系统性能和稳定性相关的闭环灵敏度函数满足设计要求。

混合灵敏度 S/T 问题的广义对象为

$$\boldsymbol{G}(s)=\begin{bmatrix}G_{11} & G_{12}\\ G_{21} & G_{22}\end{bmatrix}=\begin{bmatrix}W_1 & W_1 P\\ \boldsymbol{0} & W_2 P\\ \boldsymbol{I} & P\end{bmatrix} \tag{10.8}$$

**2. 混合灵敏度 S/KS 问题**

S/KS 问题的系统结构图如图 10.5 所示。S/KS 问题的性能指标要求是:

$$\min_{K_{stab}}\left\|\begin{matrix}W_1 S\\ W_2 KS\end{matrix}\right\|_\infty \leqslant 1 \tag{10.9}$$

式(10.9)中第二块可以看成是系统在加性不确定性条件下的鲁棒稳定性条件。对于图 10.6 所示的含加性不确定性的系统,可以化为图 10.7 所示的形式。

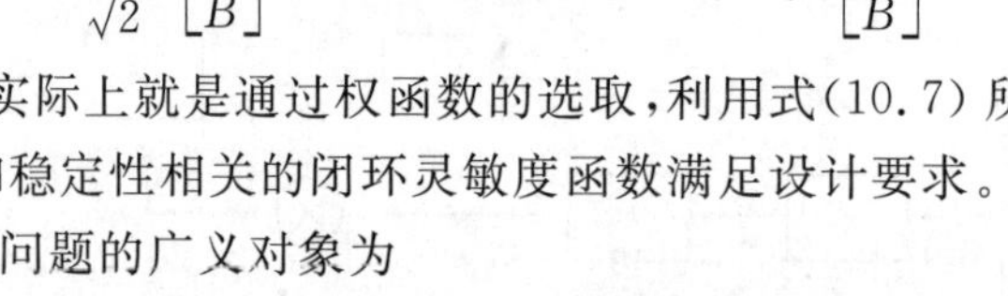

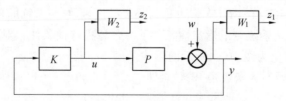

图 10.5　S/KS 问题结构图

设加性不确定性满足

$$\|\Delta_A(s)\|_\infty \leqslant |W_2(s)|$$

则也可由小增益定理得出加性不确定性下系统的鲁棒稳定性条件,即

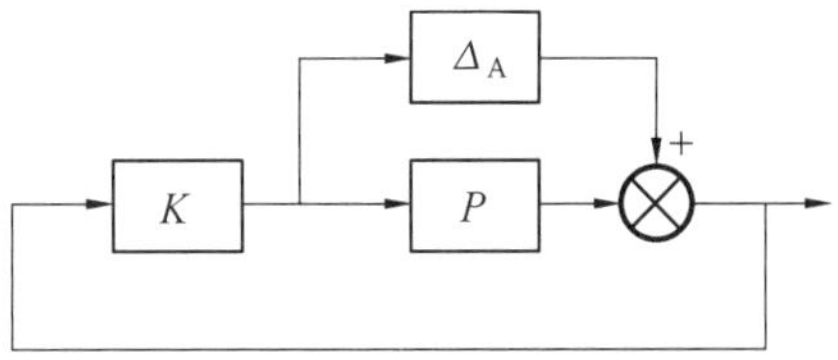


图 10.6　含加性不确定性系统

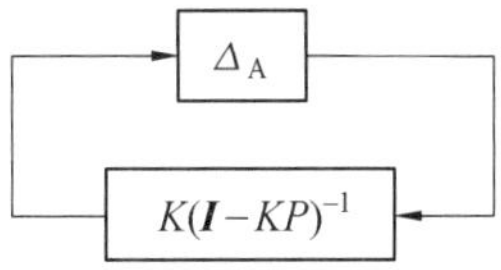


图 10.7　简化框图

$$\| W_2 KS \|_\infty < 1$$

式中，$W_2$ 为加性不确定性的界函数，也可以看成是对控制信号 $u$ 的约束。所以，式(10.9)也反映了灵敏度 $S$ 的性能并同时限制带宽的一种设计要求。

混合灵敏度 S/KS 问题的广义对象是

$$\boldsymbol{G}(s) = \begin{bmatrix} G_{11} & G_{12} \\ G_{21} & G_{22} \end{bmatrix} = \begin{bmatrix} W_1 & W_1 \\ \boldsymbol{0} & W_2 \\ \boldsymbol{I} & P \end{bmatrix} \tag{10.10}$$

由式(10.8)和式(10.10)可见，对于混合灵敏度 S/T 问题和 S/KS 问题，广义对象中 $G_{21}(s)$ 都是

$$G_{21}(s) = \boldsymbol{C}_2(s\boldsymbol{I} - \boldsymbol{A})^{-1}\boldsymbol{B}_1 + \boldsymbol{D}_{21} = \boldsymbol{I} \tag{10.11}$$

所以

$$\det \begin{bmatrix} \boldsymbol{A} - s\boldsymbol{I} & \boldsymbol{B}_1 \\ \boldsymbol{C}_2 & \boldsymbol{D}_{21} \end{bmatrix} = \det(\boldsymbol{A} - s\boldsymbol{I})\det(\boldsymbol{D}_{21} - \boldsymbol{C}_2(\boldsymbol{A} - s\boldsymbol{I})^{-1}\boldsymbol{B}_1) = \det(\boldsymbol{A} - s\boldsymbol{I}) \tag{10.12}$$

式(10.12)说明，广义对象的极点就是 $G_{21}(s)$ 的不变零点。

上述 S/T 问题和 S/KS 问题可以满足一般的设计要求，是 $H_\infty$ 设计时的首选方案。尤其是 S/T 问题中的 $W_2 T$ 常用来反映未建模动态所造成的鲁棒稳定性，所以常用 S/T 问题作为 $H_\infty$ 优化设计的对象。在处理实际设计问题时，为满足 DGKF 法的假设条件，还可以用下式表示的 3 块问题来设计：

$$\left\| \begin{matrix} W_1 S \\ W_2 KS \\ W_3 T \end{matrix} \right\|_\infty < 1$$

应用三块问题设计，还可降低控制器的高频增益，减小系统中高频噪声的影响[78]。

### 10.1.2　扰动抑制及鲁棒扰动抑制问题

第 7 章对输出端加权的扰动抑制问题应用提升法进行了设计。图 10.8 是扰动抑制问题的框图。扰动抑制问题也可以看作是 PS 问题。10.1.1 节的混合灵敏度设计体现了系统设计对扰动抑制性能和鲁棒稳定性两个主要方面的要求，因此得到了广泛的应用。但由于伺服系统的对象有积分环节，当用混合灵敏度设计时，为满足 DGKF 法的假设条件，一般将

原点处的极点加一摄动，则被控对象含有弱阻尼极点，当对象参数发生变化时，控制器将不能完全对消掉这些极点，从而闭环传递函数中将留有这些弱阻尼模态。这些弱阻尼模态还保留在从被控对象的输入端到被控对象的输出端的闭环传递函数 PS 中，即 PS 的频率响应出现谐振峰值。这个峰值的影响是对象的输入端的微小扰动将导致系统输出的很大变化，甚至使系统不稳定。因此，考虑抑制对象输入端扰动的控制方案——PS/T 两块问题。

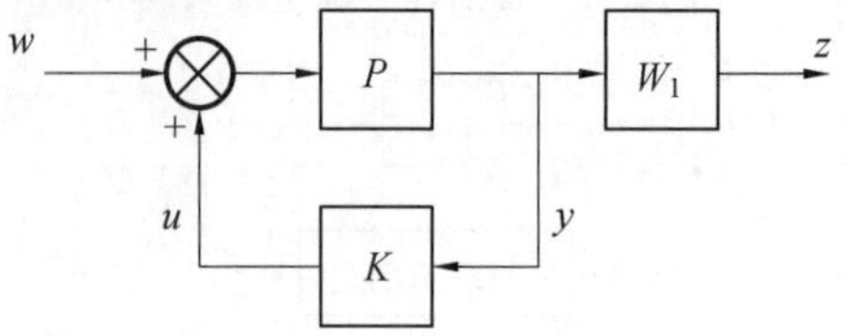


图 10.8　$H_\infty$ 扰动抑制问题

PS/T 两块问题的系统结构图如图 10.9 所示。图 10.9 中，$P$ 是对象；$K$ 是控制器；$w$ 是外干扰。

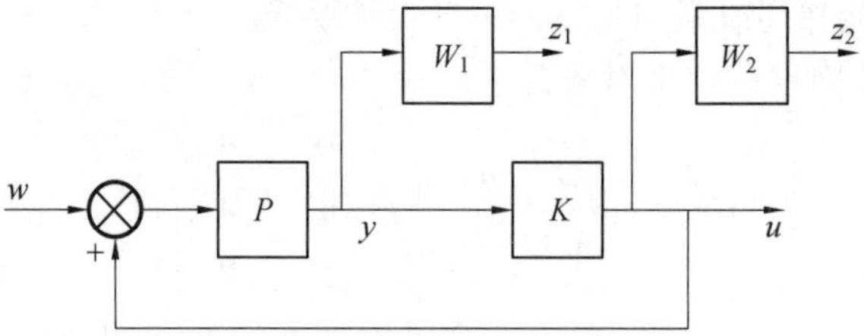


图 10.9　PS/T 问题的结构图

PS/T 问题是指求解以下的 $H_\infty$ 优化设计问题：

$$\min_{K_{\text{stab}}}\left\|\begin{matrix} W_1 PS \\ W_2 T \end{matrix}\right\|_\infty \leqslant 1 \tag{10.13}$$

式中，$S$ 是灵敏度函数，$S=(\boldsymbol{I}+KP)^{-1}$；$PS$ 是扰动输入到对象输出的传递函数，代表扰动的衰减特性；$T=KP(\boldsymbol{I}+KP)^{-1}$ 是闭环传递函数；$W_2T$ 代表乘性不确定性下的鲁棒稳定性约束。

设被控对象的传递函数及其状态空间实现为

$$P(s)=\left[\begin{array}{cc} \boldsymbol{A}_P & \boldsymbol{B}_P \\ \boldsymbol{C}_P & \boldsymbol{D}_P \end{array}\right] \tag{10.14}$$

各权函数及其状态空间实现为

$$W_i(s)=\left[\begin{array}{cc} \boldsymbol{A}_{W_i} & \boldsymbol{B}_{W_i} \\ \boldsymbol{C}_{W_i} & \boldsymbol{D}_{W_i} \end{array}\right], i=1,2 \tag{10.15}$$

设图 10.9 中各矩阵和信号具有相应的维数，且 $W_i \in \mathbf{R}H_\infty$，$P, P^{-1} \in \mathbf{R}H_\infty$。将图10.9 化为 $H_\infty$ 标准问题的形式，如图 10.9 所示。其中，$w(t) \in \mathbf{R}^{m_1}$，$u(t) \in \mathbf{R}^{m_2}$，$z(t) \in \mathbf{R}^{p_1}$，$y(t) \in \mathbf{R}^{p_2}$，并设广义对象中的状态变量 $x(t) \in \mathbf{R}^n$。

根据图 10.10 可以将广义对象的传递函数阵写为

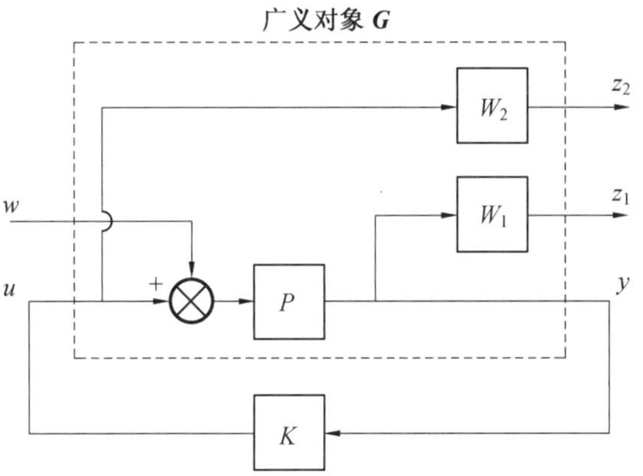


图 10.10　PS/T 问题的 $H_\infty$ 标准形式

$$G(s)=\left[\begin{array}{c:cc} A & B_1 & B_2 \\ \hdashline C_1 & D_{11} & D_{12} \\ C_2 & D_{21} & D_{22} \end{array}\right]=\left[\begin{array}{ccc:c:c} A_{W_1} & 0 & B_{W_1}C_P & B_{W_1}D_P & B_{W_1}D_P \\ 0 & A_{W_2} & 0 & 0 & B_{W_2} \\ 0 & 0 & A_P & B_P & B_P \\ C_{W_1} & 0 & D_{W_1}C_P & D_{W_1}D_P & D_{W_1}D_P \\ 0 & C_{W_2} & 0 & 0 & D_{W_2} \\ \hdashline 0 & 0 & C_P & D_P & D_P \end{array}\right] \tag{10.16}$$

这里设广义对象的状态空间表达式(10.16)为最小实现。

## 10.2　采样控制系统的 $H_\infty$ 混合灵敏度设计

8.2 节已经给出了采样控制系统频率响应的直接计算公式(式(8.18))。这种频率响应法虽能精确求得采样控制系统的 $L_2$ 诱导范数，但无法直接用于 $H_\infty$ 设计。这是因为式(8.18)中既有连续系统的传递函数 $G_{1i}(s)$，又有离散的传递函数 $G_{2id}(z)$，需要将二者统一在同一个框架下才能进行 $H_\infty$ 设计。

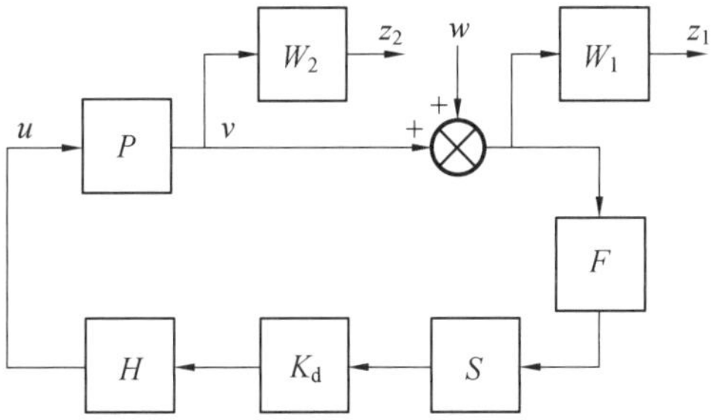


图 10.11　采样控制系统的混合灵敏度问题

现结合图 10.11 的 S/T 混合灵敏度问题来进行说明。图 10.11 中，$P$ 为连续对象；$F$ 为抗混叠滤波器；$K_d$ 为离散控制器；$H$ 和 $S$ 分别为零阶保持器和采样开关；$W_1$ 和 $W_2$ 为权函数。S/T 问题是指求解下列的优化问题：

$$\min_{K_{\text{stab}}}\left\|\begin{matrix}W_1 S\\ W_2 T\end{matrix}\right\|_\infty \leqslant 1 \tag{10.17}$$

式中，$S(\mathrm{j}\omega)$ 和 $T(\mathrm{j}\omega)$ 分别为系统的灵敏度和补灵敏度。

式(10.17) 中的 $W_2 T$ 代表了系统设计中的鲁棒稳定性约束，图 10.12(a) 所示为此问题的示意图。设不确定性 $\Delta$ 为范数有界不确定性，$\|\Delta\|_\infty<1$，那么鲁棒稳定性的充要条件是

$$\|W_2 T\|_\infty \leqslant 1 \tag{10.18}$$

对采样控制系统来说，图 10.11 和图 10.12(a) 中的信号 $w$ 和 $z_2$ 均为连续信号。9.3 节中指出这个连续的不确定性可以用离散的不确定性 $\Delta_{\mathrm{d}}$ 来代替，也就是说，在本章的 $H_\infty$ 混合灵敏度问题中 $w \to z_2$ 的通道可以按离散信号来处理，如图 10.12(b) 所示。

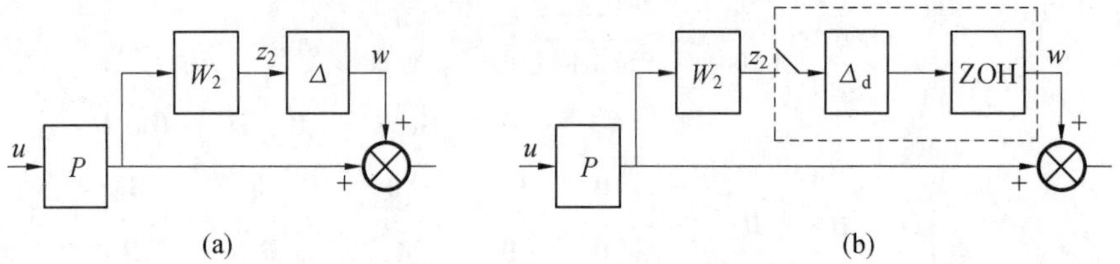


图 10.12　对象的乘性不确定性和离散化

式(10.17) 中的 $W_1 S$ 代表了设计中的性能要求。虽然信号 $z_1$ 是连续的，但系统的性能 (performance) 主要是由低频段特性决定的，而且在加权的 $H_\infty$ 范数设计中，这个 $\|W_1 S\|_\infty$ 值一般均是 $\omega=0$ 时的奇异值。当 $\omega=0$ 时，考虑采样时刻之间的连续信号和只考虑采样时刻上的离散值已无区别，所以确定低频段性能要求的 $w \to z_1$ 通道也可以在第 8 章频率响应的基础上再离散化。

这样，采样控制系统的 $H_\infty$ 混合灵敏度问题完全可转换成离散问题来处理，此时的广义对象已完全是离散的，即

$$\boldsymbol{G}_{\mathrm{d}}=\begin{bmatrix}G_{11\mathrm{d}} & G_{12\mathrm{d}}\\ G_{21\mathrm{d}} & G_{22\mathrm{d}}\end{bmatrix}$$

这种设计思路简单、明了。采用这种设计方法时唯一要注意的是广义对象中的 $G_{ij\mathrm{d}}$ 都应该符合采样控制系统离散化的概念，即每个通道都应该合在一起离散化，例如图 10.11 中从 $u$ 到 $z_2$ 的离散化传递函数应该是$(W_2 P)_{\mathrm{d}}$，不能分别离散化后再相乘。

**例 10.1**　设采样控制系统如图 10.11 所示，图中对象 $P$ 的标称特性为

$$P(s)=\frac{10-s}{(0.4s+1)(s+10)} \tag{10.19}$$

为了便于对本方法进行验证，设对象的更准确的模型包含时间延时，其传递函数为

$$\tilde{P}(s)=\frac{10-s}{(0.4s+1)(s+10)}\mathrm{e}^{-s} \tag{10.20}$$

这里按式(10.19) 的 $P$(标称特性) 来进行设计，而将这个延迟特性($\mathrm{e}^{-s}$) 视作对象的未建模动态，即不确定性。根据 9.1 节，当按乘性不确定性来处理时，对应的权函数 $W_2$(图 10.11) 是按第 9 章中的式(9.3) 来确定的，因此得

$$W_2(s)=\frac{3(s+0.0029)}{s+2.9} \tag{10.21}$$

图 10.13 是权函数 $W_2(\mathrm{j}\omega)$(实线) 和 $|\tilde{P}(\mathrm{j}\omega)/P(\mathrm{j}\omega)-1|=|\mathrm{e}^{-\mathrm{j}\omega}-1|$(虚线) 的 Bode 幅

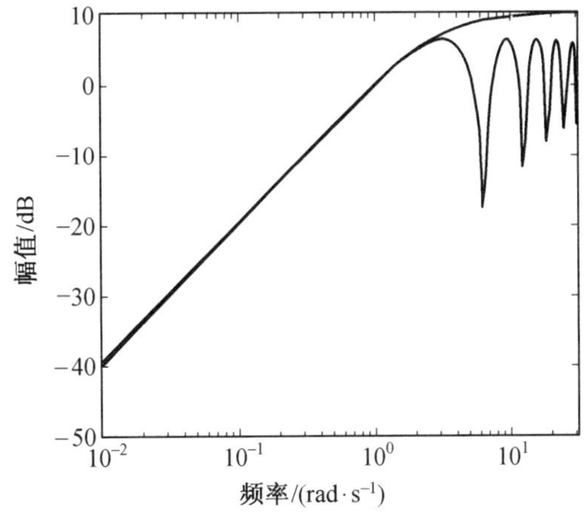


图 10.13　乘性不确定性的权函数

频特性图，从图上可以看出这个界函数 $|W_2(j\omega)|$ 与上述乘性不确定性的相对关系。

至于性能权函数 $W_1$ 则取为

$$W_1(s)=\frac{\rho}{100s+1} \tag{10.22}$$

式中的 $\rho$ 是待定的，要在 $H_\infty$ 优化设计中来确定其最大值(即达到最佳性能)。

设采样周期 $\tau=0.1$ s，并设抗混叠滤波器为

$$F(s)=\frac{10\pi}{s+10\pi} \tag{10.23}$$

系统的连续广义对象 $\boldsymbol{G}$ 为

$$\boldsymbol{G}=\left[\begin{array}{ccccc:cc} -10 & 0 & 0 & 0 & 0 & 0 & 20\\ 2.5 & -2.5 & 0 & 0 & 0 & 0 & -2.5\\ 0 & 10\pi & -10\pi & 0 & 0 & 10\pi & 0\\ 0 & 1 & 0 & -0.01 & 0 & 1 & 0\\ 0 & -8.6913 & 0 & 0 & -2.9 & 0 & 0\\ \hdashline 0 & 0 & 0 & 1 & 0 & 0 & 0\\ 0 & 3 & 0 & 0 & 1 & 0 & 0\\ 0 & 0 & 1 & 0 & 0 & 0 & 0 \end{array}\right] \tag{10.24}$$

将广义对象离散化，得到离散化的广义对象 $\boldsymbol{G}_d$ 为

$$\boldsymbol{G}_d=\left[\begin{array}{ccccc:cc} 0.3679 & 0 & 0 & 0 & 0 & 0 & 1.2642\\ 0.1370 & 0.7788 & 0 & 0 & 0 & 0 & -0.0527\\ 0.1076 & 0.7992 & 0.0432 & 0 & 0 & 0.9568 & -0.0577\\ 0.0084 & 0.0884 & 0 & 0.9990 & 0 & 0.1 & -0.0053\\ -0.0660 & -0.6635 & 0 & 0 & 0.7483 & 0 & 0.0410\\ \hdashline 0 & 0 & 0 & 1 & 0 & 0 & 0\\ 0 & 3 & 0 & 0 & 1 & 0 & 0\\ 0 & 0 & 1 & 0 & 0 & 0 & 0 \end{array}\right] \tag{10.25}$$

利用MATLAB的dhinflmi对此 $H_\infty$ 混合灵敏度进行优化设计，当性能权函数 $W_1$ 中的 $\rho$ 值最大取到

$$\rho=100 \tag{10.26}$$

时，得到 $H_\infty$ 范数(式(6.1))的最小值为 1.008 4，即

$$\min\left\|\begin{matrix}W_1S\\W_2T\end{matrix}\right\|_\infty=1.008\,4 \tag{10.27}$$

相应的 $H_\infty$ 控制器为

$$K_d(z)=\frac{-2.070\,1(z-0.778\,3)(z-0.748\,9)(z-0.367\,9)(z-0.0432\,1)}{(z-0.999)(z-0.575)(z^2+0.548\,7z+0.0846\,7)} \tag{10.28}$$

由于 LMI 算法有自动降阶功能[79]，所以这个用 dhinflmi 算得的控制器 $K_d$ 的阶次为 4。图 10.14 所示为设计所得的式(10.17)的两个分量，即 $W_1S$ 和 $W_2T$。

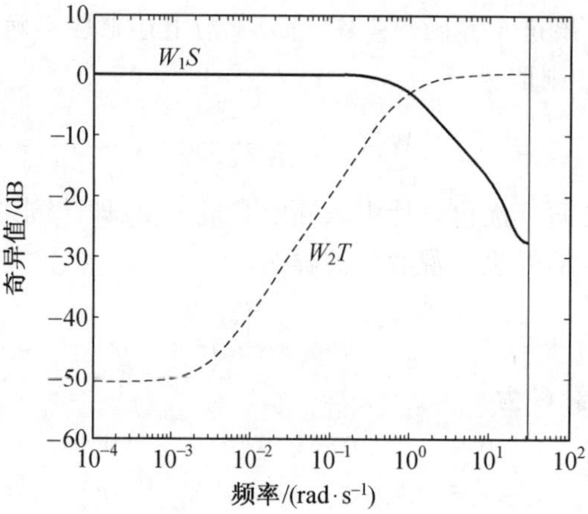


图 10.14　加权的灵敏度(S)和补灵敏度(T)特性

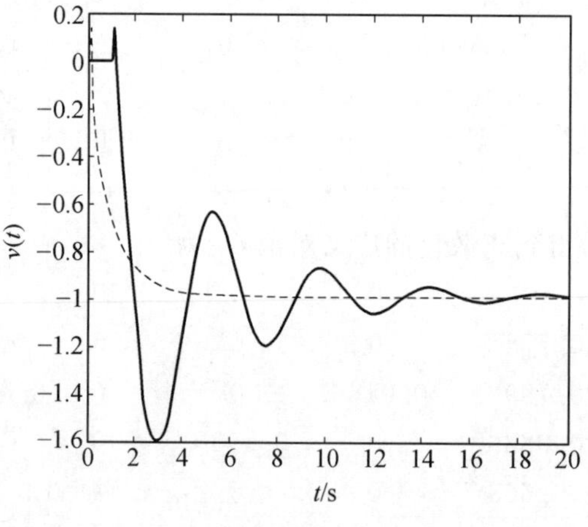


图 10.15　摄动后的阶跃响应 $v(t)$(摄动为 $e^{-s}$)

下面从两方面来对本方法的设计结果进行验证，即鲁棒稳定性和灵敏度特性。

鲁棒稳定性是由 $W_2T$ 项决定的(式(10.18))。设计中是将对象的时间延迟 $e^{-s}$ 作为不

确定性来定出权函数 $W_2$ 的。现将设计所得的 $H_\infty$ 控制器 $K_d$(式(10.19))与对象闭环进行仿真,并将这个时间延迟环节也加上(式(10.20))。图 10.15 所示就是对象摄动后的阶跃响应特性,系统仍是稳定的,即此设计具有鲁棒性。图中虚线是名义系统的响应特性。响应曲线上向上的尖峰是由于对象的非最小相位特性(式(10.20))所引起的。本设计虽具有鲁棒性,但是 $H_\infty$ 两块问题的设计(式(6.1))还是具有保守性的。这从图 10.14 的 Bode 图上也可看出,在系统的带宽上($\omega=1$ rad/s)$|W_1S|$ 和 $|W_2T|$ 都没有达到1,而是$\dfrac{1}{\sqrt{2}}$。也就是说,并未达到式(10.18)的上限。如果将摄动的幅值再增加$\sqrt{2}$倍,这相当于将延迟时间从 1 s 加大到 1.414 s,这时的响应曲线如图 10.16 所示,已接近稳定的边缘了,与式(10.18)的小增益条件是相吻合的。这说明本章提出的设计方法就鲁棒稳定性来说,是可以进行定量验证的。

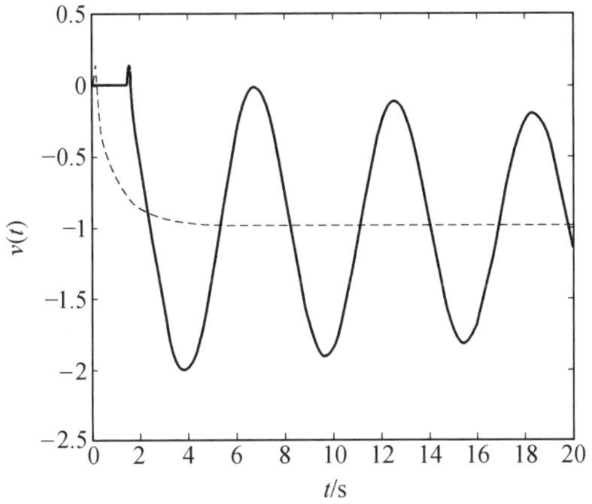


图 10.16　摄动增大$\sqrt{2}$后的阶跃响应 $v(t)$

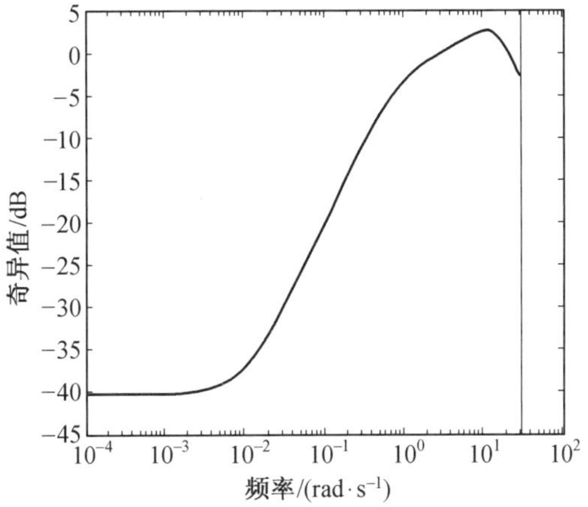


图 10.17　灵敏度特性 $|S(j\omega)|$

现在来验证灵敏度特性 $S(j\omega)$。图 10.14 表明 $\|W_1S\|_\infty$ 对应于 $\omega=0$,$\|W_1S\|_\infty=0.967\,1$。所以低频段的灵敏度特性应为

$$|S(j\omega)|=|0.967\,1/W_1(j\omega)|=0.967\,1/\rho=0.009\,671$$

式中，$\rho$ 是在 $H_\infty$ 优化设计中所取的最大值 100（式(6.11)）。现用所求得的 $H_\infty$ 控制器 $K_d(z)$（式(10.28)）与对象闭合，其灵敏度 $S(j\omega)$ 低频段的值确实等于 $0.009\ 671 = -40.3$ dB(图 10.17)。

事实上，也可以用 $\omega=0$ 时的静态值来进行校验：

$$S(j0)=\frac{1}{1-K_d(z)}\bigg|_{z=1}=\frac{1}{1+102.399\ 3}=0.009\ 671$$

这说明用本书的离散化方法进行 $H_\infty$ 设计时，设计过程中参数的取值（$\rho=100$）与设计结果是符合的，与 $H_\infty$ synthesis 的概念是一致的，是可以从多方面来进行验证的。

## 10.3 采样控制系统的 $H_\infty$ 扰动抑制设计

图 10.18 是扰动抑制问题的框图。图 10.18 中，$P$ 为对象；$W_1$ 为权函数；$K_d$ 为离散控制器；$H$ 和 $S$ 分别为零阶保持器和采样开关。为了使讨论更为简洁，图 10.18 中并没列入采样控制系统中一般均有的抗混叠滤波器。

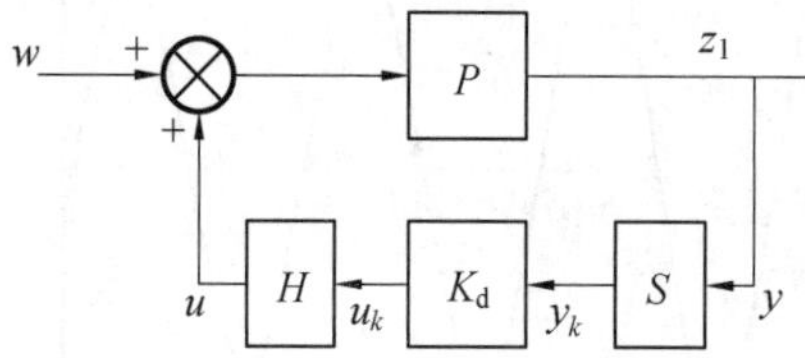


图 10.18 采样控制系统的扰动抑制问题

扰动抑制问题要求解的是下列的 $H_\infty$ 优化问题：

$$\min_{K_{\text{stab}}} \|W_1P(\boldsymbol{I}-KP)^{-1}\|_\infty \tag{10.29}$$

这里为了简化表达方式，式(10.29) 中暂时以连续系统的控制器 $K$ 来代替进行一般性说明。

式(10.29) 中的 $W_1$ 为低通特性，例如下面算例中的 $W_1$ 为

$$W_1(s)=\left(\frac{0.4\pi}{s+0.4\pi}\right)^2 \tag{10.30}$$

这表明优化问题(10.29) 中扰动抑制性能是指在 $\omega<0.4\pi$ rad/s 的频段内的性能。由于本例中系统的采样时间 $\tau=0.1$ s，对应的 Nyquist 频率 $\omega_s/2=10\pi$ rad/s。所以这个性能要求的 $0\sim0.4\pi$ 的频段相对 $\omega_s/2$ 来说是一个很低的频率段。在这样低的频段内，考虑采样时刻之间的连续信号和只考虑采样时刻上的离散值已无实质上的差别。也就是说，作为性能(performance) 要求来说，$w\rightarrow z$ 的通道(图 10.18) 确实可以按离散化方法来处理。

**例 10.2** 求解图 10.18 所示的扰动抑制问题。

设对象 $P$ 为

$$P(s)=\frac{20-s}{(s+20)(5s+1)} \tag{10.31}$$

取性能权函数 $W_1(s)$ 如式(10.30) 所示。

设采样周期 $\tau=0.1$ s，按式(6.3) 对广义对象进行离散化，用 MATLAB 的 dhfsyn 函数对式(10.29) 进行优化设计，图 10.19 为闭环系统的奇异值 Bode 图，从图中可得系统 $H_\infty$ 范

数的最小值为

$$\gamma = \min \| \cdot \|_\infty = 0.000\ 624 = -64.1\ \text{dB} \tag{10.32}$$

对应的 $H_\infty$ 控制器为

$$K_d(z) = \frac{-301.863\ 7(z+1.464)(z-0.133\ 5)(z^2-1.11z+0.370\ 8)}{(z-0.881\ 9)^2(z^2+3.476z+3.061)} \tag{10.33}$$

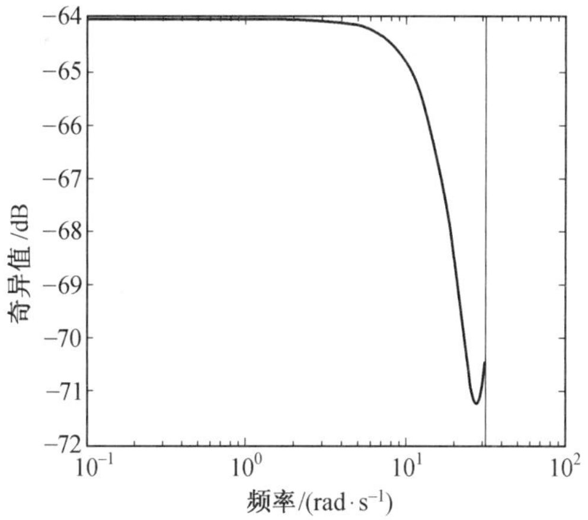


图 10.19　系统的奇异值 Bode

扰动抑制是一种低频段的性能要求，所以其设计结果的 $H_\infty$ 范数可按 $\omega \to 0$ 的静态衰减倍数来验算，将式(10.33)代入可得

$$\left.\frac{1}{1-K_d(z)}\right|_{z=1} = \frac{1}{1+1\ 601.23} = 0.000\ 624$$

与优化设计所得的 $\gamma$ 值(式(10.32))是一致的。

图 10.20 是 $G_{22d}(\boldsymbol{I}-K_dG_{22d})^{-1}$(式(6.3))的 Bode 图，图中虚线为权函数 $W_1$(式(10.30))的Bode图，从图上也可以得出扰动抑制的静态值为0.000 624。从图上还可以看出，二者的带宽是相一致的。

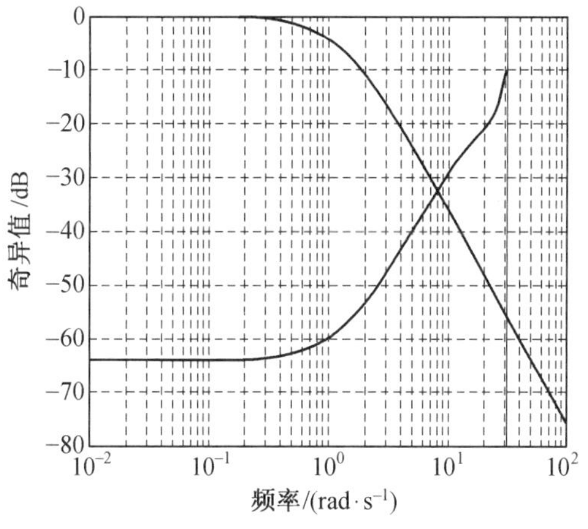


图 10.20　$G_{22d}(\boldsymbol{I}-K_dG_{22d})^{-1}$ 的 Bode 图

这个设计结果还可以通过仿真来进行验算。总之，是可通过各种手段来进行验证的。

## 10.4　扰动抑制的鲁棒 $H_\infty$ 设计

上述的扰动抑制问题从设计方法来说都是正确的，无论是从范数值或是从所指定的性能带宽都与 $H_\infty$ 综合(synthesis)的概念是相一致的。但是从优化设计的角度来说，这个设计结果却存在问题。因为式(10.29)的优化解是在保证系统稳定(由 $H_\infty$ 设计本身保证)的情况下使范数值 $\gamma$ 最小。但是式(10.29)并没有对稳定程度(或鲁棒性)有什么约束。事实上，这种优化设计结果确实使范数达到了最小值，系统也确实是稳定的，但却已接近稳定的边缘。图 10.21 和图 10.22 所示就是例 10.2 优化设计所得的系统的 Bode 图和 Nyquist 图，从图可见，当频率 $\omega \to \omega_s/2$ 时，系统的开环频率特性已非常贴近 $-1$ 点。这说明系统虽然是稳定的，但鲁棒性非常差。

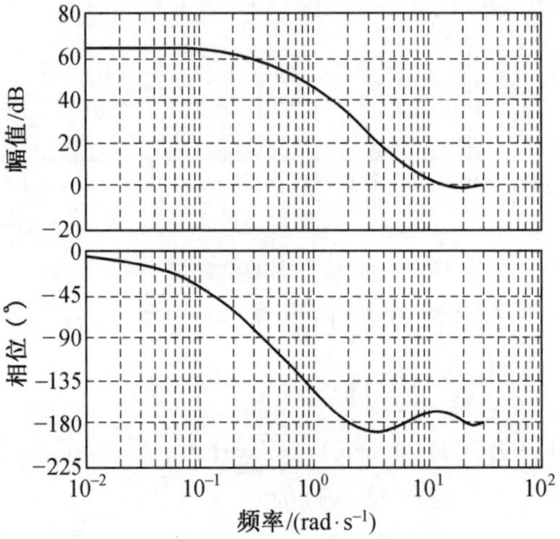


图 10.21　例 10.2 的 Bode 图

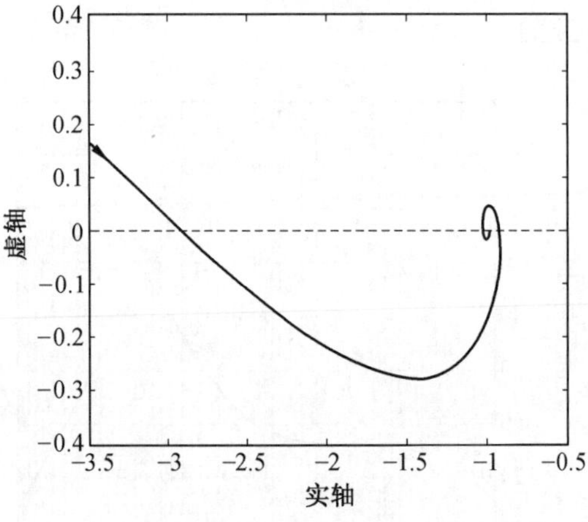


图 10.22　例 10.2 的 Nyquist 图

图 10.23 是图 10.18 系统在对象 $P$ 后加入微小摄动 $1/(0.01s+1)$ 后的阶跃响应仿真曲线。图 10.23 表明，若参数略有摄动，系统就不稳定了。

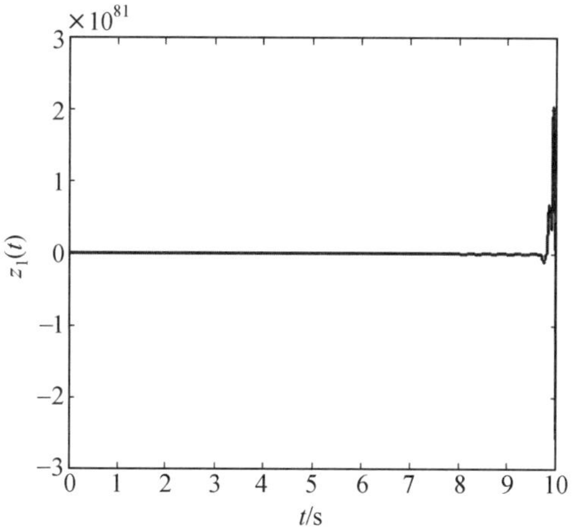


图 10.23　摄动后系统的阶跃响应

由此可见，对扰动抑制来说，如果单纯求解式(10.29)的 $H_\infty$ 优化问题，设计结果是没有鲁棒性的，因而这种设计实际上是不能用的。文献上常见有 $H_\infty$ 扰动抑制问题的讨论，如果是 $H_\infty$ 优化设计，都存在同样的问题。要避免这种没有鲁棒性的问题，就应该加约束。或者说，$H_\infty$ 优化设计就应该是有约束的优化设计。

对性能(performance)设计来说，一般是再加一鲁棒稳定性约束。或者如一般所说，对系统的带宽加以限制(约束)。具体做法是对闭环传递函数加权，用权函数 $W_2(s)$ 来限制闭环的带宽，即在式(10.29)的优化问题上再加如下约束：

$$\| W_2 T \|_\infty \leqslant 1 \tag{10.34}$$

式中，$T$ 为系统的闭环传递函数；$W_2$ 一般具有高通特性。

加上约束(10.34)的扰动抑制设计，可称为鲁棒扰动抑制。上面例子已经说明，如果采用 $H_\infty$ 优化设计，单独求解式(10.29)是没有意义的，要求解扰动抑制问题就一定是鲁棒扰动抑制[80,81]。

图 10.24 是采样控制系统鲁棒扰动抑制问题中的广义对象。鲁棒扰动抑制问题中有两个输出，$\boldsymbol{z}=[z_1 \quad z_2]^{\mathrm{T}}$。$w \rightarrow z_1$ 反映了加权的扰动抑制特性，即对应图 10.18 的通道。图中从 $w$ 到控制器的输出 $u$(通过保持器 $H$)，反映了系统的闭环传递函数 $T$，所以 $z_2$ 反映了加权的闭环输出，即 $W_2 T$，代表了设计中的约束(式(10.34))。

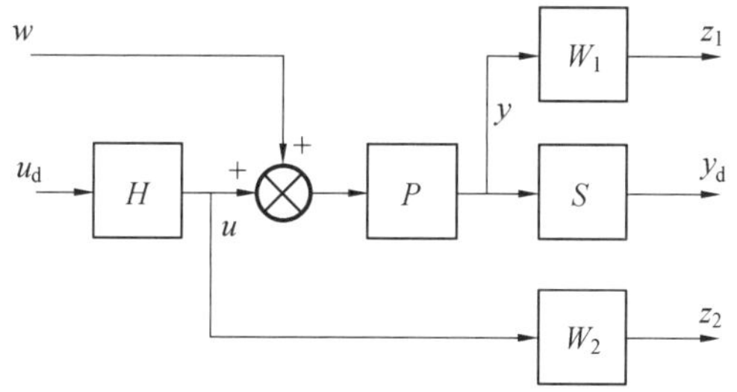


图 10.24 扰动抑制问题的广义对象

上面已经说明，从 $w \rightarrow z_1$ 的扰动抑制的性能设计(式(10.29))可采用离散化方法。又因为鲁棒稳定性的式(10.34)也可用离散化方法来处理。这就是说，图 10.24 所示的采样控制系统的扰动抑制问题依然可以用本书提出的离散化方法来设计。

当然离散化设计并不是将原连续系统简单地进行离散化，这里要特别注意权函数的问题。因为 $H_\infty$ 设计是通过权函数在频域上进行成形(shaping)设计的，而离散化后的频率特性是有改变的，如果不做特别考虑，那么离散化 $H_\infty$ 设计的结果将会是错误的。

结合式(10.34)的鲁棒稳定性问题来说，如果要限制系统的带宽为 10 rad/s，在连续系统设计中，权函数 $W_2$ 可取为

$$W_{2c}(s)=\frac{0.1s+0.01}{0.01s+1} \tag{10.35}$$

在中低频段，有

$$W_{2c}(s)\approx 0.01+0.1s \tag{10.36}$$

式(10.36)表明 $W_{2c}(\mathrm{j}\omega)$ 在 $\omega=10$ rad/s 时过 0 dB 线。

如果要进行离散化 $H_\infty$ 设计，就要求图 10.24 中 $W_2$ 离散化的频率特性与式(10.36)的频率特性相同。设要重新确定的权函数 $W_2$ 为

$$W_2(s)=\frac{a_1 s+a_0}{0.01s+1} \tag{10.37}$$

式(10.37)经保持器离散化后为

$$W_2(z)=(1-z^{-1})Z\left\{\frac{a_1 s+a_0}{s(0.01s+1)}\right\}=(1-z^{-1})Z\left\{\frac{A}{s}+\frac{B}{0.01s+1}\right\} \tag{10.38}$$

考虑到第二项求 $z$ 变换式时 $z-\mathrm{e}^{-100\tau}\approx z$，所以式(10.38)的 $z$ 变换式为

$$W_2(z)\approx A+100B(1-z^{-1}) \tag{10.39}$$

将式(10.39)与式(10.36)对比，可知 $A=0.01$，而式(10.39)第二项则对应于差分 $u(k)-u(k-1)$，与式(10.36)的微分具有同样的含义。设采样周期 $\tau=0.1$ s，根据微分和差分的关系，可得式(10.39)中的

$$100B=1$$

$$B=0.01$$

将 $A$, $B$ 代入，可得式(10.37)的 $W_2$ 为

$$W_2(s)=0.01\,\frac{s+1}{0.01s+1} \tag{10.40}$$

式(10.40)就应该是离散化 $H_\infty$ 设计前加在连续系统上的权函数。将这个 $W_2$ 代入到图 10.24 的广义对象中，一起进行离散化得离散化的广义对象(式(10.19))。这样的设计结果才能保证所要求的带宽。

**例 10.3** 设图 10.24 中对象 $P$ 为[82]

$$P(s)=\frac{20-s}{(s+20)(5s+1)} \tag{10.41}$$

并取 $W_2(s)$，如式(10.40)所示。本例中设

$$W_1(s)=\frac{\rho}{100s+1} \tag{10.42}$$

理论上性能权函数 $W_1$ 也应该像上述 $W_2$ 那样来处理，但式(10.42)保持器离散化后只影响转折频率，而性能权中的转折频率一般都很低，离散化对其影响较小，故这里不做处理。如果对扰动抑制的频段确有严格要求，也可参照上述方法来处理。这里需要说明的是，

在有约束的设计中，约束条件中要求的范数是 1(式(10.34))，所以 $H_\infty$ 优化设计中的范数最小值也定为 1，因而性能权函数 $W_1$ 取成式(10.42)。优化设计则是在保证 $H_\infty$ 范数最小值为 1 的情况下，取最大的 $\rho$ 值，即最佳性能。

将式(10.40) ~ (10.42) 代入到图 10.24 的广义对象中进行离散化，对此离散系统进行 $H_\infty$ 设计，在 $\rho=\rho_{\max}=6\ 100$ 下的 $H_\infty$ 范数的最小值为 $\gamma_{\min}=1.003\ 5$。

所得的 $H_\infty$ 控制器为

$$K_d(z)=\frac{-54.635(z-0.779\ 2)(z-0.135\ 4)(z-0.021\ 02)(z-4.54\times 10^{-5})}{(z-0.999)(z+0.717\ 4)(z-0.021\ 19)(z-3.524\times 10^{-5})} \tag{10.43}$$

图 10.25 所示是此系统从扰动 $w$ 到输出 $y$(图 10.24) 的闭环的频率响应曲线。从图中可以看到，在 $\omega<0.01$ rad/s 的频段内，扰动抑制的性能为 −75.7 dB(即 1/6 100)，与权函数(10.42) 指定的性能指标要求是一致的。图 10.26 所示为闭环幅频特性 $T$，其过 0 dB 的频率为 10 rad/s，等于权函数 $W_2$ 过 0 dB 线的频率，表明系统的带宽也满足了设计限制。

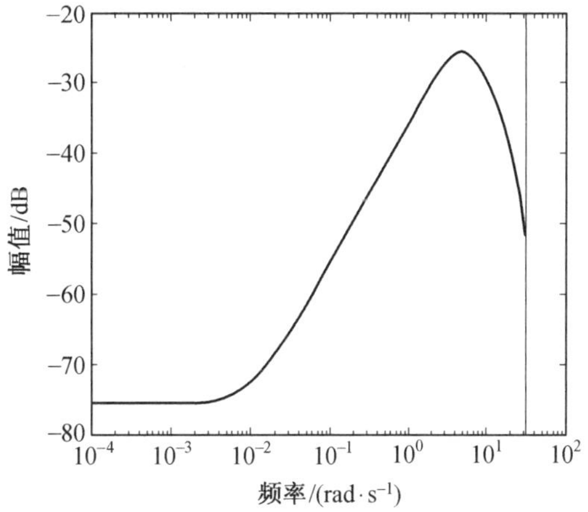


图 10.25　对扰动的频率响应曲线

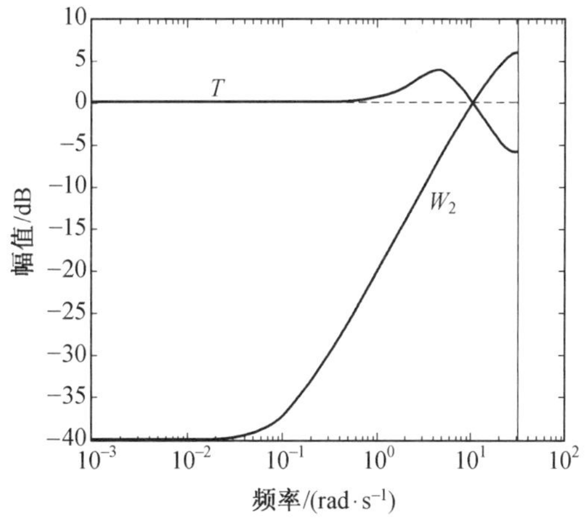


图 10.26　闭环频率响应 $T$

图 10.27 是系统的 Nyquist 图，离 −1 点有相当的距离，表明该设计有足够的鲁棒性。

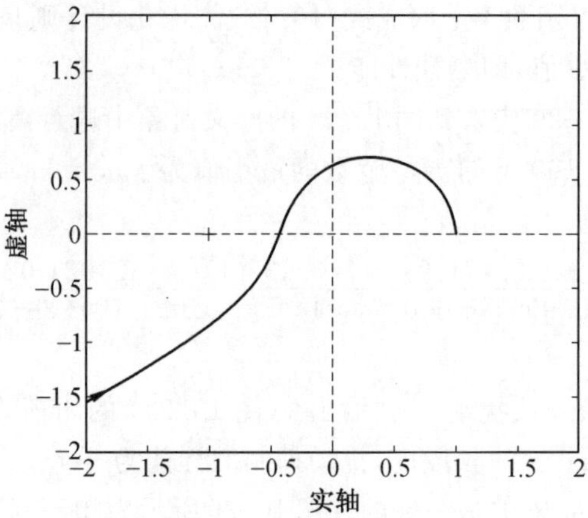


图 10.27　系统的 Nyquist 图

扰动抑制是一种低频段的性能要求，所以其设计结果的 $H_\infty$ 范数还可按 $\omega \to 0$ 的静态衰减倍数来验算，将式(10.43) 代入可得

$$\left.\frac{1}{1-K_{\mathrm{d}}(z)}\right|_{z=1}=\frac{1}{1+6\ 078.4}=0.000\ 164$$

与从图 10.25 中所读到的扰动抑制的性能 −75.7 dB=0.000 164(即 1/6 100) 是一致的。

## 10.5　本章小结

本章通过混合灵敏度问题和鲁棒扰动抑制问题给出了本书所提出的基于离散不确定性等价法的设计方法。算例中对设计结果还进行了多方面的验证。本章还对采用本方法时权函数的数据处理问题进行了说明。

# 第11章　典型应用:力觉接口系统

## 11.1　力觉交互及力觉接口系统

### 11.1.1　力觉交互系统介绍

虚拟现实是"virtual reality"(简称 VR)的中文翻译,也被译为"灵境技术",又称为"virtual environment"(译为"虚拟环境"),它是利用计算机生成一个逼真的虚拟环境,通过各种传感设备使操作者"沉浸"到虚拟环境中,实现操作者与虚拟环境之间的交互,并为操作者提供一种身临其境的感觉[83]。虚拟现实技术集中体现了计算机技术、网络技术、计算机图形技术、传感技术、多媒体技术、人体工程学、人工智能、显示技术、人机交互理论等多项技术领域的结合,它可以利用计算机技术和一些特殊的设备输入输出,营造出一个具有视觉、听觉、触觉等多感官的三维虚拟世界[84]。在这个虚拟世界里,人与虚拟环境能够进行自然的交互,能够实时感知和操作虚拟世界的对象,实现感知环境和干预环境等。

力觉和视觉、听觉一样,都是人们获取信息的重要感觉之一。尽管它所能够获取的信息并没有视觉那样丰富,但他对物体的力作用、温度、质地和硬度等信息的直接感受确是视觉等其他感觉所无法比拟的。要想模拟一个真实的具有沉浸感的虚拟环境,仅仅在视觉上相像是不够的,还希望能够对虚拟环境中力的作用具有比较真实的感受,并且能和控制虚拟环境中的物体进行交互作用。这就要求虚拟环境不仅提供真实的视觉反馈,还具有力觉再现和力觉交互的功能,这就引发了人们对力觉交互技术和力觉交互系统的研究。

力觉交互系统主要包括操作者、力觉交互装置和虚拟环境3部分,其中力觉交互装置和虚拟环境部分又称为是力觉接口系统,这个力觉接口实现了操作者和虚拟环境之间的交互作用,它能够使人感受并操纵虚拟或远程环境[85]。对于和远程环境的遥操作,力觉接口通过通信线路与远程操纵装置相连,使人有一种置身于远程环境的感觉;对于和虚拟环境的交互,力觉接口是直接和由(计算机实现)的虚拟环境相连。目前,力觉接口设备的应用领域十分广泛,主要应用范围包括医学训练、微装配、娱乐、教育、工业设计、艺术、交通安全、体育运动、飞行模拟仿真、远程手术和虚拟样机等,所以对力觉交互系统的深入研究也变得尤为迫切和重要。

在力觉交互系统中,操作者通过接口装置来实现对虚拟环境的操作,系统同时反馈给操纵者一个虚拟环境的力信号,因此整个系统形成了一种闭环的关系[86]。闭环系统的主要性能就是稳定性。但是这种闭环系统中包含有人,由于操作者有主观能动性,甚至还可能由于操作不当,通过手柄激发起振荡。此外,影响系统稳定性的因素还有很多,采样、量化、编码器的分辨率、零阶保持器的时间滞后以及执行机构的带宽等都会造成系统的不稳定或使系统产生抖动。为了避免系统发生抖动甚至不稳定,对于这种闭环系统的稳定性分析宜采用无源性分析的方法。因为从无源性理论可知，由两个无源性系统构成的负反馈系统仍是无源的，即是稳定的。在操作者对接口装置进行操作时，其响应特性可以视为是无源的，此时如果由接口装置和虚拟环境构成的力觉接口系统也是无源的，那么由操作者和接口系统所形成的整个闭环系统就是稳定的，所以无源性就成为了力觉接口系统设计的基础。

对于控制系统来说，稳定性是其最基本的要求，但除了稳定性，还应该要考虑系统的性能要求。力觉交互系统的性能可以用透明性来描述，透明性是指人和虚拟环境之间力和(位移)速度的传递质量[86]。接口系统呈现给人的阻抗(导纳)与虚拟环境的真实阻抗(导纳)越接近，则系统的透明性越好。换句话说，透明性描述了力觉接口能真实地再现虚拟环境的能力，是指操作者对环境的感知程度，当系统完全透明时，操作者感觉就像在直接对环境进行操作一样，具有身临其境的感受。对于力觉接口系统，稳定性和透明性之间存在着一定的设计冲突，所以需要进行折衷设计。此外，设计中还要考虑系统的阻尼、带宽要求、静态摩擦的补偿，高频噪声的抑制等。因此，设计一个能够准确、实时地再现力 / 触觉的稳定的力觉交互系统显得尤为重要。

### 11.1.2　力觉交互系统的国内外研究现状

近年来，虚拟现实的力觉交互技术在许多领域都取得了重要的发展和应用，并将在今后发挥更大、更重要的作用。当前交互技术主要应用于人机交互系统中，尤其是在遥操作机器人系统、虚拟环境下的协同作业、虚拟制造业和科学数据的触觉化的研究应用中广泛应用。

**1. 国外研究现状**

从控制算法方面来说，Colgate 对一个单自由度力觉交互系统进行研究，给出了弹簧阻尼并联性质虚拟环境的稳定范围和影响因素[87]。1997 年，Tsumaki 等人改进虚拟显示遥操作的模型精度，研究几何和动力学建模误差的鲁棒性，给出了相应的控制结构和算法。1999 年，Kammermeler 等人研究力触觉等感知，给出框架性的数学模型，为今后的进一步研究提供了研究思路。2002 年，Solis 等人对力觉交互系统的力觉渲染进行研究，通过对日文字符的形状采用控制点描述，建立弹簧力模型并计算它的虚拟力。2005 年，东京大学的 Saga 等人运用新的方法研究力觉渲染，他们提出虚拟夹具的方法并给出基于日文字母训练过程的力觉渲染算法。

从虚拟现实系统力觉系统研究与应用来说，1994 年，NASA(美国航空航天局)为了空间作业任务的需要，研究了具有力觉反馈的虚拟预测环境。1996 年，卡内基梅隆大学机器人研究所研制出一套视觉和力触觉虚拟现实交互系统，该系统具有虚拟操作功能，操作者可以利用力触觉再现装置，在进行虚拟操作的同时，也能感受虚拟环境中的物体运动和作用力。2002 年，斯坦福大学机器人实验室研制出一个虚拟操作机器人系统，该系统既能模拟人在复杂环境中的运动特性，又能模拟环境的接触形变和相互作用力。近期在 NASA、DARPA(美国国防部高级研究计划署)和美国国家自然科学基金的资金支持下，美国的许多著名高校，如斯坦福大学、华盛顿大学、哈佛大学等，开展了一系列面向遥操作和虚拟操作的力触觉系统研究，其中包括力触觉建模、力触觉再现以及力触觉的生理与心理机制等研究方向。

其实在医疗领域，力触觉再现的虚拟操作的研究应用在近些年发展迅速，尤其是德国和美国的研究取得了比较显著的成果，展示了力触觉交互系统广阔的应用前景。德国于 1999

年首先在骨髓穿刺手术实验中研制并运用具有图像和力反馈的虚拟操作系统;学者 Karlsruhe 则在 2001 年成功研制了面向商业应用的虚拟内窥镜手术训练装置,用户在进行虚拟内窥镜手术时通过带有力触觉的机械手进行操作,不仅可以实现手术刀的模拟控制,同时也可以模拟手术过程中人体组织切割、流血等现象。而美国的 Rutgers 大学和斯坦福大学在 2000 年联合研制成功了一套能够进行虚拟操作和遥操作的辅助康复系统,医生运用力触觉和视觉的交互,可以对残疾病人实施远程帮助,完成手臂功能的恢复性治疗;俄亥俄州立大学的研究学者们则在 2004 年研制了一个虚拟触诊系统,能够帮助专家指导学员进行训练。

当前对 VR 力触觉反馈设备进行研究和生产的公司比较少,最著名的是美国马萨诸塞州的 Sensable Technologies 公司,它们在销售产品时除了提供硬件设备,同时也会提供一些相应的驱动硬件和软件包。当前国际上许多研究力觉和触觉的科研机构都是运用 Sensable 公司的产品开展研究的,其中应用广泛的是具有力反馈的三维交互设备 Phantom 和它相应的软件开发工具 GHOST,该产品性能良好,获得了用户的一致好评,这其中包括 MIT、斯坦福大学、北卡大学等高校,美国通用电器、迪士尼和日本丰田等公司。例如,美国 MIT 的 Gupta 等人应用 Phantom 装置研发了一套 CAD 系统,通过 Phantom,操作者不仅可以实现抓取虚拟研究样品的操作,感受到相应的抓取力,还能够将仿真的虚拟抓取力信息和其他视觉、听觉数据反馈给设计系统,用于自动优化参数的研究设计等。其他的研究和生产力觉设备的著名公司还有 3DImmersion 公司,该公司的产品有 CyberFole 等。

**2. 国内研究现状**

我国在力觉交互系统的研究方面起步比较晚,技术相比发达国家还有较大差距,不过随着我国近年来研究力度的加大,也取得了许多成果。目前,国内用于虚拟现实研究的力觉设备,主要是从国外整套购买的,耗资巨大,而且受到技术细节保密的影响,供应商只提供给用户设备的接口,不提供更深层的技术,严重制约了我国对力觉系统的研究工作。因而努力提高我国力觉系统的研究水平,增强力觉接口设备的研究生产能力十分必要,也具有深远的意义。下面介绍我国的在力觉系统方面的研究现状。

中国科学院自动化研究所基于国家"863"计划的项目支持,研究设计出了性能高而且成本低的数据 CAS-Glove 和力觉反馈数据手套 CAS-Grasp。

哈尔滨工业大学机器人研究所研究了一种导纳型力觉接口设备[88],该系统通过低惯量、高速传动,得到了较高的出力带宽。同时以此设备为平台建立了相应的人机力觉交互系统,进行了实验研究。

赵丁选、倪涛等结合国家自然科学基金资助项目"遥操纵 6 自由度液压并联机械手的力觉双向伺服控制"和教育部优秀青年教师基金项目"具有力觉反馈的远距离操纵工程机器人研究",研究设计了一个具有力觉和视觉临场感的操作机器人系统,该系统设计采用了自主设计的力反馈操纵杆作为电机驱动主手,解决了传统的主手存在刚度不足的问题,并改进了系统力反馈效果不够理想的缺点,对我国力反馈操纵杆的研究发展具有开创性的意义。

北京航空航天大学机器人研究所的罗杨宇等人通过对单自由度力觉交互系统进行建模,给出刚度阻尼组合虚拟环境下的系统稳定条件的判定准则,并且分析了传动刚度在其中产生的影响[89],他们还研究分析了以该力觉交互系统导纳再现方式纯质量下虚拟环境的虚拟质量的稳定性;王党校等人则在虚拟力觉系统中进行力觉交互的实验仿真,把汉字书法的模拟作为力反馈研究对象，并利用 Phantom desktop 进行了力觉反馈仿真研究，在我国的力反馈系统实验仿真研究中起到了重要的作用。

上海交通大学国家数字化制造技术中心的谢叻等人对虚拟手术中的力学变形和力觉多感知交互系统进行了研究，促进了中国数字医学的研究水平提高和力觉系统研究的发展。目前我国在医学上的力觉交互系统研究主要都是在利用 Phantom 设备开展研究工作的，除上海交通大学外，还有复旦大学附属眼耳鼻喉科医院、解放军军事医学进修学院、南方医科大学、香港中文大学等著名高校也在这方面开展了研究。另外，中国科学院自动化研究所设计了一套虚拟手术刀系统，该系统具有真实手术刀外形，虽然还不能实现对手术剪的模拟操作，但已经能够实现力觉反馈功能，而且具有高精度、高性能的特点。

虽然我国对力觉交互系统的研究取得了一定的成果，但是我们也应该正确面对当前国内的触觉力觉反馈技术同世界发达国家的差距。不过相信随着世界范围内力觉系统相关技术的发展和我国相关工作者研究的不断深入，我国的力觉反馈技术的研究与发展将会在不断完善中稳步前进，并将会在医疗、模拟训练等许多领域得到广泛的发展与应用。

### 11.1.3　耗散性与无源性

耗散性是同能量损失和耗散现象密切相关的物理系统的基本性质。比如，电路中电能等能量通过电阻发热的形式耗散掉；再如在机械系统中，摩擦生热耗散能量等。要对耗散性进行定义需要引入两个函数：一是供给率，它反映的是流入系统能量的速率；另一个是存储函数，它用来存储测量得到的能量。耗散性在控制系统稳定性理论研究中有着十分重要的作用，对控制系统来说，它是指存在一个非负的能量函数（即存储函数），使得系统的能量损耗总小于能量的供给率。

无源性作为耗散性的一个特例，它是将输入输出的乘积作为能量的供给率，体现了系统在有界输入条件下能量的衰减特性。无源性也可理解为是稳定性的更高层次的一种抽象，在实际中，李亚普诺夫稳定性理论的研究也可以由无源性的视觉进行分析解释。人们在进行系统稳定性分析时，通常需要构造一个李亚普诺夫函数，文献[90]表明这一过程可转化为构造一个使系统无源的存储函数。

耗散性和无源性的研究已经在物理学、应用数学和力学等许多领域中得到广泛存在。它们在控制领域里的应用最早包括 Kalman，Popov，Yakubocieh 和 Willems 等学者在超稳定性、正实性等方面的研究。之后经过世界各国的研究学者不断努力，形成了一套系统的耗散性和无源性理论[90]。近些年，对它的研究取得了很大发展，许多的研究人员和学者都在无源性理论方面做了大量的工作，例如冯纯伯等人对反馈系统和非线性系统方面进行了无源性问题研究等，取得了许多具有开创性意义的研究成果；俞立、关新平等人又分别在时变不确定线性系统和离散时滞系统方面进行了鲁棒性无源性控制问题的研究；何联、王广雄等人在哈密尔顿系统方面进行了无源性控制设计的研究等。

除了在控制理论方面，无源性对于许多实际系统，如机器人系统、电机系统、电力系统、机械工程以及力控制系统等的研究都起到重要的作用，甚至有时是必不可少的。

本章正是在力觉接口系统研究设计中引入无源性的概念，从无源性对系统的稳定性要求和虚拟环境的真实性要求着手，进行系统设计和理论分析。事实表明这种无源性设计方法是十分必要的，对系统设计有着十分重要的作用。

# 11.2　力觉接口系统的无源性分析

## 11.2.1　基于频域提升法的无源性条件及其问题分析

图 11.1 是标准采样控制系统的结构框图。图 11.1 中，$\boldsymbol{G}$ 为广义对象，$K_d$ 为控制器，$H$ 表示零阶保持器，$S$ 为采样开关；信号 $w$ 表示外部输入，$z$ 为输出信号，$y$ 是控制器的输入信号，$u$ 为控制输入信号，即控制器的输出。在图 11.1 所示的采样控制系统中，对象 $G$ 是连续的，而控制器 $K_d$ 是离散的，这个系统是一种连续信号与离散信号共存的周期时变系统，所以对这种系统的分析和设计也就变得很复杂。

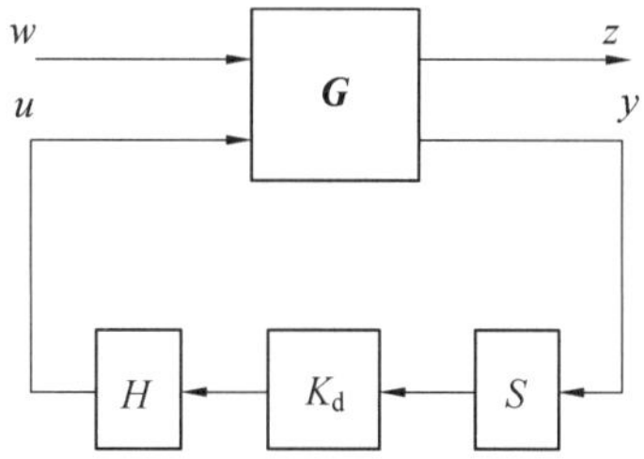


图 11.1　采样控制系统的标准结构

由于能够考虑到系统在采样时刻之间的信息，很多文献都采用提升技术来对采样控制系统进行分析和设计，本节将应用第 6 章给出的频域提升算法，推导图 11.1 所示的内稳定的闭环采样控制系统的无源性条件，并对力觉接口系统这一典型的采样控制系统进行应用。

对图 11.1 的采样控制系统，可以用如下的输入输出关系描述连续的广义对象 $\boldsymbol{G}$：

$$\begin{bmatrix} z \\ y \end{bmatrix} = \boldsymbol{G}\begin{bmatrix} w \\ u \end{bmatrix} = \begin{bmatrix} G_{11} & G_{12} \\ G_{21} & G_{22} \end{bmatrix}\begin{bmatrix} w \\ u \end{bmatrix} \tag{11.1}$$

其中，$G_{11}$ 表示广义对象的第 1 个输入信号 $w$ 到第 1 个输出信号 $z$ 的传递函数；$G_{12}$ 表示第 2 个输入信号 $u$ 到第 1 个输出信号 $z$ 的传递函数；同理可知，$G_{21}$ 和 $G_{22}$ 也分别是相应的输入信号到输出信号的传递函数。

应用频域提升技术对系统进行提升，可以得到提升后的系统为

$$\begin{bmatrix} \boldsymbol{z}_\theta \\ \boldsymbol{y}_\theta \end{bmatrix} = \begin{bmatrix} \boldsymbol{G}_{11\theta} & \boldsymbol{G}_{12\theta} \\ \boldsymbol{G}_{21\theta} & \boldsymbol{G}_{22\theta} \end{bmatrix}\begin{bmatrix} \boldsymbol{w}_\theta \\ \boldsymbol{u}_\theta \end{bmatrix} \tag{11.2}$$

提升后的广义对象各分块 $\boldsymbol{G}_{11\theta}$，$\boldsymbol{G}_{12\theta}$，$\boldsymbol{G}_{21\theta}$，$\boldsymbol{G}_{22\theta}$ 为如下形式[91]：

$$\begin{cases} \boldsymbol{G}_{11\theta} = \begin{bmatrix} \ddots & & \\ & G_{11}(\mathrm{j}\theta_k) & \\ & & \ddots \end{bmatrix}, \boldsymbol{G}_{12\theta} = \begin{bmatrix} \vdots \\ G_{12}(\mathrm{j}\theta_k)\dfrac{1}{\mathrm{j}\theta_k} \\ \vdots \end{bmatrix} \dfrac{1-\mathrm{e}^{-\mathrm{j}\theta}}{\tau} \\ \boldsymbol{G}_{21\theta} = [\cdots \quad G_{21}(\mathrm{j}\theta_k) \quad \cdots], \boldsymbol{G}_{22\theta} = \displaystyle\sum_{k=-\infty}^{\infty} \dfrac{1-\mathrm{e}^{-\mathrm{j}\theta}}{\mathrm{j}\theta_k \tau} G_{22}(\mathrm{j}\theta_k) \end{cases} \tag{11.3}$$

式中，$\theta_k := \dfrac{2k\pi+\theta}{T}$，$k \in \mathbf{Z}$，$\theta \in [0, 2\pi)$。

用 $K_\theta = K_d(\mathrm{e}^{\mathrm{j}\theta})$ 表示控制器的 $z$ 传递函数，则图 11.1 所示系统提升后的闭环频率响应

算子 $\boldsymbol{T}_{zw\theta}$ 也用如下的线性分式变换表示：

$$\boldsymbol{T}_{zw\theta}=\boldsymbol{G}_{11\theta}+\boldsymbol{G}_{12\theta}K_\theta(\boldsymbol{I}-\boldsymbol{G}_{22\theta}K_\theta)^{-1}\boldsymbol{G}_{21\theta} \tag{11.4}$$

根据上面的提升对象(式(11.3))可知，这个提升的频率响应算子 $\boldsymbol{T}_{zw\theta}$ 是一个无限维的矩阵。

对于算子 $\boldsymbol{G}_{22\theta}$，可以写为

$$\boldsymbol{G}_{22\theta}=\frac{1}{\tau}\sum_{k=-\infty}^{\infty}G_{22}(\mathrm{j}\theta_k)\frac{1-\mathrm{e}^{-\mathrm{j}\theta}}{\mathrm{j}\theta_k}=SG_{22}H \tag{11.5}$$

式(11.5)表明，提升后的 $\boldsymbol{G}_{22\theta}$ 实际上就是原连续对象 $G_{22}$ 的零阶保持器离散化，如果原连续的广义对象 $\boldsymbol{G}$ 具有如下的状态空间实现：

$$\boldsymbol{G}=\begin{bmatrix}\boldsymbol{A} & \boldsymbol{B}_1 & \boldsymbol{B}_2\\ \boldsymbol{C}_1 & \boldsymbol{D}_{11} & \boldsymbol{D}_{12}\\ \boldsymbol{C}_2 & \boldsymbol{0} & \boldsymbol{0}\end{bmatrix}=\begin{bmatrix}G_{11} & G_{12}\\ G_{21} & G_{22}\end{bmatrix} \tag{11.6}$$

则 $\boldsymbol{G}_{22\theta}$ 可用如下的脉冲响应传递函数 $\boldsymbol{\Pi}_{22}$ 来描述：

$$\boldsymbol{\Pi}_{22}(z)=\begin{bmatrix}\exp(\boldsymbol{A}h) & \int_0^h\exp(\boldsymbol{A}t)\boldsymbol{B}_2\,\mathrm{d}t\\ \boldsymbol{C}_2 & \boldsymbol{0}\end{bmatrix} \tag{11.7}$$

相应地，用 $\boldsymbol{L}_\theta$ 表示 $K_\theta(\boldsymbol{I}-\boldsymbol{G}_{22\theta}K_\theta)^{-1}$，则

$$\boldsymbol{L}_\theta=K_\theta[\boldsymbol{I}-\boldsymbol{\Pi}_{22}(z)K_\theta]^{-1} \tag{11.8}$$

对于线性系统来说，无源性就是正实性，也就是说，系统无源的条件是其闭环频率响应特性的实部不小于0[91]。对于采样控制系统，要求在采样的Nyquist频率 $\omega_{\mathrm{N}}=\omega_{\mathrm{s}}/2$ 范围内，即 $\forall\omega\in=[0,\omega_{\mathrm{N}})=[0,\pi/\tau)$，或 $\forall\theta\in[0,\pi]$ 时，闭环频率响应特性的实部不小于零。

假定 $\boldsymbol{T}_{zw\theta}$ 为图11.1所示闭环系统的闭环频率响应算子，则该系统无源的条件是

$$\boldsymbol{T}_{zw\theta}+\boldsymbol{T}_{zw\theta}>0\ ,\ \forall\theta\in[0,\pi] \tag{11.9}$$

其中 $\boldsymbol{T}_{zw\theta}+\boldsymbol{T}_{zw\theta}{}^*>0\Leftrightarrow\rho^*(\boldsymbol{T}_{zw\theta}+\boldsymbol{T}_{zw\theta}{}^*)\rho>0,\forall\rho$，有 $\|\rho\|=1$。

根据式(11.8)定义的 $\boldsymbol{L}_\theta=K_\theta(1-\boldsymbol{G}_{22\theta}K_\theta)^{-1}$，有 $\boldsymbol{T}_{zw\theta}=\boldsymbol{G}_{11\theta}+\boldsymbol{G}_{12\theta}\boldsymbol{L}_\theta\boldsymbol{G}_{21\theta}$。这样式(11.9)可写成

$$\boldsymbol{T}_{zw\theta}+\boldsymbol{T}_{zw\theta}{}^*=\boldsymbol{G}_{11\theta}+\boldsymbol{G}_{11\theta}{}^*+\boldsymbol{G}_{12\theta}\boldsymbol{L}_\theta\boldsymbol{G}_{21\theta}+\boldsymbol{G}_{12\theta}{}^*\boldsymbol{L}_\theta{}^*\boldsymbol{G}_{21\theta}{}^*>0 \tag{11.10}$$

令 $\boldsymbol{\Lambda}=\boldsymbol{G}_{11\theta}$，它是一个无限维的对角阵，并定义两个无限维的向量 $\boldsymbol{\zeta}=\boldsymbol{G}_{12\theta}$，$\boldsymbol{\xi}=(\boldsymbol{L}_\theta\boldsymbol{G}_{21\theta})^*$，这样不等式(11.10)可以写成

$$\boldsymbol{\Lambda}+\boldsymbol{\Lambda}^*+\boldsymbol{\zeta}\boldsymbol{\xi}^*+\boldsymbol{\xi}\boldsymbol{\zeta}^*>0 \tag{11.11}$$

将式(11.11)进行因式分解，有

$$\boldsymbol{\Lambda}+\boldsymbol{\Lambda}^*+\frac{1}{2}(\boldsymbol{\zeta}+\boldsymbol{\xi})(\boldsymbol{\xi}+\boldsymbol{\zeta})^*+\frac{1}{2}(\boldsymbol{\zeta}-\boldsymbol{\xi})(\boldsymbol{\xi}-\boldsymbol{\zeta})^*>0 \tag{11.12}$$

为了更简化表达，定义 $\boldsymbol{\Phi\Phi}:=\frac{1}{\sqrt{2}}(\boldsymbol{\zeta}+\boldsymbol{\xi})$，$\boldsymbol{\psi}:=\frac{1}{\sqrt{2}}(\boldsymbol{\zeta}-\boldsymbol{\xi})$，则不等式(11.12)可以写成

$$\boldsymbol{\Lambda}+\boldsymbol{\Lambda}^*+\boldsymbol{\Phi\Phi}^*+\boldsymbol{\psi\psi}^*>0 \tag{11.13}$$

可以看出在式(11.13)中，$\boldsymbol{\Lambda}+\boldsymbol{\Lambda}^*$ 仅仅取决于 $G_{11}$，而两个无限维的算子 $\boldsymbol{\Phi\Phi}^*$ 和 $\boldsymbol{\psi\psi}^*$ 中却包含了控制器 $K_\theta$。

图11.1的闭环系统无源的前提条件是 $\boldsymbol{G}_{11\theta}+\boldsymbol{G}_{11\theta}{}^*$ 至多有一个非正的特征值，计算可知

$\boldsymbol{G}_{11\theta}+\boldsymbol{G}_{11\theta}{}^{*}=\operatorname{diag}\{(G_{11}+G_{11}{}^{*})(j\theta_k)\}_{k\in\mathbf{Z}}$。所以我们现在假设开环系统 $G_{11}$ 是无源的，即假定 $G_{11}$ 是稳定的，并且

$$(G_{11}+G_{11}{}^{*})(\mathrm{j}\omega)>0,\forall\,\omega\in\mathbf{R} \tag{11.14}$$

这就意味着 $\boldsymbol{\Lambda}+\boldsymbol{\Lambda}^{*}=\boldsymbol{G}_{11\theta}+\boldsymbol{G}_{11\theta}{}^{*}>0$，并且 $\boldsymbol{\Lambda}+\boldsymbol{\Lambda}^{*}+\boldsymbol{\Phi}\boldsymbol{\Phi}^{*}>0$。这样，根据 Shur 补公式，可以得到下面几个不等式：

$$\begin{gathered}\boldsymbol{\Lambda}+\boldsymbol{\Lambda}^{*}+\boldsymbol{\Phi}\boldsymbol{\Phi}^{*}-\boldsymbol{\psi}\boldsymbol{\psi}^{*}>0\\ \Downarrow\\ \begin{bmatrix}\boldsymbol{\Lambda}+\boldsymbol{\Lambda}^{*}+\boldsymbol{\Phi}\boldsymbol{\Phi} & \boldsymbol{\psi}\\ \boldsymbol{\psi}^{*} & 1\end{bmatrix}\\ \Downarrow\\ 1-\boldsymbol{\psi}^{*}(\boldsymbol{\Lambda}+\boldsymbol{\Lambda}^{*}+\boldsymbol{\Phi}\boldsymbol{\Phi})^{-1}\boldsymbol{\psi}>0\end{gathered} \tag{11.15}$$

这样就把一个无限维矩阵的正定问题转变成了标量大于零的问题，下面使用矩阵求逆引理来求解 $\boldsymbol{\Lambda}+\boldsymbol{\Lambda}^{*}+\boldsymbol{\Phi}\boldsymbol{\Phi}^{*}$ 的逆。

$$\begin{aligned}(\boldsymbol{\Lambda}+\boldsymbol{\Lambda}^{*}+\boldsymbol{\Phi}\boldsymbol{\Phi}^{*})^{-1}=&(\boldsymbol{\Lambda}+\boldsymbol{\Lambda}^{*})^{-1}-(\boldsymbol{\Lambda}+\boldsymbol{\Lambda}^{*})^{-1}\boldsymbol{\Phi}\times\\ &[1+\boldsymbol{\Phi}^{*}(\boldsymbol{\Lambda}+\boldsymbol{\Lambda}^{*})^{-1}\boldsymbol{\Phi}]^{-1}\boldsymbol{\Phi}^{*}(\boldsymbol{\Lambda}+\boldsymbol{\Lambda}^{*})^{-1}\end{aligned} \tag{11.16}$$

这样可以得到

$$\boldsymbol{\psi}^{*}(\boldsymbol{\Lambda}+\boldsymbol{\Lambda}^{*}+\boldsymbol{\Phi}\boldsymbol{\Phi}^{*})^{-1}\boldsymbol{\psi}=\boldsymbol{\psi}^{*}(\boldsymbol{\Lambda}+\boldsymbol{\Lambda}^{*})^{-1}\boldsymbol{\psi}-\frac{[\boldsymbol{\psi}^{*}(\boldsymbol{\Lambda}+\boldsymbol{\Lambda}^{*})^{-1}\boldsymbol{\Phi}][\boldsymbol{\Phi}^{*}(\boldsymbol{\Lambda}+\boldsymbol{\Lambda}^{*})^{-1}\psi]}{1+\boldsymbol{\Phi}^{*}(\boldsymbol{\Lambda}+\boldsymbol{\Lambda}^{*})^{-1}\boldsymbol{\Phi}} \tag{11.17}$$

因此，不等式(11.15) 变为

$$1+\frac{|\boldsymbol{\psi}^{*}(\boldsymbol{\Lambda}+\boldsymbol{\Lambda}^{*})^{-1}\boldsymbol{\Phi}|^{2}}{1+\boldsymbol{\Phi}^{*}(\boldsymbol{\Lambda}+\boldsymbol{\Lambda}^{*})^{-1}\boldsymbol{\Phi}}>\boldsymbol{\psi}^{*}(\boldsymbol{\Lambda}+\boldsymbol{\Lambda}^{*})^{-1}\boldsymbol{\psi} \tag{11.18}$$

不等式(11.18) 也可以写成

$$\begin{aligned}&1+\boldsymbol{\Phi}^{*}(\boldsymbol{\Lambda}+\boldsymbol{\Lambda}^{*})^{-1}\boldsymbol{\Phi}+[\boldsymbol{\psi}^{*}(\boldsymbol{\Lambda}+\boldsymbol{\Lambda}^{*})^{-1}\boldsymbol{\Phi}]^{*}\cdot[\boldsymbol{\psi}^{*}(\boldsymbol{\Lambda}+\boldsymbol{\Lambda}^{*})^{-1}\boldsymbol{\Phi}]>\\ &\boldsymbol{\psi}^{*}(\boldsymbol{\Lambda}+\boldsymbol{\Lambda}^{*})^{-1}\boldsymbol{\psi}+\boldsymbol{\psi}^{*}(\boldsymbol{\Lambda}+\boldsymbol{\Lambda}^{*})^{-1}\boldsymbol{\psi}\cdot\boldsymbol{\Phi}^{*}(\boldsymbol{\Lambda}+\boldsymbol{\Lambda}^{*})^{-1}\boldsymbol{\Phi}\end{aligned} \tag{11.19}$$

将 $\boldsymbol{\Phi}=(1/\sqrt{2})(\zeta+\xi)$，$\boldsymbol{\psi}=(1/\sqrt{2})(\zeta-\xi)$ 代入不等式(2.31)，为了简化符号，定义 $\boldsymbol{M}:=(\boldsymbol{\Lambda}+\boldsymbol{\Lambda}^{*})^{-1}$，则不等式(11.19) 左边可以展开为

$$\begin{aligned}&1+\frac{1}{2}(\zeta+\xi)^{*}\boldsymbol{M}(\zeta+\xi)+\frac{1}{4}(\zeta-\xi)^{*}\boldsymbol{M}(\zeta+\xi)(\zeta+\xi)^{*}\boldsymbol{M}(\zeta-\xi)\\ &=1+\frac{1}{2}[\zeta^{*}\boldsymbol{M}\zeta+\xi^{*}\boldsymbol{M}\xi+\zeta^{*}\boldsymbol{M}\xi+\xi^{*}\boldsymbol{M}\zeta]+\frac{1}{4}(\zeta^{*}\boldsymbol{M}\zeta-\xi^{*}\boldsymbol{M}\xi+\zeta^{*}\boldsymbol{M}\xi-\xi^{*}\boldsymbol{M}\zeta)\times\\ &\quad(\zeta^{*}\boldsymbol{M}\zeta-\zeta^{*}\boldsymbol{M}\xi+\xi^{*}\boldsymbol{M}\zeta-\xi^{*}\boldsymbol{M}\xi)\end{aligned}$$

同样，不等式右边可展开为

$$\begin{aligned}&\frac{1}{2}(\zeta-\xi)^{*}\boldsymbol{M}(\zeta-\xi)+\frac{1}{4}[(\zeta-\xi)^{*}\boldsymbol{M}(\zeta-\xi)(\zeta+\xi)^{*}\boldsymbol{M}(\zeta+\xi)]\\ &=\frac{1}{2}(\zeta^{*}\boldsymbol{M}\zeta+\xi^{*}\boldsymbol{M}\xi-\xi^{*}\boldsymbol{M}\zeta-\zeta^{*}\boldsymbol{M}\xi)+\frac{1}{4}(\zeta^{*}\boldsymbol{M}\zeta+\xi^{*}\boldsymbol{M}\xi-\xi^{*}\boldsymbol{M}\zeta-\zeta^{*}\boldsymbol{M}\xi)\times\\ &\quad(\zeta^{*}\boldsymbol{M}\zeta+\xi^{*}\boldsymbol{M}\xi+\zeta^{*}\boldsymbol{M}\xi+\xi^{*}\boldsymbol{M}\zeta)\end{aligned}$$

两边进一步展开并消去相同项后，整理得

$$1+\zeta^{*}\boldsymbol{M}\xi+\xi^{*}\boldsymbol{M}\zeta+\frac{1}{2}\zeta^{*}\boldsymbol{M}\xi\cdot\xi^{*}\boldsymbol{M}\zeta>\zeta^{*}\boldsymbol{M}\zeta\cdot\xi^{*}\boldsymbol{M}\xi \tag{11.20}$$

即

$$|1+\boldsymbol{\zeta}^*(\boldsymbol{\Lambda}+\boldsymbol{\Lambda}^*)^{-1}\boldsymbol{\xi}|^2 > \boldsymbol{\zeta}^*(\boldsymbol{\Lambda}+\boldsymbol{\Lambda}^*)^{-1}\boldsymbol{\zeta}\cdot\boldsymbol{\xi}^*(\boldsymbol{\Lambda}+\boldsymbol{\Lambda}^*)^{-1}\boldsymbol{\xi} \tag{11.21}$$

因为有 $\boldsymbol{\Lambda}+\boldsymbol{\Lambda}^*>0$，定义子空间 $l^2$ 上的新内积为

$$\langle\boldsymbol{\rho},\boldsymbol{\eta}\rangle_{\boldsymbol{\Lambda}}:=\boldsymbol{\rho}^*(\boldsymbol{\Lambda}+\boldsymbol{\Lambda}^*)^{-1}\boldsymbol{\eta} \tag{11.22}$$

这样得到新的范数为

$$\|\boldsymbol{\eta}\|_{\boldsymbol{\Lambda}}^2=\langle\boldsymbol{\eta},\boldsymbol{\eta}\rangle_{\boldsymbol{\Lambda}} \tag{11.23}$$

根据上述内积和范数定义，不等式(11.21) 可写成

$$|1+\langle\boldsymbol{\zeta},\boldsymbol{\xi}\rangle_{\boldsymbol{\Lambda}}|^2=\|\boldsymbol{\zeta}\|_{\boldsymbol{\Lambda}}^2\ \|\boldsymbol{\xi}\|_{\boldsymbol{\Lambda}}^2 \tag{11.24}$$

将 $\boldsymbol{\zeta}=\boldsymbol{G}_{12\theta}$，$\boldsymbol{\xi}=(\boldsymbol{L}_\theta\boldsymbol{G}_{21\theta})^*$，$\boldsymbol{\Lambda}=\boldsymbol{G}_{11\theta}$ 代入不等式(11.24)，得

$$|1+\langle\boldsymbol{G}_{12\theta},\boldsymbol{G}_{21\theta}{}^*\boldsymbol{L}_\theta{}^*\rangle_{\boldsymbol{\Lambda}}|^2>\|\boldsymbol{G}_{12\theta}\|_{\boldsymbol{\Lambda}}^2\|\boldsymbol{G}_{21\theta}{}^*\boldsymbol{L}_\theta{}^*\|_{\boldsymbol{\Lambda}}^2 \tag{11.25}$$

将 $K_\theta(\boldsymbol{I}-\boldsymbol{G}_{22\theta}\boldsymbol{K}_\theta)^{-1}$ 代入不等式(11.25)，经过进一步整理可得

$$|\boldsymbol{K}_\theta^{-1}-(\boldsymbol{G}_{22\theta}-\langle\boldsymbol{G}_{21\theta},\boldsymbol{G}_{12\theta}{}^*\rangle_{\boldsymbol{\Lambda}})|^2>\|\boldsymbol{G}_{12\theta}\|_{\boldsymbol{\Lambda}}^2\|\boldsymbol{G}_{21\theta}{}^*\|_{\boldsymbol{\Lambda}}^2 \tag{11.26}$$

这样，我们就证明了下面的定理。

**定理 11.1**　假设开环系统 $G_{11}$ 是无源的，内稳定的闭环采样控制系统无源的条件是对 $\forall\theta\in[0,\pi]$，控制器 $K_\theta^{-1}$ 应位于以 $\boldsymbol{G}_{22\theta}-\langle\boldsymbol{G}_{21\theta},\boldsymbol{G}_{12\theta}{}^*\rangle_{\boldsymbol{\Lambda}}$ 为中心的圆外，圆的半径为

$$\|\boldsymbol{G}_{12\theta}\|_{\boldsymbol{\Lambda}}^2\|\boldsymbol{G}_{21\theta}{}^*\|_{\boldsymbol{\Lambda}}^2 \tag{11.27}$$

下面根据上面的推导及定理 11.1 结果来给出力觉接口系统的无源性条件。力觉接口系统是用来模拟虚拟目标或环境的一种装置。图 11.2 所示结构框图表示的是单自由度力觉系统，其中 $H$ 是零阶保持器，$S$ 是采样开关，$m$ 和 $b$ 分别表示执行结构的质量和阻尼系数，$K_\mathrm{d}$ 为用来模拟虚拟墙体的离散控制器[3]。

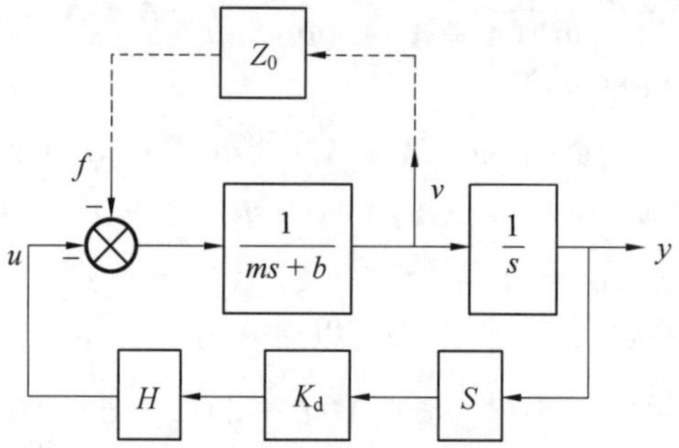


图 11.2　单自由度力觉系统

对于图 11.2 所示的力觉系统，输入的功率可以施加在它上面的力 $f(\tau)$ 与速度 $v(\tau)$ 的乘积来表示。根据无源性定义，如果这个输入功率的积分是不小于零的，即

$$\int_0^t f(\tau)v(\tau)\,\mathrm{d}\tau\geqslant 0,\ \forall t>0 \tag{11.28}$$

那么这个接口就是无源的。当然这个说法也可以从控制系统的角度来提，如果系统的输入信号是 $f(\tau)$，输出信号是 $v(\tau)$，并且式(11.28) 成立，则该系统就称为是无源系统。图 11.2 中的 $Z_0$ 代表的是操作者的阻抗，它表示的是操作过程中人所感觉到的速度，反映了施加力时的一种感觉[3]。

根据式(11.26) 有

$$\boldsymbol{G}_{22\theta}-\langle \boldsymbol{G}_{12\theta},\boldsymbol{G}_{21\theta}^{*}\rangle_{\wedge}=\frac{1-\mathrm{e}^{-\mathrm{j}\theta}}{2b}\frac{\tau}{4\sin(\theta/2)^{2}} \tag{11.29}$$

$$\|\boldsymbol{G}_{12\theta}\|_{\wedge}^{2}\ \|\boldsymbol{G}_{21\theta}^{*}\|_{\wedge}^{2}=\frac{|1-\mathrm{e}^{-\mathrm{j}\theta}|^{2}}{b^{2}}\frac{\tau^{2}}{64(\sin\theta/2)^{2}} \tag{11.30}$$

然后定义

$$r_{\theta}:=-(1-\mathrm{e}^{-\mathrm{j}\theta})\frac{\tau}{4\sin(\theta/2)^{2}}$$

最后给出如下无源性条件：

$$\left|\frac{r(\theta)K_{\theta}}{2b+r(\theta)K_{\theta}}\right|<1,\theta\in[0,\pi] \tag{11.31}$$

文献[91]只给出了上面的推导结论，但对式(11.29)和式(11.30)并没有给出详细的推导和证明，事实上，这两个式子并不是正确的推导结果，这可以通过下面的详细推导来证明。

对图 11.2 的力觉系统，有

$$\begin{cases}G_{11}(s)=-\dfrac{1}{ms+b},G_{12}(s)=-\dfrac{1}{ms+b}\\ G_{21}(s)=-\dfrac{1}{s(ms+b)},G_{22}(s)=-\dfrac{1}{s(ms+b)}\end{cases} \tag{11.32}$$

下面首先来详细推导式(11.29)。根据式(11.3)的 $\boldsymbol{G}_{22\theta}$ 和式(11.32)的 $G_{22}$ 可以得到

$$\begin{aligned}\boldsymbol{G}_{22\theta}&=\sum_{k=-\infty}^{\infty}\frac{1-\mathrm{e}^{-\mathrm{j}\theta}}{\mathrm{j}\theta_{k}\tau}G_{22}(\mathrm{j}\theta_{k})=\sum_{k=-\infty}^{\infty}\frac{1-\mathrm{e}^{-\mathrm{j}\theta}}{(\mathrm{j}\theta_{k})^{2}\tau}\cdot\frac{-1}{b+m\mathrm{j}\theta_{k}}\\&=\frac{(\mathrm{e}^{-\mathrm{j}\theta}-1)}{\tau}\sum_{k=-\infty}^{\infty}\frac{1}{(\mathrm{j}\theta_{k})^{2}(b+m\mathrm{j}\theta_{k})}\\&=\frac{(\mathrm{e}^{-\mathrm{j}\theta}-1)}{b}\cdot\frac{1}{\tau}\sum_{k=-\infty}^{\infty}\frac{b/m}{(\mathrm{j}\theta_{k})^{2}(\mathrm{j}\theta_{k}+b/m)}\end{aligned} \tag{11.33}$$

其中 $\dfrac{1}{\tau}\sum_{k=-\infty}^{\infty}\dfrac{b/m}{(\mathrm{j}\theta_{k})^{2}(\mathrm{j}\theta_{k}+b/m)}$ 是对连续传递函数 $\dfrac{b/m}{s^{2}(s+b/m)}$ 的采样，它可以用下面的 $z$—传递函数来表示($z=\mathrm{e}^{\mathrm{j}\omega\tau}=\mathrm{e}^{\mathrm{j}\theta}$)：

$$\frac{1}{\tau}\sum_{k=-\infty}^{\infty}\frac{b/m}{(\mathrm{j}\theta_{k})^{2}(\mathrm{j}\theta_{k}+b/m)}=\frac{\tau z}{(z-1)^{2}}-\frac{m(1-\mathrm{e}^{-b\tau/m})z}{b(z-1)(z-\mathrm{e}^{-b\tau/m})} \tag{11.34}$$

将式(11.34)代入式(11.33)，得

$$\boldsymbol{G}_{22\theta}=\frac{\mathrm{e}^{-\mathrm{j}\theta}-1}{b}\left[\frac{\tau z}{(z-1)^{2}}-\frac{m(1-\mathrm{e}^{-b\tau/m})z}{b(z-1)(z-\mathrm{e}^{-b\tau/m})}\right] \tag{11.35}$$

令 $z=\mathrm{e}^{\mathrm{j}\theta}=\cos\theta+\mathrm{j}\sin\theta$，$\dfrac{\tau z}{(z-1)^{2}}$ 可以写为

$$\frac{\tau z}{(z-1)^{2}}=\frac{-\tau}{2(1-\cos\theta)}$$

将上式代入式(11.35)，得

$$G_{22\theta}=\frac{\tau(1-\mathrm{e}^{-\mathrm{j}\theta})}{2b(1-\cos\theta)}+\frac{m(1-\mathrm{e}^{-b\tau/m})}{b^{2}(z-\mathrm{e}^{-b\tau/m})} \tag{11.36}$$

对 $\langle G_{12\theta},G_{21\theta}^{*}\rangle_{\wedge}$，根据文献[1]的加权内积的定义，有

$$
\begin{aligned}
\langle \boldsymbol{G}_{12\theta},\boldsymbol{G}_{21\theta}^{*}\rangle_{\wedge} &= \boldsymbol{G}_{12\theta}^{*}\left[\boldsymbol{G}_{11\theta}+\boldsymbol{G}_{11\theta}^{*}\right]^{-1}\boldsymbol{G}_{21\theta}^{*} \\
&= \sum_{k=-\infty}^{\infty}\left[\frac{G_{12}(\mathrm{j}\theta_k)}{\mathrm{j}\theta_k}\cdot\frac{1-\mathrm{e}^{-\mathrm{j}\theta}}{\tau}\right]^{*}\left[G_{11}(\mathrm{j}\theta_k)+G_{11}^{*}(\mathrm{j}\theta_k)\right]^{-1}G_{21}^{*}(\mathrm{j}\theta_k) \\
&= \frac{1-\mathrm{e}^{\mathrm{j}\theta}}{\tau}\left\{\sum_{k=-\infty}^{\infty}\frac{-1}{b-m\mathrm{j}\theta_k}\,\frac{1}{-\mathrm{j}\theta_k}\cdot\right. \\
&\quad\left.\left[\frac{(b+m\mathrm{j}\theta_k)(b-m\mathrm{j}\theta_k)}{-2b}\right]\frac{-1}{-\mathrm{j}\theta_k(b-m\mathrm{j}\theta_k)}\right\} \\
&= \frac{\mathrm{e}^{\mathrm{j}\theta}-1}{2b\tau}\sum_{k=-\infty}^{\infty}\frac{b+m\mathrm{j}\theta_k}{(\mathrm{j}\theta_k)^2(b-m\mathrm{j}\theta_k)} \\
&= \frac{\mathrm{e}^{\mathrm{j}\theta}-1}{2b}\cdot\frac{1}{\tau}\sum_{k=-\infty}^{\infty}\frac{-b/m}{(\mathrm{j}\theta_k)^2(\mathrm{j}\theta_k-b/m)}+ \\
&\quad\frac{(\mathrm{e}^{\mathrm{j}\theta}-1)m}{2b^2}\,\frac{1}{\tau}\sum_{k=-\infty}^{\infty}\frac{-b/m}{(\mathrm{j}\theta_k)(\mathrm{j}\theta_k-b/m)}
\end{aligned}
\tag{11.37}
$$

同样,式(11.37)可以写成如下的 $z$ — 传递函数形式:

$$
\begin{aligned}
\langle \boldsymbol{G}_{12\theta},\boldsymbol{G}_{21\theta}^{*}\rangle_{\wedge} &= \frac{\mathrm{e}^{\mathrm{j}\theta}-1}{2b}\left[\frac{\tau z}{(z-1)^2}+\frac{m(1-\mathrm{e}^{b\tau/m})z}{b(z-1)(z-\mathrm{e}^{b\tau/m})}\right]+ \\
&\quad\frac{(\mathrm{e}^{\mathrm{j}\theta}-1)m}{2b^2}\left[\frac{z(1-\mathrm{e}^{b\tau/m})}{(z-1)(z-\mathrm{e}^{b\tau/m})}\right] \\
&= \frac{(1-\mathrm{e}^{\mathrm{j}\theta})\tau}{4b(1-\cos\theta)}+\frac{m(1-\mathrm{e}^{b\tau/m})z}{2b^2(z-\mathrm{e}^{b\tau/m})}+\frac{m(1-\mathrm{e}^{b\tau/m})z}{2b^2(z-\mathrm{e}^{b\tau/m})} \\
&= \frac{\tau(1-\mathrm{e}^{\mathrm{j}\theta})}{4b(1-\cos\theta)}+\frac{m(1-\mathrm{e}^{b\tau/m})z}{b^2(z-\mathrm{e}^{b\tau/m})}
\end{aligned}
$$

综合式(11.36)和式(11.37),得

$$
\begin{aligned}
\boldsymbol{G}_{22\theta}-\langle \boldsymbol{G}_{12\theta},\boldsymbol{G}_{21\theta}^{*}\rangle_{\wedge} &= \frac{\tau(1-\mathrm{e}^{-\mathrm{j}\theta})}{2b(1-\cos\theta)}+\frac{m(1-\mathrm{e}^{-b\tau/m})}{b^2(z-\mathrm{e}^{-b\tau/m})}-\frac{\tau(1-\mathrm{e}^{\mathrm{j}\theta})}{4b(1-\cos\theta)}-\frac{m(1-\mathrm{e}^{b\tau/m})z}{b^2(z-\mathrm{e}^{b\tau/m})} \\
&= \frac{\tau(1-2\mathrm{e}^{-\mathrm{j}\theta}+\mathrm{e}^{\mathrm{j}\theta})}{4b(1-\cos\theta)}+\frac{m(1-\mathrm{e}^{b\tau/m})(1-z^2)}{b^2(z-\mathrm{e}^{-b\tau/m})(z-\mathrm{e}^{b\tau/m})} \\
&= \frac{\tau(1-\mathrm{e}^{-\mathrm{j}\theta})}{4b(1-\cos\theta)}+\frac{\tau(\mathrm{e}^{\mathrm{j}\theta}-\mathrm{e}^{-\mathrm{j}\theta})}{4b(1-\cos\theta)}+\frac{m(1-\mathrm{e}^{b\tau/m})(1-z^2)}{b^2(z-\mathrm{e}^{-b\tau/m})(z-\mathrm{e}^{b\tau/m})} \\
&= \frac{T(1-\mathrm{e}^{-\mathrm{j}\theta})}{8b\,(\sin\theta/2)^2}+\frac{T(\mathrm{e}^{\mathrm{j}\theta}-\mathrm{e}^{-\mathrm{j}\theta})}{8b\,(\sin\theta/2)^2}+\frac{m(1-\mathrm{e}^{bT/m})(1-z^2)}{b^2(z-\mathrm{e}^{-bT/m})(z-\mathrm{e}^{bT/m})}
\end{aligned}
\tag{11.38}
$$

通过对比式(11.38)和式(11.29),可以发现第一项是相同的,但式(11.29)缺少了后面这两项,这说明式(11.29)的结果是错误的,或者说文献[91]只是近似推导,忽略了这两项,这是文献[91]所存在的第一个问题。

下面对式(11.30)的结果进行校验。

$$
\begin{aligned}
\|\boldsymbol{G}_{12\theta}\|_{\wedge}^{2} &= \langle \boldsymbol{G}_{12\theta},\boldsymbol{G}_{12\theta}\rangle_{\wedge}=\boldsymbol{G}_{12\theta}^{*}(\boldsymbol{G}_{11\theta}+\boldsymbol{G}_{11\theta}^{*})^{-1}\boldsymbol{G}_{12\theta} \\
&= \left\{\sum_{k=-\infty}^{\infty}\left(\frac{G_{12}(\mathrm{j}\theta_k)}{\mathrm{j}\theta_k}\cdot\frac{1-\mathrm{e}^{-\mathrm{j}\theta}}{\tau}\right)^{*}\times\right. \\
&\quad\left.\left[G_{11}(\mathrm{j}\theta_k)+G_{11}^{*}(\mathrm{j}\theta_k)\right]^{-1}\frac{G_{12}(\mathrm{j}\theta_k)}{\mathrm{j}\theta_k}\cdot\frac{1-\mathrm{e}^{-\mathrm{j}\theta}}{\tau}\right\} \\
&= \left\{\sum_{k=-\infty}^{\infty}\frac{-1}{(b-m\mathrm{j}\theta_k)(-\mathrm{j}\theta_k)}\cdot\frac{1-\mathrm{e}^{\mathrm{j}\theta}}{\tau}\left[\frac{(b+m\mathrm{j}\theta_k)(b-m\mathrm{j}\theta_k)}{-2b}\right]\times\right.
\end{aligned}
$$

$$\left.\frac{-1}{(b+mj\theta_k)(j\theta_k)}\cdot\frac{1-e^{-j\theta}}{\tau}\right\}$$

$$=\frac{|1-e^{-j\theta}|^2}{2b\tau}\cdot\frac{1}{\tau}\sum_{k=-\infty}^{\infty}\frac{1}{(j\theta_k)^2} \tag{11.39}$$

其中$\frac{1}{\tau}\sum_{k=-\infty}^{\infty}\frac{1}{(j\theta_k)^2}$是对连续传递函数$\frac{1}{s^2}$的采样,它可以用下面的 $z$－传递函数来表示:

$$\|G_{12\theta}\|_\wedge^2=\frac{|1-e^{-j\theta}|^2}{2bT}\cdot\frac{\tau z}{(z-1)^2}\bigg|_{z=e^{j\theta}}=\frac{|1-e^{-j\theta}|^2}{2b\tau}\cdot\frac{-\tau}{2(1-\cos\theta)}$$

$$=-\frac{|1-e^{-j\theta}|^2}{8b(\sin\theta/2)^2} \tag{11.40}$$

类似地,有

$$\|G_{21\theta}^*\|_\wedge^2=G_{21\theta}(G_{11\theta}+G_{11\theta}^*)^{-1}G_{21\theta}^*$$

$$=\left\{\sum_{k=-\infty}^{\infty}\frac{-1}{(b+mj\theta_k)(j\theta_k)}\left[\frac{(b+mj\theta_k)(b-mj\theta_k)}{-2b}\right]\frac{-1}{(b-mj\theta_k)(-j\theta_k)}\right\}$$

$$=\frac{T}{2b}\cdot\frac{1}{\tau}\sum_{k=-\infty}^{\infty}\frac{1}{(j\theta_k)^2}=\frac{\tau}{2b}\cdot\frac{-\tau}{2(1-\cos\theta)}$$

$$=-\frac{\tau^2}{8b(\sin\theta/2)^2} \tag{11.41}$$

综合式(11.40)和式(11.41),得

$$\|G_{12\theta}\|_\wedge^2\ \|G_{21\theta}^*\|_\wedge^2=\frac{|1-e^{-j\theta}|^2}{b^2}\ \frac{\tau^2}{64(\sin\theta/2)^4} \tag{11.42}$$

通过对比式(11.42)和式(11.30),我们发现 $\sin\theta/2$ 的指数不同,因此式(11.40)的结果是错误的,这是文献[91]所存在的第二个问题。

文献[91]根据两个错误的推导结果(式(11.29)和式(11.30)),得到了与文献[1]相同的无源性条件。事实上,把正确的推导结果(式(11.38)和式(11.42))代入式(11.26)的无源性条件不等式后,会得到一个复杂的不等式,而不是式(11.32)的不等式,这说明文献[91]的主要结果是不正确的。

事实上,除了上面的推导错误,提升技术自身导致文献[91]还存在本质上的问题。由于采样控制系统在提升后不能保证频率响应不变,即使不存在推导错误,利用提升的频率响应算子得到的无源性条件也不是采样控制系统真正的无源性条件,这一点可以通过图 11.2 的力觉接口系统来进一步说明。

考虑一个由并联的虚拟弹簧和阻尼器组成的虚拟墙实现[92],这时图 11.2 的控制器结构为

$$K_d(z)=K+B\frac{z-1}{\tau z} \tag{11.43}$$

其中,$K$ 是虚拟刚度,$k>0$;$B$ 是虚拟阻尼系数,$B>0$;$\tau$ 为采样时间。取对象参数为 $m=0.5$ N/m,$b=0.1$ N·s/m。

对图 11.2 的力觉接口系统,如果把操作者施加的力 $f$ 视为扰动输入 $w$,执行机构的速度 $v$ 是外部输出 $z$,那么这个系统就是一个不加权的扰动抑制问题,可以证明,它满足提升法的两个应用条件,所以提升前后系统的范数是相同的。

接下来再来分析系统的闭环频率响应特性。图 11.3～11.8 给出的是力觉系统在不同

采样周期，在同控制参数下的闭环幅频特性。图中虚线是提升后系统的频率特性，实线是原采样控制系统的频率特性。从图中可以看出，系统提升后的频率特性与原采样控制系统在中频段基本一致，提升前后的范数确实是相同的，但是在低频段和高频段频率特性明显不一致。大量的仿真结果表明，对于一个有源的力觉系统，也只是在高频段的很小的一段频段内呈现出有源特性（图 11.4），而这个频率范围正是提升后频率特性发生畸变的频段，因此文献[91] 应用频域提升法给出的无源性条件是不可取的。

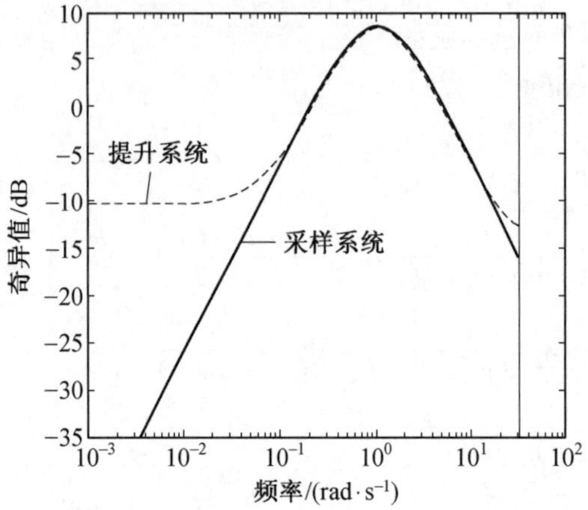


图 11.3　力觉系统的闭环频率响应（$\tau = 0.1$ s，$K = 0.2$ N/m，$B = 0.19$ N·s/m）

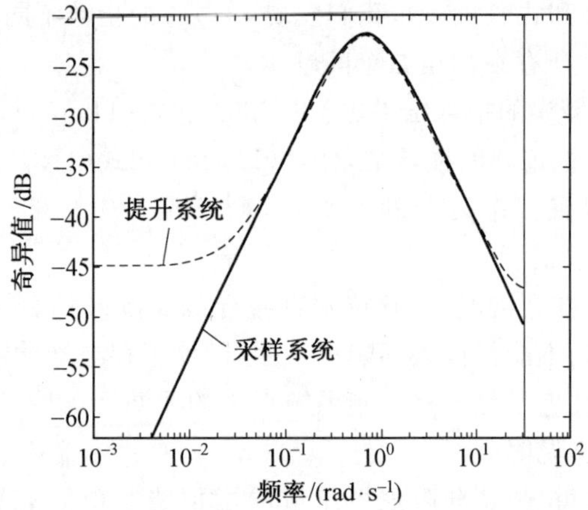


图 11.4　力觉系统的闭环频率响应（$\tau = 0.1$ s，$K = 5$ N/m，$B = 5$ N·s/m）

再给出两个有源的例子，系统的 Nyquist 曲线如图 11.9 ～ 11.12 所示。图 11.9 和图 11.10 对应的采样周期 $\tau = 0.01$ s，控制器参数为 $B = 10$ N·s/m，$K = 40$ N/m。图 11.11 和图 11.12 对应的采样周期 $\tau = 0.1$ s，控制器参数为 $B = 1$ N·s/m，$K = 20$ N/m，可以看出，虽然系统此时是有源的，但只是在高频段的很小的一段频段内呈现出有源特性。

文献[91] 将式(11.43) 的控制器参数代入它所给出的无源性条件（式(11.31)）中，经过一定的简化，最终得到的力觉系统无源性条件为

$$b > \frac{K\tau}{2} + B \tag{11.44}$$

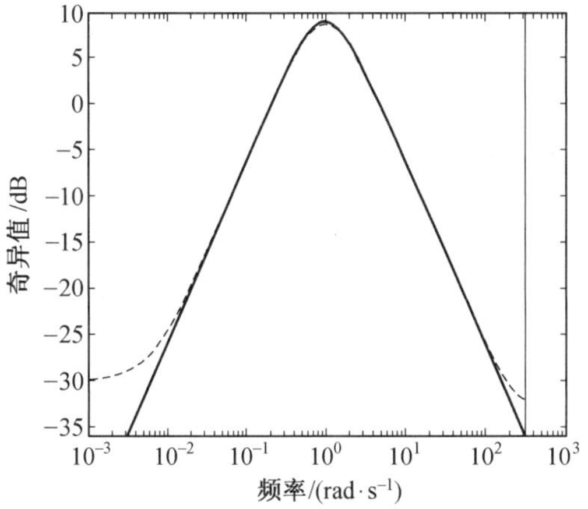


图 11.5　力觉系统的闭环频率响应($\tau = 0.01$ s, $K = 0.2$ N/m, $B = 0.16$ N·s/m)

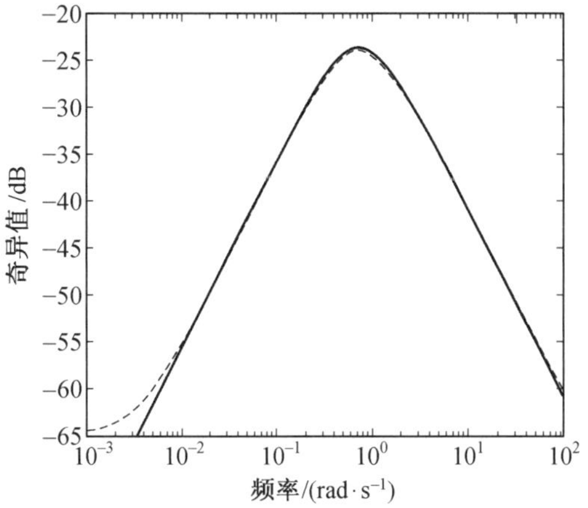


图 11.6　力觉系统的闭环频率响应($\tau = 0.01$ s, $K = 6$ N/m, $B = 7.6$ N·s/m)

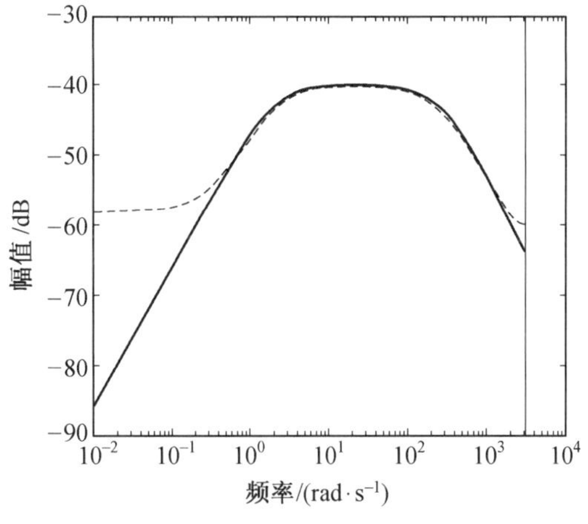


图 11.7　力觉系统的闭环频率响应($\tau = 0.001$ s, $K = 200$ N/m, $B = 100$ N·s/m)

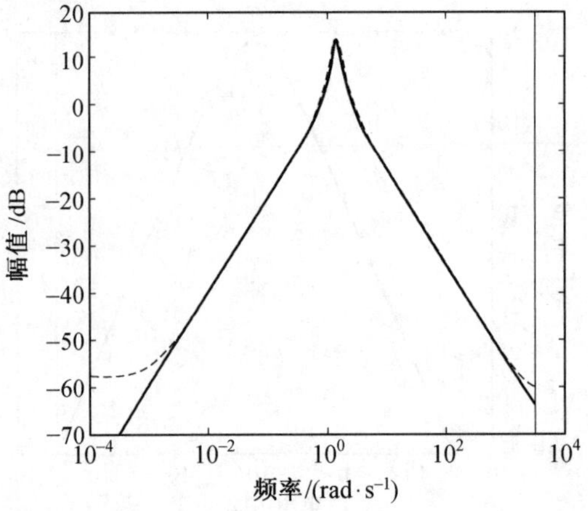


图 11.8　力觉系统的闭环频率响应($\tau = 0.001$ s, $K = 0.995$ N/m, $B = 0.0995$ N·s/m)

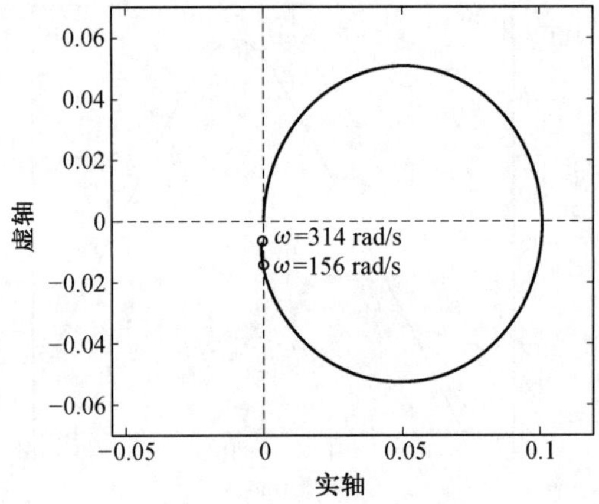


图 11.9　有源系统的 Nyquist 图

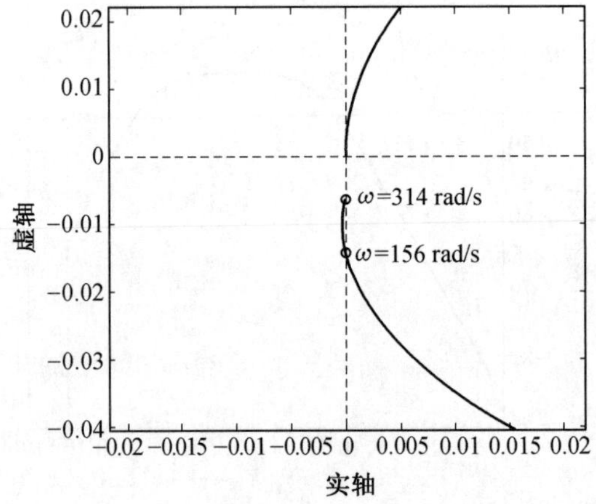


图 11.10　有源系统的 Nyquist 图(部分放大)

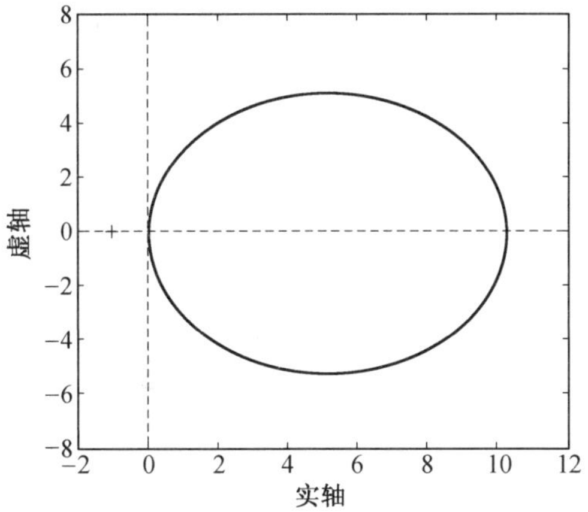


图 11.11　有源系统的 Nyquist 图($K = 20$ N/m,$B = 1$ N·s/m)

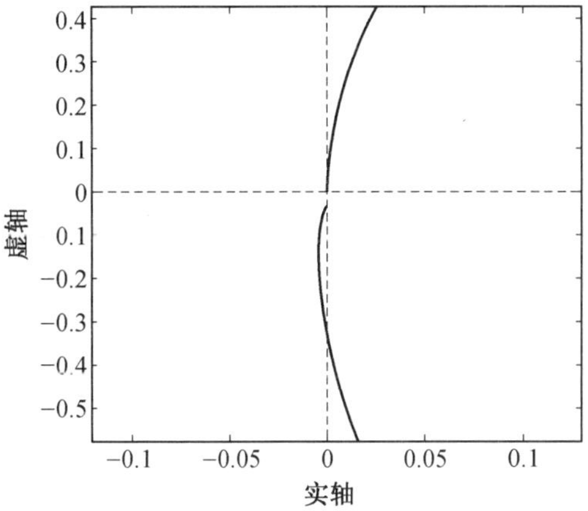


图 11.12　有源系统的 Nyquist 图(部分放大)($K = 20$ N/m,$B = 1$ N·s/m)

根据前面的公式推导和对提升法不能保证频率特性这一本质问题的分析和验证,可以证明这个无源性条件不是采样控制系统真正的无源性条件,实际上通过仿真也可以进一步验证,这个条件具有很大的保守性。

### 11.2.2　基于采样控制系统频率响应的无源性条件

由于存在上述疑点和问题,本小节采用文献[91]中提出的计算采样控制系统频率特性的方法,直接从 $w \to z$ 的频率特性 $T_{zw}(\mathrm{j}\omega)$ 上来讨论无源性的条件。因为对线性系统来说,无源性就是正实性,无源性的条件就是 $T_{zw}(\mathrm{j}\omega)$ 正实性的条件。

现结合图 11.2 的接口系统(去掉 $Z_0$ 后的部分)来进行讨论。先定义连续对象的几个传递函数。设 $G_{11}$ 是对象的第 1 个输入 $w$ 到第 1 个输出 $z$ 的传递函数,$G_{12}$ 是第 2 个输入 $u$ 到 $z$ 的传递函数,即

$$G_{11}(s) = \frac{1}{ms + b}, G_{12}(s) = \frac{-1}{ms + b} \tag{11.45}$$

同理,从第 1 个输入和第 2 个输入到对象第 2 个输出 $y$ 的传递函数分别是

$$G_{21}(s) = \frac{1}{s(ms + b)}, G_{22}(s) = \frac{-1}{s(ms + b)} \tag{11.46}$$

文献[91] 指出，采样控制系统的频率响应可根据如下的线性分式变换来计算：

$$T_{zw}=G_{11}+G_{12}K_{\mathrm{d}}(\boldsymbol{I}-G_{22\mathrm{d}}K_{\mathrm{d}})^{-1}G_{21\mathrm{d}} \tag{11.47}$$

式中，脚标 d 表示相应的离散化传递函数。因为现在处理的是 SISO 系统，式(11.47) 中的逆也可用分子分母相除来表示。将式(11.45) 代入式(11.47) 可得

$$T_{zw}=\frac{1}{ms+b}\left(1-\frac{K_{\mathrm{d}}G_{21\mathrm{d}}}{1-G_{22\mathrm{d}}K_{\mathrm{d}}}\right)$$

根据式(11.46) 可知，$G_{22\mathrm{d}}=-G_{21\mathrm{d}}$，故上式整理后可得

$$T_{zw}=\frac{1}{(ms+b)}\frac{1}{(1-G_{22\mathrm{d}}K_{\mathrm{d}})} \tag{11.48}$$

式中，$G_{22\mathrm{d}}$ 是离散化传递函数，当用频率 $\omega$ 来表示频率特性时，为

$$G_{22\mathrm{d}}(\mathrm{j}\omega)=\frac{1}{\tau}\sum_{n=-\infty}^{\infty}\frac{1-\mathrm{e}^{-\mathrm{j}(\omega+n\omega_{\mathrm{s}})\tau}}{\mathrm{j}\omega+\mathrm{j}n\omega_{\mathrm{s}}}G_{22}(\mathrm{j}\omega+\mathrm{j}n\omega_{\mathrm{s}})$$

式中，$\omega_{\mathrm{s}}=2\pi/\tau$，故上式中的指数项可提出，得

$$G_{22\mathrm{d}}(\mathrm{j}\omega)=\frac{1-\mathrm{e}^{-\mathrm{j}\omega\tau}}{\tau}\sum_{n=-\infty}^{\infty}\frac{G_{22}(\mathrm{j}\omega+\mathrm{j}n\omega_{\mathrm{s}})}{\mathrm{j}\omega+\mathrm{j}n\omega_{\mathrm{s}}} \tag{11.49}$$

注意到式(11.49) 中的求和项 $\sum$ 是指包括沿频率轴的所有项，而一般设计时只要考虑主频段($n=0$)。这里需要说明的是，对常规的采样控制系统来说，信号采样后均有低通的抗混叠滤波器，只是因为滤波器的时间常数很小，在主要的参数设计中一般都将它略去。也就是说，图 11.2 虽然没有画出抗混叠滤波器，但在系统实现中是有的。由于有抗混叠滤波器，所以在常规设计中，对象在主频段的特性理论上不会出现混叠，即式(11.49) 中 $\sum$ 号内的 $G_{22}$ 在主频段就等于 $G_{22}(\mathrm{j}\omega)$。因此当考虑主频段时，即 $0\sim\omega_{\mathrm{s}}$ 频段时，可将式(11.49) 写成

$$G_{22\mathrm{d}}(\mathrm{j}\omega)=\frac{1}{\tau}\frac{1-\mathrm{e}^{-\mathrm{j}\omega\tau}}{\mathrm{j}\omega}G_{22}(\mathrm{j}\omega) \tag{11.50}$$

注意式(11.50) 中的

$$H_0(\mathrm{j}\omega)=\frac{1-\mathrm{e}^{-\mathrm{j}\omega\tau}}{\mathrm{j}\omega}=\tau\frac{\sin(\omega\tau/2)}{\omega\tau/2}\mathrm{e}^{-\mathrm{j}\omega\tau/2} \tag{11.51}$$

这就是零阶保持器的频率特性。一般系统的工作频带在 $0.1\omega_{\mathrm{N}}$ 以内，$\omega_{\mathrm{N}}$ 为 Nyquist 频率，$\omega_{\mathrm{N}}=\omega_{\mathrm{s}}/2=\pi/\tau$。当 $\omega\tau$ 以 $0.1\omega_{\mathrm{N}}\tau=0.1\pi$ 代入时可得零阶保持器的增益 $|H_0(\mathrm{j}\omega)|=0.995\,8\tau$，故为简化讨论，今后将零阶保持器的增益视为常数 $\tau$，即式(11.51) 可写成

$$H_0(\mathrm{j}\omega)=\tau\mathrm{e}^{-\mathrm{j}\omega\tau/2} \tag{11.52}$$

将式(11.52) 代入式(11.50)，可得本例中的离散化对象 $G_{22\mathrm{d}}$ 为

$$G_{22\mathrm{d}}(\mathrm{j}\omega)=G_{22}(s)\mathrm{e}^{-(\tau/2)s}=-\left.\frac{\mathrm{e}^{-(\tau/2)s}}{s(ms+b)}\right|_{s=\mathrm{j}\omega} \tag{11.53}$$

将式(11.53) 及式(11.43) 代入式(11.48) 可得采样控制系统的连续的输入信号与输出信号之间的频率特性为

$$\begin{aligned}T_{zw}(\mathrm{j}\omega)&=\left.\frac{1}{(ms+b)}\frac{1}{1+\dfrac{\mathrm{e}^{-(\tau/2)s}}{s(ms+b)}\left[K+\dfrac{B}{\tau}(1-\mathrm{e}^{-s\tau})\right]}\right|_{s=\mathrm{j}\omega}\\&=\left.\frac{s}{ms^2+bs+\left(K+\dfrac{B}{\tau}-\dfrac{B}{\tau}\mathrm{e}^{-s\tau}\right)\mathrm{e}^{-(\tau/2)s}}\right|_{s=\mathrm{j}\omega}\end{aligned} \tag{11.54}$$

式(11.54)的分子比较简单，这表明用 $T_{zw}(j\omega)$ 的倒数来进行讨论将更为方便。事实上

$$\mathrm{Re}\{T_{zw}(j\omega)\}^{-1} > 0 \Rightarrow \mathrm{Re}\{T_{zw}(j\omega)\} > 0 \tag{11.55}$$

所以只要求 $T_{zw}^{-1}$ 是正实就可以了。根据式(11.54)可得

$$\mathrm{Re}\{T_{zw}(j\omega)\}^{-1} = b - \frac{K\tau + B}{2}\frac{\sin(\omega\tau/2)}{(\omega\tau/2)} + \frac{3B}{2}\frac{\sin(3\omega\tau/2)}{3\omega\tau/2} > 0 \tag{11.56}$$

式(11.56)中第二项的 $\frac{\sin(\omega\tau/2)}{\omega\tau/2}$ 的最大值为 1，故要求 Re > 0 的条件就是

$$b > \frac{K\tau + B}{2} \tag{11.57}$$

至于式(11.56)中的第三项在开始低频段是正的，中间有一频率段上是负的，但其值随 $\omega$ 增加衰减很快，故在式(11.57)的条件中不予考虑。

式(11.57)尚可进一步整理如下：

$$\frac{b}{B} > \frac{K\tau}{2B} + \frac{1}{2}$$

令 $\beta = b/B, \beta = B/(K\tau)$，则上式可转换为

$$\beta > \frac{1}{2\alpha} + \frac{1}{2} \tag{11.58}$$

根据上面的定义，文献[91]中无源性条件(11.44)可以转换为

$$\beta > \frac{1}{2\alpha} + 1 \tag{11.59}$$

式(11.58)与式(11.59)相比很是相似，这就是上面的推导中要做一些假设的原因，例如对象在主频段上不发生混叠，零阶保持器的增益为常数，等等，都是为了要得到一个可与前人工作对比的、简洁的表达式。

再进一步，对于当前的技术来说，采样周期已经可以做到 ms 级，这时式(11.43)中的差分作用与连续的微分已相当接近，如果以连续的 PD 控制律来代替式(11.43)，即

$$K(s) = K\left(1 + \frac{B}{K}s\right) = K(1 + T_d s) \tag{11.60}$$

则根据上面同样的推导，可得这时的正实条件为

$$\beta > \frac{1}{2\alpha} \tag{11.61}$$

图 11.13 给出了式(11.58)、式(11.59)和式(11.61)的无源性划分曲线，曲线的上部对应各自的无源区域。从图 11.13 可见，文献[87][91]给出的无源区域最窄。由于力觉接口要求的刚度较高，或者说都是一些高阻抗系统，从 11.4 节的例子中可以看出，对应的参数都是在图 11.13 右下的三角区域内，如果从文献[87][91]的结果来看，已不满足无源性条件(式(11.59))，不可能做到无源性。这显然是不符合实际的，也是文献[87][91]的矛盾所在。

为节省篇幅，本小节对无源性不再进行单独验证。因为后面 11.4 节关于设计问题的分析计算，实际上也是对这里的无源性划分的一种验证。

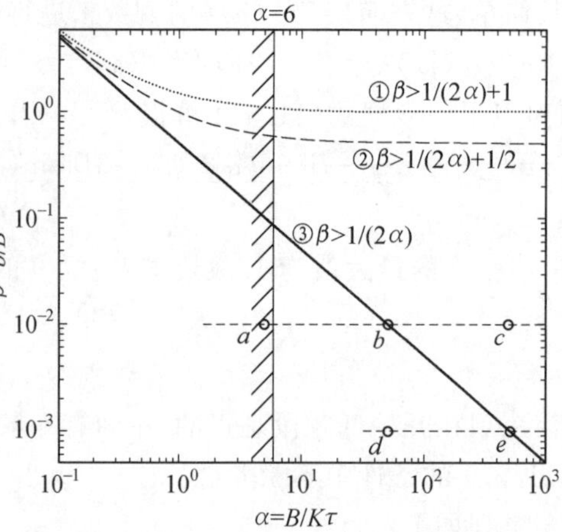


图 11.13　参数平面上无源性划分(各条曲线的上部为无源区域)

# 11.3　不同采样信号下力觉接口的无源性条件

## 11.3.1　位置信号采样时力觉接口的无源性条件

对于力觉接口系统来说,虚拟环境是用计算机来实现的,力觉装置输出的连续信号要经过采样开关采样后才能送给计算机(虚拟环境),而计算机输出的离散信号又要经过保持器转换成连续信号后才能作为反馈信号反馈到系统的连续输入端。图 11.14 是以位置信号作为采样信号的单自由度力觉接口系统,图中的 $y$ 是力觉装置的位移,它采样之后作为输入信号送给计算机(虚拟环境),所以这个系统称为是以位置信号为采样信号的力觉接口系统。图 11.14 实际上就是图 11.2 去掉操作者阻抗特性(用虚线连接的 $Z_0$)后的部分,其中各环节及变量说明同图 11.2,这里不再重复。

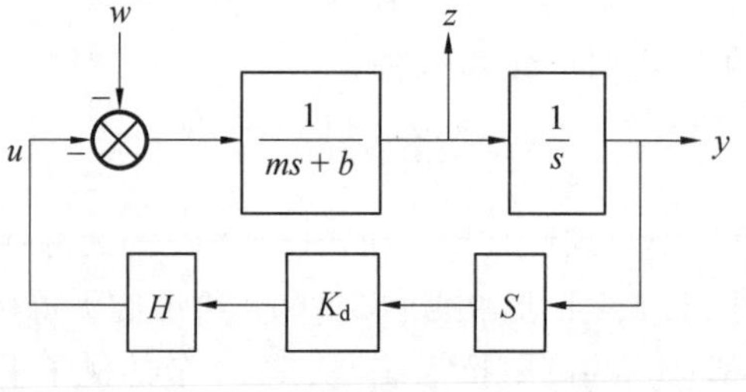


图 11.14　位置信号采样的力觉接口系统

下面将根据 11.2 节给出的计算采样控制系统频率响应的方法,来推导位置信号采样时力觉接口系统的无源性条件。

对于图 11.14 所示系统,可以表示成图 11.1 所示的连续广义对象 $G$ 和离散控制器 $K_d$ 互连的标准结构。

对连续广义对象 $\boldsymbol{G}$,有

$$\begin{bmatrix} z \\ y \end{bmatrix} = \boldsymbol{G} \begin{bmatrix} w \\ u \end{bmatrix} = \begin{bmatrix} G_{11} & G_{12} \\ G_{21} & G_{22} \end{bmatrix} \begin{bmatrix} w \\ u \end{bmatrix} \tag{11.62}$$

其中

$$\begin{bmatrix} G_{11} & G_{12} \\ G_{21} & G_{22} \end{bmatrix} = \begin{bmatrix} \dfrac{-1}{ms+b} & \dfrac{-1}{ms+b} \\ \dfrac{-1}{s(ms+b)} & \dfrac{-1}{s(ms+b)} \end{bmatrix} \tag{11.63}$$

根据文献[85],系统的频率响应可用式(11.47)的线性分式变换来计算,由于本例中的广义对象 $G_{11}=G_{12}$,$G_{21}=G_{22}$,带入到式(11.47)后可以得到系统的闭环频率响应 $T_{zw}$ 为

$$T_{zw} = \frac{G_{11}}{1+G_{22\text{d}}K_{\text{d}}} \tag{11.64}$$

式中,$G_{22\text{d}}$ 是 $G_{22}$ 的零阶保持器(ZOH)离散化。

因为图 11.14 的力觉接口系统是线性系统,其无源性就等价于正实性,所以无源性条件就是 $T_{zw}$ 正实性的条件,即系统的无源性条件为

$$T_{zw} + T_{zw}^{*} \geqslant 0, \forall \omega \in [0, \pi/\tau] \tag{11.65}$$

即等价于

$$\mathrm{Re}(T_{zw}) \geqslant 0, \forall \theta \in [0, \pi], \theta = \omega\tau \tag{11.66}$$

其中 $\mathrm{Re}(T_{zw})$ 表示 $T_{zw}$ 的实部。

下面就根据 $\mathrm{Re}(T_{zw}) \geqslant 0$ 来推导力觉接口的无源性条件。

首先来看 $G_{22\text{d}}$,其 $z$－传递函数形式为

$$G_{22\text{d}}(z) = -\frac{\left[\dfrac{\tau}{b} - \dfrac{m}{b^2} + \dfrac{m}{b^2}\mathrm{e}^{-(b/m)\tau}\right]z - \left[\dfrac{m}{b^2} - \dfrac{m}{b^2}\mathrm{e}^{-(b/m)\tau} - \dfrac{\tau}{b}\mathrm{e}^{-(b/m)\tau}\right]}{(z-1)\left[z - \mathrm{e}^{-(b/m)\tau}\right]} \tag{11.67}$$

也即

$$G_{22\text{d}}(z) = -\frac{k_4 z + k_1}{z^2 - k_2 z + k_3} \tag{11.68}$$

其中

$$\begin{cases} k_4 = \dfrac{\tau}{b} - \dfrac{m}{b^2} + \dfrac{m}{b^2}\mathrm{e}^{-(b/m)\tau} \\ k_1 = \dfrac{m}{b^2} - \dfrac{m}{b^2}\mathrm{e}^{-(b/m)\tau} - \dfrac{\tau}{b}\mathrm{e}^{-(b/m)\tau} \\ k_2 = 1 + \mathrm{e}^{-(b/m)\tau} \\ k_3 = \mathrm{e}^{-(b/m)\tau} \end{cases} \tag{11.69}$$

令 $z=\mathrm{e}^{\mathrm{j}\omega\tau}=\mathrm{e}^{\mathrm{j}\theta}=\cos\theta+\mathrm{j}\sin\theta$ 代入式(11.68)并化简,可得

$$G_{21\text{d}}(\theta) = C_{1\theta}(a_1 + b_1\mathrm{j}) \tag{11.70}$$

其中

$$\begin{cases} C_{1\theta} = \dfrac{1}{(\cos 2\theta - k_2\cos\theta + k_3)^2 + (\sin 2\theta - k_2\sin\theta)^2} \\ a_1 = k_1k_3 - k_2k_4 + k_1\cos 2\theta + (k_3k_4 - k_1k_2 + k_4)\cos\theta \\ b_1 = -k_1\sin 2\theta + (k_1k_2 + k_3k_4 - k_4)\sin\theta \end{cases} \tag{11.71}$$

同样,对 $G_{11}$,令 $s=\mathrm{j}\omega=\mathrm{j}\theta/\tau$ 代入式(11.45)的 $G_{11}$,有

$$G_{11}(\theta) = C_{2\theta}(a_2 + b_2\mathrm{j}) \tag{11.72}$$

其中

$$\begin{cases} C_{2\theta} = \dfrac{1}{m^2\theta^2/\tau^2 + b^2} \\ a_2 = b \\ b_2 = -m\theta/\tau \end{cases} \tag{11.73}$$

接下来再看控制器部分，这里仍然采用虚拟墙体实现的虚拟环境，因为图 11.14 中虚拟环境的输入是位置信号，用典型的弹簧－阻尼结构来描述墙体时，其传递函数（连续传递函数形式）可以描述为如下的 PD 结构，即

$$K(s) = K + Bs = K(1 + \tau s) \tag{11.74}$$

其中 $\tau = B/K$。

因为 $\mathrm{Re}(T_{zw})$ 中用到的是虚拟环境的离散化传递函数 $K_{\mathrm{d}}$，故需要对式(11.74)的虚拟墙模型（控制器）进行离散化，这个连续的 $K(s)$ 可以采用不同的方法进行离散化，最常用的是后向差分法离散化，为了对比分析，下面分别采用后向差分法和双线性变换法得到离散的 $K_{\mathrm{d}}$。

**1. 后向差分法**

令 $s = \dfrac{1 - z^{-1}}{\tau}$ 代入式(11.74)，得

$$K_{\mathrm{d}}(z) = K + Bs \big|_{s = \frac{1 - z^{-1}}{\tau}} = K + \frac{B(z-1)}{\tau z} \tag{11.75}$$

类似地，对 $K_{\mathrm{d}}(z)$，令 $z = \cos\theta + \mathrm{j}\sin\theta$ 代入式(11.75)，得

$$K_{\mathrm{d}}(\theta) = a_3 + b_3\mathrm{j} \tag{11.76}$$

其中

$$\begin{cases} a_3 = K + 2B - 2B\cos\theta \\ b_3 = 2B\sin\theta \end{cases} \tag{11.77}$$

这样，将式(11.70)、式(11.72)及式(11.76)代入式(11.64)的 $T_{zw}$，有

$$T_{zw}(\theta) = \frac{C_{2\theta}(a_2 + b_2\mathrm{j})}{1 + C_{1\theta}(a_1 + b_1\mathrm{j})(a_3 + b_3\mathrm{j})} \tag{11.78}$$

对式(11.78)进一步化简后可求得

$$\mathrm{Re}(T_{zw}) = C_\theta[a_2(1 + C_{1\theta}a_1a_3 - C_{1\theta}b_1b_3) + b_2C_{1\theta}(a_1b_3 + b_1a_3)] \tag{11.79}$$

其中

$$C_\theta = \frac{C_{2\theta}}{(1 + C_{1\theta}a_1a_3 - C_{1\theta}b_1b_3)^2 + [C_{1\theta}(a_1b_3 + b_1a_3)]^2} \tag{11.80}$$

显然，对 $\forall\theta \in [0, \pi]$，有 $C_\theta > 0$，所以要使 $\mathrm{Re}(T_{zw}) \geqslant 0$，只需满足对 $\forall\theta \in [0, \pi]$，有

$$a_2(1 + C_{1\theta}a_1a_3 - C_{1\theta}b_1b_3) + b_2C_{1\theta}(a_1b_3 + b_1a_3) \geqslant 0 \tag{11.81}$$

将式(11.69)、式(11.71)、式(11.73)及式(11.77)的参数代入不等式(11.81)，因为参数 $m$ 和 $b$ 的值是已知的，取定采样周期 $\tau$ 后，可以得到不等式

$$k_1(\theta)K + b + k_2(\theta)B \geqslant 0, \forall\theta \in [0, \pi] \tag{11.82}$$

式中，$k_1(\theta)$ 和 $k_2(\theta)$ 都是关于变量 $\theta$ 的表达式。

经验证，当 $\theta = 0$ 时，$\mathrm{Re}(T_{zw}) = 0$。所以只需考虑 $\theta \in (0, \pi]$ 的范围，经校验可知，对 $\forall\theta \in (0, \pi]$，有 $k_1(\theta) < 0$，从而不等式(11.82)可写成

$$K \leqslant \frac{-b - k_2(\theta)B}{k_1(\theta)}, \forall\theta \in (0, \pi] \tag{11.83}$$

式(11.83)的条件就是采用后向差分法离散化的虚拟环境时，图 11.14 所示位置采样时力觉接口系统的无源性条件。取定某一 $B$ 值，当 $\theta$ 在 $0<\theta\leqslant\pi$ 的范围内变化时，可以求出不等式(11.83)右边部分的下界，即

$$\min_{\theta}\left\{-b-\frac{k_2(\theta)B}{k_1(\theta)}\right\}$$

这个下界就是当前 $B$ 值下参数 $K$ 的无源性边界值。也就是说，这个下界就是在当前 $B$ 值时保证力觉系统无源的 $K$ 的最大值 $K_{\max}$，即

$$K\leqslant\min_{\theta}\left\{-b-\frac{k_2(\theta)B}{k_1(\theta)}\right\}=K_{\max}$$

这样，令 $B$ 从小到大变化取值，可以得到一系列 $K$ 的无源性边界点，从而可以画出一条以 $B$ 为横坐标、$K$ 为纵坐标的 $B-K$ 无源性边界曲线。

为了便于和前人文献给出的无源性边界曲线相对比，也可以定义两个无量纲的参数 $\alpha=\frac{B}{K\tau}$，$\beta=\frac{b}{B}$，这样，不等式(11.83)变为

$$\begin{aligned}&b\geqslant-k_1(\theta)K-k_2(\theta)B,\ \forall\theta\in[0,\pi]\\&\Rightarrow\frac{b}{B}\geqslant-\frac{2k_1(\theta)}{\tau}\frac{K\tau}{2B}-k_2(\theta),\ \forall\theta\in[0,\pi]\\&\Rightarrow\beta\geqslant-\frac{2k_1(\theta)}{\tau}\frac{1}{2\alpha}-k_2(\theta),\ \forall\theta\in[0,\pi]\end{aligned}\tag{11.84}$$

定义参数 $z_1=-\frac{2k_1(\theta)}{\tau}$，$z_2=-k_2(\theta)$，则无源性条件变为

$$\beta\geqslant z_1\frac{1}{2\alpha}+z_2,\ \forall\theta\in[0,\pi]\tag{11.85}$$

这样可以得到一个与文献[18]的 $\beta\geqslant 1/2\alpha+1$ 相比拟的无源性条件。

取 $m=0.5$ kg，$b=0.1$ N·s/m，采样周期 $\tau=0.001$ s，图 11.15 是式(11.83)关于参数 $B-K$ 的无源性条件，为了对比，还给出了文献[91]的无源性边界曲线(图中虚线)，各曲线左下方的区域为与其对应的无源性参数区域。图 11.16 是式(11.85)的 $\alpha-\beta$ 无源性条件，图中虚线是文献[91]的无源性边界曲线，各曲线右上方的区域为与其对应的无源性参数区域。从图 11.15 和图 11.16 可以看出，文献[91]所给出的无源性区域要比实际的无源性区域小得多，也就是说，它所给出的无源性条件具有很大的保守性，所以是不可取的。本节的无源性条件因为是从采样控制系统的真实的频率特性出发推导出来的，是力觉系统真正的无源性条件，这一点可以通过下面的仿真进一步校验(图 11.17 和图 11.18)。

图 11.17～11.19 是不同控制器参数时采样控制系统的 Nyquist 图。图 11.17 对应的控制参数为：$B=0.2$ N·s/m，$K=20$ N/m，此点位于图 11.15 所示的实际无源性区域内，但却处于频域提升的无源性曲线的有源区。从图 11.17 的仿真曲线可以看出，此时系统是正实的，即无源的，因为 Nyquist 频率特性都位于右半平面，验证了频域提升法所得无源性条件的保守性。图 11.18 对应的控制参数为 $B=0.176$ N·s/m，$K=150.21$ N/m，这个点正好位于图 11.15 所示的实际无源性边界曲线(式(11.83))上，此时系统仍是无源的，但是处于无源的边界点，如果稍稍增大 $K$ 的值，令 $K=150.22$，则系统就会变成有源系统，此时系统在高频处进入了左半平面，Nyquist 曲线左半平面离虚轴最远的点的实部值为 $-3.4349\times10^{-11}$，此值

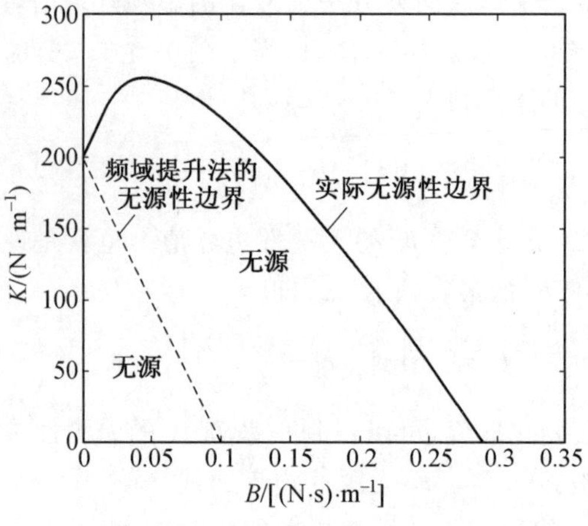


图 11.15　位置采样后向差分法的无源性曲线($B-K$)

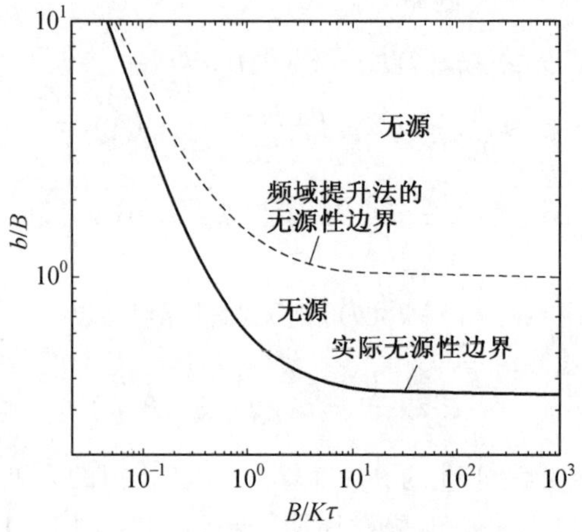


图 11.16　位置采样后向差分法的无源性曲线($\alpha-\beta$)

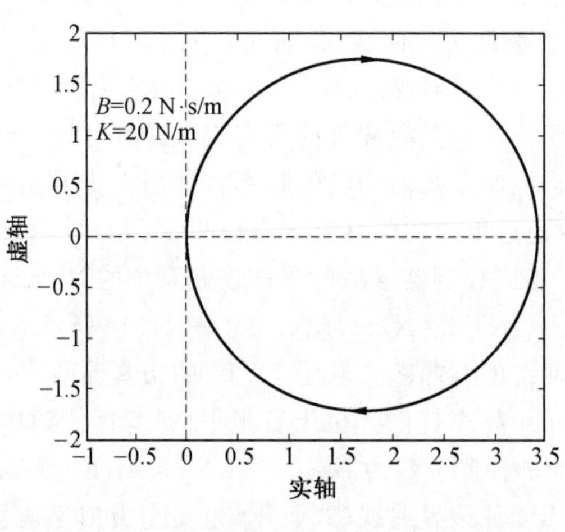


图 11.17　$B=0.2$ N·s/m,$K=20$ N/m 时采样控制系统的 Nyquist 图

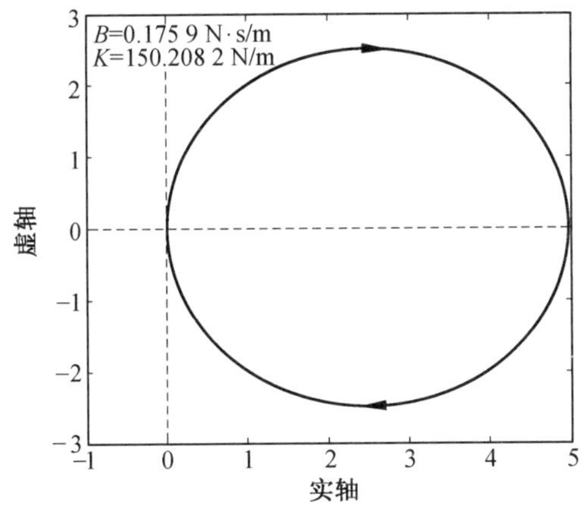


图 11.18　$B=0.1759\ \mathrm{N\cdot s/m}$，$K=150.21\ \mathrm{N/m}$ 时采样控制系统的 Nyquist 图

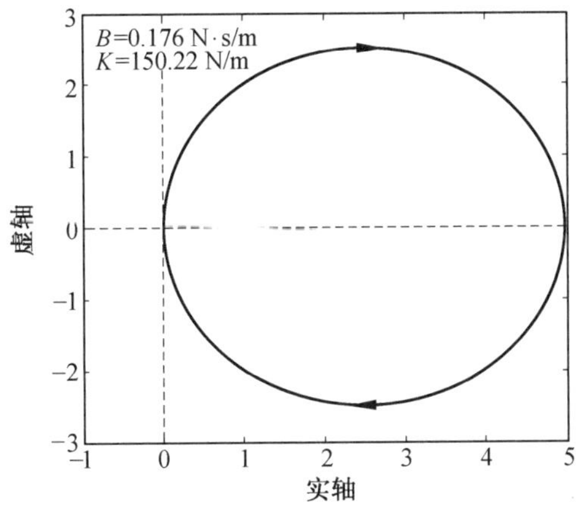


图 11.19　$B=0.1759\ \mathrm{N\cdot s/m}$，$K=150.22\ \mathrm{N/m}$ 时采样控制系统的 Nyquist 图

很小，所以从 Nyquist 图（图 11.19）上看并不明显，但这已经证明系统是有源的，也验证了点 $B=0.176\ \mathrm{N\cdot s/m}$，$K=150.21\ \mathrm{N/m}$ 为无源性边界点。

**2. 双线性变换法**

令 $s=\dfrac{z(z-1)}{\tau(z+1)}$ 代入式（11.74），得

$$K_{\mathrm{d}}(z)=K+Bs\Big|_{s=\frac{2}{\tau}\left(\frac{z-1}{z+1}\right)}=K+\frac{2B}{\tau}\cdot\frac{z-1}{z+1} \tag{11.86}$$

类似地，令 $z=\mathrm{e}^{\mathrm{j}\omega\tau}=\mathrm{e}^{\mathrm{j}\theta}=\cos\theta+\mathrm{j}\sin\theta$ 代入式（11.86），得

$$K_{\mathrm{d}}(\theta)=a_3+b_3\mathrm{j}=K+\frac{2B\cdot\sin\theta}{\tau(1+\cos\theta)}\mathrm{j} \tag{11.87}$$

其中 $a_3=K$，$b_3=\dfrac{2B\sin\theta}{\tau(1+\cos\theta)}$。

相应地，将式（11.69）、式（11.71）、式（11.73）及式（11.87）中参数代入不等式（11.81），整理后也可以得到下面的不等式：

$$b\geqslant -k_1'(\theta)K-k_2'(\theta)B,\ \forall\theta\in[0,\pi] \tag{11.88}$$

这里 $k_1'(\theta)$ 和 $k_2'(\theta)$ 都是关于变量 $\theta$ 的表达式。计算后可知，当 $\theta$ 在 $(0,\pi]$ 之间变化时，式(11.88)右边最大值为 $\frac{K\tau}{2}-B$，所以式(11.88)的无源性条件简化为

$$b \geqslant \frac{K\tau}{2} - B \tag{11.89}$$

如果用变量 $\alpha$ 和 $\beta$ 来表示，式(11.89)为

$$\beta \geqslant \frac{1}{2\alpha} - 1 \tag{11.90}$$

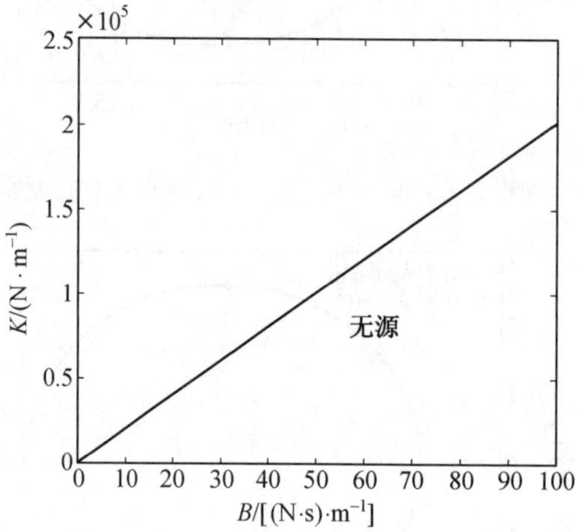


图 11.20　位置采样后双线性变换法的无源性曲线($B-K$)

取 $m=0.5$ kg，$b=0.1$ N·s/m，采样周期 $\tau=0.001$ s，图 11.20 和图 11.21 是控制器采用双线性变换法离散化时的无源性边界曲线，分别以 $B-K$ 和 $\alpha-\beta$ 为坐标参数，图 11.20 中曲线下面区域为无源区，图 11.21 中曲线右上角为无源区，从图 11.21 和式(11.80)可以看出，由于无源性和参数 $\beta>0$ 的限制，参数 $\alpha$ 的取值范围很小($\alpha\leqslant 0.5$)。事实上，当考虑力觉接口系统的其他设计要求时，这个很小的 $\alpha$ 范围实际上是不可取的，具体的分析见 11.4 节。

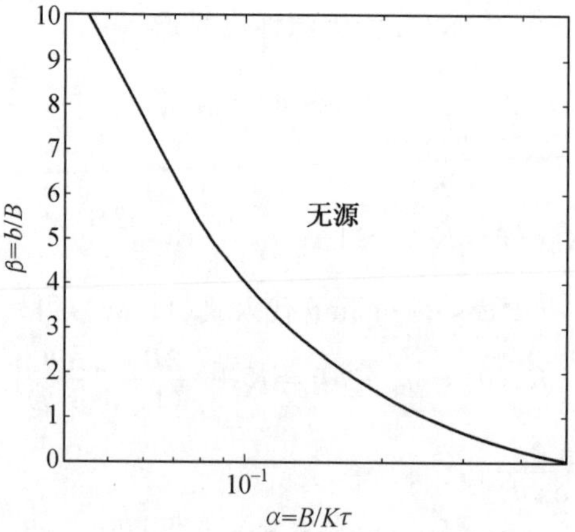


图 11.21　位置采样双线性变换法的无源性曲线($\alpha-\beta$)

### 11.3.2　速度信号采样时力觉接口的无源性条件

图 11.22 为以速度信号作为采样信号的力觉接口系统。对于弹簧—阻尼结构的虚拟环境模型,因为输入信号为速度信号,采用弹簧－阻尼结构的虚拟墙实现时,控制器 $K_{d2}$ 应该为 PI 控制器的离散化传递函数,即与其对应的连续控制器传递函数 $K_2(s)$ 为

$$K_2(s)=\frac{K}{s}+B \tag{11.91}$$

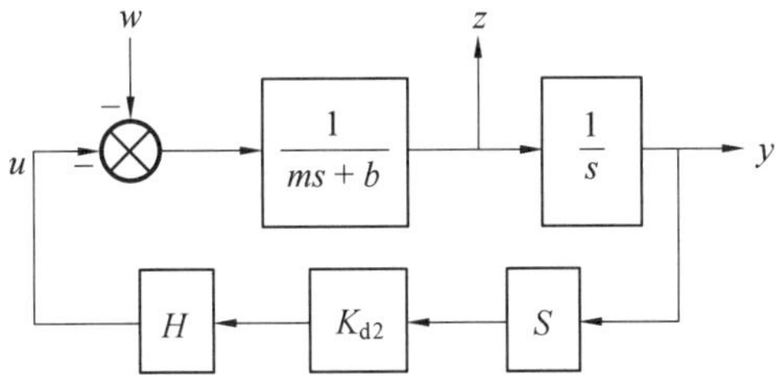


图 11.22　速度信号采样的力觉接口系统

如果将图 11.22 转换成图 11.1 的标准结构,则广义对象 $\boldsymbol{G}'$ 为

$$\boldsymbol{G}'=\begin{bmatrix}G'_{11} & G'_{12}\\ G'_{21} & G'_{22}\end{bmatrix}=\begin{bmatrix}\dfrac{-1}{ms+b} & \dfrac{-1}{ms+b}\\ \dfrac{-1}{ms+b} & \dfrac{-1}{ms+b}\end{bmatrix} \tag{11.92}$$

这里的 $G'_{22}=-\dfrac{1}{ms+b}$,与位置信号采样时的 $G_{22}$(见式(11.63))相比少了一个积分项,它的零阶保持器离散化传递函数 $G'_{22\mathrm{d}}$ 为

$$G'_{22\mathrm{d}}=\frac{k_1}{z-k_2} \tag{11.93}$$

式中,$k_1=\dfrac{1}{b}[1-\mathrm{e}^{-(b/m)\tau}]$,$k_2=\mathrm{e}^{-(b/m)\tau}$。

这样,令 $z=\mathrm{e}^{\mathrm{j}\omega\tau}=\mathrm{e}^{\mathrm{j}\theta}=\cos\theta+\mathrm{j}\sin\theta$ 代入式(11.93) 并化简,可得

$$G'_{22\mathrm{d}}(\theta)=-C'_{1\theta}(a'_1+b'_1\mathrm{j}) \tag{11.94}$$

其中

$$\begin{cases}C'_{1\theta}=\dfrac{k_1}{(\cos\theta-k_2)^2+(\sin\theta)^2}\\ a'_1=\cos\theta-k_2\\ b'_1=-\sin\theta\end{cases} \tag{11.95}$$

式(11.91) 中的 $G'_{11}$ 与位置信号采样时的 $G_{11}$ 相同,所以 $G'_{11}(\theta)=G_{11}(\theta)$,其表达式见式(11.72) 及式(11.73)。

接下来分别采用后向差分法和双线性变换法对式(11.90) 的控制器进行离散化。

**1. 后向差分法**

令 $s=\dfrac{1-z^{-1}}{\tau}$ 代入式(11.91),得

$$K_{d2}(z)=\frac{K}{s}+B\bigg|_{s=\frac{1-z^{-1}}{\tau}}=\frac{K\tau z}{z-1}+B \tag{11.96}$$

类似地，对 $K_{d2}(z)$，令 $z=\cos\theta+\mathrm{j}\sin\theta$ 代入式(11.96)，化简后可得

$$K_{d2}(\theta)=a_3'+b_3'\mathrm{j} \tag{11.97}$$

其中

$$\begin{cases} a_3'=\dfrac{K\tau}{2}+B \\ b_3'=\dfrac{K\tau\sin\theta}{2(1-\cos\theta)} \end{cases} \tag{11.98}$$

将式(11.73)、式(11.93)、式(11.95) 及式(11.98) 的参数代入 $\mathrm{Re}(T_{zw})\geqslant 0$ 的不等式(式(11.81))后，可以得到不等式

$$k''_1(\theta)\,\frac{K\tau}{2}+b+k''_2(\theta)B\geqslant 0,\forall\theta\in[0,\pi] \tag{11.99}$$

其中

$$k''_1(\theta)=C'_{1\theta}\left\{-b(1+\mathrm{e}^{-(b/m)\tau})+\frac{m\theta\left[1-\mathrm{e}^{-(b/m)\tau}\right]\sin\theta}{\tau(1-\cos\theta)}\right\} \tag{11.100}$$

$$k''_2(\theta)=C'_{1\theta}\left\{b\left[\cos\theta-\mathrm{e}^{-(b/m)\tau}\right]+\frac{m\theta}{\tau\sin\theta}\right\} \tag{11.101}$$

经验证可知，$k''_1(\theta)$ 在 $[0,\pi]$ 上单调递减且 $k''_1(\theta)<0$，而且 $k''_2(\theta)$ 在 $[0,\pi]$ 上也是单调递减的。这样，将不等式(11.99) 中与 $K$ 和 $B$ 有关的项移到左侧，不等式变为

$$b\geqslant -k''_1(\theta)\,\frac{K\tau}{2}-k''_2(\theta)B,\forall\theta\in[0,\pi] \tag{11.102}$$

由于函数的单调性，当 $\theta$ 在 $[0,\pi]$ 上变化时，不等式右边在 $\theta=\pi$ 时达到最大值，所以要想保证对 $\forall\theta\in[0,\pi]$ 不等式都成立，应有

$$b\geqslant -k''_1(\theta)\,\frac{K\tau}{2}-k''_2(\theta)B\bigg|_{\theta=\pi} \tag{11.103}$$

把 $\theta=\pi$ 代入 $k''_1(\theta)$ 和 $k''_2(\theta)$ 的表达式，化简后可得

$$b\geqslant\frac{1-\mathrm{e}^{-(b/m)\tau}}{1+\mathrm{e}^{-(b/m)\tau}}\left(\frac{K\tau}{2}+B\right) \tag{11.104}$$

若定义 $\beta=\dfrac{b}{B}$，$\alpha=\dfrac{B}{KT}$，则式(11.104) 也可描述为

$$\beta\geqslant\frac{1-\mathrm{e}^{-(b/m)\tau}}{1+\mathrm{e}^{-(b/m)\tau}}\left(\frac{1}{2\alpha}+B\right) \tag{11.105}$$

不等式(11.104) 和式(11.105) 在参数 $b$，$m$ 和 $\tau$ 取定后，右边的系数就是一个与 $\theta$ 无关的常数，所以很容易就可以给出无源性边界曲线。取 $m=0.5$ kg，$b=0.1$ N·s/m，采样周期 $\tau=0.001$ s，以 $B-K$ 和 $\alpha-\beta$ 为坐标参数的无源性曲线如图 11.23 和图 11.24 中实线所示，可以看出，这个无源性参数区域比位置信号采样时要大得多，尤其对于参数 $K$，采样周期越小，其值就越大。

**2. 双线性变换法**

令 $s=\dfrac{z(z-1)}{\tau(z+1)}$ 代入式(11.91)，得

$$K_{d2}(z)=\frac{K}{s}+B\bigg|_{s=\frac{2}{\tau}\left(\frac{z-1}{z+1}\right)}=\frac{K\tau(z+1)}{2(z-1)}+B \tag{11.106}$$

这样，令 $z=\cos\theta+\mathrm{j}\sin\theta$ 代入式(11.106)，有

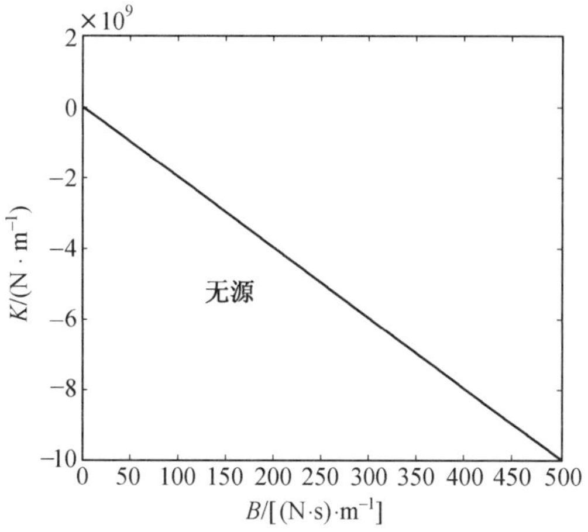


图 11.23　速度采样后向差分法的无源性曲线（$B-K$）

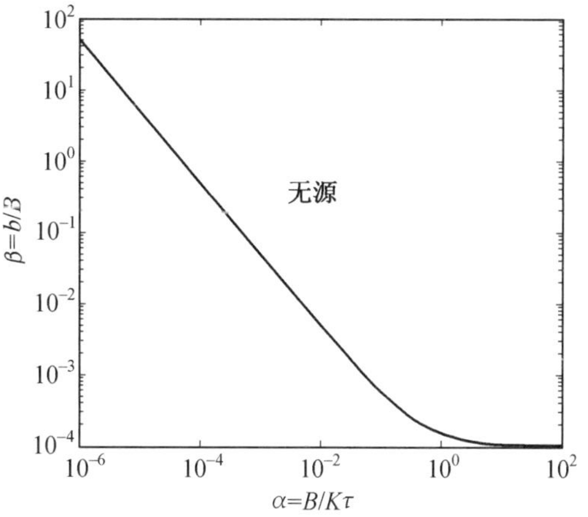


图 11.24　速度采样后向差分法的无源性曲线（$\alpha-\beta$）

$$K_{d2}(\theta)=a_3'+b_3'\mathrm{j}=B-\frac{K\tau\sin\theta}{2(1-\cos\theta)}\mathrm{j} \tag{11.107}$$

其中

$$\begin{cases}a_3'=B\\ b_3'=\dfrac{-K\tau\sin\theta}{2(1-\cos\theta)}\end{cases} \tag{11.108}$$

相应地，将式(11.73)、式(11.93)、式(11.95)及式(11.98)的参数代入 $\mathrm{Re}(T_{zw})\geqslant 0$ 的不等式（式(11.81)）后也可以得到不等式

$$b\geqslant -k'''_1(\theta)K-k'''_2(\theta)B,\ \forall\theta\in[0,\pi] \tag{11.109}$$

这里 $k'''_1(\theta)$ 和 $k'_2(\theta)$ 都是关于变量 $\theta$ 的表达式。计算后可知，当 $\theta$ 在 $(0,\pi]$ 之间变化时，式(11.88)右边最大值为 $\dfrac{K\tau}{2}-B$，所以式(11.109)的无源性条件简化为

$$b\geqslant\frac{K\tau}{2}-B \tag{11.110}$$

如果用变量 $\alpha$ 和 $\beta$ 来表示，式(11.110)为

$$\beta \geqslant \frac{1}{2\alpha} - 1 \tag{11.111}$$

从式(11.110)和式(11.111)可以看出，这个无源性条件与位置信号采样且控制器用双线性变换法离散化的无源性条件(式(11.89)和式(11.90))相同。

图 11.25 给出的是不同情况下的 $\alpha - \beta$ 无源性曲线，对比可知，频域提升法的无源性区域具有很大的保守性，控制器用双线性表换法离散化时，无论是位置信号采样还是速度信号采样，得到的无源性区域都相同，虽然能够做到很大的 $K$ 值和 $B$ 值(图 11.20)，但是对 $\alpha = B/(K\tau)$ 有限制，$\alpha \leqslant 0.5$。速度反馈后向差分法离散化控制器时，所能做到的无源性参数取值范围最大，实际上，对于任意无源的操作者，这个区域才是能同时满足鲁棒稳定性要求、系统带宽和阻尼比等要求的参数设计区域，这一点将在 11.4 节通过具体的例子详细分析和讨论。

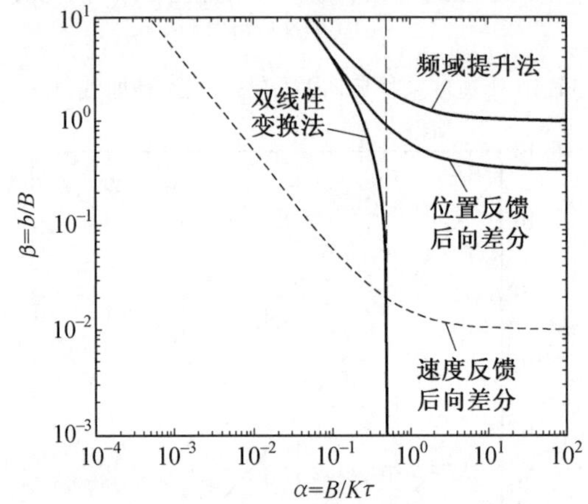


图 11.25 不同情况下的无源性曲线对比

# 11.4 遥操作系统力觉接口的无源性设计

## 11.4.1 力觉接口的无源性要求

力觉系统作为一个反馈系统，不是仅有无源性这一个属性，还包括系统的阻尼、带宽等特性。当一个系统的主导极点是一对复数时，即便它是无源的，其响应特性上仍会出现超调，实际操作中操作者会感受到抖动。当系统设计的带宽过长时，实际中会激起振荡，影响虚拟环境的真实性。

下面以位置信号采样的力觉接口系统为例，针对图 11.13 给出的无源性控制参数区域来分析其设计范围。这里采用连续系统的相关概念进行讨论，$B/K$ 对应于连续系统就是 $T_d = B/K$($T_d$ 称为是微分校正的时间常数)，如果令 $\omega_d = 1/T_d$，$\omega_N = \pi/\tau$，则整理 $\alpha$，可得

$$\alpha > \frac{B}{K\tau} = \frac{T_d}{\tau} = \frac{1}{\pi}\frac{\omega_N}{\omega_d} \tag{11.112}$$

称 $\omega_c$ 为系统的穿越频率，在一般系统设计中 $\omega_c < 0.1\omega_N$。对微分校正环节来说，它的转折频率 $\omega_d \approx 0.5\omega_c$，于是可以得出

$$\alpha > 6 \tag{11.113}$$

它对应于图 11.13 中阴影线右侧部分区域。从伺服设计的角度看，无源性设计的参数应该在这个区域内进行选择。

对象 $1/(ms+b)$ 中的 $b$ 表示阻尼，在具体设计中是个固定值，本节中 $b=0.1$。在图 11.13 中，每条水平线段就对应一个固定的 $B$ 值。如果 $K$ 值保持不变，那么在图 11.13 中横线对应的系统特性就是大体相似的，只因在不同的采样周期 $\tau$ 下，系统的稳定性会有所差别。比如图 11.13 中的 $a$，$b$，$c$ 点，它们对应相同 $B$ 值，$a$ 点对应的 $\tau=0.1$ ms，$b$ 点对应的 $\tau=0.01$ ms，显然 $a$ 点在有源区内，且从图 11.26(a) 可以观察到它的超调也增大。

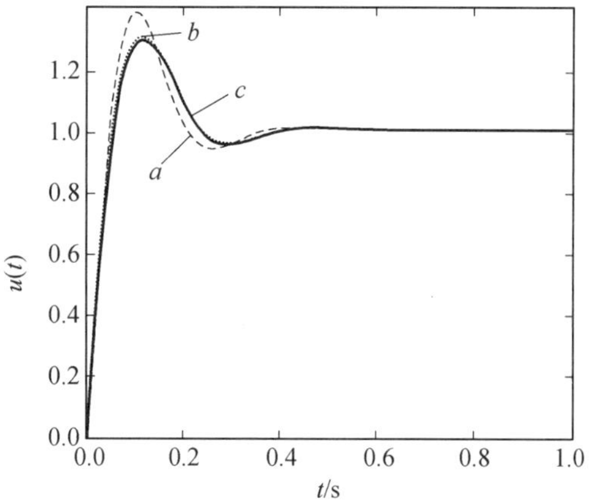


(a) $\beta=10^{-2}$, $B$=10 N·s/m, $K$=200 N/m

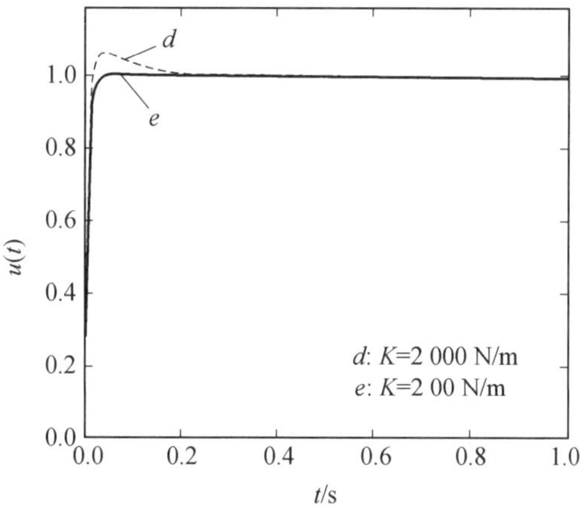


(b) $\beta=10^{-3}$, $B$=100 N·s/m

图 11.26　反馈力的阶跃响应特性曲线

图 11.13 中，水平线段对应一个固定的 $B$ 值，且水平线段越低，$B$ 值越大。如果用近似的连续系统来分析，其原因就是 $B$ 的增大会引起微分校正的 $T_d$ 增大，即增大系统的阻尼，超调就会下降。为验证此点，可对图 11.26(a)(b) 所示的 $b$ 点到 $d$ 点($\tau=1$ ms)，$c$($\tau=0.1$ ms) 点到 $e$($\tau=1$ ms) 点相应的响应曲线加以比较。已知图 11.13 中的 $\beta=1/(2\alpha)$ 曲线，它是 $\tau$ 较小时无源性的边界线。在这条边界线上的 $e$ 点，是本例中最佳设计点，因为它不仅可以保证系统的无源性，对力的响应还能做到无超调。图 11.27 所示即为对应 $e$ 点的频率特性 $T_{zw}(\mathrm{j}\omega)$ 曲线，均在右半平面上，也可得出它是无源的。即使对不同的参数($m$，$b$)，仍可在斜

线 $\beta=1/(2\alpha)$ 上找到最佳的设计点和对应的参数。

如果是依据无源性的要求设计的一个接口装置，则它在与人组成闭环系统时可以保证系统的稳定性，也能够使力觉接口系统找到合适的带宽和足够的阻尼，确保操作时不会抖动，使该虚拟环境更具真实感。

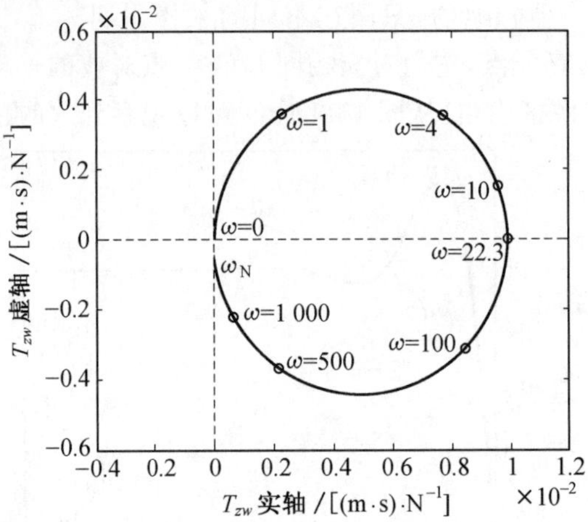


图 11.27　频率特性 $T_{zw}$（$e$ 点的）

### 11.4.2　综合考虑性能的无源性设计

由上面所述，力觉接口系统作为一个负反馈系统，还需要考虑到反馈系统的一些带宽、系统的阻尼等基本特性[93]。

下面针对几组不同参数给出仿真结果，这里仍然假定 $m=0.5$ kg，$b=0.1$ N·s/m，首先取采样周期 $\tau=0.5$ s。先取 $\alpha=10$ 的曲线上点，根据式(11.59)所给出的无源性边界，与 $\alpha=10$ 相对应的边界点为 $\beta=1.05$，即 $B=0.095\ 2$，$K=0.019$。图 11.28 ～ 11.30 分别是此参数下系统的 Nyquist 图、速度阶跃响应曲线和反馈力阶跃响应曲线。

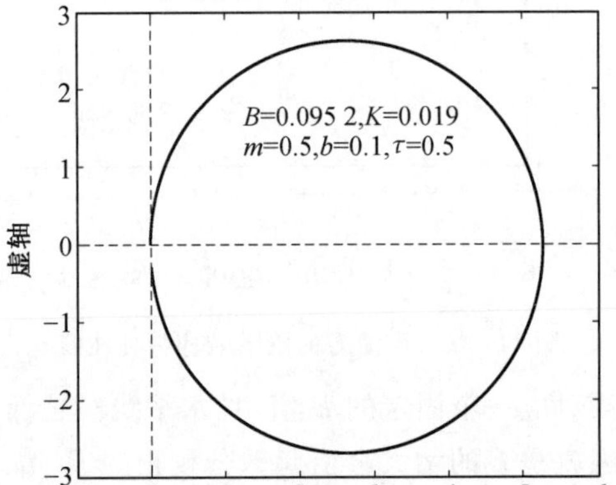


图 11.28　系统的 Nyquist 图

对于我们用频率响应法推导出的无源性边界曲线(式(11.58))，当 $\alpha=10$ 时，对应的 $B=0.275\ 3$，$K=0.054\ 95$，图 11.31 ～ 11.33 分别是此参数下系统的 Nyquist 图，速度阶跃响应

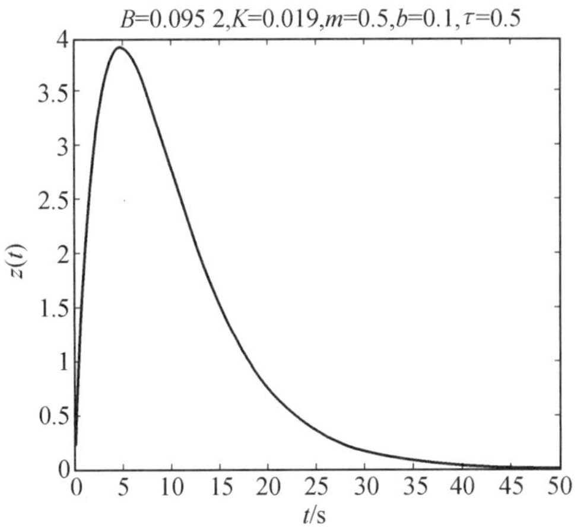


图 11.29　速度阶跃响应曲线

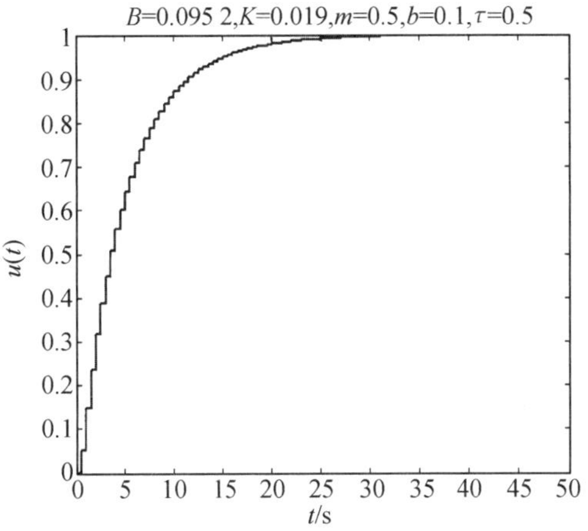


图 11.30　反馈力阶跃响应曲线

曲线和反馈力阶跃响应曲线。

从图 11.28 ～ 11.31 可以看出，此时系统都是无源的，这个仿真结果进一步表明前人所给出的无源性条件具有保守性，由此所得的边界曲线不是真正的无源性边界。

类似地，我们还分别取 $\alpha=0.5$ 和 $\alpha=0.1$ 的情形，对两条边界曲线上的点进行了仿真，仿真表明，$\alpha=0.5$ 时系统有超调，比 $\alpha=10$ 时的时域特性要差；$\alpha=0.1$ 时，时域特性更差，而且因为此时实际的无源性边界曲线几乎与稳定边界曲线重合，所以系统出现一定的振荡，如图 11.34 所示。

上面的仿真结果表明，力觉系统的设计中除了无源性，设计中还应该考虑系统的带宽，阻尼比以及控制器的微分时间常数等。对于采样周期为 $\tau$ 的系统，由零阶保持器带来的等效时间滞后为 $\tau/2$，所以在设计过程中还应该使控制器的微分时间常数大于此时间滞后，也就是使 $B/K>\tau/2$，这相当于 $K<2B/\tau$。图 11.35 中点线为 $K=2B/\tau$ 边界线，曲线下边阴影区域为可设计的无源参数区。从图 11.35 可以看出，要想做到绝对的无源，控制参数 $K$ 和 $B$ 不能设计得太大。

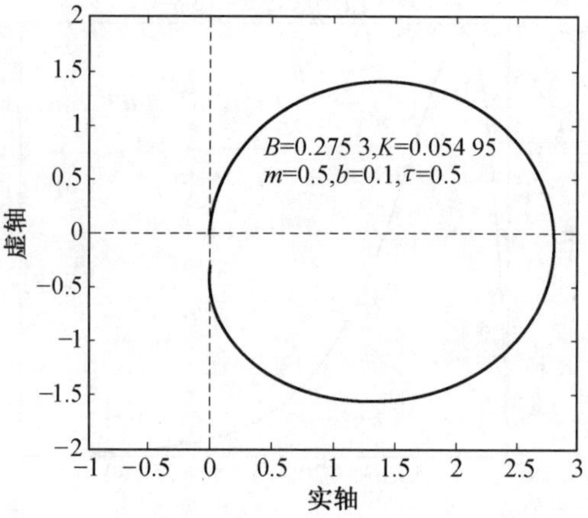


图 11.31　系统的 Nyquist 图

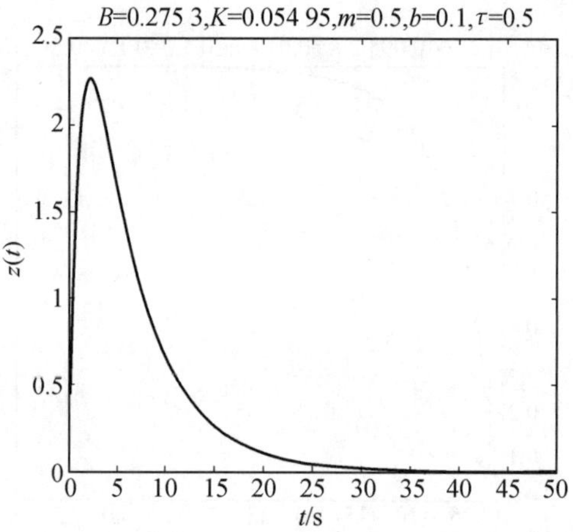


图 11.32　速度阶跃响应曲线

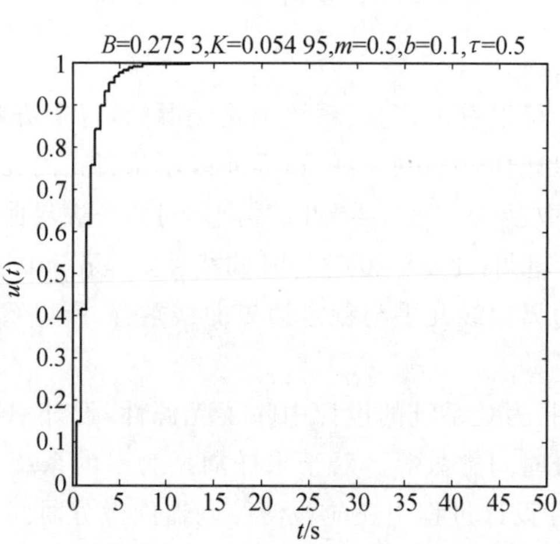


图 11.33　反馈力阶跃响应曲线

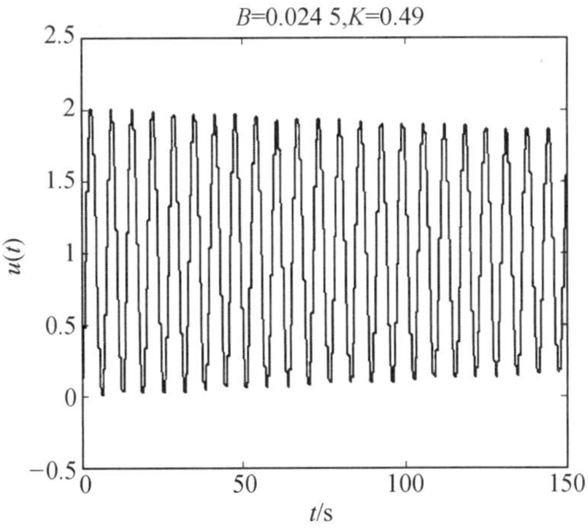


图 11.34　反馈力阶跃响应曲线($\alpha=0.1$)

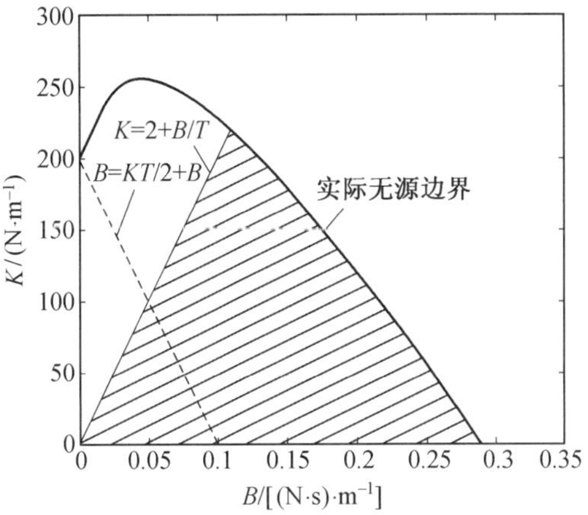


图 11.35　无源区域划分曲线

(每条曲线下边的区域为各自的无源区)

在对图 11.35 的实际无源性边界曲线用 MATLAB 进行数值求解过程中,判断 $\mathrm{Re}\{T_d(\omega)\}$ 是否大于零,其默认精度为 $10^{-10}$,也就是说,当一个数不小于 $-10^{-10}$ 时,计算机就认为它是大于 0 的。为了保证系统能有很好的透明性,控制参数的范围应尽可能大,本节提出降低计算精度,对力觉系统进行近似无源设计。此时取精度为 $10^{-5}$,当满足 $\mathrm{Re}\{T_d(\omega)\}\geqslant -10^{-5}$ 时,就可以认为系统是无源的。这样得到的无源区域划分曲线如图 11.36 所示。从图 11.36 可以看出,控制参数的设计范围大了很多。由于在对力觉系统的分析和设计中,并没有考虑静态摩擦,但在实际系统中是存在的。因为克服摩擦力是消耗能量的过程,所以对于近似无源的系统,加入静态摩擦后,会变为无源的,因此这个设计思路是切实可行的。

图 11.36 中虚线为 $B/K=6\tau>\tau/2$ 线,即 $K=B/(6\tau)$。设计中将取该线下面的近似无源区内的点。

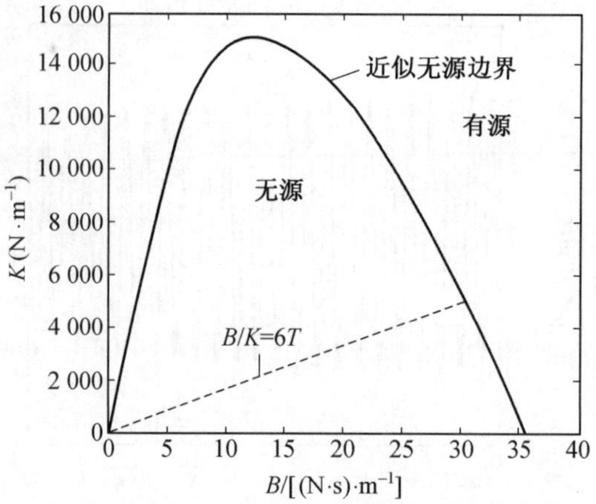


图 11.36　近似无源区域划分曲线

图 11.37 和图 11.38 是取 $B=30\ \mathrm{N\cdot s/m}$，$K=1\ 000\ \mathrm{N/m}$ 时，不同采样周期下力觉系统的反馈力阶跃响应曲线。可以看出，此时系统的相应特性比较好，尤其是图 11.37，系统没有超调，而且能够快速地达到稳态。

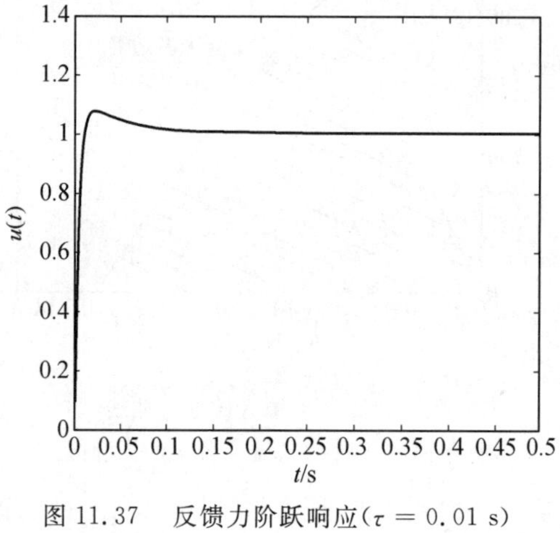


图 11.37　反馈力阶跃响应($\tau=0.01$ s)

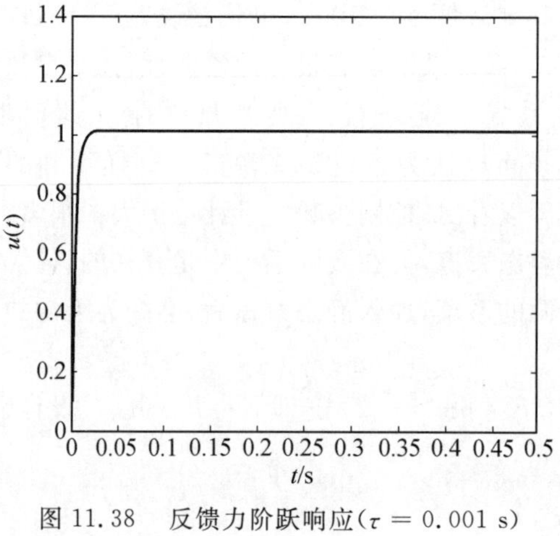


图 11.38　反馈力阶跃响应($\tau=0.001$ s)

## 11.5 本章小结

作为本书典型应用之一,本章研究了力觉接口系统的稳定性分析和无源性设计问题,基于采样控制系统的频率响应法,给出了力觉接口系统的无源性设计条件,并结合性能指标要求、阻尼比要求等给出了系统的综合设计方法。

# 第12章　典型应用：时滞不确定性采样控制系统

采样控制系统是指用一离散时间的控制器，例如数字计算机，控制一个连续时间的对象，系统中既包含连续的动特性，也包含离散时间的动特性。这里讨论的时滞是指对象中存在时间上的滞后现象，这是在过程控制领域中经常存在的一种信号或能量传递滞后的现象。目前大多数的理论工作都是将这时间上的滞后用离散系统的概念来处理，即将时滞 $\tau$ 看成采样周期 $h$ 的倍数。但是过程控制中对象的时滞并不一定等于 $h$ 的整数倍，且带有一定的不确定性。文献[94]指出，整数倍时滞稳定的离散系统，当实际的时滞 $\tau$ 与整数倍有差别时，实际的采样控制系统有可能是不稳定的。这里的问题是这个 $\tau$ 是一种模拟量之间的滞后关系，不是离散的信号之间的关系。文献[94]首次指出了这种采样控制系统中连续时间时滞不确定性的鲁棒性问题，不过文献[94]是用小增益定理来进行处理的。小增益定理因为没有包含相位信息，所以具有一定的保守性。文献[94]的主要贡献是提出了一种使权函数尽量贴近不确定性的界的做法以减少保守性。

从研究方法来说，离散系统的时滞分析一直是许多文献关注的热点，例见文献[95][96]及其后所附的文献。但是采样控制系统与离散系统不同，采样控制系统的对象中的信号都是连续时间的，因此采样控制系统的性能与纯离散(时间)系统是不一样的。对于含有连续信号的采样控制系统的性能分析，曾提出过提升技术。但是提升技术在控制系统设计中是有局限性的[97]。为了研究采样控制系统中连续信号的性能，还可以采用采样控制系统频率特性的概念[98]。频率响应法在控制系统稳定性分析中占有重要地位。这是一种图解解析法，基本上不受阶次的限制。这里需要说明的是，修正 $z$ 变换也可用来分析采样控制系统中的时间滞后。采样控制系统中两个信号之间如果存在时间滞后 $\delta(\delta < h)$，那么滞后信号采样所对应的 $z$ 变换称为修正 $z$ 变换[98]。理论上修正 $z$ 变换是可用来分析非整数倍时间滞后的，但计算复杂，一般只用于低阶系统，例如二阶系统的分析[94]。

## 12.1　时滞不确定采样控制系统描述

### 12.1.1　时滞不确定采样控制系统描述

设所考虑的连续对象的数学模型为

$$P_0(s)\mathrm{e}^{-\tau s} \tag{12.1}$$

式中，$P_0(s)$ 为一稳定的有理传递函数；$\tau$ 为滞后时间。

$$\tau = vh + \tau_u, v \in \mathbf{Z}^+, \tau_u \in [0, h) \tag{12.2}$$

图12.1所示就是所研究的时滞采样控制系统。这里将时滞 $\tau$ 按采样周期 $h$ 的整数倍部分和余下部分分开，整数倍时滞与连续部分的 $P_0$ 合为一个对象特性 $P$，即

$$P(s)=P_0(s)\mathrm{e}^{-\tau_h s} \tag{12.3}$$

而余下部分 $\mathrm{e}^{-\tau_u s}$ 代表了模拟量信号滞后时间的不确定性。图 12.1 中,$H$ 为保持器,$S$ 为采样器,$K_\mathrm{d}^*$ 为离散的数字控制器,$K_\mathrm{d}^*$ 前后的开关是为了强调控制器前后的信号都是离散的。

现将图 12.1 的系统拆分成图 12.2 所示的形式,即将系统时滞部分分成并行的两个通道,即不包含不确定时滞特性的直通通道和包含不确定时滞特性的通道($\mathrm{e}^{-\tau_u s}-1$)。这样,采样控制系统就被分为上、下两个部分,设系统下半部分的输入信号为 $w$,输出信号为 $z$。从图 12.2 明显看到,在采样控制系统中 $w$ 和 $z$ 都是连续信号,但是在 $w$ 到 $z$ 的连续信号的回路中仍然还包含有离散信号。图中 $w$ 信号的含义可以从图 12.1 上来体现说明,即图12.1 中的虚线部分表示这个 $w$ 信号的组成,即

$$w=y-z \tag{12.4}$$

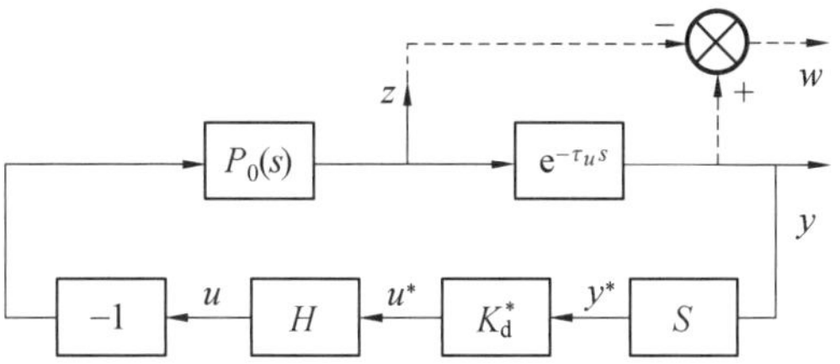


图 12.1　时滞采样控制系统

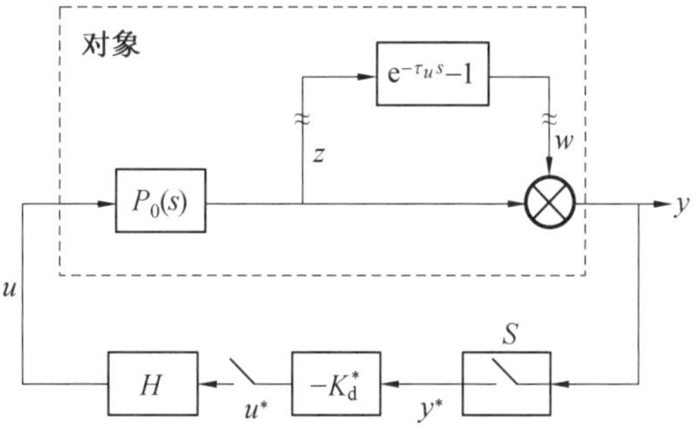


图 12.2　时滞采样控制系统分析用的框图

可见,这个 $w$ 信号就是时滞环节前后的信号差。图 12.2 中将系统在 $w$ 和 $z$ 处进行分开,所考察的就是这个时滞前后信号差($w$)的动态特性。如果这个 $w(t)$ 能收敛到稳态值 0,就表明这个时滞系统是稳定的。由于时滞环节这个连续时间的动特性与系统其他动态部分的相互作用,时滞环节前后的信号差有可能是发散的,即 $w$ 可能发散。这就是采样控制系统中连续时间时滞不确定性影响系统稳定性的原因。这也是本书中采用图 12.2 的结构来研究鲁棒性的缘由。需要说明的是,这个 $w$ 信号是本书分析中用的一个中间信号,实际应用中并不要求去获取它。上面只是说明这个 $w$ 信号的物理含义。当然,图 12.2 的思路也可以用来研究一般的连续时滞系统的鲁棒性。

### 12.1.2　时滞不确定采样控制系统的等价 $H_\infty$ 结构

目前对纯连续和纯离散时滞系统的鲁棒稳定性分析及镇定控制是许多文献关注的热点[99-101],而对于对象具有连续时滞的采样控制系统的研究相对比较少。对于这种具有不确

定输入时滞的采样控制系统，当对象阶次比较低时，可以利用修正的 $Z$ 变换，根据闭环系统的特征方程来进行稳定性分析，但由于该方法计算复杂，并不适用于高阶系统。文献[102]针对连续的不确定时滞，给出了几种解析近似方法，提出可以用 $H_\infty$ 结构来描述时滞不确定系统。文献[103]针对不确定时滞采样控制系统进行了研究，通过引入一个有理函数，将连续的时滞分为两部分，然后应用小增益定理，将不确定时滞问题转化成加权的 $H_\infty$ 问题来进行鲁棒稳定性分析。

如图 12.3 所示，引入一个有理函数 $V(s)$，将不确定时滞 $e^{-\tau s}$ 分成 $e^{-\tau s}-V(s)$ 和 $V(s)$ 两部分，然后将这个时滞不确定性用权函数 $W(s)$ 和不确定性 $\Delta(\|\Delta\|_\infty \leqslant 1)$ 来描述。这样图 12.3 的不确定时滞问题就转化成图 12.4 的输入端加权的 $H_\infty$ 问题。通过合理的选择权函数，使 $W(s)$ 尽可能地贴近不确定性的界函数 $e^{-\tau s}-V(s)$，这样就可以应用小增益定理对这种具有连续输入时滞的采样控制系统进行鲁棒稳定性分析。

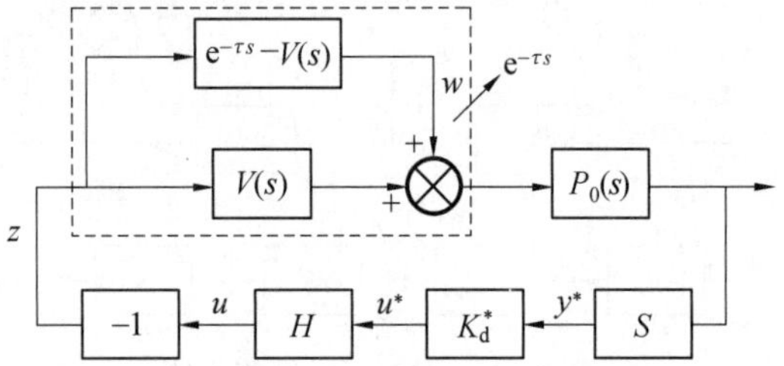


图 12.3　输入时滞采样控制系统

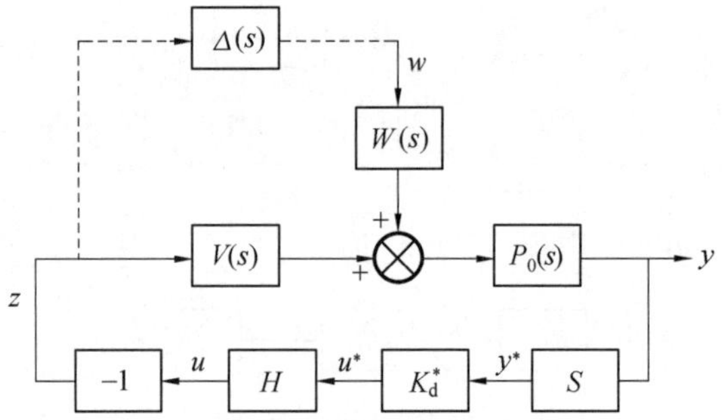


图 12.4　输入时滞采样控制系统的 Δ 不确定性描述

图 12.3 和图 12.4 中，$w$ 表示连续的外部输入，$z$ 为连续的控制输出，$S$ 为采样开关，$H$ 为零阶保持器，$K_d^*$ 为离散的控制器，系统的采样周期用 $h$ 表示。当用标准的 $H_\infty$ 结构来描述时，其连续的广义对象为

$$\boldsymbol{G}=\begin{bmatrix} \boldsymbol{0} & -\boldsymbol{I} \\ P_0 W & -P_0 V \end{bmatrix} \tag{12.5}$$

广义对象的输入输出关系为

$$\begin{bmatrix} z \\ y \end{bmatrix}=\begin{bmatrix} G_{11} & G_{12} \\ G_{21} & G_{22} \end{bmatrix}\begin{bmatrix} w \\ u \end{bmatrix} \tag{12.6}$$

根据小增益定理，图 12.4 所示系统稳定的条件是连续的输入 $w$ 到连续输出 $z$ 之间闭环系统 $F_l(\boldsymbol{G},K_d^*)$ 的 $L_2$ 诱导范数小于 1。

# 12.2　时滞不确定采样控制系统的鲁棒稳定性分析

## 12.2.1　提升法

为了分析图 12.4 所示系统的鲁棒稳定性，需要计算出闭环系统的 $L_2$ 诱导范数，本小节将应用连续的提升技术来计算这个采样控制系统的 $L_2$ 诱导范数。

首先将式(12.5)的连续的广义对象转化成提升等价离散化的对象 $\boldsymbol{G}_{\mathrm{d}}$，然后利用这个提升等价离散化后的闭环系统 $F_l(\boldsymbol{G}_{\mathrm{d}},K_{\mathrm{d}}^*)$ 的 $H_\infty$ 范数 $\|F_l(\boldsymbol{G}_{\mathrm{d}},K_{\mathrm{d}}^*)\|_\infty$ 来替代原采样控制系统的 $L_2$ 诱导范数，下面是 $\|F_l(\boldsymbol{G}_{\mathrm{d}},K_{\mathrm{d}}^*)\|_\infty$ 的计算方法。

设 $P_0(s)[W(s)\quad V(s)]$ 的状态空间实现为

$$\left[\begin{array}{c|cc}\boldsymbol{A}_\theta & \boldsymbol{B}_{\theta 1} & \boldsymbol{B}_{\theta 2}\\ \hline \boldsymbol{C}_\theta & \boldsymbol{0} & \boldsymbol{0}\end{array}\right] \tag{12.7}$$

定义如下矩阵：

$$[\boldsymbol{A}_{\theta\mathrm{d}}\quad \boldsymbol{B}_{\theta 2\mathrm{d}}]=[\boldsymbol{I}\quad \boldsymbol{0}]\exp\left(\begin{bmatrix}\boldsymbol{A}_\theta & \boldsymbol{B}_{\theta 2}\\ \boldsymbol{0} & \boldsymbol{0}\end{bmatrix}h\right) \tag{12.8}$$

$\boldsymbol{B}_{\theta 1\mathrm{d}}$ 是满足下式的任意矩阵：

$$\boldsymbol{B}_{\theta 1\mathrm{d}}\boldsymbol{B}'_{\theta 1\mathrm{d}}=\int_0^h \mathrm{e}^{\boldsymbol{A}_\theta t}\boldsymbol{B}_{\theta 1}\boldsymbol{B}'_{\theta 1}\mathrm{e}^{\boldsymbol{A}'_\theta t}\,\mathrm{d}t \tag{12.9}$$

则系统提升后的等价离散化对象为

$$\boldsymbol{G}_{\mathrm{d}}=\left[\begin{array}{c|cc}\boldsymbol{A}_{\theta\mathrm{d}} & \boldsymbol{B}_{\theta 1\mathrm{d}} & \boldsymbol{B}_{\theta 2\mathrm{d}}\\ \hline \boldsymbol{0} & \boldsymbol{0} & -\sqrt{h}\boldsymbol{I}\\ \boldsymbol{C}_\theta & \boldsymbol{0} & \boldsymbol{0}\end{array}\right] \tag{12.10}$$

根据式(12.10)的离散化对象和图 12.4 的离散控制器 $K_{\mathrm{d}}^*$，可以求出使闭环系统的 $H_\infty$ 范数 $\|F_l(\boldsymbol{G}_{\mathrm{d}},K_{\mathrm{d}}^*)\|_\infty=1$ 时的时滞 $\tau_{\max}$。根据小增益定理，这个 $\tau_{\max}$ 值就是采样控制系统鲁棒稳定的时滞边界点。事实上，该方法是用提升等价系统的范数来代替原采样控制系统的 $L_2$ 诱导范数，由于提升技术本身具有一定的应用条件和局限性，当系统不满足应用条件时，并不能保证系统提升前后范数的等价性。

对于图 12.4 所示的系统，设连续对象 $P_0(s)$ 的状态空间实现为$(\boldsymbol{A}_P,\boldsymbol{B}_P,\boldsymbol{C}_P,\boldsymbol{D}_P)$，权函数 $W(s)$ 的状态空间实现为$(\boldsymbol{A}_W,\boldsymbol{B}_W,\boldsymbol{C}_W,\boldsymbol{D}_W)$，函数 $V(s)$ 的状态空间实现为$(\boldsymbol{A}_V,\boldsymbol{B}_V,\boldsymbol{C}_V,\boldsymbol{D}_V)$，那么式(12.5)中广义对象 $\boldsymbol{G}$ 的状态空间实现可写为如下形式：

$$\boldsymbol{G}=\left[\begin{array}{c|cc}\boldsymbol{A} & \boldsymbol{B}_1 & \boldsymbol{B}_2\\ \hline \boldsymbol{C}_1 & \boldsymbol{D}_{11} & \boldsymbol{D}_{12}\\ \boldsymbol{C}_2 & \boldsymbol{D}_{21} & \boldsymbol{D}_{22}\end{array}\right] \tag{12.11}$$

其中

$$\boldsymbol{A}=\begin{bmatrix}\boldsymbol{A}_P & \boldsymbol{B}_P\boldsymbol{C}_W & \boldsymbol{B}_P\boldsymbol{C}_V\\ \boldsymbol{0} & \boldsymbol{A}_W & \boldsymbol{0}\\ \boldsymbol{0} & \boldsymbol{0} & \boldsymbol{A}_V\end{bmatrix},\boldsymbol{B}_1=\begin{bmatrix}\boldsymbol{B}_P\boldsymbol{D}_W\\ \boldsymbol{B}_W\\ \boldsymbol{0}\end{bmatrix},\boldsymbol{B}_2=\begin{bmatrix}-\boldsymbol{B}_P\boldsymbol{D}_V\\ \boldsymbol{0}\\ -\boldsymbol{B}_V\end{bmatrix}$$

$$\boldsymbol{C}_1=0,\boldsymbol{C}_2=[\boldsymbol{C}_P\quad \boldsymbol{D}_P\boldsymbol{C}_W\quad \boldsymbol{D}_P\boldsymbol{C}_V],\boldsymbol{D}_{11}=0,\boldsymbol{D}_{12}=-1,\boldsymbol{D}_{21}=\boldsymbol{D}_P\boldsymbol{D}_W,\boldsymbol{D}_{22}=-\boldsymbol{D}_P\boldsymbol{D}_V$$

显然，从广义对象的状态空间实现可以看到，输入矩阵 $\boldsymbol{C}_1$ 为全零行向量，这也就意味着采样控制系统的状态变量无法通过输出 $z$ 来进行观测，即($\boldsymbol{C}_1$,$\boldsymbol{A}$) 是不可观测的，这样也就不能够满足提升技术的应用条件。因此，在利用提升技术对时滞采样控制系统进行鲁棒稳定性问题分析时必然导致保守性的产生，这样也就不能够保证系统提升前后的范数是等价的，即不能用提升等价离散化系统的 $H_\infty$ 范数 $\| F_l(\boldsymbol{G}_d,\boldsymbol{K}_d^*) \|_\infty$ 来替代原采样控制系统的 $L_2$ 诱导范数。实际上，大量的仿真证明，当不满足提升技术应用条件时，系统提升后等价离散化系统的 $H_\infty$ 范数往往都偏大，这就导致应用提升法得到的结果具有保守性。鉴于此，需要为时滞采样控制系统的鲁棒稳定性分析寻找一个不保守的分析方法。

### 12.2.2　离散不确定等价法

针对图 12.4 所示的时滞采样控制系统，这里采用 9.3.1 节中的离散不确定性等价法，将图中的连续不确定性 $\Delta$ 用一离散不确定性 $\Delta_d$ 加零阶保持器(ZOH) 来代替(图 12.5 中的虚线部分所示)。这样，就可以将带有时滞的不确定表达式 $e^{-\tau s}-V(s)$ 转换为用权函数 $W(s)$ 和不确定性 $\Delta_d$ 加零阶保持器(ZOH) 的形式来表示，在图 12.5 中采用两个采样开关是以表示现在的 $\Delta_d$ 是离散的不确定性，$\Delta_d=\{\Delta_k\}_{k=0}^{\infty}$，$\bar{\sigma}(\Delta_k)\leqslant 1$。

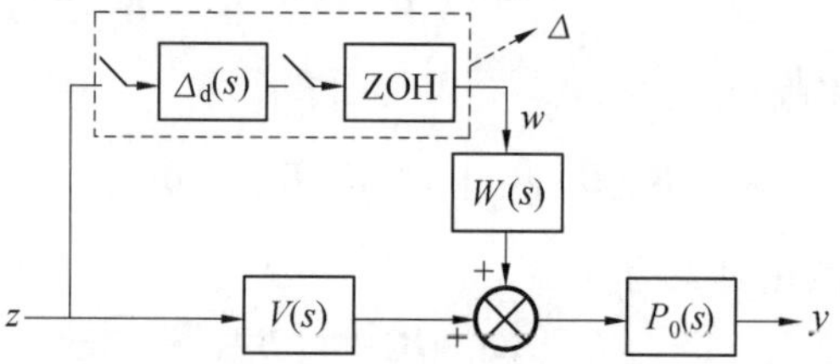


图 12.5　离散化不确定性

图 12.5 的虚线框中包含有一个 ZOH，设计时是将其实际的幅频特性归入到权函数 $W$ 中，而将虚线框中 ZOH 的幅频特性视为 1，此时虚线框内的不确定性符合范数不大于 1 的特性，和原系统 $\|\Delta\|_\infty \leqslant 1$ 的假设相一致，因此可以用这个离散不确定性 $\Delta_d$ 代替图 12.4 中的连续不确定性 $\Delta$。

当用图 12.5 的离散 $\Delta_d$ 代替原连续的 $\Delta$ 后，系统的输入信号 $w(t)$ 变为 ZOH 保持后的输出，而系统的输出 $z(t)$ 也变为采样信号 $z^*(t)$，这样，采样控制系统的鲁棒稳定性分析就转换成了离散系统的鲁棒稳定性分析。根据小增益定理，对范数有界的不确定性 $\Delta_d$ 来说，离散系统鲁棒稳定的条件是

$$\| T_{zw} \|_\infty = \sup_{0\leqslant\theta\leqslant 2\pi} \sigma_{\max}[T_{zw}(e^{j\theta})] < 1 \tag{12.12}$$

根据图 12.5 的离散不确定性结构，只需要按照常规的离散化方法计算图 12.4 中从 $w$ 到 $z$ 的离散传递函数 $T_{zw}(z)$，然后根据其 $H_\infty$ 范数值来分析系统的鲁棒稳定性，从而得到使系统鲁棒稳定的不确定时滞范围。

### 12.2.3　算例

为了说明 12.2.2 节的离散不确定性等价法在处理具有时滞的采样控制系统鲁棒稳定性的可行性以及对比分析提升法的保守性，下面给出一个对象具有谐振特性的时滞不确定采样控制系统的算例。

**算例 12.1**　设输入时滞采样控制系统的连续对象为 $P_0(s)e^{-\tau s}$，$\tau \geqslant 0$ 为不确定时滞，名义对象 $P_0(s)$ 为

$$P_0(s)=\frac{0.4495(s+0.4419)(s+0.05647)}{(s+0.4412)(s+0.0401)(s^2+0.2167s+1.326)} \tag{12.13}$$

系统的控制器是用计算机来实现的，是连续控制器的离散化实现，对应的连续控制器传递函数为

$$K(s)=\frac{2.4133(s+3.056)(s+0.434)}{s^2+3.4s+8} \tag{12.14}$$

取采样周期 $h=0.7$ s，则离散控制器的 $Z$ 传递函数为（$z=e^h$）

$$K_d^*(z)=\frac{2.4133(z-0.8511)(z+0.2238)}{z^2+0.007043z+0.09255} \tag{12.15}$$

这个例子中对象的阶次比较高，不宜用修正 $Z$ 变换法，下面用图 12.4 的结构和图 12.5 的离散不确定性等价方法来进行鲁棒稳定性分析。

图 12.4 中的有理函数 $V(s)$ 和权函数 $W(s)$ 选择如下两组参数[103]：

A1：
$$V(s)=1,\ W(s)=\frac{2\sqrt{3}\tau s}{\tau s+2\sqrt{3}}$$

A2：
$$V(s)=\frac{\tau^2 s^2+12}{\tau^2 s^2+6\tau s+12},W(s)=\frac{2\tau s}{\tau s+4}$$

**1. 提升法**

结合本例的对象（式(12.13)）及上面的权函数函数组合 A1 和 A2，用式(12.8)～(12.10)的提升计算公式得到提升等价离散化对象 $\boldsymbol{G}_d$。综合式(12.15)的控制器，可以求得使闭环 $H_\infty$ 范数不小于 1 的不稳定时滞边界 $\tau_{max}$。对于参数组合 A1，$\tau_{max}=0.26$；对于参数组合 A2，$\tau_{max}=0.29$。

根据连续输入时滞对象 $P_0(s)e^{-\tau s}$ 及式(12.15)的离散控制器 $K_d^*(z)$，在仿真初始条件 $z(0)=1$ 时，通过混合仿真得到，当时滞 $\tau=0.34$ 时采样控制系统刚要发散（图 12.6），所以采样控制系统实际不稳定时滞边界值是 $\tau_{max}=0.34$。这个结果说明用提升法所得结果与实际仿真结果不一致。

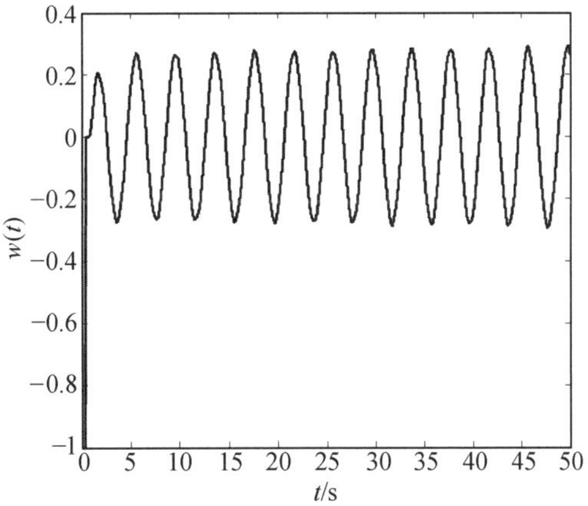


图 12.6　$\tau=0.34$ 时的 $w(t)$

为了更好地说明提升方法在本算例中是具有的保守性应用而不是一个特例，现将在不同采样周期下 $h=0.1,0.2,0.3,0.4,0.5,0.6,0.7$ s 时所得的结果与 Simulink 仿真结果进行对比分析，如图 12.7 所示。

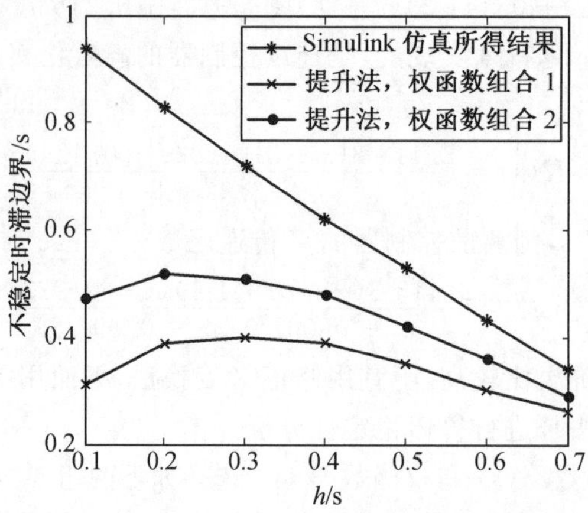


图 12.7　不同采样周期下采样控制系统时滞上界

由图 12.7 可以看出，利用提升技术进行分析所得的结果与实际值相差较大，具有保守性。值得注意的是，在提升技术应用中，采用参数组合 A2 所得到的结果比采用参数组合 A1 所得到的结果要有较小的保守性，之所以两组不同参数所得结果不完全相等，是因为参数组合 A2 的函数 $V(s)$ 及权函数 $W(s)$ 的选取更加贴近不确定性的界。

**2. 离散不确定等价算法**

现在应用离散不确定等价法，根据被控对象(式(12.13))和离散控制器(式(12.15))，应用上面的权函数 A1 和 A2 的不同组合对上述算例进行鲁棒稳定性分析。当采用参数组合 A1 时，根据不确定等价离散化算法，可以得到离散化后的对象为

$$
\boldsymbol{G}_{\mathrm{d}}=\begin{bmatrix}
2.9953 & -1.8864 & 1.1936 & -0.614 & 0.0092 & 0 & 0 & 0 & 0 & 1 & 0 \\
2 & 0 & 0 & 0 & 0 & 0 & 0 & 0 & 0 & 0 & 0 \\
0 & 1 & 0 & 0 & 0 & 0 & 0 & 0 & 0 & 0 & 0 \\
0 & 0 & 0.5 & 0 & 0 & 0 & 0 & 0 & 0 & 0 & 0 \\
0 & 0 & 0 & 0.0156 & 0 & 0 & 0 & 0 & 0 & 0 & 0 \\
0 & 0 & 0 & 0 & 0 & 2.9951 & -1.8861 & 1.1932 & -0.6135 & 0 & 0.5 \\
0 & 0 & 0 & 0 & 0 & 2 & 0 & 0 & 0 & 0 & 0 \\
0 & 0 & 0 & 0 & 0 & 0 & 1 & 0 & 0 & 0 & 0 \\
0 & 0 & 0 & 0 & 0 & 0 & 0 & 0.5 & 0 & 0 & 0 \\
0 & 0 & 0 & 0 & 0 & 0 & 0 & 0 & 0 & 0 & -1 \\
0.0691 & -0.0883 & 0.07 & -0.0258 & -0.4308 & -0.1994 & 0.074 & 0.0908 & -0.1341 & 0 & 0
\end{bmatrix}
$$

利用这个 $\boldsymbol{G}_{\mathrm{d}}$ 和离散控制器 $K_{\mathrm{d}}^{*}$ 所构成的系统的 $H_\infty$ 范数计算 $\|T_{zw}\|_\infty$，根据离散系统鲁棒稳定的条件可求得：当 $\tau=0.28$ 时，离散闭环系统 $T_{zw}(z)$ 的 $H_\infty$ 范数 $\|T_{zw}\|_\infty=0.972<1$，而当 $\tau=0.29$ 时，$\|T_{zw}\|_\infty=1.0053>1$。根据小增益定理，可知该系统鲁棒稳定的时滞范围为 $\tau\in[0,0.28]$，不稳定的时滞边界值为 $\tau_{\max}=0.29$。所对应的奇异值 Bode 图如图 12.8 所示。

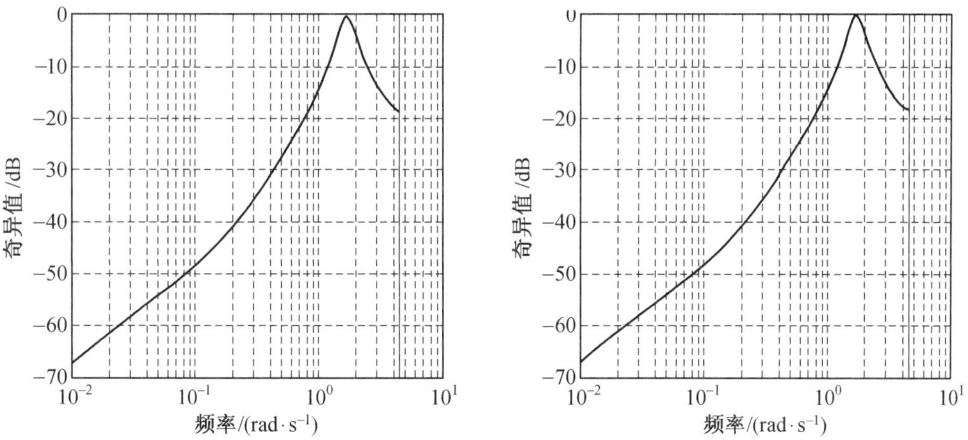


图 12.8　系统奇异值 Bode 图

当采用参数组合 A2 时，根据不确定等价离散化算法得到离散化后的对象为

$$
\boldsymbol{G}_{\mathrm{d}}=\begin{bmatrix}
2.995 & -1.88 & 1.19 & -0.306 & 0.0011 & 0 & 0 & 0 & 0 & 0 & 0 & 0.5 & 0\\
2 & 0 & 0 & 0 & 0 & 0 & 0 & 0 & 0 & 0 & 0 & 0 & 0\\
0 & 1 & 0 & 0 & 0 & 0 & 0 & 0 & 0 & 0 & 0 & 0 & 0\\
0 & 0 & 1 & 0 & 0 & 0 & 0 & 0 & 0 & 0 & 0 & 0 & 0\\
0 & 0 & 0 & 0.031 & 0 & 0 & 0 & 0 & 0 & 0 & 0 & 0 & 0\\
0 & 0 & 0 & 0 & 0 & 2.993 & -1.883 & 1.19 & -0.304 & -0.008 & -0.0016 & 0 & 0.5\\
0 & 0 & 0 & 0 & 0 & 2 & 0 & 0 & 0 & 0 & 0 & 0 & 0\\
0 & 0 & 0 & 0 & 0 & 0 & 1 & 0 & 0 & 0 & 0 & 0 & 0\\
0 & 0 & 0 & 0 & 0 & 0 & 0 & 1 & 0 & 0 & 0 & 0 & 0\\
0 & 0 & 0 & 0 & 0 & 0 & 0 & 0 & 0.0625 & 0 & 0 & 0 & 0\\
0 & 0 & 0 & 0 & 0 & 0 & 0 & 0 & 0 & 0.0039 & 0 & 0 & 0\\
0 & 0 & 0 & 0 & 0 & 0 & 0 & 0 & 0 & 0 & 0 & 0 & -1\\
0.074 & -0.095 & 0.076 & -0.014 & -0.106 & -0.132 & -0.006 & 0.145 & -0.067 & -0.109 & -0.018 & 0 & 0
\end{bmatrix}
$$

同样，利用这个 $\boldsymbol{G}_{\mathrm{d}}$ 和离散控制器 $K_{\mathrm{d}}^{*}$ 所构成的系统的 $H_{\infty}$ 范数计算 $\|T_{zw}\|_{\infty}$。根据离散系统鲁棒稳定的条件可求得：当 $\tau=0.31$ 时，$\|T_{zw}\|_{\infty}=0.9874<1$；当 $\tau=0.32$ 时，$\|T_{zw}\|_{\infty}=1.0416>1$，求得不稳定的时滞边界值为 $\tau_{\max}=0.32$。根据小增益定理可知，该系统鲁棒稳定的时滞范围为 $\tau\in[0,0.31]$，所对应的奇异值 Bode 图如图 12.9 所示。

在这里可以看出相对于参数组合 A1 来说和采用参数组合 A2 所得到的结果和实际的仿真结果 $\tau_{\max}=0.34$ 比较接近。为了更好地说明这一结论，现将在不同采样周期下即 $h=0.1,0.2,0.3,0.4,0.5,0.6,0.7$ s 时所得的结果进行对比分析，如图 12.10 所示。

从图 12.10 可以看出，利用离散不确定等价法在采用参数组合 A2 所得到的结果比采用参数组合 A1 所得到的结果更加接近于实际值，之所以两组不同参数所得结果不完全相等，是因为这里所讨论的对象的时滞不确定性是结构已知的时滞不确定性。当按图 12.4 的结构用小增益定理进行时滞采样控制系统鲁棒稳定性分析时，由于小增益定理不包含相位信息，其鲁棒稳定性条件在这里只是个充分条件，所以结果具有一定的保守性，也就是说，所得

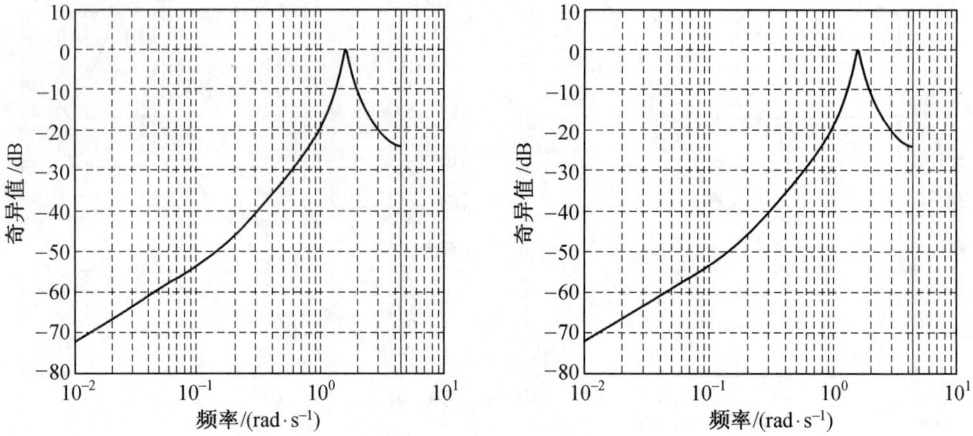


图 12.9 系统奇异值 Bode 图

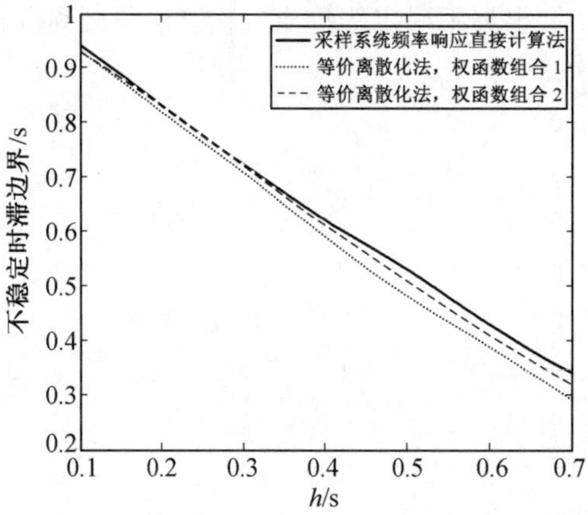


图 12.10 不同采样周期下不稳定边界曲线图

结果的保守性只是和函数 $V(s)$ 及权函数 $W(s)$ 的选取有关，而和图 12.5 所示的离散不确定性等价法本身无关，只要通过合理选择权函数，使其尽量贴近不确定性的界就可以降低保守性。

下面将上述两种算法所得的结果进行对比分析，来说明在时滞采样控制系统稳定性分析中采样提升技术具有较大的保守性，而采样离散不确定性等价法具有较小的保守性。由于参数组合 A2 在以上两种算法中都较参数组合 A1 具有较好的结果，因此，在这里将离散不确定性等价法和提升法在采样周期 $h=0.1,0.2,0.3,0.4,0.5,0.6,0.7$ s 和参数组合 A2 中的 $V(s)$ 和 $W(s)$ 所得的结果与 Simulink 混合仿真所得结果进行对比，所得到得不同的时滞边界曲线如图 12.11 所示。

从图 12.11 明显可以看出，用离散不确定性等价方法得到的不稳定时滞边界与实际边界很贴近，而用提升法所得边界与实际的边界差别较大，具有很大的保守性，这进一步证明了提升技术本身才是导致保守性的主要原因。

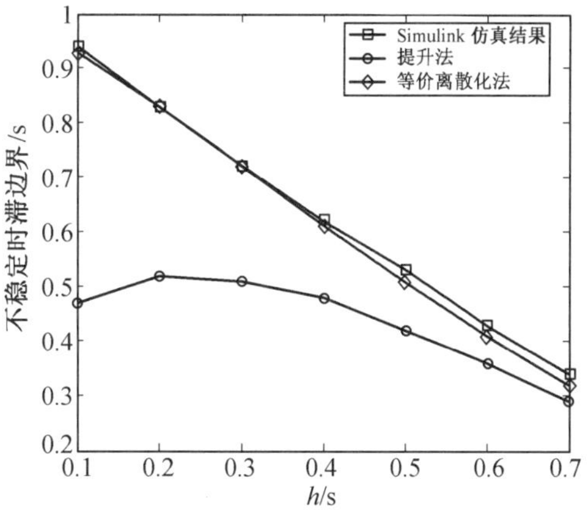


图 12.11　不同采样周期下的不稳定时滞边界对比

# 12.3　基于频率响应的时滞不确定采样控制系统的鲁棒稳定性

## 12.3.1　频率法分析

由 12.2 节可知,在对具有不确定输入时滞的采样控制系统进行鲁棒稳定性问题分析时,虽然离散不确定等价法比提升法有了较大的改进,但由于在分析中应用小增益定理,其不包含相位信息,并且其鲁棒稳定性条件只是充分条件,使得结果仍然具有一定的保守性。为了给时滞采样控制系统的鲁棒稳定性分析提供一种更加简单直观而又没有保守性的方法,本小节将从采样控制系统的频率响应着手,通过计算采样控制系统的频率响应,从频率特性出发来分析这个时滞不确定采样控制系统的鲁棒稳定性。

下面的推导都是针对图 12.2 所示的结构来描述采样控制系统。推导中要用到一些标准的表达式:用“ * ”号表示采样信号,$y^*(t)=\sum_{k=-\infty}^{\infty} y(t)\delta(t-kh)$,$Y^*(s)$ 表示采样信号的拉氏变换,即

$$Y^*(s)=\frac{1}{h}\sum_{k=-\infty}^{\infty} Y(s+\mathrm{j}k\omega_s) \tag{12.16}$$

式中,$Y^*(\mathrm{j}\omega)$ 表示其频谱;$h$ 为采样周期;$\omega_s=2\pi/h$。

现在来计算图 12.2 所示中从 $w$ 到 $z$ 的频率响应特性。这一回路中各信号的拉氏变换式(在不需要特殊表明时,下面就只用大写字母表示拉氏变换或频谱)为

$$Z(s)=P(s)H(s)U^*(s) \tag{12.17}$$

$$Y^*(s)=(PH)^*U^*(s)+W^*(s) \tag{12.18}$$

$$U^*(s)=-K_d^*(s)Y^*(s) \tag{12.19}$$

式中,$H(s)$ 为保持器,即

$$H(s)=\frac{1-\mathrm{e}^{-hs}}{s} \tag{12.20}$$

式(12.18) 中括号部分$(PH)^*$ 表示 $P(s)$ 和 $H(s)$ 相乘后再离散化。

根据式(12.17) ～ (12.19) 可得输出信号的拉氏变换式为

$$Z=-PHK_{\mathrm{d}}^{*}Y^{*}=-\frac{PHK_{\mathrm{d}}^{*}W^{*}}{1+(PH)^{*}K_{\mathrm{d}}^{*}} \tag{12.21}$$

设输入信号是一正弦函数 $w(t)=\exp(\mathrm{j}\omega_0 t)$，并设 $\omega_0<\pi/h$。这种函数也称为复数正弦(phasor)，其频谱为

$$W(\mathrm{j}\omega)=2\pi\delta(\omega-\omega_0) \tag{12.22}$$

注意到这里 $\omega_0<\omega_s/2$，因此 $w(t)$ 的采样信号的频谱 $W^*(\mathrm{j}\omega)$ 只是将式(12.22) 的脉冲频谱沿 $\omega$ 轴进行周期延拓(式(12.16))，不存在频率混叠现象。这就是说，如果只研究主频段$(-\omega_s/2,\omega_s/2)$ 上的特性，$W^*(\mathrm{j}\omega)$ 与 $W(\mathrm{j}\omega)$ 是一样的。因此对正弦输入信号来说，可以将式(12.21) 中的 $W^*$ 换成 $W$，从而得到输出对输入的频率响应特性为

$$\frac{Z}{W}=-\frac{PHK_{\mathrm{d}}^{*}}{1+(PH)^{*}K_{\mathrm{d}}^{*}} \tag{12.23}$$

式(12.23) 中的负号反映了控制器 $K_{\mathrm{d}}^*$ 的负反馈作用(图 12.2)。现将该负号单独提出，并用 $T_{zw}(\mathrm{j}\omega)$ 来定义这部分的频率响应，即定义

$$T_{zw}=\frac{PHK_{\mathrm{d}}^{*}}{1+(PH)^{*}K_{\mathrm{d}}^{*}} \tag{12.24}$$

这里的分析中要求 $T_{zw}(\mathrm{j}\omega)$ 是稳定的。而从图 12.2 可以看到从 $w\rightarrow z$ 的这一回路是整数倍时滞采样控制系统，其稳定性很容易用常规的离散化设计来保证。

在正弦信号的假设下，图 12.2 可简化成图 12.12 的形式，图中 $D(\mathrm{j}\omega)$ 为

$$D(\mathrm{j}\omega)=\mathrm{e}^{-\mathrm{j}\omega\tau_u}-1 \tag{12.25}$$

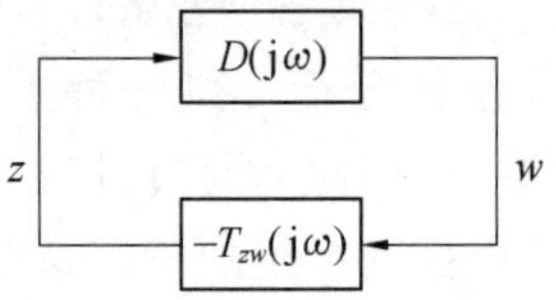


图 12.12　系统的反馈连接

图 12.12 是一种负反馈连接。根据频率法可知，如果

$$T_{zw}\cdot D=\frac{PHK_{\mathrm{d}}^{*}}{1+(PH)^{*}K_{\mathrm{d}}^{*}}\cdot D=-1 \tag{12.26}$$

即系统的 Nyquist 图线经过 −1 点，这时系统就是临界稳定的。

将式(12.26) 改写为

$$\frac{PHK_{\mathrm{d}}^{*}}{1+(PH)^{*}K_{\mathrm{d}}^{*}}=-\frac{1}{D} \tag{12.27}$$

式(12.27) 的左侧与时滞 $\tau_u$ 无关，而右侧则只与时滞的参数 $\tau_u$ 有关，根据二者的相对关系就可以判断系统在此时滞下的稳定性。

注意到 $-1/D(\mathrm{j}\omega)$ 的图形是非常简单的。根据式(12.25) 可写为

$$-1/D(\mathrm{j}\omega)=0.5-\mathrm{j}0.5\cot\frac{\omega\tau_u}{2} \tag{12.28}$$

式(12.28) 表明，$D$ 的负倒特性是一条在实轴 0.5 处平行于虚轴的直线，实轴以下的一段直线对应于 $\omega\tau_u$ 从 $0\rightarrow\pi$。由此可见，式(12.27) 左右两项的交点是在第二象限。$-1/D$

的直线是由下往上，而频率特性 $T_{zw}(\mathrm{j}\omega)$ 的走向（$\omega$ 增加方向）是由右向左。设二者相交时的时滞为 $\tau_{uc}$，频率为 $\omega_c$。当系统的时滞 $\tau_u > \tau_{uc}$ 时，$-1/D$ 上的点将处于频率特性频率增加方向的右侧。这个 $-1/D$ 相当于频率法中的 $-1$ 点，当 $-1$ 点在频率特性的右侧时，系统不稳定。也就是说，若系统的时滞大于 $\tau_{uc}$ 时，该采样控制系统是不稳定的。这 $\tau_{uc}$ 就是鲁棒稳定的上限。如果系统的频率特性 $T_{zw}(\mathrm{j}\omega)$ 在进入第二象限时其实数部分已小于 0.5，那就不会与 $-1/D$ 线相交，就不会因为有时滞 $\tau_u$ 而不稳定。这就是时滞无关稳定性。这里的时滞 $\tau_u$ 是指与整数倍时滞的差值（式(12.2)），所以这里的与时滞无关稳定是指按整数倍时滞的离散系统设计不会因实际上时滞有摄动而出现不稳定。这个基于 Nyquist 判据的图解解析法概念清晰，便于实际应用。当然式(12.27) 只是正弦周期解的条件，如果波形与正弦型出入较大，那么计算结果是会有误差的（见算例）。

## 12.3.2　算例

**算例 12.2**　设一单位负反馈的采样控制系统，其连续对象为[94]

$$P_0(s)\mathrm{e}^{-\tau s} = \frac{s}{s^2 + 2\zeta s + 1}\mathrm{e}^{-\tau s} \tag{12.29}$$

式中，$\tau$ 为时滞时间，见式(12.2)；$\zeta$ 为阻尼比。本例中设采样周期为

$$h = \frac{\pi}{\sqrt{1-\zeta^2}} \tag{12.30}$$

如果 $\tau$ 为整数倍时滞，$\tau = vh$，此时对象特性为

$$P(s) = \frac{s\mathrm{e}^{-vhs}}{s^2 + 2\zeta s + 1} \tag{12.31}$$

根据常规的离散化方法可以知道，当采样周期 $h$ 为式(12.30) 时，式(12.31) 的 $z$ 传递函数 $P(z) = 0$[94]。这相当于系统开路，但因为对象是稳定的，在单位负反馈控制下（图 12.1），这个系统显然是稳定的。而且这个系统在任意整数 $v$ 下都是稳定的。即在离散（时间）的概念下，这个单位负反馈的闭环系统是时滞无关稳定的。但是如果 $\tau$ 与整数倍时滞 $vh$ 有差别，这个采样控制系统就有可能是不稳定的。

本例中式(12.30) 的采样和 $P(z) = 0$，属于病态采样[94]，但是因为式(12.31) 比较简单，可以用解析的方法来进行分析，所以文献[94] 用这个例子来说明采样控制系统中存在时滞的鲁棒性问题。但因为是病态采样，文献[94] 的方法不能适用，所以文献[94] 的方法最后并没有用于这个例子。本章的方法则不受病态采样的限制，而且这个例子确有其特殊之处，通过这个例子还可进一步说明本章方法的适用条件。

具体计算时，本例中设整数 $v = 1$，即对象的时滞为

$$\tau = h + \tau_u \tag{12.32}$$

即图 12.1 中含有整数倍时滞的对象为

$$P(s) = \frac{s\mathrm{e}^{-hs}}{s^2 + 2\zeta s + 1} \tag{12.33}$$

根据式(12.30)，设本例中的采样周期 $h = 3.3\ \mathrm{s}$，$\zeta = 0.306\,1$。

本例为单位负反馈，即 $K_d^* = 1$。将式(12.33) 代入式(12.24)，并注意到本例中的 $P(z) = 0$，即 $(PH)^* = 0$，得

$$T_{zw}(\mathrm{j}\omega)=P(s)H(s)\big|_{s=\mathrm{j}\omega}=\frac{s\mathrm{e}^{-hs}}{s^2+2\zeta s+1}\left.\frac{1-\mathrm{e}^{-hs}}{s}\right|_{s=\mathrm{j}\omega} \tag{12.34}$$

图 12.13 所示即为所得的频率响应 $T_{zw}(\mathrm{j}\omega)$。当 $\omega=0.5$ rad/s 时，$T_{zw}(\mathrm{j}\omega)$ 与 $-1/D$ 线相交。根据交点处的坐标，从式(12.25) 可得对应的 $\tau_u=1.12$ s，说明该采样控制系统的时滞当超出采样周期 $h$ 的值达到 1.12 s 时就会失去稳定性。

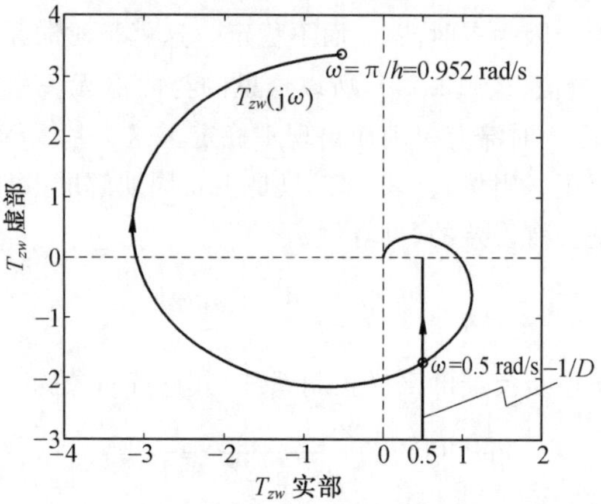


图 12.13　时滞采样控制系统的稳定性判别

现在对所得结果进行验算。利用修正的 $z$ 变换(modified $z$-transform) 公式，根据式(12.1) 及式(12.2) 可得图 12.1 系统中对象的 $z$ 传递函数为

$$Z\{P_0(s)\mathrm{e}^{-\tau s}\}=\frac{\mathrm{e}^{\zeta\tau_u}\sin\left(\sqrt{1-\zeta^2}\,\tau_u\right)}{\sqrt{1-\zeta^2}}\frac{z-1}{z(z\mathrm{e}^{\zeta h}+1)}z^{-v} \tag{12.35}$$

本例中 $\zeta=0.306\,1$，$h=3.3$ s，$v=1$。根据式(12.35) 可写得本例中的闭环系统的特征方程式。当 $\tau_u=1.28$ s 时，该特征方程式为

$$(z-0.529\,2)(z^2+0.893\,3z+1.004)=0 \tag{12.36}$$

式(12.36) 表明，$z$ 平面上的一对特征根正好超出单位圆，说明时滞大于 1.28 s 时系统就不稳定了。图 12.14 就是 $\tau_u=1.28$ s 时，按图 12.1 的系统结构所得的混合仿真结果。仿真时的初始条件是 $z(0)=1$，系统在这组参数下刚开始要发散，与式(12.36) 的特征方程式的分析结果是一致的。

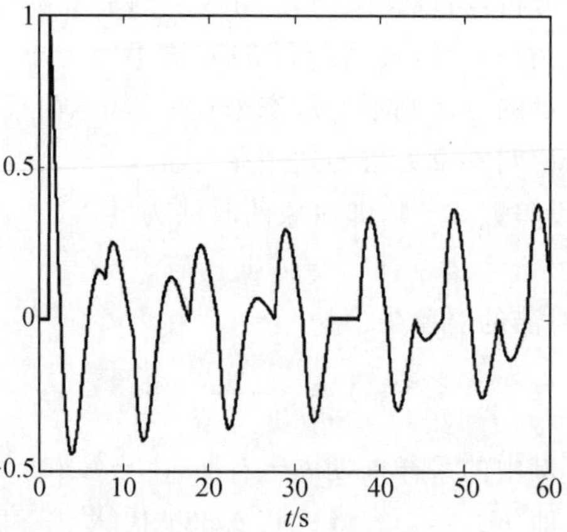


(a) 时滞 $\tau=h+1.28$ 时的 $y(t)$

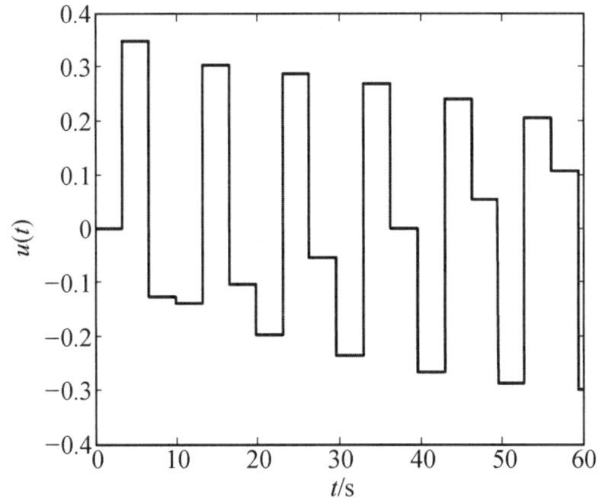


(b) 时滞 $\tau = h + 1.28$ 时的 $u(t)$

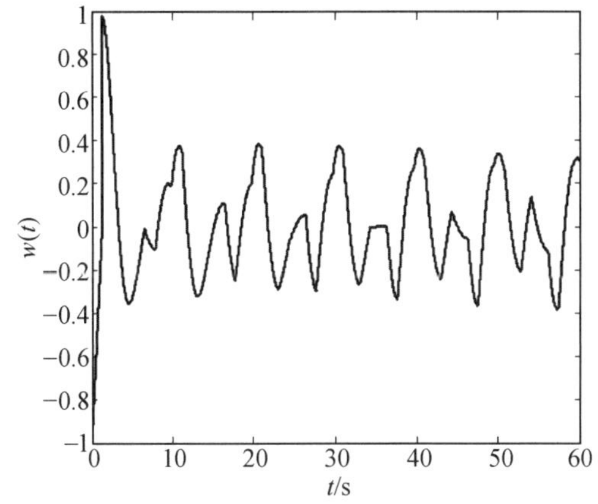


(c) 时滞 $\tau = h + 1.28$ 时的 $w(t)$

图 12.14　时滞 $\tau = h + 1.28$ 时的仿真结果

图 12.14 用图解解析法求得的系统鲁棒稳定的时滞上限是 $\tau_u = 1.12$ s,而实际的上限是 1.28 s(式(12.36))。其产生误差的原因是这个病态采样控制系统 $w(t)$ 的波形与正弦型有一定差别(图 12.14)。这说明,如果波形较差,上面的图解解析法可以提供一个定性分析的结果,如果波形接近正弦型,那么这个方法就可给出一个定量的结果。

**算例 12.3**　本例是一个正常的采样控制系统。设图 12.1 中的连续对象为

$$P(s) = \frac{4.2}{s^2 + 2s + 4} \tag{12.37}$$

并设采样周期 $h = 1$ s。

与算例 12.1 类似,根据式(12.37),可算得在单位反馈($K_d^* = 1$)作用下的频率响应 $T_{zw}(j\omega)$(式(12.24))。该 $T_{zw}(j\omega)$ 曲线与 $-1/D$ 线相交处的参数为 $\omega = 1.77$ rad/s,$\tau_u = 0.56$ s。

式(12.37)是比较简单的,故可求得其修正的 $z$ 变换式,并进而求得在这个摄动值 $\tau_u = 0.56$ s 时闭环系统的特征方程式为

$$(z + 0.119\,3)(z^2 + 0.290\,1z + 1.006) = 0 \tag{12.38}$$

式(12.38)表明,该系统的一对特征根正好超出单位圆,与上面图解解析法所得的结果

是一致的。图 12.15 所示就是该系统在这组参数下的仿真曲线。这里只给出 $w(t)$ 在开始要发散的前 40 s 的图形。由于波形接近正弦,所以分析的结果比较正确。本例属于正常设计,表明本章的图解法可用于采样控制系统时滞鲁棒性的定量分析。

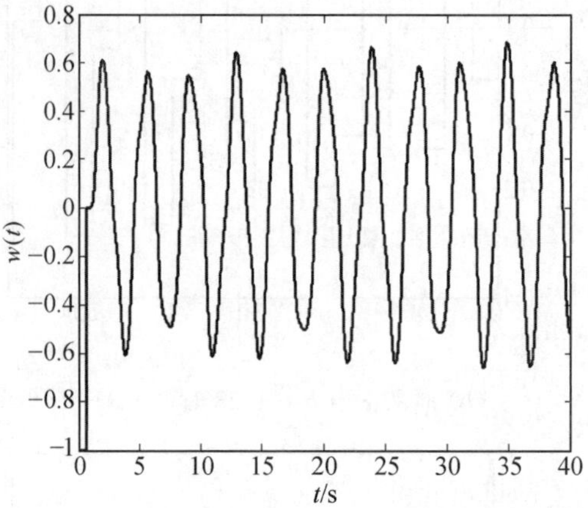


图 12.15　算例 12.3 的响应曲线 $w(t)$

**算例 12.4**　为了说明本章节所提方法具有简单直观又没有保守性的特性,这里仍用算例 12.1 来进行对比分析。

由式(12.13)的对象及式(12.15)的控制器,可以得到 $T_{zw}(\mathrm{j}\omega)$ 的频率响应,$T_{zw}(\mathrm{j}\omega)$(式(12.24))。如图 12.16 所示,当 $\omega=1.57$ rad/s 时,$T_{zw}(\mathrm{j}\omega)$ 与 $-1/D(\mathrm{j}\omega)$ 线相交。根据交点处的坐标,从式(12.28)可得对应的 $\tau_{\max}=0.34$ s,说明该采样控制系统的时滞值在 $\tau\in[0,0.33]$ 范围内都是稳定的,而在 $\tau_{\max}=0.34$ s 时系统开始变得不稳定。

图 12.16 就是 $\tau_{\max}=0.34$ s 时,按图 12.2 的系统结构进行混合仿真得到的信号 $w(t)$ 的响应曲线,仿真时的初始条件是 $z(0)=1$。可以看出,系统在这组参数下刚开始要发散,与根据图 12.16 求交点所得结果完全一致。本小节提出的方法在计算 $T_{zw}(\mathrm{j}\omega)$ 的频率响应时,是假定输入信号 $w(t)$ 为正弦信号,且系统的采样信号在主频段上不存在频率混叠,下面来验证本例中信号 $w(t)$ 和 $y(t)$。图 12.17 给出的是 $w(t)$ 的频谱特性,可以看出,频谱特性有一很大的峰值,其他频率点上基本上为 0,该峰值对应的频率为 0.250 3 Hz,这说明 $w(t)$ 基本上是一个周期为 $1/0.250\,3\approx 4$ s 的正弦信号,这和图 12.18 的仿真结果是一致的。从 $y(t)$ 的响应曲线及其频谱特性可知(仿真图线略),这个 $y(t)$ 也是一个周期为 4 s 的正弦信号。

将本小节提出的方法用于算例中的时滞对象 $P_0(s)\mathrm{e}^{-\tau s}$(式(12.13))及不同采样周期下的离散控制器实现(式(12.14)及式(12.15)),可以得到采样周期 $h$ 为 0.1 s,0.2 s,0.3 s,0.4 s,0.5 s,0.6 s 时的不稳定时滞边界分别为 $\tau_{\max}=0.94$,0.83,0.72,0.62,0.53,0.43,这与实际仿真的结果(图 12.11 中 Simulink 仿真结果)完全一致。说明用此方法对不确定时滞采样控制系统进行鲁棒稳定性分析,所得结果精确无误,没有保守性。当然该方法应用的前提是假定图 12.2 的信号 $w(t)$ 为正弦信号,且系统的采样信号 $w^*$ 和 $y^*$ 在主频段 $(-\omega_s/2,\omega_s/2)$ 上不存在频率混叠现象。因为实际的采样控制系统中一般都有低通滤波器,所以这一点对于实际系统来说一般都能满足。

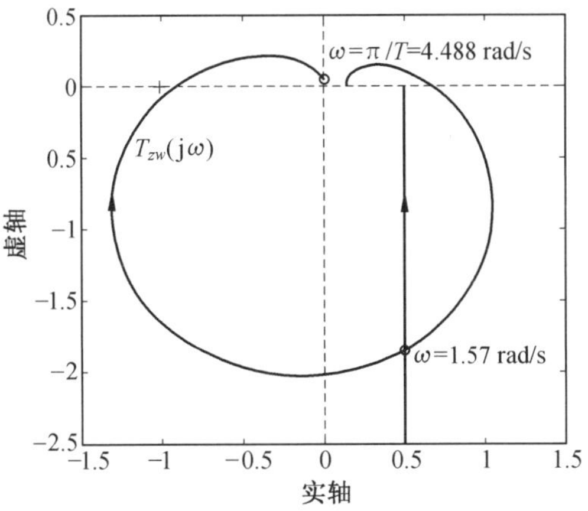


图 12.16　$T_{zw}$ 的 Nyquist 图及 $-1/D(\mathrm{j}\omega)$ 特性

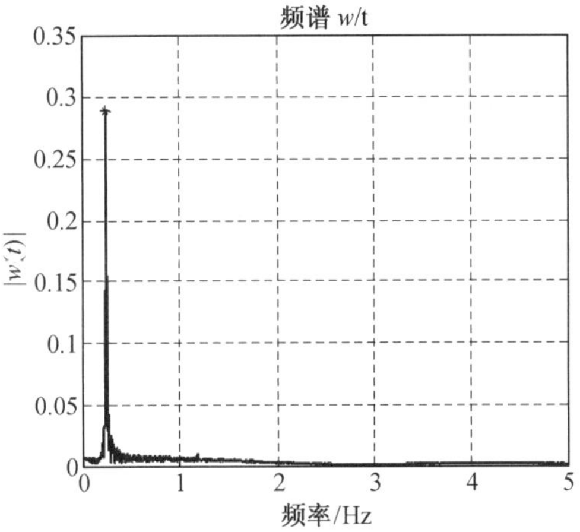


图 12.17　$w(t)$ 的频谱特性

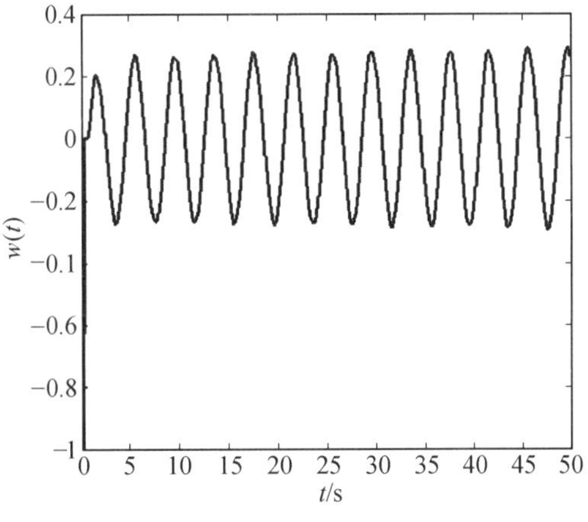


图 12.18　时滞 $\tau=0.34$ 时的 $w(t)$

## 12.4 本章小结

作为本书所提方法的又一应用，本章研究了时滞不确定采样控制系统的鲁棒稳定性分析方法。将本书前面章节所给的提升法、离散不确定性等价法以及频率响应法对时滞不确定性采样控制系统进行了鲁棒稳定性分析，通过具体算例的应用仿真和对比，指出了采样频率响应法的优越性。

# 第 13 章　典型应用：离散时间 $H_\infty$ 回路成形控制器设计

## 13.1　$H_\infty$ 回路成形控制

### 13.1.1　回路成形概念及设计结构

本章采用 $H_\infty$ 回路成形法。该方法是一种定型的方法，其特点是将与系统性能要求有关的低频段特性和高频段所要求的衰减特性都先规定好，然后靠 $H_\infty$ 设计来保证所要求系统的稳定性和鲁棒性。

$H_\infty$ 回路成形设计框图如图 13.1 所示。图中 $\boldsymbol{W}_1$ 和 $\boldsymbol{W}_2$ 为前后补偿环节，也称权函数。权函数代表了对系统高低频段的性能要求，权函数与对象 $\boldsymbol{G}$ 相乘构成了需要进行 $H_\infty$ 设计的对象，称为成形(后)的对象，用 $\boldsymbol{G}_{\mathrm{s}}$ 表示，$\boldsymbol{G}_{\mathrm{s}}-\boldsymbol{W}_2\boldsymbol{G}_1\boldsymbol{W}_1$[108,109]。

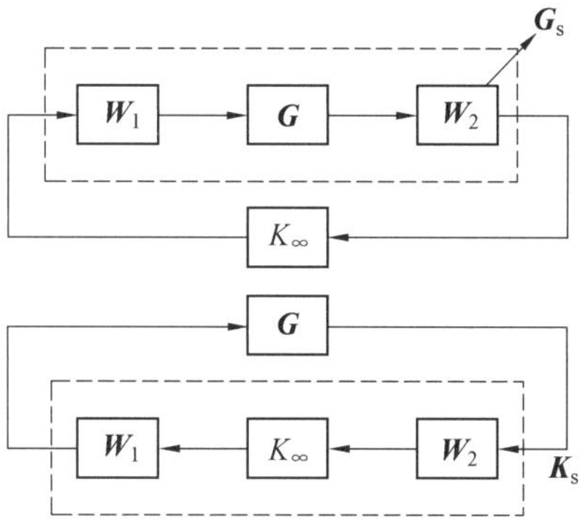


图 13.1　$H_\infty$ 回路成形设计框图

对 $\boldsymbol{G}_{\mathrm{s}}$ 进行规范化左互质分解，令 $\boldsymbol{G}_{\mathrm{s}}=\tilde{\boldsymbol{M}}^{-1}\tilde{\boldsymbol{N}}$，这里 $\tilde{\boldsymbol{M}}$ 和 $\tilde{\boldsymbol{N}}$ 为 $\boldsymbol{G}_{\mathrm{s}}$ 的规范化左互质因子。下面用图 13.2 所示结构框图对系统进行 $H_\infty$ 设计，此时系统的广义对象为

$$\boldsymbol{P}=\left[\begin{array}{c:c}\boldsymbol{P}_{11}(\boldsymbol{z}) & \boldsymbol{P}_{12}(\boldsymbol{z})\\ \hdashline \boldsymbol{P}_{21}(\boldsymbol{z}) & \boldsymbol{P}_{22}(\boldsymbol{z})\end{array}\right]=\left[\begin{array}{c:c}\boldsymbol{0} & \boldsymbol{I}_m\\ \tilde{\boldsymbol{M}}^{-1} & \boldsymbol{G}_{\mathrm{s}}\\ \hdashline \tilde{\boldsymbol{M}}^{-1} & \boldsymbol{G}_{\mathrm{s}}\end{array}\right] \tag{13.1}$$

为保证系统的稳定性，要再对这个 $\boldsymbol{G}_{\mathrm{s}}$ 进行 $H_\infty$ 设计，通过求解如下的优化问题可以得到 $H_\infty$ 控制器 $K_\infty$[105,106]：

$$\min_{K_\infty}\left\|\begin{bmatrix}K_\infty\\ \boldsymbol{I}\end{bmatrix}(\boldsymbol{I}-\boldsymbol{G}_{\mathrm{s}}K_\infty)^{-1}\tilde{\boldsymbol{M}}^{-1}\right\|_\infty=\varepsilon^{-1}=\gamma \tag{13.2}$$

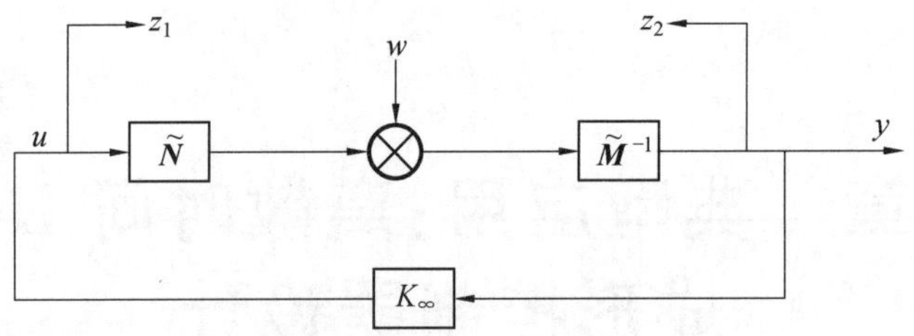


图 13.2　$H_\infty$ 设计框图

由于规范化左互质因子满足 $\tilde{\boldsymbol{M}}\tilde{\boldsymbol{M}}^* + \tilde{\boldsymbol{N}}\tilde{\boldsymbol{N}}^* = \boldsymbol{I}$，$\| [\tilde{\boldsymbol{N}} \quad \tilde{\boldsymbol{M}}] \|_\infty = 1$，可以得到

$$\left\| \begin{bmatrix} K_\infty \\ \boldsymbol{I} \end{bmatrix} (\boldsymbol{I} - \boldsymbol{G}_s K_\infty)^{-1} \tilde{\boldsymbol{M}}^{-1} \right\|_\infty = \left\| \begin{bmatrix} K_\infty \\ \boldsymbol{I} \end{bmatrix} (\boldsymbol{I} - \boldsymbol{G}_s K_\infty)^{-1} \tilde{\boldsymbol{M}}^{-1} [\tilde{\boldsymbol{N}} \quad \tilde{\boldsymbol{M}}] \right\|_\infty$$
$$= \left\| \begin{bmatrix} K_\infty \\ \boldsymbol{I} \end{bmatrix} (\boldsymbol{I} - \boldsymbol{G}_s K_\infty)^{-1} [\boldsymbol{G}_s \quad \boldsymbol{I}] \right\|_\infty \tag{13.3}$$

因此，式(13.2)还可以进一步等价为

$$\min_{K_\infty} \left\| \begin{bmatrix} K_\infty \\ \boldsymbol{I} \end{bmatrix} (\boldsymbol{I} - \boldsymbol{G}_s K_\infty)^{-1} [\boldsymbol{G}_s \quad \boldsymbol{I}] \right\|_\infty = \varepsilon^{-1} = \gamma \tag{13.4}$$

将 $K_\infty$ 与权函数结合(参见图 13.1)构成最终的控制器为

$$\boldsymbol{K}_f = \boldsymbol{W}_1 K_\infty \boldsymbol{W}_2 \tag{13.5}$$

### 13.1.2　$H_\infty$ 回路成形控制器设计步骤及求解算法

$H_\infty$ 回路成形控制器具体设计步骤如下[104]：

(1) 选择前后补偿环节 $\boldsymbol{W}_1$ 和 $\boldsymbol{W}_2$，修正名义对象 $\boldsymbol{G}$ 的奇异值，使其达到期望的形状。通常，成形后系统的最小奇异值在低频段应该比较大以获得好的跟踪性能，最大奇异值在高频段应该要小以应对未建模动态。因为带宽影响系统的响应速度，在带宽频率点附近时，奇异值的斜率不应该太大。这里假定选择的权函数 $\boldsymbol{W}_1$ 和 $\boldsymbol{W}_2$ 保证成形后的对象 $\boldsymbol{G}_s$ 没有隐藏的不稳定模态。

(2) 通过求解式(13.4)的优化问题可以得到 $H_\infty$ 控制器 $K_\infty$，可以看出，若 $\varepsilon \geqslant 0.2$，$K_\infty \boldsymbol{W}_2 \boldsymbol{G} \boldsymbol{W}_1$ 的频率响应就会和 $\boldsymbol{W}_2 \boldsymbol{G} \boldsymbol{W}_1$ 的频率响应近似；反之，这个 $\varepsilon$ 也不能太大，如果太大也可能会导致鲁棒性设计太过。这就意味着在控制器 $K_\infty$ 的设计中，系统的性能可能会通过使用一个较大的 $\gamma(\gamma = \varepsilon^{-1})$ 而得到改善。所以，$H_\infty$ 回路成形设计中，一般要求设计的 $\gamma < 4 \sim 5$。

(3) 将 $K_\infty$ 与权函数结合，得到最终的控制器 $\boldsymbol{K}_f = \boldsymbol{W}_1 K_\infty \boldsymbol{W}_2$。

根据上面的求解步骤，需要求解两个离散的 Riccati 方程来得到控制器。首先通过下面的离散代数 Riccati 方程来得到规范化左互质因子的状态空间实现：

$$\boldsymbol{AQA}^{\mathrm{T}} - \boldsymbol{Q} - \boldsymbol{AQC}^{\mathrm{T}} \boldsymbol{Z}_2^{\mathrm{T}} \boldsymbol{Z}_2 \boldsymbol{CQA}^{\mathrm{T}} + \boldsymbol{BB}^{\mathrm{T}} = 0 \tag{13.6}$$

其中，$\boldsymbol{Z}_2^{\mathrm{T}} \boldsymbol{Z}_2 = \boldsymbol{I}_p + (\boldsymbol{CQC}^{\mathrm{T}})^{-1}$。

规范化左互质因子 $\tilde{\boldsymbol{M}}$ 和 $\tilde{\boldsymbol{N}}$ 的状态空间实现为

$$[\tilde{\boldsymbol{N}} \quad \tilde{\boldsymbol{M}}] = \left[ \begin{array}{c|cc} \boldsymbol{A} + \boldsymbol{HC} & \boldsymbol{B} & \boldsymbol{H} \\ \hline \boldsymbol{Z}_2 \boldsymbol{C} & \boldsymbol{0} & \boldsymbol{Z}_2 \end{array} \right] \tag{13.7}$$

矩阵 $\boldsymbol{H}$ 为 $\boldsymbol{H}=-\boldsymbol{AQC}^{\mathrm{T}}\boldsymbol{Z}_2^{\mathrm{T}}\boldsymbol{Z}_2$，其中 $\boldsymbol{Q}$ 是离散 Riccati 方程(13.6) 的镇定解。

在一般的 $H_\infty$ 次优问题中，可以求解下面的代数 Riccati 方程：

$$\boldsymbol{A}^{\mathrm{T}}\boldsymbol{X}_\infty\boldsymbol{A}-\boldsymbol{X}_\infty-\widetilde{\boldsymbol{F}}^{\mathrm{T}}\left(\boldsymbol{R}+\begin{bmatrix}-\boldsymbol{Z}_2^{-1} & \boldsymbol{H}^{\mathrm{T}}\\ & \boldsymbol{B}^{\mathrm{T}}\end{bmatrix}\boldsymbol{X}_\infty\begin{bmatrix}-\boldsymbol{HZ}_2^{-1} & \boldsymbol{B}\end{bmatrix}\right)\widetilde{\boldsymbol{F}}+\boldsymbol{C}^{\mathrm{T}}\boldsymbol{C}=0 \tag{13.8}$$

其中

$$\widetilde{\boldsymbol{F}}=-\left(\boldsymbol{R}+\begin{bmatrix}-\boldsymbol{Z}_2^{-1} & \boldsymbol{H}^{\mathrm{T}}\\ & \boldsymbol{B}^{\mathrm{T}}\end{bmatrix}\boldsymbol{X}_\infty\begin{bmatrix}-\boldsymbol{HZ}_2^{-1} & \boldsymbol{B}\end{bmatrix}\right)^{-1}\left(\begin{bmatrix}-\boldsymbol{Z}_2^{-1} & \boldsymbol{C}\\ & 0\end{bmatrix}+\begin{bmatrix}-\boldsymbol{Z}_2^{-1} & \boldsymbol{H}^{\mathrm{T}}\\ & \boldsymbol{B}^{\mathrm{T}}\end{bmatrix}\boldsymbol{X}_\infty\boldsymbol{A}\right) \tag{13.9}$$

$$\boldsymbol{R}=\begin{bmatrix}-\boldsymbol{Z}_2^{-2}-\gamma^2\boldsymbol{I}_p & \boldsymbol{0}\\ \boldsymbol{0} & \boldsymbol{I}_m\end{bmatrix} \tag{13.10}$$

进一步，通过定义 $\widetilde{\boldsymbol{F}}=[F_1\quad F_2]^{\mathrm{T}}$，得到次优 $H_\infty$ 控制器 $K_\infty$ 的状态空间实现为

$$K_\infty(z)=\begin{bmatrix}\boldsymbol{A}_K & \boldsymbol{B}_K\\ \boldsymbol{C}_K & \boldsymbol{D}_K\end{bmatrix} \tag{13.11}$$

其中

$$\begin{cases}\boldsymbol{D}_K=(\boldsymbol{I}_m+\boldsymbol{B}^{\mathrm{T}}\boldsymbol{X}_\infty\boldsymbol{B})^{-1}\boldsymbol{B}^{\mathrm{T}}\boldsymbol{X}_\infty\boldsymbol{H}\\ \boldsymbol{B}_K=-\boldsymbol{H}+\boldsymbol{BD}_K\\ \boldsymbol{C}_K-\boldsymbol{F}_2-\boldsymbol{D}_K(\boldsymbol{C}+\boldsymbol{Z}_2^{-1}\boldsymbol{F}_1)\\ \boldsymbol{A}_K=\boldsymbol{A}+\boldsymbol{HC}+\boldsymbol{BC}_K\end{cases} \tag{13.12}$$

## 13.2　离散时间静态输出反馈 $H_\infty$ 控制问题

对于一个严格真的线性定常系统，设系统的外部输入和控制输入分别为 $w$ 和 $u$，控制输出和测量输出分别为 $z$ 和 $y$，有

$$\begin{bmatrix}\boldsymbol{x}(k+1)\\ \hdashline \boldsymbol{z}(k)\\ \boldsymbol{y}(k)\end{bmatrix}=\boldsymbol{P}\begin{bmatrix}\boldsymbol{x}(k)\\ \hdashline \boldsymbol{w}(k)\\ \boldsymbol{u}(k)\end{bmatrix} \tag{13.13}$$

上式中 $\boldsymbol{P}$ 为系统的广义对象，$\boldsymbol{P}$ 的状态空间实现如下：

$$\boldsymbol{P}:=\left[\begin{array}{c:cc}\boldsymbol{A} & \boldsymbol{B}_1 & \boldsymbol{B}_2\\ \boldsymbol{C}_1 & \boldsymbol{D}_{11} & \boldsymbol{D}_{12}\\ \boldsymbol{C}_2 & \boldsymbol{D}_{21} & \boldsymbol{0}\end{array}\right] \tag{13.14}$$

其中 $\boldsymbol{A}\in\mathbf{R}^{n\times n}$，$\boldsymbol{B}_2\in\mathbf{R}^{n\times m}$，$\boldsymbol{C}_2\in\mathbf{R}^{p\times n}$，为了保证能够通过动态或静态输出反馈镇定系统，这里假设($\boldsymbol{A},\boldsymbol{B}_2,\boldsymbol{C}_2$) 是可镇定、可检测的。系统 $\boldsymbol{P}$ 的 $H_\infty$ 性能如下定义。

**定义 13.1**　假设系统 $\boldsymbol{P}$ 是稳定的，则它的 $H_\infty$ 性能如下定义：

$$\|\boldsymbol{P}\|_\infty=\sup_{\|\boldsymbol{w}(k)\|_2=0}\frac{\|\boldsymbol{z}(k)\|_2}{\|\boldsymbol{w}(k)\|_2},\boldsymbol{w}(k)\in l_2,\boldsymbol{z}(k)\in l_2 \tag{13.15}$$

根据有界实引理，系统 $\boldsymbol{P}$ 的 $H_\infty$ 性能的上确界可以根据下面的离散时间系统引理 13.1，通过求解式(13.16) 的线性矩阵不等式(LMI) 得到。

**引理 13.1**[104]　当且仅当存在唯一的矩阵 $\boldsymbol{X}>\boldsymbol{0}$，使得下面的 LMI 成立时，

$$\begin{bmatrix} -\boldsymbol{X}^{-1} & \boldsymbol{A}^{\mathrm{T}} & \boldsymbol{C}_1^{\mathrm{T}} & \boldsymbol{0} \\ \boldsymbol{A} & -\boldsymbol{X} & \boldsymbol{0} & \boldsymbol{B}_1 \\ \boldsymbol{C}_1 & \boldsymbol{0} & -\gamma\boldsymbol{I} & \boldsymbol{D}_{11} \\ \boldsymbol{0} & \boldsymbol{B}_1^{\mathrm{T}} & \boldsymbol{D}_{11}^{\mathrm{T}} & -\gamma\boldsymbol{I} \end{bmatrix} \tag{13.16}$$

系统 $\boldsymbol{P}$ 具有 $H_\infty$ 性能 $\gamma$。

离散时间静态输出反馈 $H_\infty$ 问题是指选择一个增益矩阵 $\boldsymbol{K}$，使得由输出反馈控制律 $\boldsymbol{u}(k)=\boldsymbol{K}\cdot\boldsymbol{y}(k)$ 得到的从 $w$ 到 $z$ 的闭环系统传递函数 $T_{zw}$ 的 $H_\infty$ 范数小于 $\gamma$。

对这种离散时间线性系统，下面的引理 13.2 给出了离散时间静态输出反馈 $H_\infty$ 控制器存在的充要条件。

**引理 13.2** 考虑式(13.14)的广义对象。当且仅当存在矩阵 $\boldsymbol{R}>0$ 和 $\boldsymbol{S}>0$，满足下面的条件时，

$$\begin{bmatrix} \boldsymbol{N}_R & \boldsymbol{0} \\ \boldsymbol{0} & \boldsymbol{I} \end{bmatrix} \begin{bmatrix} \boldsymbol{ARA}^{\mathrm{T}}-\boldsymbol{R} & \boldsymbol{ARC}_1^{\mathrm{T}} & \boldsymbol{B}_1 \\ \boldsymbol{C}_1\boldsymbol{RA}^{\mathrm{T}} & -\gamma\boldsymbol{I}+\boldsymbol{C}_1\boldsymbol{RC}_1^{\mathrm{T}} & \boldsymbol{D}_{11} \\ \boldsymbol{B}_1^{\mathrm{T}} & \boldsymbol{D}_{11}^{\mathrm{T}} & -\gamma\boldsymbol{I} \end{bmatrix} \begin{bmatrix} \boldsymbol{N}_R & \boldsymbol{0} \\ \boldsymbol{0} & \boldsymbol{I} \end{bmatrix} \tag{13.17}$$

$$\begin{bmatrix} \boldsymbol{N}_S & \boldsymbol{0} \\ \boldsymbol{0} & \boldsymbol{I} \end{bmatrix} \begin{bmatrix} \boldsymbol{A}^{\mathrm{T}}\boldsymbol{SA}-\boldsymbol{S} & \boldsymbol{A}^{\mathrm{T}}\boldsymbol{SB}_1 & \boldsymbol{C}_1^{\mathrm{T}} \\ \boldsymbol{B}_1^{\mathrm{T}}\boldsymbol{SA} & -\gamma\boldsymbol{I}+\boldsymbol{B}_1^{\mathrm{T}}\boldsymbol{SB}_1 & \boldsymbol{D}_{11}^{\mathrm{T}} \\ \boldsymbol{C}_1 & \boldsymbol{D}_{11} & -\gamma\boldsymbol{I} \end{bmatrix} \begin{bmatrix} \boldsymbol{N}_S & \boldsymbol{0} \\ \boldsymbol{0} & \boldsymbol{I} \end{bmatrix} \tag{13.18}$$

$$\boldsymbol{R}=\boldsymbol{S}^{-1} \tag{13.19}$$

存在静态输出反馈控制器 $K$，使得 $\|T_{zw}\|\leqslant\gamma$。其中 $\boldsymbol{N}_R$ 和 $\boldsymbol{N}_S$ 分别表示 $[\boldsymbol{B}_2^{\mathrm{T}}\ \ \boldsymbol{D}_{12}^{\mathrm{T}}]$ 和 $[\boldsymbol{C}_2\ \ \boldsymbol{D}_{21}]$ 的零空间的基。

## 13.3 离散时间系统的静态 $H_\infty$ 回路成形控制

### 13.3.1 问题描述

对于严格真的离散系统 $\boldsymbol{G}$，设系统有 $m$ 个输入，$p$ 个输出，$\boldsymbol{G}$ 具有如下的状态空间实现：

$$\boldsymbol{G}:=\left[\begin{array}{c|c} \boldsymbol{A}_n & \boldsymbol{B}_n \\ \hline \boldsymbol{C}_n & \boldsymbol{0} \end{array}\right] \tag{13.20}$$

前和后补偿环节分别给定为

$$\boldsymbol{W}_1:=\left[\begin{array}{c|c} \boldsymbol{A}_{w1} & \boldsymbol{B}_{w1} \\ \hline \boldsymbol{C}_{w1} & \boldsymbol{D}_{w1} \end{array}\right],\quad \boldsymbol{W}_2:=\left[\begin{array}{c|c} \boldsymbol{A}_{w2} & \boldsymbol{B}_{w2} \\ \hline \boldsymbol{C}_{w2} & \boldsymbol{D}_{w2} \end{array}\right] \tag{13.21}$$

其中 $\boldsymbol{A}\in\mathbf{R}^{n\times n}$，$\boldsymbol{A}_{w1}\in\mathbf{R}^{n_{w1}\times m_{w1}}$，$\boldsymbol{A}_{w2}\in\mathbf{R}^{p_{w2}\times n_{w2}}$。

设前后补偿环节及名义对象的状态分别为 $\boldsymbol{x}_{w1}$，$\boldsymbol{x}_{w2}$ 及 $\boldsymbol{x}$，则成形（后）的对象 $\boldsymbol{G}_s=\boldsymbol{W}_2\boldsymbol{GW}_1$ 的最小状态空间实现为

$$\left[\begin{array}{c} \boldsymbol{x}(k+1) \\ \boldsymbol{x}_{w2}(k+1) \\ \boldsymbol{x}_{w1}(k+1) \\ \hline \boldsymbol{y}(k) \end{array}\right] = \left[\begin{array}{ccc|c} \boldsymbol{A}_n & \boldsymbol{0} & \boldsymbol{B}_n\boldsymbol{C}_{w1} & \boldsymbol{B}_n\boldsymbol{D}_{w1} \\ \boldsymbol{B}_{w2}\boldsymbol{C}_n & \boldsymbol{A}_{w2} & \boldsymbol{0} & \boldsymbol{0} \\ \hline \boldsymbol{D}_{w2}\boldsymbol{C}_n & \boldsymbol{C}_{w2} & \boldsymbol{0} & \boldsymbol{0} \end{array}\right] \left[\begin{array}{c} \boldsymbol{x}(k) \\ \boldsymbol{x}_{w2}(k) \\ \boldsymbol{x}_{w1}(k) \\ \hline \boldsymbol{u}(k) \end{array}\right] \tag{13.22}$$

上式还可以如下简化描述为

$$\begin{bmatrix} \boldsymbol{x}_s(k+1) \\ \hdashline \boldsymbol{y}(k) \end{bmatrix} = \begin{bmatrix} \boldsymbol{A} & \boldsymbol{B} \\ \boldsymbol{C} & \boldsymbol{0} \end{bmatrix} \begin{bmatrix} \boldsymbol{x}_s(k+1) \\ \hdashline \boldsymbol{u}(k) \end{bmatrix} \tag{13.23}$$

其中 $\boldsymbol{x}_s = [\boldsymbol{x}^T \quad \boldsymbol{x}_{w2}^T \quad \boldsymbol{x}_{w1}^T]^T$，$\boldsymbol{A}$，$\boldsymbol{B}$ 和 $\boldsymbol{C}$ 阵为成形后对象的状态空间实现矩阵。对于 $\boldsymbol{W}_1$ 和 $\boldsymbol{W}_2$ 的选择，可以用一个简单的方法：选择 $\boldsymbol{W}_1$ 以保证低频的高增益和期望的带宽处具有近似 20 dB/sec 的斜率，而 $\boldsymbol{W}_2$ 一般选择为一个常数，用来反映控制输出的重要性。

在静态 $H_\infty$ 回路成形法设计过程中，对象仍然用规范化左互质分解来描述[104]，即

$$\boldsymbol{G}_s = \tilde{\boldsymbol{M}}^{-1}\tilde{\boldsymbol{N}}$$

其中 $\tilde{\boldsymbol{M}}$、$\tilde{\boldsymbol{N}}$ 为 $\boldsymbol{G}_s$ 的规范化左互质因子。

$$[\tilde{\boldsymbol{N}} \quad \tilde{\boldsymbol{M}}] = \left[\begin{array}{c:cc} \boldsymbol{A}+\boldsymbol{HC} & \boldsymbol{B} & \boldsymbol{H} \\ \hdashline \boldsymbol{E}^{-1}\boldsymbol{C} & \boldsymbol{0} & \boldsymbol{E}^{-1} \end{array}\right] \tag{13.24}$$

矩阵 $\boldsymbol{H}$ 是观测增益，$\boldsymbol{H} = -\boldsymbol{AQC}^T(\boldsymbol{I}+\boldsymbol{CQC}^T)^{-1}$。$\boldsymbol{E}$ 是一个对称矩阵，$\boldsymbol{E}^T\boldsymbol{E} = \boldsymbol{I}+\boldsymbol{CQC}^T$。这里 $\boldsymbol{Q}$ 是如下的离散时间代数 Riccati 方程的镇定解：

$$\boldsymbol{AQA}^T - \boldsymbol{Q} - \boldsymbol{AQC}^T(\boldsymbol{E}^T\boldsymbol{E})^{-1}\boldsymbol{CQA}^T + \boldsymbol{BB}^T \tag{13.25}$$

根据上述定义，离散时间广义成形对象 $\boldsymbol{P}_s$ 可以改写为

$$\boldsymbol{P}_s = \left[\begin{array}{c:c} \boldsymbol{0} & \boldsymbol{I} \\ \hdashline \tilde{\boldsymbol{M}}^{-1} & \boldsymbol{G}_s \\ \tilde{\boldsymbol{M}}^{-1} & \boldsymbol{G}_s \end{array}\right] = \left[\begin{array}{c:c:c} \boldsymbol{A} & -\boldsymbol{HE} & \boldsymbol{B} \\ \hdashline \boldsymbol{0} & \boldsymbol{0} & \boldsymbol{I} \\ \boldsymbol{C} & \boldsymbol{E} & \boldsymbol{0} \\ \hdashline \boldsymbol{C} & \boldsymbol{E} & \boldsymbol{0} \end{array}\right] \tag{13.26}$$

假设 $\Delta\tilde{\boldsymbol{N}}$ 和 $\Delta\tilde{\boldsymbol{M}}$ 分别是互质因子的加性不确定性，则摄动的离散成形后对象可以定义为

$$\boldsymbol{G}_s(\Delta) = (\tilde{\boldsymbol{M}} + \Delta\tilde{\boldsymbol{M}})^{-1}(\tilde{\boldsymbol{N}} + \Delta\tilde{\boldsymbol{N}}) \tag{13.27}$$

式(13.27)中 $\tilde{\boldsymbol{M}}$、$\tilde{\boldsymbol{N}}$、$\Delta\tilde{\boldsymbol{M}}$、$\Delta\tilde{\boldsymbol{N}} \in \mathbf{R}H_\infty$，$\| [\Delta\tilde{\boldsymbol{N}} \quad \Delta\tilde{\boldsymbol{M}}] \|_\infty \leqslant 1/\gamma$。其中，$\Delta\tilde{\boldsymbol{N}}$ 和 $\Delta\tilde{\boldsymbol{M}}$ 是稳定的未知传递函数矩阵。

图 13.3 所示结构描述了离散时间静态 $H_\infty$ 回路成形控制问题，指的是寻找一稳定能够镇定闭环的控制器 $\boldsymbol{K}$，使系统满足 $\| T_{zw} \|_\infty \leqslant \gamma$，即

$$\left\| \begin{bmatrix} \boldsymbol{K} \\ \boldsymbol{I} \end{bmatrix} (\boldsymbol{I} - \boldsymbol{G}_s\boldsymbol{K})^{-1}\tilde{\boldsymbol{M}}^{-1} \right\|_\infty \leqslant \frac{1}{\varepsilon_{\max}} = \gamma \tag{13.28}$$

$\varepsilon_{\max}$ 给出的是非参数不确定性的上确界。$\gamma$ 是从 $\varphi$ 到 $[\boldsymbol{u}^T \quad \boldsymbol{y}^T]^T$ 的 $H_\infty$ 范数。

### 13.3.2 LMI 条件的给定及推导

对于式(13.26)的成形广义对象 $\boldsymbol{P}_s$，下面定理给出了离散时间系统静态 $H_\infty$ 回路成形控制问题的 LMI 条件。

**定理 13.1**　当 $\gamma > 1$ 并且存在 $\boldsymbol{R} > 0$ 满足如下的两个不等式时，

$$\begin{bmatrix} \boldsymbol{R} & \boldsymbol{R}(\boldsymbol{A}+\boldsymbol{HC})^T \\ (\boldsymbol{A}+\boldsymbol{HC})\boldsymbol{R} & \boldsymbol{R} \end{bmatrix} > 0 \tag{13.29}$$

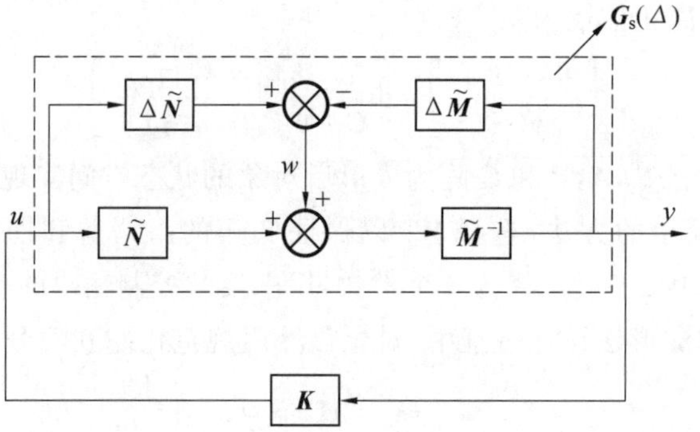


图 13.3　$H_\infty$ 回路成形控制问题

$$\begin{bmatrix} R+\gamma BB^{\mathrm{T}} & AR & 0 & HE \\ RA^{\mathrm{T}} & R & RC^{\mathrm{T}} & 0 \\ 0 & CR & \gamma I & -E \\ E^{\mathrm{T}}H^{\mathrm{T}} & 0 & -E^{\mathrm{T}} & \gamma I \end{bmatrix} > 0 \tag{13.30}$$

系统存在满足式(13.28)的离散时间静态 $H_\infty$ 回路成形控制器 $K$。

**证明**　将式(13.14)与式(13.26)进行比较，选择 $[C_2 \quad D_{21}]$ 零空间的基为 $N_S = \begin{bmatrix} I \\ -E^{-1}C \end{bmatrix}$，这样就可以从 LMI 条件式(13.19)中得到如下等效不等式：

$$A^{\mathrm{T}}SA + A^{\mathrm{T}}SHC + C^{\mathrm{T}}H^{\mathrm{T}}SA + C^{\mathrm{T}}H^{\mathrm{T}}SHC - S - \gamma C^{\mathrm{T}}(EE^{\mathrm{T}})^{-1}C < 0 \tag{13.31}$$

因为 $R=S^{-1}$，条件式(13.19)还可以写为

$$\begin{bmatrix} S^{-1} & S^{-1}(A+HC)^{\mathrm{T}} \\ (A+HC)S^{-1} & S^{-1} \end{bmatrix} > 0 \tag{13.32}$$

上式等价于

$$\begin{bmatrix} S^{-1} & 0 \\ 0 & S^{-1} \end{bmatrix} \begin{bmatrix} S & (A+HC)^{\mathrm{T}}S \\ S(A+HC) & S \end{bmatrix} \begin{bmatrix} S^{-1} & 0 \\ 0 & S^{-1} \end{bmatrix} > 0 \tag{13.33}$$

利用 Schur 补，上式可以等价为

$$A^{\mathrm{T}}SA + A^{\mathrm{T}}SHC + C^{\mathrm{T}}H^{\mathrm{T}}SA + C^{\mathrm{T}}H^{\mathrm{T}}SHC - S < 0 \tag{13.34}$$

从而式(13.31)成立，得到了证明的第一部分结论。

类似地，选择 $[B_2^{\mathrm{T}} \quad D_{12}^{\mathrm{T}}]$ 零空间的基为 $N_R = \begin{bmatrix} I & 0 \\ -B & 0 \\ 0 & I \end{bmatrix}$，根据 LMI 条件式(13.16)可以得到

$$\begin{bmatrix} ARA^{\mathrm{T}} - R - \gamma BB^{\mathrm{T}} & ARC^{\mathrm{T}} & -HE \\ CRA^{\mathrm{T}} & -\gamma I + CRC^{\mathrm{T}} & E \\ -E^{\mathrm{T}}H^{\mathrm{T}} & E^{\mathrm{T}} & -\gamma I \end{bmatrix} < 0 \tag{13.35}$$

利用 Schur 补以及一些数学运算，上式可以描述成不等式(13.30)，从而整个定理证明完毕。

需要强调和注意的是：在定理 13.1 中，由于消除了二次项 $-\gamma C^{\mathrm{T}}(EE^{\mathrm{T}})^{-1}C$，得到的 LMI 条件只是充分条件，所以设计得到的离散时间静态 $H_\infty$ 回路成形控制器可能存在一定的保

守性。

### 13.3.3　离散时间静态 $H_\infty$ 回路成形设计

在定理13.1中，可解性条件定义为存在正定矩阵 $\boldsymbol{R}>0$。如果不等式(13.29)和不等式(13.30)存在可行解，则离散 $H_\infty$ 控制律 $\boldsymbol{u}(k)=\boldsymbol{K}\cdot\boldsymbol{y}(k)$ 可以通过如下的方法进行求解。

由于 $\boldsymbol{u}=\boldsymbol{K}\boldsymbol{y}$，闭环系统的状态空间实现为

$$\boldsymbol{T}_{zw}=\left[\begin{array}{c:c}\boldsymbol{A}_{\mathrm{cl}} & \boldsymbol{B}_{\mathrm{cl}}\\ \hdashline \boldsymbol{C}_{\mathrm{cl}} & \boldsymbol{D}_{\mathrm{cl}}\end{array}\right]=\left[\begin{array}{c:c}\boldsymbol{A}-\boldsymbol{BKC} & -\boldsymbol{HE}-\boldsymbol{BKE}\\ \hdashline -\boldsymbol{KC} & -\boldsymbol{KE}\\ \boldsymbol{C} & \boldsymbol{E}\end{array}\right] \tag{13.36}$$

由引理13.1，不等式(13.16)的解可以保证系统内稳定，并满足相应的 $H_\infty$ 范数约束，引入控制作用形成闭环系统后，不等式(13.16)可以重新描述为如下形式：

$$\begin{bmatrix}-\boldsymbol{R}^{-1} & \boldsymbol{A}_{\mathrm{cl}}^{\mathrm{T}} & \boldsymbol{C}_{\mathrm{cl}}^{\mathrm{T}} & \boldsymbol{0}\\ \boldsymbol{A}_{\mathrm{cl}} & -\boldsymbol{R} & \boldsymbol{0} & \boldsymbol{B}_{\mathrm{cl}}\\ \boldsymbol{C}_{\mathrm{cl}} & \boldsymbol{0} & -\gamma\boldsymbol{I} & \boldsymbol{D}_{\mathrm{cl}}\\ \boldsymbol{0} & \boldsymbol{B}_{\mathrm{cl}}^{\mathrm{T}} & \boldsymbol{D}_{\mathrm{cl}}^{\mathrm{T}} & -\gamma\boldsymbol{I}\end{bmatrix}<0 \tag{13.37}$$

上面的不等式可以等价为下面的LMI：

$$\boldsymbol{\Omega}-\boldsymbol{\Xi}\boldsymbol{K}^{\mathrm{T}}\boldsymbol{\Psi}-\boldsymbol{\Psi}^{\mathrm{T}}\boldsymbol{K}\boldsymbol{\Xi}^{\mathrm{T}}<0 \tag{13.38}$$

其中

$$\boldsymbol{\Omega}=\begin{bmatrix}-\boldsymbol{R}^{-1} & \boldsymbol{A}^{\mathrm{T}} & \boldsymbol{0} & \boldsymbol{C}^{\mathrm{T}} & \boldsymbol{0}\\ \boldsymbol{A} & -\boldsymbol{R} & \boldsymbol{0} & \boldsymbol{0} & -\boldsymbol{HE}\\ \boldsymbol{0} & \boldsymbol{0} & -\gamma\boldsymbol{I} & \boldsymbol{0} & \boldsymbol{0}\\ \boldsymbol{C} & \boldsymbol{0} & \boldsymbol{0} & -\gamma\boldsymbol{I} & \boldsymbol{E}\\ \boldsymbol{0} & -\boldsymbol{E}^{\mathrm{T}}\boldsymbol{H}^{\mathrm{T}} & \boldsymbol{0} & \boldsymbol{E}^{\mathrm{T}} & -\gamma\boldsymbol{I}\end{bmatrix} \tag{13.39}$$

$$\boldsymbol{\Xi}^{\mathrm{T}}=[\boldsymbol{C}\quad \boldsymbol{0}\quad \boldsymbol{0}\quad \boldsymbol{0}\quad \boldsymbol{E}] \tag{13.40}$$

$$\boldsymbol{\Psi}=[\boldsymbol{0}\quad \boldsymbol{B}^{\mathrm{T}}\quad \boldsymbol{I}\quad \boldsymbol{0}\quad \boldsymbol{0}] \tag{13.41}$$

进而可以通过求解上面的不等式(13.38)，得到离散时间静态 $H_\infty$ 控制器。

综上，离散时间静态 $H_\infty$ 回路成形控制器的求解步骤如下[104]：

(1) 初步选择 $\boldsymbol{W}_1$、$\boldsymbol{W}_2$ 构造成形对象，根据式(13.16)得到 $\boldsymbol{Q}>\boldsymbol{0}$ 并计算 $\boldsymbol{E}$，从而由 $\boldsymbol{H}=-\boldsymbol{AQC}^{\mathrm{T}}(\boldsymbol{I}+\boldsymbol{CQC}^{\mathrm{T}})^{-1}$，得到观测器增益 $\boldsymbol{H}$；

(2) 求解LMI条件式(13.29)和式(13.30)，得到具有最小值 $\gamma(\gamma<4)$ 的(导致最大鲁棒稳定裕度)的解 $\boldsymbol{R}>0$。如果不等式(13.29)和不等式(13.30)不可解，则重新设计动态加权矩阵 $\boldsymbol{W}_1$ 直到得到可行解；

(3) 根据上一步得到的矩阵 $R$，求解式(13.38)的LMI，从而可以得到离散时间静态输出反馈 $H_\infty$ 控制器 $\boldsymbol{K}$；

(4) 最后，将前后补偿环节合并到控制器 $\boldsymbol{K}$ 中，最终的输出反馈控制器为 $\boldsymbol{K}_{\mathrm{s}}=\boldsymbol{W}_1\boldsymbol{K}\boldsymbol{W}_2$，其状态空间实现为

$$\boldsymbol{K}_{\mathrm{s}}:=\left[\begin{array}{cc:c}\boldsymbol{A}_{w_1} & \boldsymbol{BKC}_{w_2} & \boldsymbol{B}_{w_1}\boldsymbol{KD}_{w_2}\\ \boldsymbol{0} & \boldsymbol{A}_{w_2} & \boldsymbol{B}_{w_2}\\ \hdashline \boldsymbol{C}_{w_1} & \boldsymbol{D}_{w_1}\boldsymbol{KC}_{w_2} & \boldsymbol{D}_{w_1}\boldsymbol{KD}_{w_2}\end{array}\right]=\left[\begin{array}{c:c}\boldsymbol{A}_{\mathrm{KST}} & \boldsymbol{B}_{\mathrm{KST}}\\ \hdashline \boldsymbol{C}_{\mathrm{KST}} & \boldsymbol{D}_{\mathrm{KST}}\end{array}\right]$$

# 13.4　数值算例

## 13.4.1　静态输出反馈 $H_\infty$ 回路成形控制器

**例 1**　离散时间对象的 $z$ 传递函数为(采样周期为 $T_s=0.5$ s)

$$G=\frac{0.176\,1z}{z^2-1.305z+0.496\,6} \tag{13.42}$$

首先不设置前后补偿器看所得控制器能否使闭环系统性能满足期望要求。即选择后补偿器、前补偿器 $\boldsymbol{W}_2=\boldsymbol{W}_1=\boldsymbol{I}$,则 $\boldsymbol{G}_s$ 的最小状态空间实现为

$$\boldsymbol{A}=\begin{bmatrix}1.305 & -0.496\,6\\ 1 & 0\end{bmatrix},\boldsymbol{B}=\begin{bmatrix}0.5\\ 0\end{bmatrix},\boldsymbol{C}=\begin{bmatrix}0.352\,2 & 0\end{bmatrix}$$

利用 13.3 节的控制器设计步骤,得到静态 $H_\infty$ 回路成形控制器 $K=0.372$,鲁棒裕度 $\gamma=2$。用 simulink 搭建的模型如图 13.4 所示。

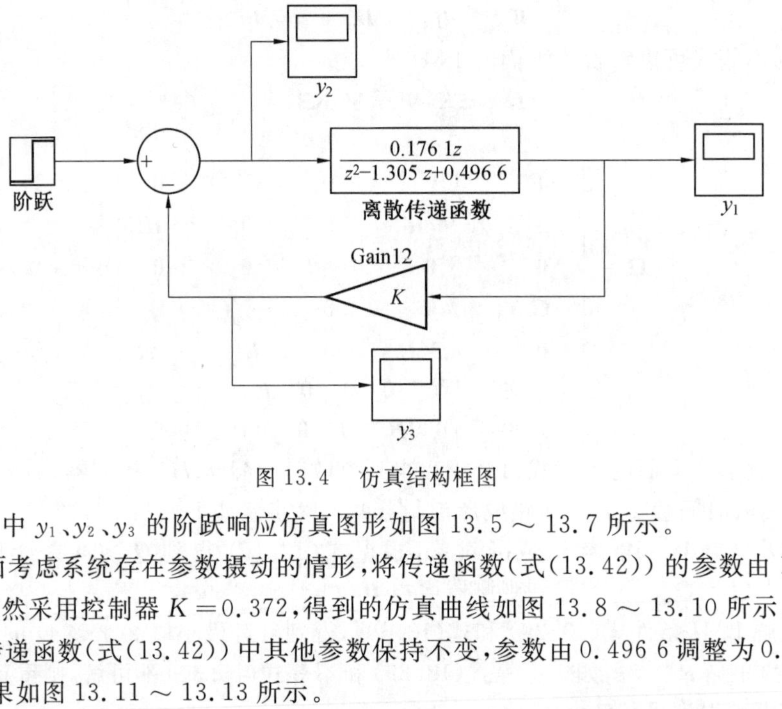


图 13.4　仿真结构框图

图 13.4 中 $y_1$、$y_2$、$y_3$ 的阶跃响应仿真图形如图 13.5 ～ 13.7 所示。

(1) 下面考虑系统存在参数摄动的情形,将传递函数(式(13.42))的参数由 1.305 调整为 1.450,仍然采用控制器 $K=0.372$,得到的仿真曲线如图 13.8 ～ 13.10 所示。

(2) 将传递函数(式(13.42))中其他参数保持不变,参数由 0.496 6 调整为 0.546 3 时得到的仿真结果如图 13.11 ～ 13.13 所示。

(3) 传递函数(式(13.42))其他参数保持不变,然后将对象增益参数由 0.176 1 调整为 0.195 3 时得到仿真结果如图 13.14 ～ 13.16 所示。

从上述有和无参数摄动时闭环系统的仿真结果可以看出,所设计的控制器在一定摄动范围内(本系统在参数变化的 10% 左右),闭环系统均能够保持稳定并具有一定的鲁棒性能。

**例 2**　为了与算例 1 进行对比,这里采用式(13.42) 的离散时间对象,采样周期为 $T_s=0.5$ s。

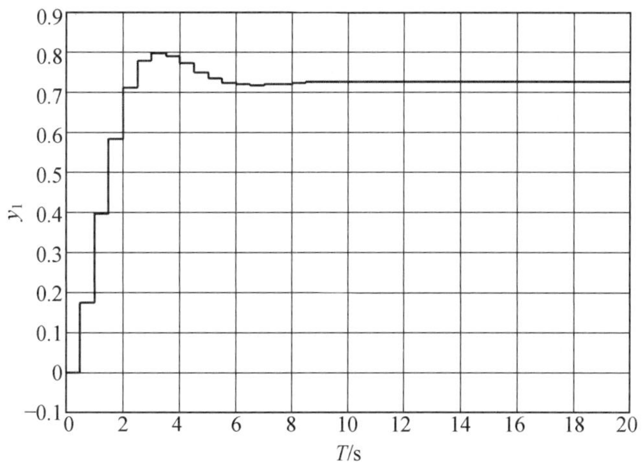


图 13.5　$y_1$ 的阶跃响应仿真图形

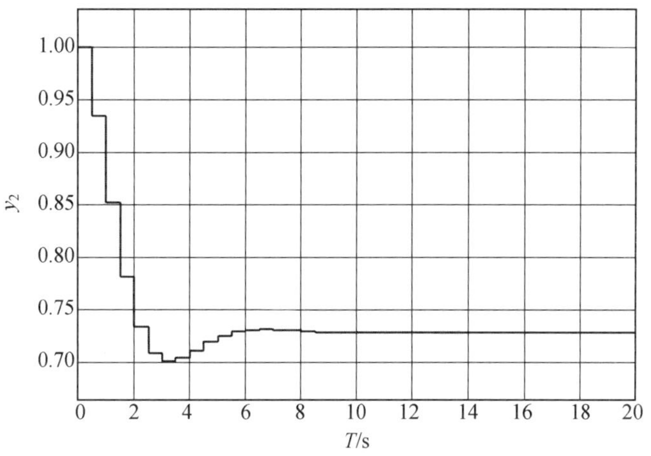


图 13.6　$y_2$ 的阶跃响应仿真图形

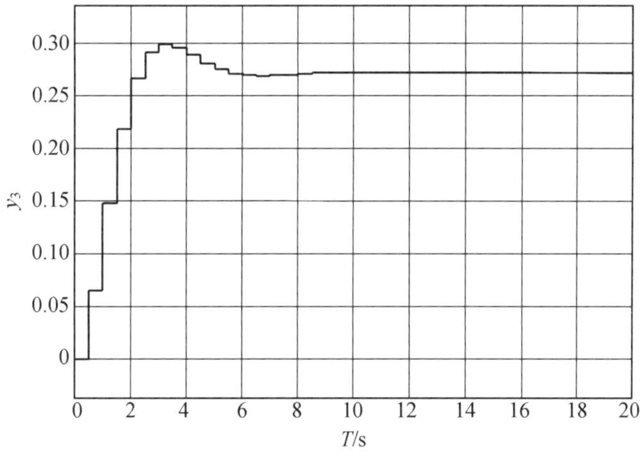


图 13.7　$y_3$ 的阶跃响应仿真图形

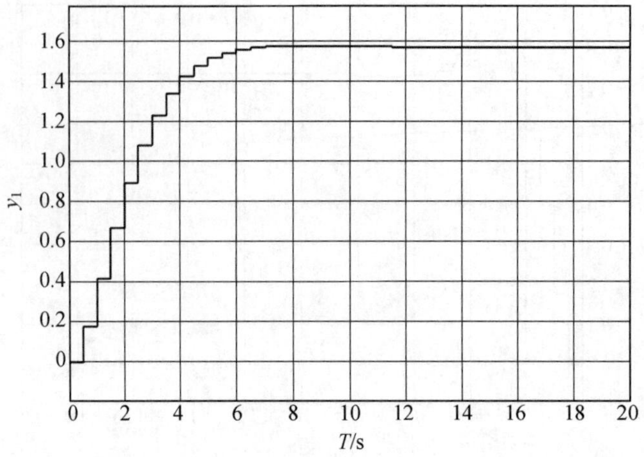


图 13.8　$y_1$ 的阶跃响应曲线(图 13.4 中,参数由 1.305 调整为 1.450)

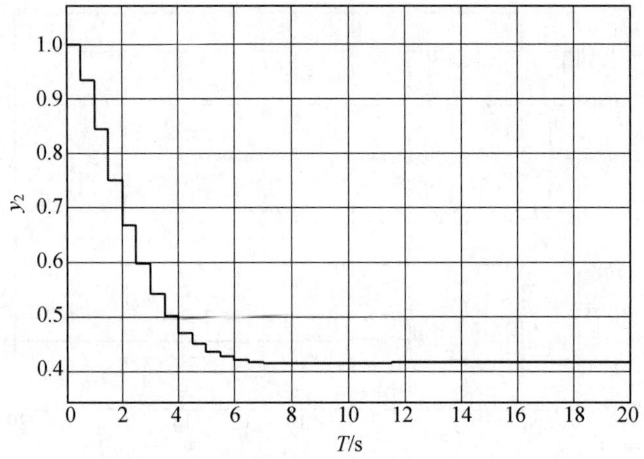


图 13.9　$y_2$ 的阶跃响应曲线(图 13.4 中,参数由 1.305 调整为 1.450)

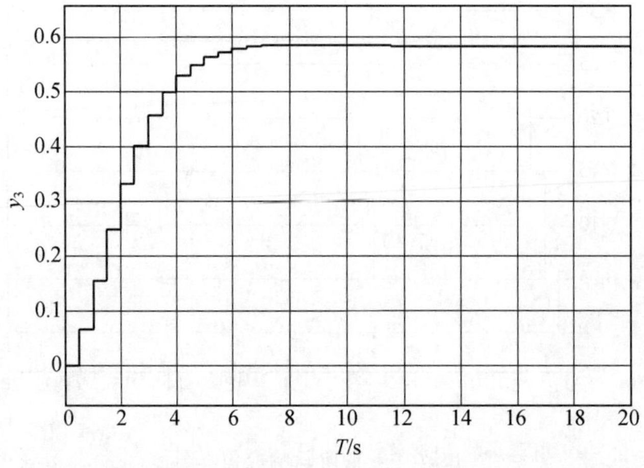


图 13.10　$y_3$ 的阶跃响应曲线(图 13.4 中,参数由 1.305 调整为 1.450)

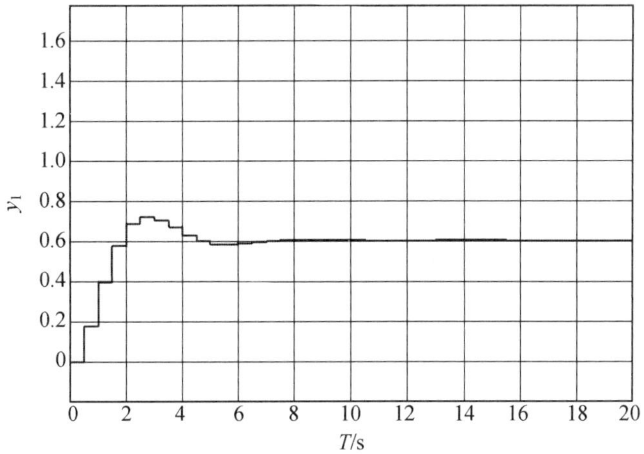


图 13.11　$y_1$ 的阶跃响应曲线(图 13.4 中,参数由 0.496 6 调整为 0.546 3)

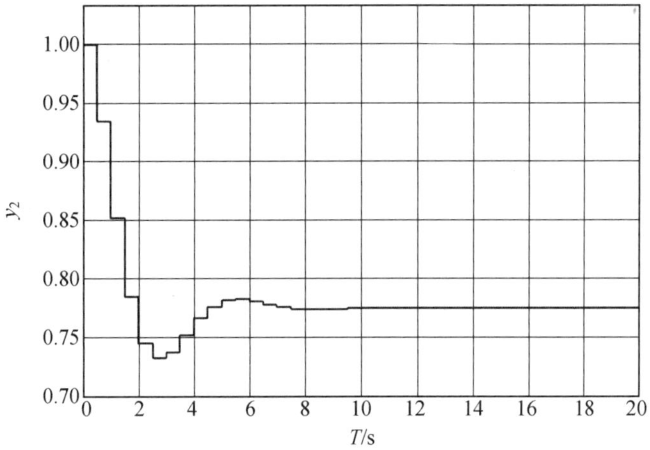


图 13.12　$y_2$ 的阶跃响应曲线(图 13.4 中,参数由 0.496 6 调整为 0.546 3)

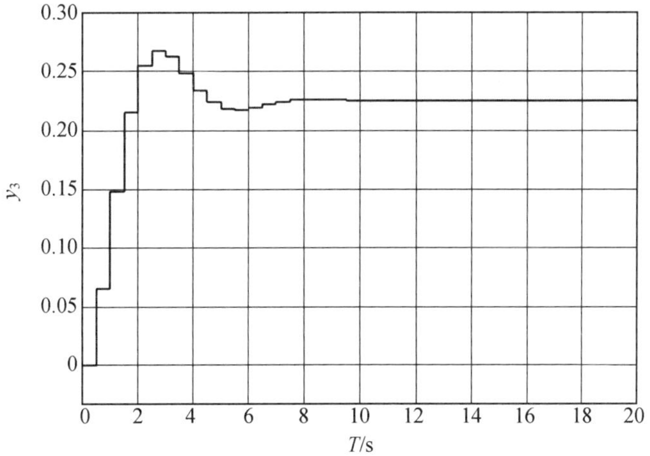


图 13.13　$y_3$ 的阶跃响应曲线(图 13.4 中,参数由 0.496 6 调整为 0.546 3)

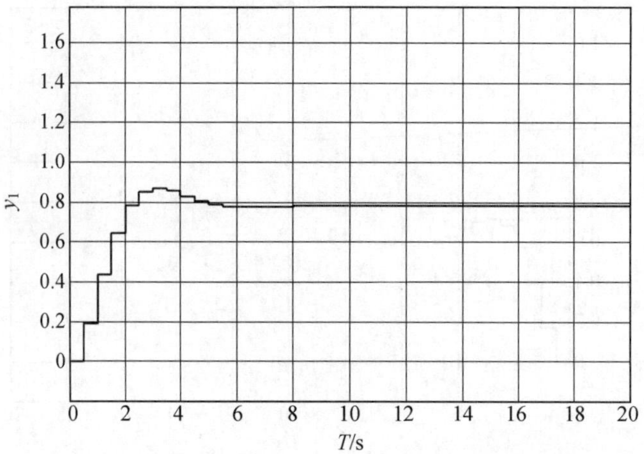


图 13.14 $y_1$ 的阶跃响应曲线(图 13.4 中,对象增益参数由 0.176 1 调整为 0.195 3)

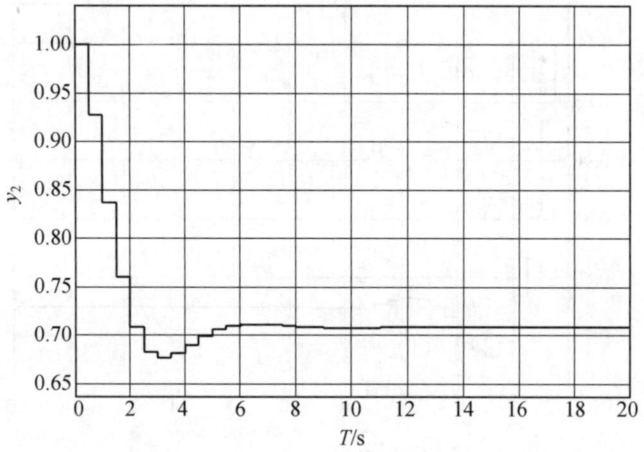


图 13.15 $y_2$ 的阶跃响应曲线(图 13.4 中,对象增益参数由 0.176 1 调整为 0.195 3)

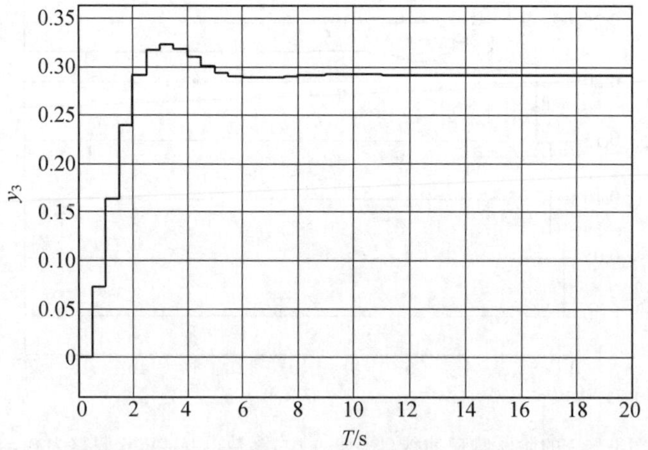


图 13.16 $y_3$ 的阶跃响应曲线(图 13.4 中,对象增益参数由 0.176 1 调整为 0.195 3)

选择后补偿器 $\boldsymbol{W}_2=I$，前补偿器 $\boldsymbol{W}_1=\dfrac{2z-1}{z-1}$，则成形后对象 $\boldsymbol{G}_s$ 的最小状态空间实现为

$$\boldsymbol{A}=\begin{bmatrix}2.3205 & -0.9085 & 0.4966\\ 2 & 0 & 0\\ 0 & 0.5 & 0\end{bmatrix},\boldsymbol{B}=\begin{bmatrix}0.5\\ 0\\ 0\end{bmatrix},\boldsymbol{C}=\begin{bmatrix}0.7044 & -0.1761 & 0\end{bmatrix},\boldsymbol{D}=\begin{bmatrix}0\end{bmatrix}$$

利用 13.3 节的控制器设计步骤，得到的静态输出反馈 $H_\infty$ 回路成形控制器 $K=0.4546$，鲁棒裕度 $\gamma=4$。用 simulink 搭建的模型如图 13.17 ~ 13.10 所示。

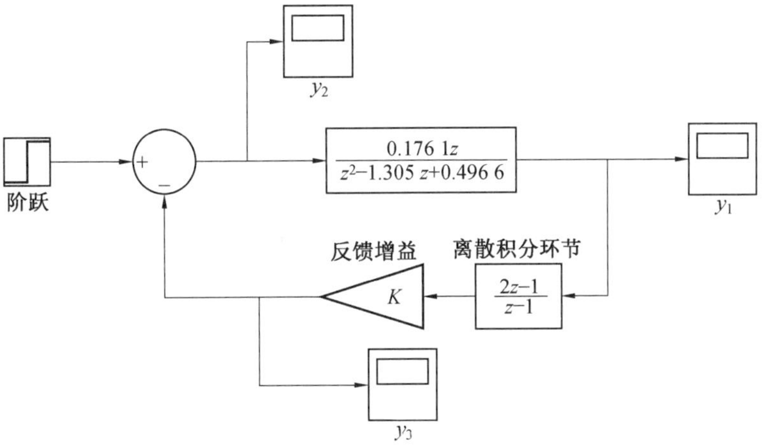


图 13.17　仿真结构框图

图 13.17 中 $y_1$、$y_2$、$y_3$ 的阶跃响应曲线如图 13.18 ~ 13.20 所示。

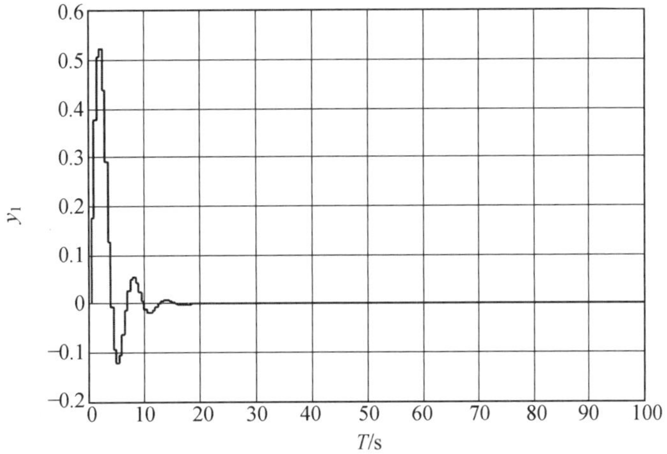


图 13.18　$y_1$ 的阶跃响应曲线(图 13.17)

(1) 考虑参数摄动，传递函数式(13.42) 参数由 1.305 调整为 1.450 时得到的仿真曲线如图 13.21 ~ 13.23 所示。

(2) 传递函数式(13.42) 中其他参数不变，参数由 0.496 6 调整为 0.546 3 时得到的仿真结果如图 13.24 ~ 13.26 所示。

(3) 传递函数式(13.42) 其他参数保持不变，将对象增益参数由 0.176 1 调整为 0.195 3 时得到的仿真结果如图 13.27 ~ 13.29 所示。

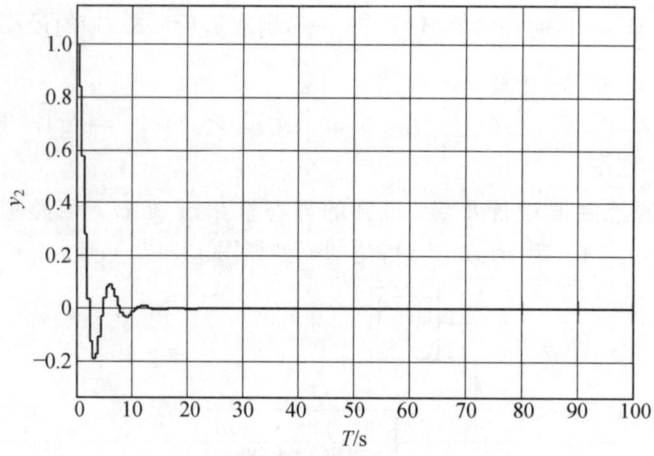


图 13.19　$y_2$ 的阶跃响应曲线(图 13.17)

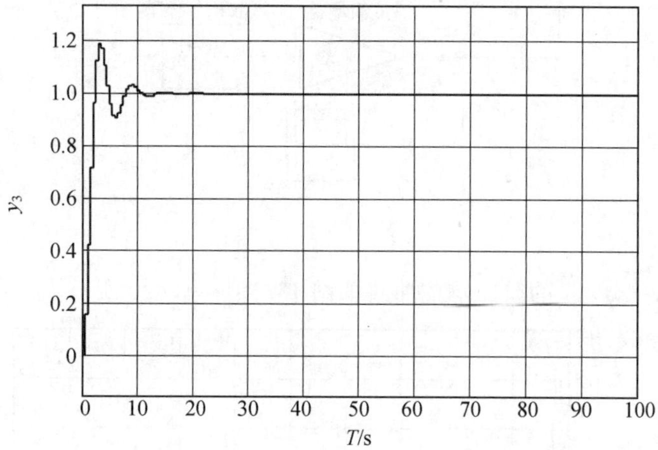


图 13.20　$y_3$ 的阶跃响应曲线(图 13.17)

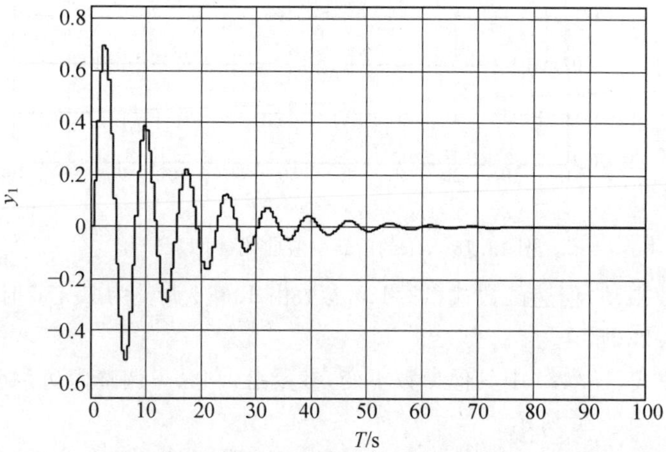


图 13.21　$y_1$ 的阶跃响应曲线(图 13.17 中,参数由 1.305 调整为 1.450)

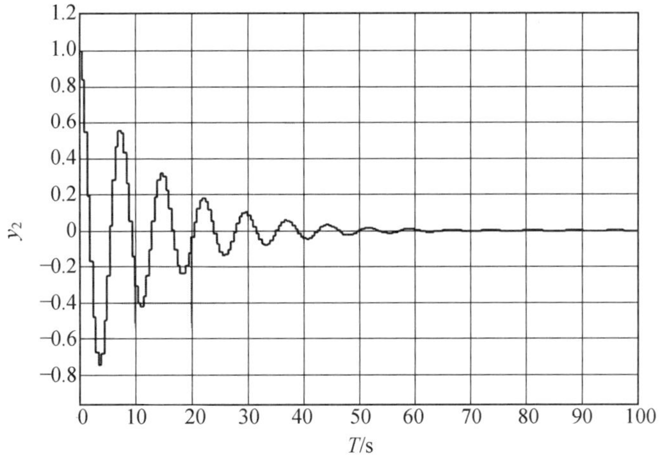


图 13.22　$y_2$ 的阶跃响应曲线(图 13.17 中,参数由 1.305 调整为 1.450)

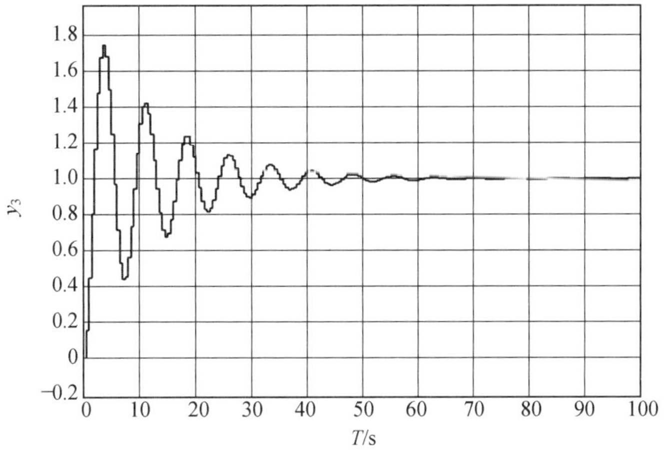


图 13.23　$y_3$ 的阶跃响应曲线(图 13.17 中,参数由 1.305 调整为 1.450)

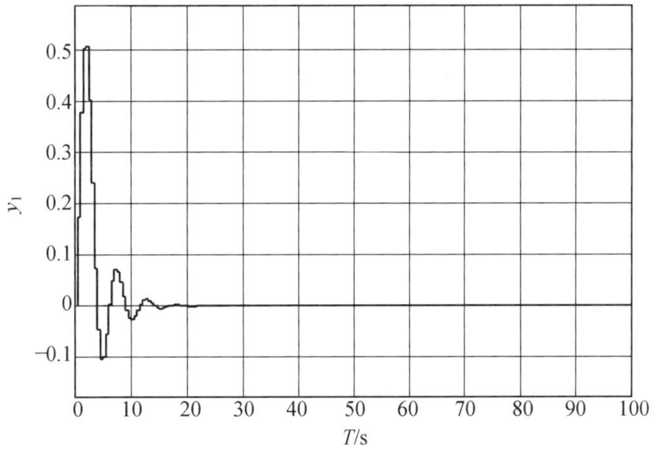


图 13.24　$y_1$ 的阶跃响应曲线(图 13.17 中,参数由 0.496 6 调整为 0.546 3)

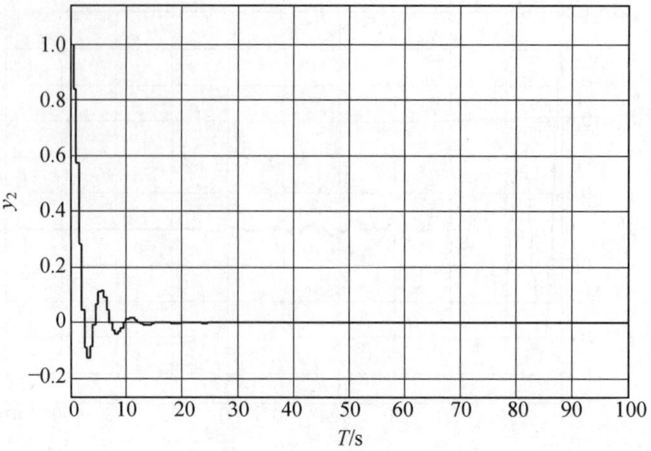


图 13.25 $y_2$ 的阶跃响应曲线(图 13.17 中,参数由 0.496 6 调整为 0.546 3)

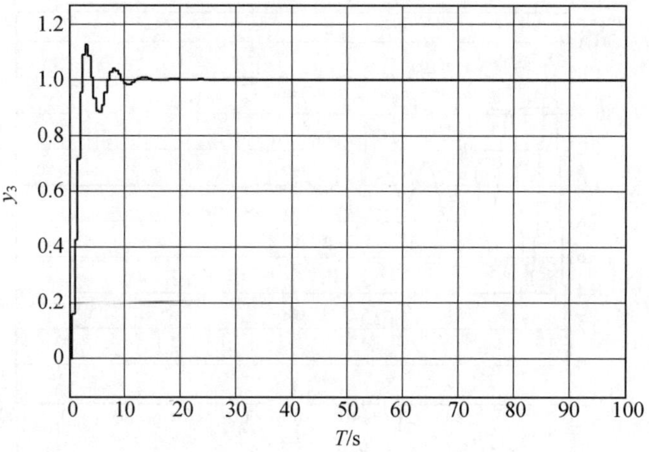


图 13.26 $y_3$ 的阶跃响应曲线(图 13.17 中,参数由 0.496 6 调整为 0.546 3)

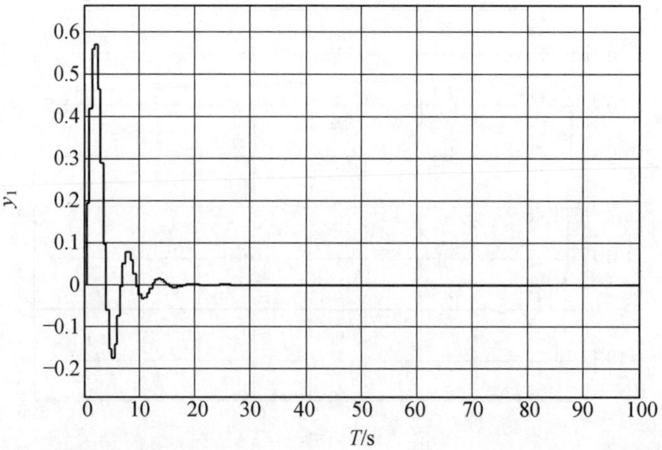


图 13.27 $y_1$ 的阶跃响应曲线(图 13.17 中,对象增益参数由 0.176 1 调整为 0.195 3)

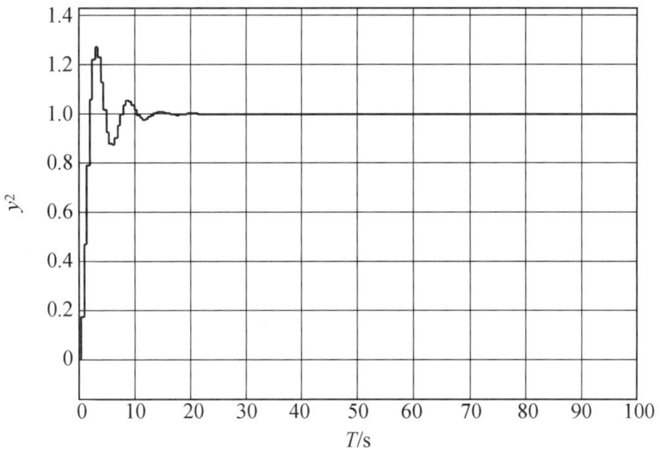


图 13.28　$y_2$ 的阶跃响应曲线(图 13.17 中，对象增益参数由 0.176 1 调整为 0.195 3)

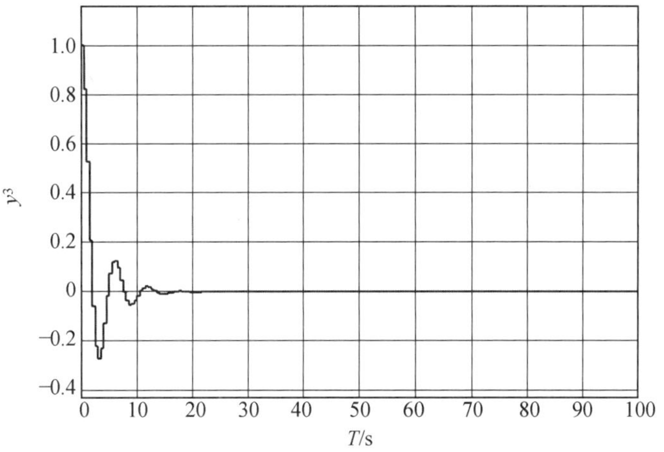


图 13.29　$y_3$ 的阶跃响应曲线(图 13.17 中，对象增益参数由 0.176 1 调整为 0.195 3)

通过与算例 1 相比可知，在加入带积分作用的前补偿器 $\boldsymbol{W}_1$ 后，闭环系统的跟踪性能变强，振幅减小了，鲁棒性能更好一些。这也进一步说明，前后补偿权函数的选择与系统性能有关，如果设计所得到的系统鲁棒性能不好或者不具备鲁棒性能，可以先考虑调节权值函数的参数。

**例 3**　这里仍然采用式(13.42)的离散时间对象，采样周期取为 0.01 s，利用 13.1 节的动态 $H_\infty$ 回路成形算法设计控制器。

前后补偿权函数选为 $\boldsymbol{W}_2=\boldsymbol{W}_1=I$，成形对象 $\boldsymbol{G}_s$ 的最小状态空间实现为

$$\boldsymbol{A}=\begin{bmatrix}1.305 & -0.4966\\ 1 & 0\end{bmatrix},\boldsymbol{B}=\begin{bmatrix}0.5\\ 0\end{bmatrix},\boldsymbol{C}=\begin{bmatrix}0.3522 & 0\end{bmatrix} \tag{13.43}$$

图 13.2 中的 $H_\infty$ 回路成形控制器可以通过 13.1 节的算法进行求解，也可以直接调用 MATLAB 函数 hinfsyn 来直接给出计算结果[106]。计算得知，$H_\infty$ 范数为 $\gamma=1.163$，$H_\infty$ 回路成形控制器为

$$K_\infty=\frac{-0.40586(z-0.6355)}{z-0.297} \tag{13.44}$$

因此最终的控制器 $K_f = \boldsymbol{W}_1 K_\infty \boldsymbol{W}_2 = K_\infty$。

图 13.30 给出的是闭环系统的仿真框图，图中 $y_1$，$y_2$，$y_3$ 的阶跃响应曲线如图 13.31 ～ 13.33 所示。

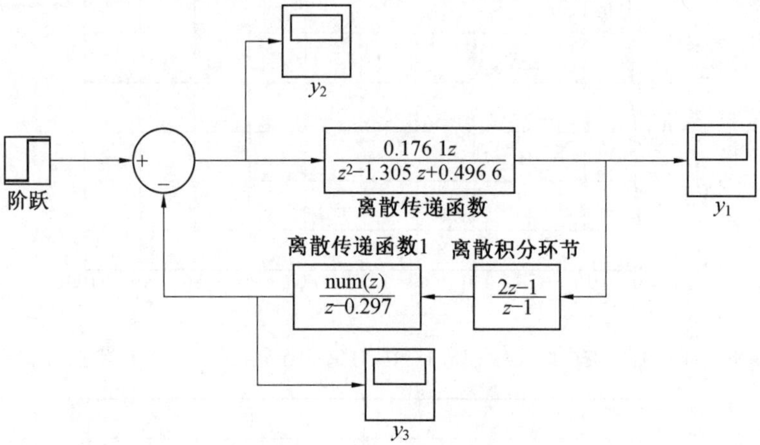


图 13.30　Simulink 仿真框图

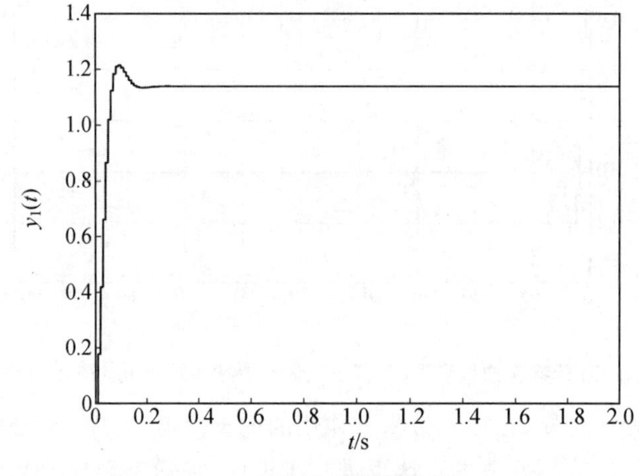


图 13.31　$y_1$ 的阶跃响应曲线(图 13.30)

(1) 将对象参数由 1.305 调整为 1.435 5 时，仿真结果如图 13.34 ～ 13.36 所示。

(2) 将对象参数由 0.496 6 调整为 0.546 3 时，仿真结果如图 13.37 ～ 13.39 所示。

(3) 将对象增益参数由 0.176 1 调整为 0.193 7 时，仿真结果如图 13.40 ～ 13.42 所示。

从上面的仿真结果可以看出，摄动后的系统时域响应特性变化不大，也进一步验证了所设计的控制器使得闭环系统具有良好的鲁棒性能和鲁棒稳定性。

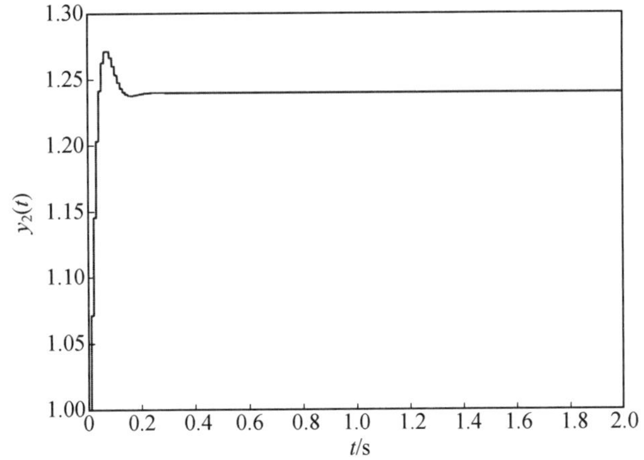


图 13.32　$y_2$ 的阶跃响应曲线(图 13.30)

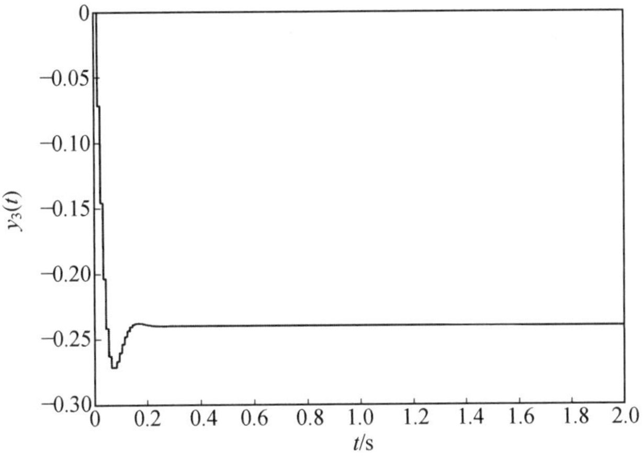


图 13.33　$y_3$ 的阶跃响应曲线(图 13.30)

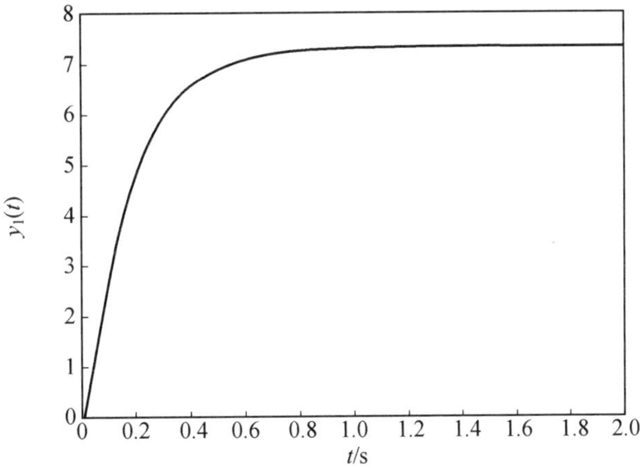


图 13.34　$y_1$ 的阶跃响应曲线(图 13.30 中，参数由 1.305 调整为 1.435 5)

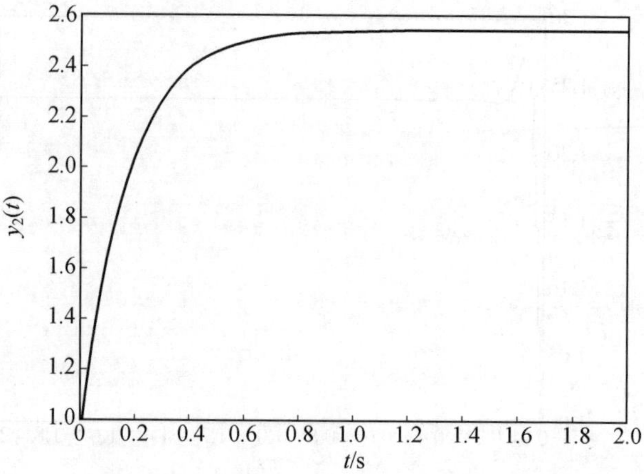


图 13.35　$y_2$ 的阶跃响应曲线(图 13.30 中,参数由 1.305 调整为 1.435 5)

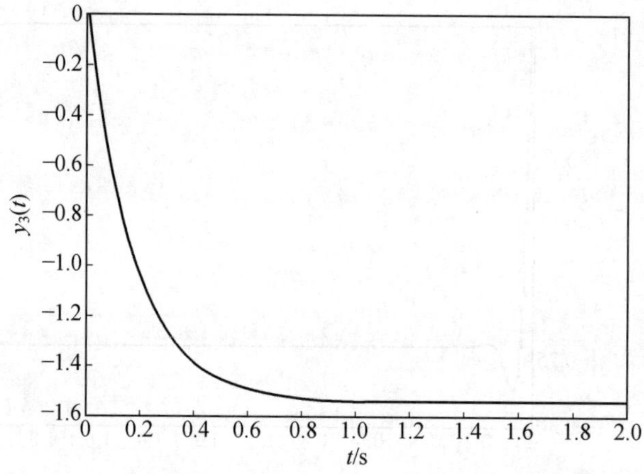


图 13.36　$y_3$ 的阶跃响应曲线(图 13.30 中,参数由 1.305 调整为 1.435 5)

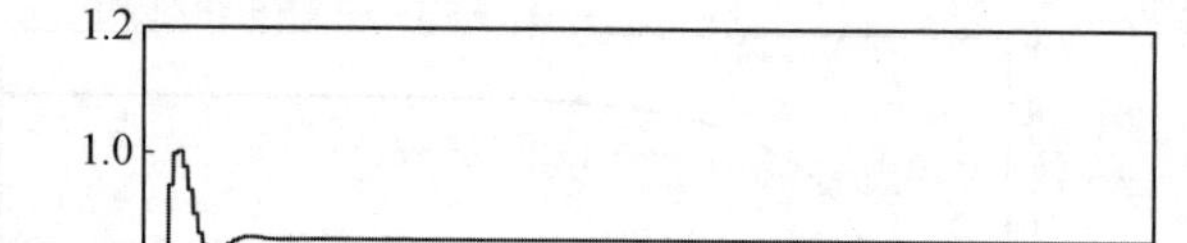

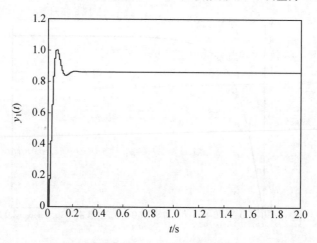

图 13.37　$y_1$ 的阶跃响应曲线(图 13.30 中,参数由 0.406 6 调整为 0.546 3)

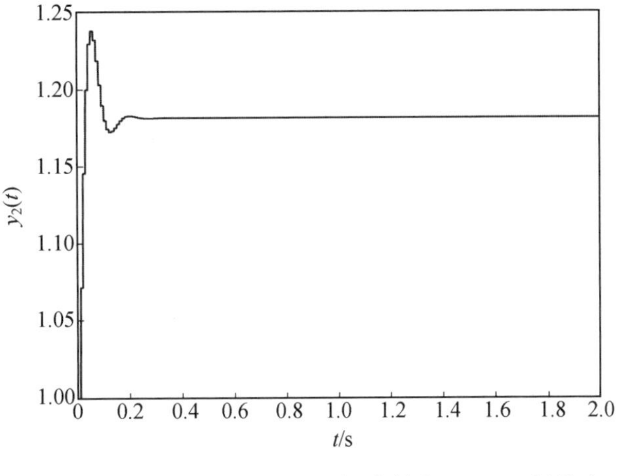


图 13.38　$y_2$ 的阶跃响应曲线（图 13.30 中，参数由 0.406 6 调整为 0.546 3）

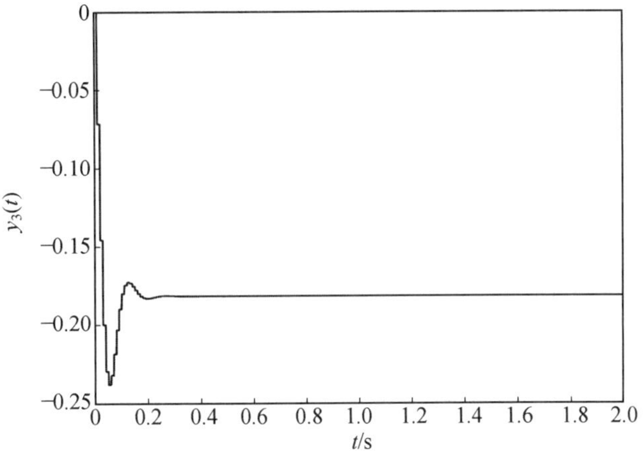


图 13.39　$y_3$ 的阶跃响应曲线（图 13.30 中，参数由 0.406 6 调整为 0.546 3）

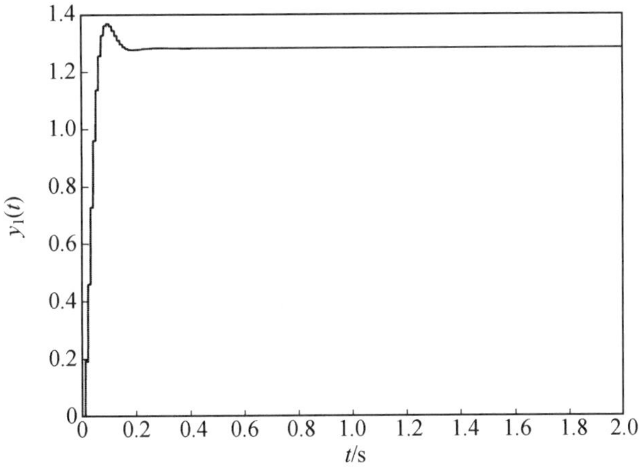


图 13.40　$y_1$ 的阶跃响应曲线（图 13.30 中，对象增益参数由 0.176 1 调整为 0.193 7）

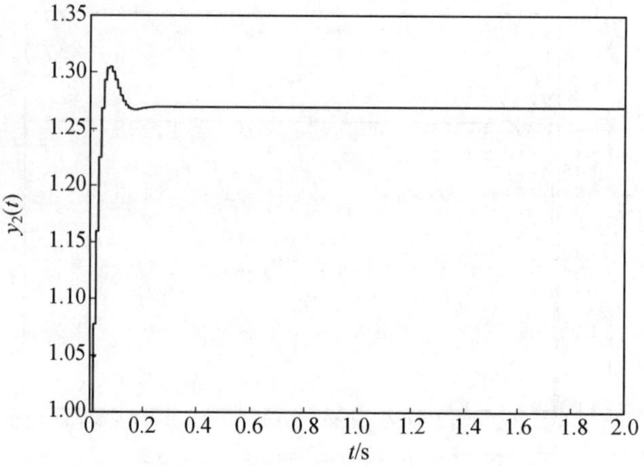


图 13.41　$y_2$ 的阶跃响应曲线(图 13.30 中,对象增益参数由 0.176 1 调整为 0.193 7)

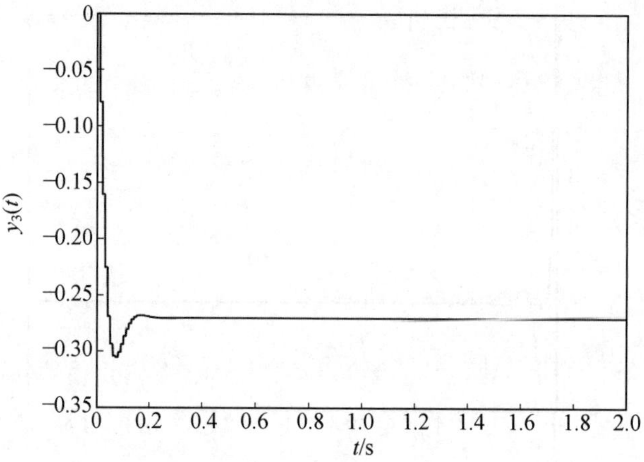


图 13.42　$y_3$ 的阶跃响应曲线(图 13.30 中,对象增益参数由 0.176 1 调整为 0.193 7)

## 13.5　本章小结

本章讨论的是离散时间系统的 $H_\infty$ 回路成形设计方法,包括输出反馈动态 $H_\infty$ 回路成形控制器和静态 $H_\infty$ 回路成形控制器的设计两部分,给出了相应的控制器设计步骤和求解算法,并通过具体的算例进行了应用和对比。

# 参 考 文 献


[1] BAMIEH B A, PEARSON J B. A general framework for linear periodic systems with applications to $H_\infty$ sampled-data control [J]. IEEE Trans. on Automat. Contr., 1992, 37(4): 418-435.

[2] CHEN T W, FRANCIS B A. $H_\infty$-optimal sampled-data control: computation and design [J]. Automatica, 1996, 32(2): 223-228.

[3] 周克敏, DOYLE J C, GLOVER K. 鲁棒与最优控制 [M]. 毛剑琴,钟宜生,林岩,等译.北京:国防工业出版社, 2002.

[4] MIRKIN L, TADMOR G. Yet another $H_\infty$ discretization [J]. IEEE Trans. Automat. Control, 2003,48(5): 891-894.

[5] FARHOOD M, BECK C L, DULLERUD G E. Model reduction of periodic systems: a lifting approach [J]. Automatica, 2005, 41(6):1085-1090.

[6] ZAMES G. Feedback and optimal sensitivity: model reference transformations: multiplicative seminorms and approximate inverses [J]. IEEE Trans. on Automat. Contr.,1981, 26(2): 301-320.

[7] KHARGONEKAR P P, PETERSEN I R, ROTEA M A. $H_\infty$ optimal control with state-feedback [J]. IEEE Trans. on Automat. Contr., 1988, 33: 786-788.

[8] DOYLE J C, GLOVER K, KHARGONEKAR P P, et al. State-space solutions to standard $H_2$ and $H_\infty$ control problems [J]. IEEE Trans. on Automat. Contr.,1989, 34(8):831-884.

[9] XU S T, LAM J, CHEN T W. Robust $H_\infty$ control for uncertain discrete stochastic time-delay systems [J]. Syst. Contr. Letters, 2004,51(3/4):203-215.

[10] 李桂芳, 王永成, 杨成梧. 一类非线性系统的鲁棒 $H_\infty$ 控制[J]. 控制与决策, 2005, 20(9):1069-1072.

[11] BRASLAVSKY J H, MIDDLETON R H, FREUDENBERG J S. $L_2$-Induced norms and frequency gains of sampled-data sensitivity operators [J]. IEEE Trans. Automatic Control, 1998, 43(2): 252-258.

[12] YAMAMOTO Y, KHARGONEKAR P P. Frequency response of sampled-data systems [J]. IEEE Trans. Automat. Control, 1996, 41(2): 166-176.

[13] ANDERSON B D O. Controller design: moving from theory to practice [J]. IEEE Control Systems Magazine, 1993, 13(4):16-25.

[14] MADIEVSKI A C, ANDERSON B D O. Sampled-data controller reduction procedure [J]. IEEE Trans. Automatic Control, 1995, 40(11): 1922-1926.

[15] YAMAMOTO Y, ANDERSON B D O, NAGAHARA M. Approximating sampled-

data systems with applications to digital redesign [C]. //Proceedings of the 41st IEEE Conference on Decision and Control. Las Vegas：IEEE，2002：3724-3729.

[16] ARAKI M，ITO Y，HAGIWARA T. Frequency response of sampled-data systems [J]. Automatica，1996，32(4)：483-497.

[17] HAGIWARA T，ITO Y，ARAKI M. Computation of the frequency response gains and $H_\infty$-norm of a sampled-data system [J]. Systems & Control Letters，1995，25 (1)：281-288.

[18] BRASLAVSKY J H，MIDDLETON R H，FREUDENBERG J S. Sensitivity and robustness of sampled-data control systems：a frequency domain viewpoint [C]//Proceedings of 1995 American Control Conference ACC'95. Washington：IEEE，1995：1040-1044.

[19] 李元春. 计算机控制系统 [M]. 3 版. 北京：高等教育出版社，2012.

[20] 徐丽娜. 数字控制 [M]. 哈尔滨：哈尔滨工业大学出版社，1991.

[21] FRANKLIN G F，POWELL J D，WORKMAN M. Digital control of dynamic systems [M]. 3rd ed. Beijing：Tsinghua University Press，2001.

[22] 刘豹，唐万生. 现代控制理论[M]. 3 版. 北京：机械工业出版社，2006.

[23] 郑大钟. 线性系统理论 [M]. 2 版. 北京：清华大学出版社，2002.

[24] 于海生. 微型计算机控制技术[M]. 3 版. 北京：清华大学出版社，2017.

[25] 于海生. 计算机控制技术 [M]. 北京：机械工业出版社，2007.

[26] 王锦标. 计算机控制系统 [M]. 北京：清华大学出版社，2004.

[27] 冯勇. 现代计算机控制系统 [M]. 哈尔滨：哈尔滨工业大学出版社，1996.

[28] 熊静琪. 计算机控制技术 [M]. 北京：电子工业出版社，2003.

[29] 葛显良. 应用泛函分析 [M]. 杭州：浙江大学出版社，1996.

[30] 薛小平，武立中，孙立民. 应用泛函分析 [M]. 哈尔滨：哈尔滨工业大学出版社，2002.

[31] BEARD R W. Linear operator equations with applications in control and signal processing [J]. IEEE Control Systems Magazine，2002，22(2)：69-79.

[32] SAFONOV M G，LIMEBEER D J N，CHIANG R Y. Simplifying the $H_\infty$ theory via loop-shifting，matrix-pencil and descriptor concepts [J]. Int. J. Control，1989，50 (6)：2467-2488.

[33] SAFONOV M G，LIMEBEER D J N. Simplifying the $H_\infty$ theory via loop shifting [C]//Proceedings of the 27th IEEE Conference on Decision and Control. Austin：IEEE，1988：1399-1404.

[34] VAN LOAN C F. Computing integrals involving the matrix exponential [J]. IEEE Trans. on Automatic Control，1978，23(3)：395-404.

[35] 王广雄，刘彦文，何朕，等. $H_\infty$ 离散化的 MATLAB 程序 [J]. 电机与控制学报，2004，8(4)：316-318.

[36] LIU Y W，GUO Q Y. Robust stability of sampled-data control systems [C]. 南京：第 33 届中国控制会议(CCC 2014)，2014：4222-4227.

[37] KABAMBA P. Control of linear systems using generalized sampled-data hold functions [J]. IEEE Trans. on Automatic Control, 1987: 772-783.

[38] MIDDLETON R, FREUDENBERG J. Non-pathological sampling for generalized sampled-data hold functions [J]. Automatica, 1995, 31(2):315-319.

[39] ZHOU J, HAGIWARA T. $H_2$ and $H_\infty$ norm computations of linear continuous-time periodic systems via the skew analysis of frequency response operators [J]. Automatica, 2002, 38:1381-1387.

[40] YAMAMOTO Y, KHARGONEKAR P. Frequency response of sampled-data systems [C]//In Proc. 32nd Conf. Decision Contr. San Antonio: IEEE, 1996, 39: 166-176.

[41] HAGIWARA T, ARAKI M. Robust stability of sampled-data systems under possibly unstable additive/multiplicative perturbations [J]. IEEE Trans. on Automatic Control, 1998, 43(9): 1340-1346.

[42] HAGIWARA T, ITO Y, ARAKI M. Frequency response gains and $H_\infty$-norm of a sampled-data system[C]. Buena Vista:Proceedings of the 33th Conference on Decision and Control, 1994:722-723.

[43] ZHOU J, HAGIWARA T,ARAKI M. Stability analysis of continuous-time periodic systems via the harmonic analysis [J]. IEEE Trans. on Automatic Control, 2002, 47(2):292-298.

[44] BARABANOV N E, ORTEGA R. Robust stability and stabilization of discrete singular systems: an equivalent characterization [J]. IEEE Trans. on Automatic Control, 2002, 49(4): 598-602.

[45] IZADI I, ZHAO Q, CHEN T. An optimal fast rate fault detection scheme for multirate sampled-data systems[C]//Proceedings of the 43rd Conference on Decision and Control. Nassau: IEEE, 2004,5:4776-4781.

[46] YAMAMOTO Y, MADIEVSKI A G, ANDERSON B D O. Computation and convergence of frequency response via fast sampling for sampled-data control systems [C]//Proceedings of the 36th Conference on Decision and Control. San Diego:IEEE, 1997: 2157-2162.

[47] YAMAMOTO Y, MADIEVSKI A G, ANDERSON B D O. Approximation of frequency response for sampled-data control systems [J]. Automatica,1999, 35(4): 729-734.

[48] KELLER J P, ANDERSON B D O. A new approach to the discretization of continuous-time controllers [J]. IEEE Trans. Auto. Control, 1992, 37(2):214-223.

[49] CHEN T W, FRANCIS B A. Optimal sampled-data control systems [M]. London: Springer, 1995.

[50] KHARGONEKAR P, POOLLA K, TANNENBAUM A. Robust control of linear time-invariant plants using periodic compensation [J]. IEEE Trans. on Automat. Contr. , 1985, 30: 1088-1096.

[51] KRANC G M. Input-output analysis of multirate feedback systems [J]. IEEE Trans. on Automat. Contr., 1957, 3: 21-28.

[52] DAVIS J H. Stability conditions derived from spectral theory: discrete systems with periodic feedback [J]. SIAM J. Control, 1972, 10(1):1-13.

[53] FRIEDLAND B. Sampled-data control systems containing periodically varying members[J]. IFAC proceedings volumes, 1960,1(1):371-378.

[54] 张静. 输出反馈控制:鲁棒性与对策 [D]. 哈尔滨:哈尔滨工业大学, 2004.

[55] STEIN G. Respect the unstable [J]. IEEE Control Systems, 2003, 23(4):12-25.

[56] 高金源. 计算机控制系统[M]. 北京:高等教育出版社,2004.

[57] 王广雄, 何朕. 控制系统设计 [M]. 北京:清华大学出版社, 2008.

[58] 姚俊, 马松辉. Simulink 建模与仿真 [M]. 西安:西安电子科技大学出版社, 2002: 189-192.

[59] WANG G X, LIU Y W, et al. A new approach to robust stability analysis of sampled-data control systems [J]. Acta Automatica Sinica, 2005, 31(4): 510-515.

[60] WANG G X, LIU Y W, HE Z. $H_\infty$ design for sampled-data control systems via the lifting technique: conditions and limitations [J]. Acta Automatica Sinica, 2006, 32(5): 791-795.

[61] SINHA P K, PECHEV A N. Nonlinear $H_\infty$ controllers for electromagnetic supension systems [J]. IEEE Trans. on Automat. Contr., 2004, 49(4):563-568.

[62] GAHINET P. Explicit controller formulas for LMI-based $H_\infty$ synthesis [J]. Automatica, 1996, 32(7): 1007-1014.

[63] YAMAMOTO Y, KHARGONEKAR P P. Frequency response of sampled-data systems[C]//Proceedings of the 32nd Conference on Decision and Control. San Antonlo:IEEE, 1993:799-804.

[64] 刘彦文, 王广雄, 何朕. 采样系统的频率响应和 $L_2$ 诱导范数 [J]. 控制与决策, 2005, 20(10): 1133-1136.

[65] 何朕, 刘彦文, 王毅, 等. 采样系统的非线性分析:描述函数法[C]. 天津:2006 中国控制与决策学术年会(18th CDC), 2006:424-426.

[66] 何朕, 王毅, 周长浩, 等. 球-杆系统的非线性问题 [J]. 自动化学报, 2007, 33(5): 550-553.

[67] 王广雄, 杨冬云, 何朕. 拉格朗日方程和它的线性化[J]. 控制与决策,2002, 17(增刊2): 7-8.

[68] 周长浩. 球杆系统的控制设计 [D]. 哈尔滨:哈尔滨工业大学, 2006.

[69] DOYLE J C, FRANCIS B A, TANNENBAUM A R. Feedback control theory [M]. 北京:清华大学出版社, 1993.

[70] 孟红霞, 贾英民. 一类不确定延迟系统的鲁棒自适应控制 [J]. 控制与决策, 2004, 19(2): 171-174.

[71] 王新生. 线性矩阵不等式与 $H_\infty$ 控制设计 [D]. 哈尔滨:哈尔滨工业大学,2002.

[72] 王广雄, 李连锋, 王新生. 鲁棒设计中参数不确定性的描述 [J]. 电机与控制学报,

2001, 5(1):5-7.
[73] FRANCIS B A, DOYLE J C. Linear control theory with an $H_\infty$ optimality criterion [J]. SIAM J. Contr. and Optim., 1987, 25(4): 815-844.
[74] PACKARD A, DOYLE J. The complex structured singular value [J]. Automatica, 1993, 29(1): 71-109.
[75] ACKERMANN J. Sampled-data control systems [M]. Berlin: Springer-Verlag, 1985.
[76] 王广雄,王新生,林愈银,等. $H_\infty$控制问题中 RIC 法和 LMI 法的一个比较 [J]. 电机与控制学报, 2000, 4(2): 66-68.
[77] 李连锋. 结构不确定性系统的 $H_\infty$控制 [D]. 哈尔滨:哈尔滨工业大学,2001.
[78] 王广雄,李连锋. 设计中的四块问题及应用 [J]. 控制与决策, 2002,17(2):183-186.
[79] 冯纯伯,田玉平. 鲁棒控制系统设计 [M]. 南京:东南大学出版社, 1995: 151-223.
[80] FEINTUCH A. Optimal robust disturbance attenuation for linear time-varying systems [J]. Systems & Control Letters, 2002, 46(5):353-359.
[81] DJOUADI S M, ZAMES G. On optimal robust disturbance attenuation [J]. Systems & Control Letters, 2002, 46(5):343-351.
[82] 王广雄,刘彦文,何朕. 采样系统的 $H_\infty$鲁棒扰动抑制设计 [J]. 哈尔滨工业大学学报,2005, 37(12): 1634-1636.
[83] 李国杰. 基于虚拟现实技术的力觉交互设备的研究与构建 [D]. 上海:上海交通大学, 2008.
[84] 李佳. 力觉接口的无源性分析及设计 [D]. 哈尔滨:哈尔滨工程大学, 2012.
[85] 刘彦文,李佳,何朕,等. 遥操作系统力觉接口的无源性设计[J]. 控制理论与应用, 2011,28(7): 994-998.
[86] 方涵先,陈启宏. 遥操作系统的稳定性与透明性分析 [J]. 数学的实践与认识, 2006, 36(2): 164-172.
[87] COLGATE J E, SCHENKEL G G. Passivity of a class of sampled-data systems: Application to haptic interfaces [J]. Journal of Robotic Systems, 1997,14(1): 37-47.
[88] 崔泽,赵杰,蔡鹤皋. 一个三自由度力觉接口设备硬件系统的设计 [J]. 机械与电子, 2001,19(6): 27-29.
[89] 罗杨宇,王党校,张玉茹. 单自由度力觉交互系统建模与分析 [J]. 北京航空航天大学学报, 2004, 30(6): 539-542.
[90] 王久和. 无源控制理论及其应用 [M]. 北京:电子工业出版社, 2010.
[91] FARDAD M, BAMIEH B. A necessary and sufficient frequency domain criterion for the passivity of SISO sampled-data systems [J]. IEEE Trans. on Automat. Contr., 2009, 54(3): 611-614.
[92] LEE K, LEE D Y. Adjusting output-limiter for stable haptic rendering in virtual environments [J]. IEEE Transactions on Control Systems Technology, 2009, 17(4): 768-779.

[93] 刘彦文. 力觉接口的透明度分析及无源性设计 [J]. 控制工程，2012,19(1):132-135.
[94] ALTERMAN I, MIRKIN L. On the robustness of sampled-data systems to uncertainty in continuous-time delays [J]. IEEE Trans. on Automat. Contr., 2011, 56(3): 686-692.
[95] LI X W, GAO H J. A new model transformation of discrete-time systems with time-varying delay and its application to stability analysis [J]. IEEE Trans. on Automat. Contr., 2011, 56(9): 2172-2178.
[96] LIU J C, ZHANG J, HE M, et al. New results on robust H-infinity control for discrete-time systems with interval time-varying delays [J]. Control Theory Appl., 2011, 9(4): 611-616.
[97] WANG G X, LIU Y W, He Z, et al. The lifting technique for sampled-data systems: useful or useless? [J]. Acta Automatica Sinica, 2005, 31(3): 491-494.
[98] 刘彦文，王广雄，綦志刚，等. 时滞不确定采样控制系统的鲁棒稳定性 [J]. 控制理论与应用，2013，30(2)：238-242.
[99] BHATTACHARYYA S P, CHAPELLAT H, KEEL L H. Robust control: the parametric approach [J]. Control Engineering Pratice, 1996, 4(11): 1628-1629.
[100] DRAGAN V, MOROZAN T, STOICA A M. Mathematical methods in robust control of discrete-time linear stochastic systems [M]. New York: Springer-Verlag, 2010.
[101] BERNSTEIN D S, HOLLOT C V. Robust stability for sampled-data control systems [J]. Syst. Control Lett, 1989, 13(3): 217-226.
[102] WANG Z Q, LUNDSTRÖM P, SKOGESTAD S. Representation of uncertain time delays in the $H_\infty$ framework [J]. Int. J. Control, 1994, 59(3): 627-638.
[103] 许保同. 时滞采样控制系统的鲁棒稳定性研究 [D]. 哈尔滨：哈尔滨工程大学，2014.
[104] PEREIRA R L, KIENITZ K H, GUARACY F H D, et al. Discrete-time static $H_\infty$ loop shaping control via LMIs [J]. Journal of the Franklin Institute, 2017, 354(5): 2157-2166.
[105] PREMPAIN E, POSTLETHWAITE I. Static $H_\infty$ loop shaping control of a fly-by-wire helicopter [J]. Automatica, 2005, 41(9): 1517-1528.
[106] PATRA S, SEN S, RAY G. Design of static $H_\infty$ loop shaping controller in four-block framework using LMI approach [J]. Automatica, 2008, 44(8): 2214-2220.
[107] GU D W, PETKOV P H, KONSTANTINOV M M. Robust control design with MATLAB [M]. Leipzig, Germany: Springer, 2013.
[108] MCFARLANE D, GLOVER K. A loop shaping design procedure using $H_\infty$ synthesis [J]. IEEE Transactions on Automatic Control, 1992, 37(6): 759-769.
[109] 王广雄，何朕. 应用 $H_\infty$ 控制 [M]. 哈尔滨：哈尔滨工业大学出版社，2010.

# 名 词 索 引

## B



## C



## D



## F



## G



## H



## J